跨平台 移动开发丛书

ionic

构建移动网站与APP：

ionic移动开发入门与实战

秦超 著

清华大学出版社

北京

内 容 简 介

Ionic 是目前集流行与成熟两个特点于一身的跨平台移动开发框架。本书以实例驱动讲解的方式，让仅有简单网页制作基础知识的读者，也能轻松掌握 Ionic 下的移动应用开发。

本书分为 5 篇，第 1 篇是移动开发准备篇，介绍了 Ionic、Phonegap、Cordova、HTML5 和移动开发的一些基础知识；第 2 篇是 Ionic 基础知识准备与常用库篇，介绍了配置开发 Ionic 环境所依赖的 AngularJS、SASS、Gulp、lodash 等业内主流库和工具；第 3 篇是 Ionic 组件完全解析篇，对 Ionic 内置的 CSS 样式类和 JavaScript 组件类进行完整解析；第 4 篇是 APP 项目实战篇，介绍了如何按照业内通行实践的策划、设计、开发过程完成 2 个使用 Ionic 开发的完整 APP。第 5 篇是发布和推广应用篇，介绍了在开发完成之后，如何为 Android 和 iOS 两大移动平台发布和推广更新自己的 APP。

本书内容详尽、实例丰富，是广大 HTML 5 爱好者、移动互联网创业者、移动开发人员必备的参考书，同时也非常适合大中专院校师生学习阅读，也可作为高等院校计算机及相关专业教材。

图书在版编目（CIP）数据

构建移动网站与 APP：ionic 移动开发入门与实战 /秦超著. —北京：清华大学出版社，2017
（跨平台移动开发丛书）
ISBN 978-7-302-46201-9

I. ①构… II. ①秦… III. ①移动终端－应用程序－程序设计 IV. ①TN929.53

中国版本图书馆 CIP 数据核字（2017）第 020012 号

责任编辑：夏毓彦
封面设计：王　翔
责任校对：闫秀华
责任印制：王静怡

出版发行：清华大学出版社
　　　　网　　　址：http://www.tup.com.cn，http://www.wqbook.com
　　　　地　　　址：北京清华大学学研大厦 A 座　　　　邮　　编：100084
　　　　社 总 机：010-62770175　　　　　　　　　　邮　　购：010-62786544
　　　　投稿与读者服务：010-62776969，c-service@tup.tsinghua.edu.cn
　　　　质 量 反 馈：010-62772015，zhiliang@tup.tsinghua.edu.cn
印 装 者：北京鑫海金澳胶印有限公司
经　　销：全国新华书店
开　　本：190mm×260mm　　印　张：30.5　　字　　数：780 千字
版　　次：2017 年 3 月第 1 版　　　　　　　印　　次：2017 年 3 月第 1 次印刷
印　　数：1～3500
定　　价：79.00 元

产品编号：071766-01

前　言

　　Ionic 是一个开源免费、技术先进，并获得业内广泛认可的跨平台的移动开发框架。它是基于主流技术 HTML 5 和 AngularJS 的快速开发工具，在极大地解放开发创业者的时间和学习成本的同时又融合了成熟的前端工程技术实践的成果。遗憾的是，由于 Ionic 涉及了前端技术界各种先进技术并不断演进，目前网络上为初学者采纳的 Ionic 的中文资料不仅散乱不成体系，而且很多内容与 Ionic 的官方资料有较大的出入，也没有较好的开源项目可以借鉴。国内的初学者想要短时间完全掌握并成功上手开发出一个可用的 APP 需要走很多弯路。因此作者结合自己的学习与开发经验，在本书以学习 Ionic 开发的前置基础知识如 AngularJS 框架、SASS、Gulp 等技术面为起点，阐述了 Ionic 框架的所有组件使用方法之后，辅以两个涵盖前后端实现的 Ionic 项目完整解析来引导学习者最终掌握 Ionic 框架及其周边技术。本书的目的是力求通过官方权威资料，理论与实战项目相结合使读者在练习与模仿中熟练掌握利用 Ionic 快速开发跨平台移动 APP 的方法，并能够真实地将技术转化为经济利益和创业成果。本书的定位就是为想在移动应用领域找工作或创业的人士提供加速器。

本书是一本与众不同的书

1．以练带学

　　本书采用实例驱动的方式介绍 Ionic 框架下的 APP 开发。在介绍书中重要的知识点如 AngularJS、应用的页面导航、调用移动设备的硬件功能等后，紧接着就有实例来验证与解释如何应用，最后还通过两个中型项目来复习和巩固所学知识点。

2．跨平台

　　本书开发的项目是跨平台应用，因此书中对 Windows 和 Mac 两种开发环境下如何配置、生成与发布 Android 和 iOS 移动 APP 应用都做了解析。

3．案例涵括 Internet 和企业应用

　　本书的项目案例从其业务领域到功能点设置都参考了目前市面上流行的 Internet 与企业移动应用，同时也提供了读者进一步优化和打造自己产品的建议与外部参考资源。

4．低门槛、浅阅读，轻轻松松就能学会

　　为使本书更加详尽易懂，每写完一章，笔者邀请了想要跨专业入门移动开发的大学在校生阅读并提出意见，通过它们快速分析出被遗漏的知识点和讲解不清的技术点，使本书更方

便初学者入门。

本书的知识结构

本书共 5 篇 15 章，主要章节规划如下。

第一篇（第 1~2 章）移动开发准备

跨平台的框架有很多， Ionic 的独特优势在哪里导致它的风行？决定选择它后，又如何为它搭建开发与测试环境，并开发第一个 Hello World 应用？一个 Ionic 的应用如何使用浏览器、模拟器和实体机测试？如何打包应用到实体机上？使用何种开发工具加速开发进程？这些都是本篇要介绍的内容。

第二篇（第 3~4 章）Ionic 基础知识准备与常用库

Ionic 构建于目前先进的前端技术框架与工具集之上，不了解这些背景知识点是无法正确理解和应用 Ionic 框架的强大功能的。因此本篇介绍了配置开发 Ionic 环境所依赖的 AngularJS、SASS、Gulp、lodash 等这些业内主流的库和工具，以及 Ionic CLI。最后以一个完整的 Ionic 项目模板的目录文件结构解析帮助读者了解一个 Ionic 应用的构成元素与结构。

第三篇（第 5~11 章）完整解析 Ionic 框架的官方组件

本篇基于 Ionic 官方文档和笔者在实际项目中的经验，对 Ionic 内置的 CSS 样式类和 JavaScript 组件类进行完整解析，并通过丰富的代码与效果案例介绍其使用场景与定制途径。此外本篇也说明了常用的 Cordova 插件和安装使用方法，使 APP 应用能够使用手机硬件设备专有功能如照相、地理定位、震动，分享到其他社交应用等。

第四篇（第 12~14 章）APP 项目前后端实战篇

本篇是关键的综合实战篇，详细介绍了如何依照业内通行的敏捷过程来进行设计、开发，从而完成 2 个使用 Ionic 开发的 APP 应用。除了综合使用了前文介绍的 Ionic 组件外，还详述了如何配置与测试后端服务的 API、集成高德地图、百度 ECharts 图表等技术，这都是在实际的 APP 项目中常常会遇到的需求功能点。

第五篇（第 15 章）发布和推广更新 APP 应用

内容不多，却是一个 APP 走向市场和客户的最终一步。本篇讲述了将使用 Ionic 框架开发的跨平台应用为 Android 和 iOS 两大平台打包的完整过程。此外还介绍了发布和更新应用的方法，使读者能真正将开发的应用转化为经济效益。

本书面向的读者

- HTM 5 入门者与 HTML 5 爱好者
- 移动互联网创业者
- 基于 HTML 5 的开发人员
- 各种平台下的移动开发人员
- 从其他开发语言转行做移动开发的人员
- 前端开发人员和前端设计人员

- Ionic 入门学习者
- 大中专院校的学生
- 可作为各种移动应用培训学校的入门教程

代码下载

本书配套的示例代码下载地址（注意数字和字母大小写）如下：

http://pan.baidu.com/s/1pLyKlCn（密码：4nqh）

如果下载有问题，请电子邮件联系 booksaga@163.com，邮件主题为"ionic 代码"。

本书由秦超主笔，其他参与创作的人员还有宋士伟、张倩、周敏、魏星、邹瑛、王铁民、殷龙、李春城、张兴瑜、胡松涛、李柯泉、林龙、赵殿华、牛晓云。

编　者

2017 年 1 月

目　录

第 1 章
◄ 欢迎进入移动开发的世界 ►

本章将向准备进入移动开发者行列的读者介绍 Ionic 的如何快速上手，以及使用 Ionic 1.x 框架进行移动 APP 开发时需要了解的一些行业知识和基础概念，如 HTML 5、AngularJS、PhoneGap、Cordova、响应式布局，以及 Ionic 开发框架（以下简称 Ionic 框架）。

本章的主要知识点包括：

- 移动互联网的特点和职业前景。
- 跨平台移动开发框架。
- 什么是 Ionic 框架以及是否该选择 Ionic 框架。

1.1 移动互联网行业的浪潮

当下，社会、人、事物以及他们之间的相互联系，从未如此紧密过。巨大的社会变化使得一些传统的行业市场快速萎缩，同时催生大量新生行业与机会。各种职业、行业发展发生巨大转折，知识、资讯变得触手可及，信息世界变得扁平、寻常。这个时代特点与移动互联网的发展息息相关。

移动互联网被誉为当今最具发展潜力的行业。根据易观国际《2016 年中国移动互联网用户行为统计报告》的分析结论：截至 2015 年底中国移动互联网用户数达到了 7.9 亿人，且继续向经济欠发达地区渗透；移动互联网总体市场规模高速增长，达到 2.3 万亿元，其中教育、汽车、医疗、金融、旅游和生活服务等细分领域正或将迎来飞跃式发展。

利用移动互联网天生具有的三大特征：移动化、个性化和差异化，有野心的团队和个人完全可以借力政府推动的"大众创新，万众创业"热潮，牢牢把握住移动互联网的优势，加入这场轰轰烈烈颠覆改造传统行业的运动。通过移动互联网创业，改变命运和世界，成就事业，变得越来越有可能。

据近几年人才市场供求情况显示，传统行业岗位竞争压力日渐增大，然而移动互联网这样的新型行业人才需求旺盛，很多移动互联网企业陷入了人才荒的尴尬境地，这些企业为了抢占先机，纷纷加入了人才抢夺大战，有实力的企业通过高薪、高福利抢走了大量的人才，导致部分中小企业无人可招，这也使得移动互联网编程开发技术岗位成为高薪岗位。从目前招聘网站发布的职位来看，达到专业水准的 iOS、Android 和 Web 前后端系统开发技术人员年薪都在 20 万以上，因此学习移动互联网编程开发技术就业前景自然无须多言。

1.2 跨平台移动开发框架

对于技术人员来说，一个技术平台路线的选择往往决定了未来 2~3 年的努力方向和收入水平增长速度能否跟上和超越国家货币总量增长速度。为了提升收入水平，主要可以采用两种策略：

- 深：专攻某方面专门技术成为专家，包治该领域内疑难杂症。崇尚磨刀不误砍柴工，十年磨一剑。
- 快：跟随社会与行业动向，迅速站到风口抓住商机，敏捷抢到头桶金。崇尚天下武功，唯快不破。

本书更适合那些希望从国家社会民族产业的大局入手，不过早拘泥小节，使用第二个手段野蛮生长，把机会快速变现成个人和团队现金流的技术人员或创业人士。当然作者不推崇和强调这两种手段之间的对立。对技术的钻研和深入探索也非常重要，毕竟知道分子和半桶水是无法适应稍微复杂的商业需求和后续演进的。然而本书介绍的 Ionic 框架技术，会更侧重于快而不是深。

 跨平台移动开发框架，就是国外的专业开发团队贴近快速应变需求而推出，具备敏捷高效特点的生产力工具的产物。

1.2.1 什么是跨平台移动开发框架

相信本书的读者都经历过为自己或家人朋友购买智能手机。如果不是因为经济上的原因，买一个苹果手机还是安卓手机都有可能成为一个艰难的选择。两者操作系统的不同导致了其上的 APP 应用文件也是不兼容的。与 PC 市场上微软的 Windows 操作系统一支独大的情况相反，苹果和谷歌分别推出的 iOS 和 Android 移动操作系统，都各自有指定的技术开发平台和官方推荐的开发语言。

作为一个移动应用开发者不得不做出取舍，是做个专家只能精通某一移动操作系统平台还是冒着什么都会一点，但又什么都只会比 Hello World 深一点的风险同时兼顾多个移动操作系统平台呢？这里还不能算上市场份额在不断丢失，说多了都是泪的 Windows Phone 操作系统。看似两难的选择题目前有另外一个选项可以考虑：跨平台移动开发框架。

跨平台移动开发框架是指基本经过一次开发，然后通过打包工具适配输出可以在多个移动操作系统（也包括 PC 操作系统）流畅运行并能调用丰富硬件设备功能的开发框架。为了实现多系统之间的兼容，跨平台开发框架的思路都是采用 HTML 5/CSS 3/JavaScript 为主力开发语言平台，利用移动操作系统对 Web 技术或内嵌 Web 浏览器的支持来执行代码逻辑，使用开发环境提供的工具生成适合各操作系统平台的安装文件。

以本书主要篇幅介绍的 Ionic v1.x 为例，从技术上来看，它是一款基于 HTML 5/CSS 3/JavaScript 的跨平台开发框架，使用它进行开发的主要产品是用于界面结构的网页视图模板、定制后生成的 CSS 渲染文件和包含数据业务逻辑的 JavaScript 文件。为了能够被安装在多个移动操作系统上，它的构建命令会调用底层的 Cordova 框架来生成用于 Android 平台安装的 apk 文件和用于 iOS 平台安装的 ipa 文件。而 Ionic 具有的开发框架特性，是指它已经内置了符合移动平台外观特征和操作逻辑的一组预定义设计组件，它们能通过 AngularJS 这个基于 MVVM（Model-View-ViewModel 的简写）模式的业内流行前端开发框架完美配合。使用 Ionic 的开发人员并不用从头开始写 HTML 5/CSS 3/JavaScript 代码，而是站在业内有丰富的前端界面与功能组件开发经验的设计师团队的肩膀上，通过对已有应用模板的定制修改扩展，快速地将商业计划变成可以运行的 APP 应用。

1.2.2　为什么选择跨平台移动开发框架

之所以推荐读者选择跨平台移动开发框架，是因为它有以下优势：

● 一次编写多平台兼容

两大移动操作系统平台（iOS 和 Android）均使用同一浏览器内核，能够完美支持 HTML 5 技术。开发出的代码可以使用框架提供的打包工具生成适配于相应平台的应用安装包，以不断适应移动操作系统的演化而升级的标准工具，确保应用的兼容性。而框架提供的对底层硬件设备的 JavaScript 访问接口又保证了充分发挥设备的能力，突破了 HTML 5 只能在 Web 浏览器里渲染的限制。

● 迅速上手，立即产出

没有学过计算机专业知识，不懂 C++、Java、C#的业余爱好者或是创业者，也能够通过业余时间学习网上大量充斥的免费 HTML 5/CSS 3/JavaScript 教程，遵照开发框架的入门指引开发出可用的 APP 应用。特别对于创业者来说，在事业启动时如果能够 Fail fast or win big（快速失败或是获得大成功），将有助于更快到达成功的彼岸或放弃无谓的尝试。

● 拥抱变化，贴近用户

碎片化的国内 Android 应用市场和被苹果任性而严厉管理的 Apple Store，都是 APP 应用发布推广和升级的噩梦。而通过网页形式动态渲染界面和内容的跨平台移动开发框架，辅以动态加载组件，基本能做到无痛苦的更新推送。另外也可以处理成有些内容页面直接访问在线站点，提高更新效率，绕开某些应用市场过于烦琐的审核机制。现实中虽然不至于出现一夜之间把 APP 应用的业务领域从互联网金融转向为 O2O 社区服务的实际需要，但具备这个应变能力是创业团队和个人在这个残酷的商业社会生存下去的一个重要保障。

● 提供界面框架使无美工基础的全栈开发者也能开发出友好的用户界面

因为在这些开发框架中基本都已经提供了定义好的适合移动平台的组件和样式，开发人员只需要根据需要选择组件和样式即可。基于开源技术的组件和样式又都提供客制化的途径，开发人员后期也可以为了美化界面而修改框架原生设置来定制 APP 应用界面。

1.2.3 可选的跨平台移动开发框架简介

目前在国内流行的跨平台移动开发框架有：Ionic、jQuery Mobile、AppCan、React Native 等。类似的其他框架还有很多，这里只介绍有代表性和有活跃开发者群的。此外由于本书的主题是关于 Ionic，因此将会集中大量篇幅为读者介绍 Ionic，以帮助树立学习该开发框架的信心和决心。

1．Ionic

在 2015 年 5 月 12 日宣布正式发布的 Ionic 被认为是目前最成熟和有潜力的一款 HTML 5 跨平台移动开发框架。直观地看，它提供了很多符合移动平台界面观感和操作逻辑的 UI 组件来帮助开发者开发强大的互联网 APP 移动应用（以及企业 APP 移动应用）。

Ionic 框架的目的是以 Web 的技术开发移动应用，而基于 Apache Cordova 的编译平台，实现了编译打包成各个移动操作系统平台适配的应用程序包。

在评估基于 HTML 5 技术的 APP 应用各项指标中，运行速度占据非常重要的位置。基于 Ionic 编写的 APP 应用在最新的移动设备中表现卓越，运行流畅，能让用户感觉到用 HTML 5 开发的 APP 也可以飞起来。

Ionic 已经成为 MVVM 前端框架 AngularJS 的移动端标准解决方案。Ionic 基于 AngularJS 创造出一款适合开发者分离业务模型、构建单元测试的强大应用开发框架。 因此 Ionic 可以适用于大中小各种规模的 APP 应用开发和团队协作。

Ionic 为当前流行的两种移动设备而设计，并且有相当完美的展现层。伴随框架提供的众多流行移动组件、单页面路由结构、内置的用户界面交互规范、华丽且可扩展定义的主题和全面的官方文档，移动开发者一旦上手就不愿意离开它了。

利用 Ionic 提供的 CLI（命令行接口），只需要通过输入一个命令就可以完成创建应用初始框架，构建测试包，部署应用程序到指定的平台设备或模拟器上。

安装 Ionic 消耗的时间成本也非常低，只需要在命令行运行 npm install -g ionic 完毕就可以开始上手了。

最值得一提的是，Ionic 的开发运营团队提供了完整的社区生态和支持体系。在图 1.1 演示的 Ionic 官方发现者（discover）网站 http://ionic.io/discover 里读者可以由此入口找到关于 Ionic 的官方与社区资源。

在笔者写本书的时候，Ionic 的 v2（第 2 个大版本）也于 2016 年 6 月 30 日推出了 Beta 测试版，并在紧张地设计和编写从 v1 平滑迁移升级到 v2 的方案，可见基于 Ionic 开发框架的开发者有乐观的未来前景保障。

图 1.1　Ionic 官方发现者（discover）网站

2．jQuery Mobile

jQuery Mobile 的前身是 jQuery。jQuery 是一个非常流行的 Web 程序开发时使用的 JavaScript 类库，当时它的出现只是为了在 PC 端的浏览器而设计开发的。在移动互联网中为了更好地满足浏览器运行 Web 程序的需求，基于 jQuery 和 jQueryUI 的基础上，jQuery Mobile 应运而生。它是 jQuery 在移动设备上的版本，它不仅带来能够让主流移动平台支持的 jQuery 核心库，还包括一整套完整和统一的移动 UI 框架。对于已熟练掌握 jQuery，任务是编写小型 APP 应用的个人或小团队来说，jQuery Mobile 不失为一个好的选项。笔者在北美搭乘过的灰狗（GreyHound）公司提供的简单 APP 应用，就是使用 jQuery Mobile 开发的。图 1.2 列出了一些使用 jQuery Mobile 开发出的移动应用示例。

图 1.2　使用 jQuery Mobile 开发的移动 APP

3．AppCan

AppCan 是中国人自行开发的基于 HTML 5 技术的跨平台移动应用快速开发一体化解决方案。开发者利用 HTML 5/CSS 3/JavaScript 技术可以快速地开发与原生应用体验相媲美的移动应用。AppCan 平台提供了 UI 快速开发框架、封装过的本地功能调用 API 接口、应用打包系统、IDE 集成开发环境和本地应用调试模拟器，并预置数百套界面模板和数十种应用插件，提供多套应用模板。完善的框架接口，人性化的开发环境，丰富的开发资源，强大的服务支持，使学习 AppCan 的开发者可以快速迈入移动开发领域。

不过网上评论 AppCan 有一些缺点比如不开源、无法修改优化底层代码、暂不支持自行开发原生控件、框架自带功能过多导致应用安装包偏大等。因此有一些早期基于 AppCan 开发的团队慢慢流失转到更加开放和灵活的 PhoneGap/Cordova/Ionic 阵营。从图 1.3 的 AppCan 架构图来看，这个框架功能还是很全面的。

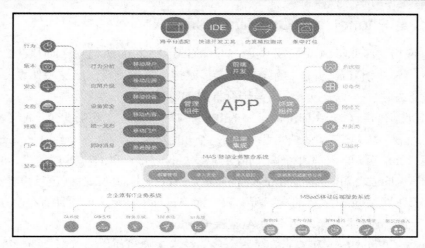

图 1.3　AppCan 移动开发平台官方架构图

4．React-Native

React-Native 是 Facebook 在 2015 年初 React.js 技术研讨大会上公布的一个开源项目。它支持用开源的 JavaScript 库 React.js 来开发 iOS 和 Android 原生 App。在初期 React-Native 仅支持 iOS 平台，同年 9 月份，该开源项目同时支持 Android 平台。

React-Native 的原理是在 JavaScript 中用 React 抽象操作系统原生的 UI 组件，代替 DOM 元素来渲染，比如以<View>取代<div>，以<Image>替代<img>等。

和其他的跨平台移动 Web 框架相比，React-Native 优点显著：不用 WebView，彻底摆脱了 WebView 让人不爽的交互和性能问题、React-Native 封装的原生控件有更好的触摸滚动体验和灵敏的手势识别、React-Native 有更适合的线程模型保证了前台操作的流畅性。

然而目前阶段 React-Native 的缺点也比较鲜明：尚未正式发布的代码还在持续改动，对于技术能力不强的团队很难跟上步伐、官方对 Android 平台的支持依然较弱，开发者需要借助社区力量的支持、提供的界面组件偏少，对类 CSS 的样式支持也不丰富完整。笔者曾经把玩过一阵 React-Native，感觉目前它虽是众望所归的明日之星，但真要到达普罗大众都能轻松上手完整开发出一个 APP 应用的程度，还需要加以一些时日来沉淀完善。笔者的观点是开发者如无一定实力做基础，在黑夜里盲目走在最前面可能会不容易见到明天的太阳。图 1.4 中显示的 React Native 开发的 APP，是 iOS 版本下的应用。

图 1.4　React Native 开发的 APP 应用启动界面

1.2.4 什么是 PhoneGap / Cordova / Ionic

在混合型应用（Hybrid APP）技术里，PhoneGap 和 Cordova 这两个词往往会被混用。虽然本书主要内容是介绍 Ionic 开发框架，但是弄清楚提供打包支持和底层硬件设备接口组件的 Cordova 的来龙去脉也有助于技术人员与同行探讨 IT 文化。

2008 年 8 月，PhoneGap 在旧金山举办的 iPhone Dev Camp 上崭露头角，起名为 PhoneGap 源于创始人的想法："跨越 Web 技术和 iPhone 之间的鸿沟（Gap）"。当时 PhoneGap 还隶属于 Nitobe（泥土鳖）公司。经过几个版本的更新，PhoneGap 开始支持更多的移动操作系统平台。在 2011 年，Adobe 公司收购了 Nitobe 公司，随后 Adobe 把 PhoneGap 项目捐献给了 Apache 基金会，但是保留了 PhoneGap 的商标所有权。而 Apache 收录这个项目后在 2012 年 Adobe PhoneGap 更新到 1.4 版本时最终更名为 Apache Cordova。

随后就出现了 PhoneGap 和 Cordova 两个名字经常被混淆使用的状况。两者区别如下：

- Cordova 是 Adobe 捐献给 Apache 的开源项目名，而 PhoneGap 是 Adobe 的商业产品名。
- PhoneGap 产品另外还包括一些额外的属于 Adobe 的商用组件，例如 PhoneGap Build 和 Adobe Shadow。

目前其实 Adobe 的 PhoneGap 产品和 Apache 的 Cordova 项目维护的是共同的一份源代码组件。最终我们可以把 PhoneGap 看作是 Apache Cordova 的一个分支。类似于 Apache Cordova 是一台发动机，运行在 PhoneGap 上，就像 WebKit 这个浏览器引擎运行在 Chrome 浏览器和 Safari 浏览器上。为了正确地反映现状，本书使用的是 Cordova 这个代号，尽管很多时候两者是可以混用的。

然而不是装了 Cordova 以后开发起跨平台的 APP 应用就一了百了了。Cordova 提供的是比较底层的硬件设备功能库和 APP 打包功能，而它对表现层并没有任何实现支持。因此业内使用 Cordova 开发往往至少需要再加上作为展现和交互的 UI 层工具或者框架，而 Ionic 和前面提及的 jQuery Mobile 主要职责就都是提供这部分 UI 层功能。

所以读者可以把 Ionic 理解成一个基于 Web 技术开发 SPA（单页面应用）的框架，通俗地说就是使用 HTML 5/CSS 3/JavaScript 开发一个 APP 应用页面。

为了便于大型项目的开发协作，Ionic 本身的组件和样式开发分别集成利用了 AngularJS 和 SASS/SCSS。最后为了提供给开发者一站式开发平台，Ionic 又集成了 Cordova 的构建打包功能，使得开发者最终可以直接用 Ionic 的 CLI（命令行接口）来调用 Cordova 的创建、编译、打包等功能。

1.3　初识 Ionic v1.x

经过之前的介绍，相信读者已经了解了跨平台移动开发框架的含义以及使用它们的原因。目前市面上经过大浪淘沙，尚存的移动开发框架各具特色，而且大都开源免费，如何选择出适合自己的那一款就成了开发者必须要面对的问题。

 提示 v1.x 代表大版本为 v1.0 的改进修正和功能增加后续版。本书后面除非笔者专门指明版本，使用 Ionic 的地方将直接代表 Ionic v1.x。

1.3.1　为什么选择 Ionic

虽不能说在移动开发领域非常资深和见多识广，笔者也是在历经数月了解把玩多个移动开发框架后最终选择了 Ionic 作为主力开发平台。个人考虑的原因大概有以下几点，供读者借鉴参考和批判：

- 成熟堪用

从 2015 年 5 月 12 日发布 v1.0 正式版本以来，经过 Ionic 框架开发团队不断改进，最近 Github 上该开源项目的 issue（报错）总数趋于不变，新增的 issue 主要集中在目前处于 Beta 阶段的 v2.0 版。除了能找到一些 Ionic 处于早期 Beta 版阶段时被黑得伸手不见五指的历史老帖，国内外的开发者论坛上目前对 Ionic 的口碑反映都还不错。在 stackoverflow 网站上 Ionic 的新问题也已经不多了。种种迹象表明现在的 Ionic 历经时间的洗礼，达到了成熟可控没有弱智 bug 的程度。

- 适合团队协作和中大型项目

通过集成 AngularJS 和 AngularUIRouter，Ionic 框架充分发挥了 AngularJS 的优势。本书会在第 3 章介绍 AngularJS 的一些特性。在这里读者需要了解的就是，有了 AngularJS 做基础，Ionic 开发应用的过程比基于 jQuery/Zepto 或者 jQuery Mobile 框架的过程更容易进行工程质量管理和开发团队职责划分。

- 相对的性能优势

Ionic 早期的版本虽然功能初步完备，但是面对大数据量或动画切换场景时往往性能不佳。经过一年多的持续改进和定点优化，情况已经有很大改善。对于一些经典的性能瓶颈场景，Ionic 或提供特殊优化过的 AngularJS 指令，或内置可灵活定制的缓存机制，或给出调整影响性能的开关参数，使开发人员能无痛地让开发出的应用在使用流畅性上大致接近原生应用。

- 良好的社区支持服务

无论是目前处于正式版的 v1.x 或是处于 Beta 版的 v2.0，Ionic 都有专人在社区进行问题解答和在 Github 跟踪解决 issue。对于有 bug 暂未解决的部分，官方文档网站也都会及时明确提示，使开发者能够避开雷区。

- 完整的开发构建工具链

在完成第 2 章的 Ionic 开发调试环境安装后，通过使用 NPM、Gulp、Bower、Gordova 和 Ionic CLI 一起组成的工具链，就能快速进入 APP 应用的迭代开发测试阶段，节省传统开发中大量的无效时间。相信读者在后面章节的动手实验环节中将能深入感受到这一点带来的便利。

1.3.2　基于 Web 技术 HTML 5/CSS 3/JavaScript

　　大体上基于 Ionic 框架的开发可以理解成开发一个基于 Web 技术开发 SPA（单页面应用），通俗地说就是使用 HTML 5/CSS 3/JavaScript 开发一个 APP 应用页面。可能有些读者未曾了解和接触过 AngularJS 和 SASS/SCSS 技术，目前可以把 AngularJS 理解为完全基于 JavaScript 开发的框架，而 SASS/SCSS 只是用于最终生成 CSS 代码的过程文件。因此具备 HTML 5/CSS 3/JavaScript 基础知识的开发者，是有能力快速入门和产出的。

　　本书因为聚焦于主题和控制篇幅的关系，虽然会对出现的重要代码进行解释，但不提供 HTML 5/CSS 3/JavaScript 的入门介绍。读者可以自行选择书籍或者网上教程来学习掌握这些基础知识。

　　从图 1.5 的示例图中读者可以发现，一个使用 Ionic 框架开发的 APP 应用主要有效运行代码就是主 HTML 文件+主 CSS 文件+若干 JavaScript 文件构成。

图 1.5　使用 Ionic 框架开发的 APP 应用代码构成

1.3.3　基于 AngularJS 框架

选择基于 AngularJS 框架，Ionic 开发团队应该是经过深思熟虑的，虽然最近在 ReactJS 大火之后出现了很多对 AngularJS 诟病的声音。

AngularJS 建立在这样的信念上：应该把声明式编程用于构建用户界面以及编写软件构建，而指令式编程非常适合来表示业务逻辑。AngularJS 框架采用并扩展了传统 HTML，它设计了双向的数据绑定来适应动态内容刷新，这种双向数据绑定允许模型和使用模型数据来完成界面渲染的多视图之间的自动同步。因此，AngularJS 使得引入 jQuery 这样的库来对 DOM 的操作不再重要并提升了可测试性。

AngularJS 完成了以下的设计目标：

- 将应用逻辑与对 DOM 的操作解耦，这能提高代码的可测试性。
- 将应用程序的测试看的跟应用程序的编写一样重要，而代码的模块构成方式对编写单元测试的难度有巨大的影响。
- 将应用程序的客户端与服务器端解耦，这允许客户端和服务器端的开发可以分头行动，并且让双方的复用成为可能。
- 指导和约束开发者构建应用程序的整个历程：从用户界面的设计，到编写业务逻辑，再到测试。

AngularJS 实现了 MVVM 模式，并鼓励模型、视图和视图-模型组件之间的松耦合。通过依赖注入（dependency injection），Angular 为客户端的 Web 应用引入了传统服务端开发常用的模式实践。

相对 jQuery 这类库来说，AngularJS 是一个复杂完善的系统级框架，因此学习和上手都需要相对花费更多的时间和精力。本书第 3 章将为未曾接触过 AngularJS 框架的读者介绍 Ionic 开发中需要了解的基础概念。

在图 1.5 中似乎未曾出现对 AngularJS 框架文件的引用，事实是 Ionic 已把 AngularJS 框架文件的内容包含到名为 ionic.bundle.js 的打包文件中，有兴趣的读者可以自行阅读代码验证。

1.3.4　接近原生 APP 应用的炫丽界面组件

Ionic 提供了模拟参照 iOS 和 Android 平台上的原生移动应用布局和众多移动端界面组件。这些布局和交互型组件都带有可调整的动画效果和支持触摸手势事件。因此 Ionic 在为技术人员提供快速开发能力的同时，又最大程度兼顾了用户友好性和界面美观。更有甚者，界面设计的专业开发者在 Ionic 界面组件的基础上实践了 Material Design 的概念，推出了有更多开源炫丽界面组件的网站 http://ionicmaterial.com/。该网站也提供了如图 1.6 所示的模拟界面预览组件供学习参考。

图 1.6　Ionic Material 网站提供的界面组件预览

本书第 5~9 章将会逐一详细介绍 Ionic 提供的各种界面组件，有兴趣的读者可以提前翻看组件示例图来了解。

1.3.5　自适应（Responsive）布局

移动设备已经慢慢超过桌面设备，成为访问互联网的最常见终端。然而 Android 设备屏幕大小分布的碎片化使开发者不得不面对一个难题：如何才能在不同大小的设备上使同样的内容呈现时更加自然友好？

2010 年，Ethan Marcotte 提出了"自适应网页设计"（Responsive Web Design）这个名词。它指可以自动识别屏幕宽度、并做出相应调整的网页设计。图 1.7 展现的就是同一网页在浏览器调整为四种不同宽度时自动调整布局结构的示例。

图 1.7　支持自适应布局的页面

Ionic 框架已经内置了自适应布局的支持，它额外提供了三个不同响应式 CSS 类默认样式用于区分手机竖屏与横屏、平板竖屏与横屏这四种宽度布局类别。另外开发者也可以自定义更多的响应式 CSS 类满足特殊需要。本书的 5.1.5 节将会举例介绍 Ionic 框架的这个特性和使用定制方法。

1.3.6　支持个（任）性定制

本章的 1.3.4 节笔者提到 Ionic 内置了多组适应布局和交互型组件。这些开箱即用，功能完善、界面完美的组件集能够满足大多数开发场景的需要。但世界并不总是那么如意，可能有某些时候开发者需要应对自己或他人的脑洞大开，必须将已有组件做各种个性化更改的局面。

提前考虑到这一点的 Ionic 团队在开发组件的样式 CSS 类时放开了本书第 4 章将要介绍的 SASS/SCSS，将 CSS 更动态化，此外再结合本书第 10 章将要介绍的设备信息服务组件，开发者就能依据移动设备的硬件参数和平台资源配置，将应用定制成任意的模样。

1.3.7　Ionic 的缺点

前面介绍了一大堆使用 Ionic 框架做跨平台移动应用开发的优势，但是理性最终总能战胜狂热，读者有必要了解 Ionic 与生俱来的一些缺陷，从而知道不适合使用 Ionic 的环境或者需要提前筹划规避的深坑。

经过近 2 年全球开发人员的使用，基本对 Ionic 存在的缺点达成了共识：

● Hybrid（混合）模式开发的应用自有的性能缺陷。

由于应用的逻辑执行是基于浏览器所带的 JavaScript 动态代码在界面主线程上执行，因此在低端 Android 设备上性能缺陷严重，用户操控时卡顿感很明显。好在随着 Android 设备提供商的硬件跑分残酷竞争，目前市面所售的智能手机使用 Ionic 开发出的 APP 应用与原生应用相比已经基本无差异感了。不过即使如此，Ionic 也不能用于有较高实时图形响应要求的游戏开发。

● 深度依赖于 AngluarJS 框架。

AngluarJS 框架在为 Ionic 带来各种好处的同时，也带来了初学者学习曲线陡峭（这对那些笔者极端仰慕的天资聪颖者当然例外），深刻理解的人用起来效率很高，不理解的用了到处是坑的局面。而对 AngluarJS 框架的深度依赖，也让 Ionic 在 AngluarJS 开发团队开发其 2.0 版本时决定重起炉灶抛弃以前的架构的时候处境尴尬，不得不有点被胁迫地将 Ionic 框架同步升级为 2.0 版本，将开发使用的主力语言从 JavaScript 转为微软主导开发的 TypeScript。

● 深度依赖 Cordova 插件提供硬件设备的接口。

当没有相应的 Cordova 插件提供想要的硬件设备的接口时，开发人员需要自己分别编写 iOS 和 Android 平台的插件。当然这种情形出现的几率并不大。

● Windows Phone 支持比较弱。

Ionic 的官方网站已经基本没有关于 Windows Phone 的开发内容。好在 Windows Phone 的市场也已经日暮西山，这部分微软死忠用户的价值基本不用惦记了。

在笔者看来，对于开发应用型的技术，应该也本着"合则用，不合则弃"的原则来决定是否投入精力来学习。读者需要根据 Ionic 的优缺点、自身的技术积累优势和计划编写的移动

APP 的特点来考虑是否要使用 Ionic 框架。

1.3.8　Ionic 的商业案例

从 Ionic 的 Beta 版开始，国外就已经有众多的个人开发者和公司开始追踪和试用这个据称是混合开发的神器，从此诞生了不少使用 Ionic 框架开发的 APP 应用。目前据 Ionic 网站的官方统计，已有超过 120 万移动 APP 应用是用 Ionic 框架来构建的。感兴趣的读者可以到 http://showcase.ionicframework.com/查找一些被 Ionic 官方推荐的应用列表，如图 1.8 所示。

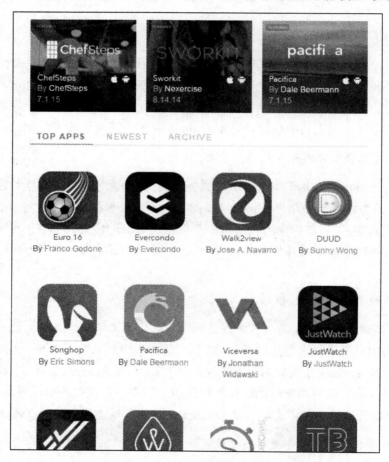

图 1.8　Ionic 官方推荐的 APP 应用

考虑到大部分购买本书的读者更关注 Ionic 的中文资料和在国内互联网的使用，这里作者也列出了专门以 Ionic 为主题的技术论坛的网页 http://ionichina.com/showcase 上展示的基于 Ionic 开发的部分 APP 应用，如图 1.9 所示。

图 1.9　国内团队使用 Ionic 开发的部分 APP 应用

1.3.9　Ionic 的开源案例

学习和提升 IT 开发技术的最好方式就是大量阅读其他优秀开发者的代码。在 Ionic 的官方网站同时也维护了为初学者准备的很多基于 Ionic 框架开发的 APP 应用开源案例，感兴趣的读者可以去自行登录下载学习 http://market.ionic.io/starters，如图 1.10 所示。

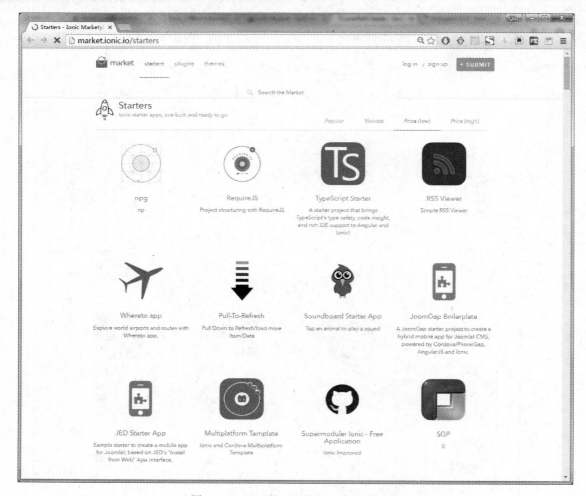

图 1.10　Ionic 的开源案例网站页面示例

1.3.10　Ionic 的未来——Ionic v2.0 & AngularJS v2.0

在笔者编写本书的时候（2016 年 7 月），下一个版本的 Ionic 和 AngularJS 都处于 Beta 版的状态，有业内人士判断它们将于 2016 年底前成为正式版。

尽管 AngularJS v1.x 非常成功，但是 AngularJS v2.0 的剧烈转向也许更值得期待。

AngularJS 当初是提供给设计人员用来快速构建 HTML 表单的一个内部工具。随着时间的推移，各种特性被加入进去以适应不同场景下的应用开发。然而由于最初的架构限制（比如绑定和模板机制），性能的提升已经非常困难了。在语言方面，ECMAScript6 的标准已经完成，这意味着浏览器将很快支持例如模块、类、lambda 表达式、generator 等新的特性，而这些特性将显著地改变 JavaScript 的开发体验。在开发模式方面，Web 组件也将很快实现。然而现有的框架，包括 AngularJS v1.x 对 Web 组件的支持都不够好。此外 AngularJS v1.x 没有针对移动应用特别优化，并且缺少一些关键的特性，比如：缓存预编译的视图、触控支持等（这些部分在 Ionic 框架里有一些相应的补足增强）。

AngularJS v2.0 的开发团队怀着野心重起炉灶来解决这些问题。由于目前还是未稳定的 Beta 版，本书不会过多着墨于它。前面在 1.3.7 节笔者提到过 Ionic 开发团队追随着 AngularJS 的升级步伐同时也在着手升级到 Ionic v2.0 的工作。虽然目前处于 Beta 版的状态让笔者觉得也不宜过早吹捧，但是 Ionic 开发团队在官方博客里承诺已经重新思考和进行反复沙盘推演，将要推出能使性能得到极度提升，开发人员需要编写的代码结构复杂性得到大幅削减，可定制性更上一层楼的 Ionic v2.0 开发框架。图 1.11 展示了 Ionic 对 AngularJS v2.0 和 Ionic v2.0 的信心。对此承诺半信半疑和对 Ionic 的未来有兴趣了解的读者可以到 Ionic 官方关于 Ionic v2.0 的文档参考子站点 http://ionicframework.com/docs/v2 先睹为快。

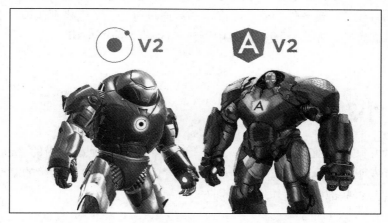

图 1.11　Ionic v2.0 和 AngularJS v2.0 的官方宣传图片

1.4　学习完本书找工作与创业

天下熙熙，皆为利来；天下攘攘，皆为利往。笔者不排除少部分人怀着"write the code, change the world"的伟大理想进入 IT 行业，但这个社会大部分人学习钻研技术还是为了个人求生存谋发展的。虽然笔者不能算是 IT 界和移动开发领域的老司机，但是本节还是霸王硬上弓尝试探讨一下学完本书后未来的出路问题。

1.4.1　从本书的项目实战开始准备技术作品

本书为了贴近读者要求介绍学习的技术如何进行完整实战演练的呼声，在第 13 章和第 14 章模拟了如何快速策划、设计、开发完成 2 个使用 Ionic 框架开发的示例 APP。这里的完整，指的是还包括后端的 API 设计实现代码。

需要找移动开发领域工作的读者，在完成本书学习后，可以以这两个 APP 为基础，自行改写扩充或是不断完善成你自己的项目，面试时就有值得深入的话题可谈，有信心展示实力的作品可展现了。

此外本章的 1.3.9 节里提供的 Ionic 开源案例网站，也可以成为读者发掘借鉴优秀开发者作品源代码的宝库。

1.4.2　Ionic 助力实现你的创业梦想

对于值得尊敬的创业者和创业团队来说，梦想的翅膀插上之后，还得尽量多扑腾几下。创业团队要打造一个产品原型，一般需要几个角色：业务主导人、产品经理、开发工程师、UI设计师。Ionic 框架主要是给其中的开发工程师和 UI 设计师角色配合使用的，当然如果创业者能身兼数职，推出产品原型的过程将会是无比顺畅。

学习和使用 Ionic 框架，有助于创业过程中低成本地快速试错野蛮生长，这已经是国内外多个创业团队的共识了。希望你们能在阅读本书后通过努力，迅速找到风口，依靠方校长建造的独有防火墙生态优势，早日让国人用上中国特色的移动 APP 应用。

1.5 小结

本章从移动互联网行业的热潮入手，逐步阐明了跨平台移动框架中的 Ionic 是一个值得深入学习使用的开发平台。此外本章介绍 Ionic 的诸多优势和特性，在后续的章节中，读者将会一一学习和接触到这些部分。

第 2 章
◀ Ionic 的开发调试环境安装 ▶

本章将介绍使用 Ionic 框架开发前需要安装的开发环境。根据第 1 章的介绍，Ionic 依赖于 Cordova 框架，此外开发出来的 APP 应用也需要适配 iOS 和 Android 两种移动操作系统平台，因此在能够使用 Ionic 构建出两种操作系统的安装包前，有比较严格的安装步骤需要完成。本章的主要知识点包括：

- Ionic 开发运行环境安装
- Windows 下 Android 开发平台安装
- Apple OS X 下 iOS 与 Android 开发平台安装
- 推荐的代码编辑工具 Sublime 配置

2.1 Ionic 快速上手环境安装

Ionic 开发调试环境是基于 Node.js 运行的，而 Ionic 的公开源代码包又托管在 Github 上。因此安装 Ionic 的正式开发调试环境前，需要有一些前置的平台工具先能成功运行。本节将依次介绍这些平台工具的安装和对它们的功能进行简单说明。

 本节涉及的软件包安装过程在 Windows 和 Apple OS X 下基本一致，读者基本可以登录这些软件的官网自行解决安装中遇到的问题。因此碍于篇幅关系，笔者在本节不详细介绍 Apple OS X 操作系统环境下的安装过程，而只以占读者比例最多的 Windows 操作系统环境来演示。如确实有特殊明显的区别，笔者会在具体的章节里依据情况说明。

2.1.1 安装 Node.js 和 NPM

1．什么是 Node.js 和 NPM

Node.js 是让 JavaScript 脱离浏览器运行在服务器的一个平台，而不是一个新的语言或者库。虽然 Node.js 采用的是单线程机制，但是它通过异步 IO 与事件驱动的设计来实现了高并发服务。此外 Node.js 内建一个 HTTP 服务器可方便地用于测试和生产运行。在 APP 应用开发的过程中，我们将要在浏览器中调试的 Ionic 代码就是通过 Node.js 的 HTTP 服务来响应请求和执行文件修改后动态 reload（重新加载）机制，因此能够运行 Node.js 是成功安装 Ionic 的前提条件。

NPM 是 Node.js 的包管理器，它已经被自动包含在目前 Node.js 的安装包里，不再需要单独安装。在使用 Ionic 的 CLI 生成完 Ionic 工程目录和描述工程所用到的 Node.js 代码包的配置文件 package.json 之后，NPM 会被自动调用以下载安装这些 Node.js 代码包。

 本书不是关于 Node.js 的入门书，因此不会花过多笔墨介绍 Node.js 和 NPM。感兴趣的读者可以到这两个软件的官网自行阅读文档学习。

2．安装 Node.js 和 NPM

笔者编写本书时，可以成功安装运行 Ionic 的 Node.js 版本为 v4.4.2，因此建议读者可以在开发机的命令行内输入：

```
node -v
```

判断是否已经安装了正确的 Node.js 和 NPM 版本，如图 2.1 所示。

图 2.1　查看当前操作系统安装的 Node.js、NPM 和 CNPM 版本

如果 Node.js 未安装或者版本太旧需要升级，建议读者到图 2.2 中显示的 Node.js 的官网 https://nodejs.org/en/download/，根据所使用的操作系统选择对应的 Node.js 包安装。

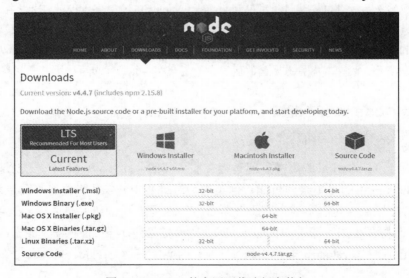

图 2.2　Node.js 的官网下载选择安装包

由于中国国情的关系，使用 NPM 下载安装某些软件包时需要使用一些不可详细描述的技术手段改变联网状态。因此推荐读者在安装或升级完 Node.js 后运行以下命令安装淘宝提供的 NPM 软件包库的镜像 CNPM，安装命令的成功输出如图 2.3 所示。

```
npm install -g cnpm --registry=https://registry.npm.taobao.org
```

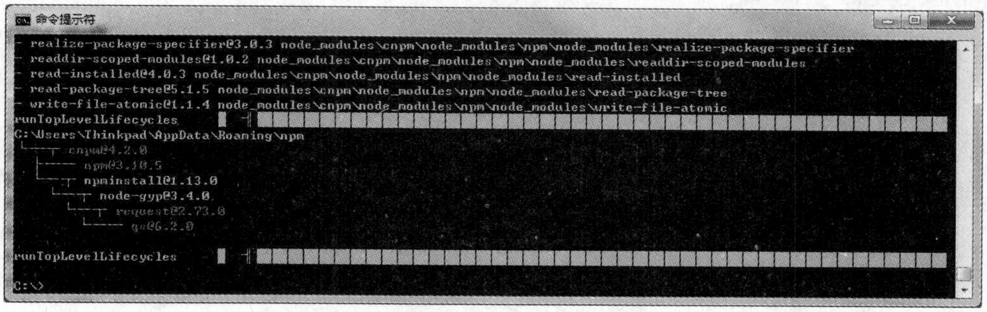

图 2.3　使用 NPM 安装 CNPM

命令成功执行完毕后，以后使用 npm 命令的地方就都可以用 cnpm 来代替了。

> **提示**　本书介绍的关于 CNPM 的内容也许会随着时间流逝而可能不再正确。具体权威的 cnpm 说明和其提供的专有命令请参考 CNPM 的官网：https://npm.taobao.org/。

到目前为止，Node.js 和 NPM 的安装就算基本完成了，读者可以回顾一下图 2.1，运行图中的 3 个命令检查一下开发机的软件版本是否正确（版本号大于等于图中数字即可）。

2.1.2　安装 Git

Git 是目前世界上最先进的分布式版本控制系统。和 Git 出现前流行的集中式的版本控制系统 CVS、SVN 及收费版的 ClearCase 相比，Git 所代表的分布式版本控制系统为开发者带来了极大的便利性，同时丢失代码的可能性也减小很多。目前基本所有的开源项目都发布在使用 Git 的 Github 网站上，Ionic 开发框架这个开源项目也是如此（项目在 Github 的网址为 https://github.com/driftyco/ionic/tree/1.x）。

因此使用 Ionic 框架的开发者，需要在开发机安装好 Git。这样当使用 Ionic CLI 创建项目时，将会自动调用 Git 的命令，从 Github 把最新的 Ionic 模板与支持文件下拉到本地目录。

1．Windows 操作系统环境下 Git 的安装

笔者推荐使用 Windows 操作系统环境的读者到图 2.4 展示的 Git 开发组提供的专门网站 https://git-scm.com/download/win 自动下载最新版的 Git 安装包并按提示安装即可。

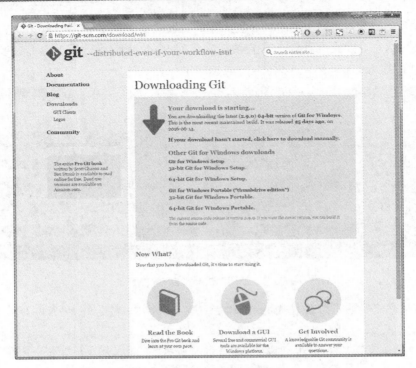

图 2.4 Git 的官网下载网站

2．Apple OS X 操作系统环境下 Git 的安装

笔者推荐使用 Apple OS X 操作系统环境的读者使用 Homebrew 来安装 Git。首先读者可以在 Terminal 窗口输入：

```
brew
```

通过 Terminal 窗口的提示可知 Homebrew 是否已被安装。如果 Homebrew 尚未安装，读者需到 Homebrew 的官方网站（http://brew.sh/index_zh-cn.html）依据说明安装，如图 2.5 所示。因为官网已提供中文版的完整说明和命令代码，这里不再详述 Homebrew 的安装过程。

图 2.5 Homebrew 官网安装说明

确认 Homebrew 可以正常工作后，安装 Git 就很简单了。继续在 Terminal 窗口输入：

```
brew install git
```

即可进入 Git 的安装。安装完毕后可输入：

```
git -version
```

验证 Git 是否成功安装以及被安装的版本，如图 2.6 所示。

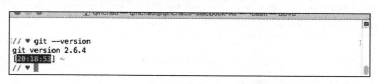

图 2.6　验证 Git 是否成功安装以及被安装的版本

2.1.3　安装 Gulp 和 Bower

Gulp 是前端开发过程中一种基于流的代码构建工具，是自动化项目的构建利器。她不仅能对网站资源进行优化，而且在开发过程中很多重复的任务能够使用正确的工具自动完成。具体来说，Gulp 是基于 Node.js 的自动任务运行器，它能自动化地完成 JavaScript、SASS/SCSS、HTML、CSS 等文件的测试、检查、合并、压缩、格式化、浏览器自动刷新、部署文件生成，并监听文件在改动后重复指定的这些步骤。在实现上，它借鉴了 Unix 操作系统的管道（pipe）思想，前一级的输出，直接变成后一级的输入，使得在操作上非常简单。

Bower 是用于 Web 前端开发的 Node.js 包依赖管理器。对于前端包管理方面的问题，它提供了一套通用、客观的解决方案。它通过一个 API 暴露包之间的依赖模型，这样更利于使用更合适的构建工具。Bower 没有系统级的依赖，在不同包之间也不互相依赖，依赖树是扁平的。

Ionic 框架同时使用了 Gulp 和 Bower 作为安装与构建工具链的一部分，因此这两个工具都需要在命令行工具中使用 NPM 安装好：

```
sudo npm -g install bower gulp
```

安装过程完成后分别输入以下两条命令验证 Gulp 和 Bower 的正常安装与版本，如图 2.7 所示。

```
gulp --version
bower --version
```

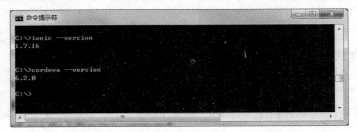

图 2.7　验证 Gulp 和 Bower 是否成功安装以及被安装的版本

 一般的前端项目需要在项目目录里再次使用 NPM 以项目模式安装 Gulp，而因为 Ionic 的项目模板已在其 package.json 里描述了对 Gulp 模块的依赖，因此后面的构建过程不需要进行类似的安装了。

2.1.4　安装 Ionic CLI 与 Cordova

完成了前面的铺垫之后，现在可以开始安装 Cordova 和 Ionic CLI 了。首先需要在命令行工具中使用 NPM 安装这两个工具包：

```
sudo npm install cordova@6.2.0 ionic@1.7.16 -g
```

 这里安装 Cordova 和 Ionic CLI 时指定了安装的特定版本号，这是因为笔者编写此书时所使用的开发环境就是这两个当前最新的版本。为了保证后面的讲解使读者能够在自己的开发环境中完全重复，笔者建议读者朋友在学习时除非很有把握，否则最好不要随意升级改变它们的版本。

由于中国互联网的特殊状况，使用 NPM 安装 Cordova 和 Ionic CLI 的过程中可能会出现一些依赖包无法下载而安装失败的现象。不幸中招的读者可以使用 cnpm 替换命令中的 npm，尝试使用本章 2.1.1 节介绍的淘宝提供的 NPM 软件包库的镜像绕过此类问题。

安装过程完成后分别输入以下两条命令验证 Gulp 和 Bower 的正常安装与版本，如图 2.8 所示。

```
cordova --version
ionic --version
```

图 2.8　验证 cordova 和 Ionic CLI 是否成功安装以及被安装的版本

进行到这里，可以感觉一下 Ionic CLI 都能提供什么高大上的开发支持框架了。直接在命令行工具中运行 ionic 命令即会出现 Ionic 的任务提示界面：

```
ionic
```

图 2.9 中显示了 Ionic CLI 支持的子命令集和对应的说明。

 图 2.9 的示例图截取的是 Apple OS X 操作系统中的命令行提示，在 Windows 操作系统中的提示结果内容应该类似。

图 2.9　Ionic 的任务提示界面

2.1.5　安装设置 Chrome 浏览器（推荐）

在运行 Ionic CLI 创建一个项目之前，笔者推荐先安装好 Google Chrome 浏览器，并将其设为系统的默认浏览器。该浏览器的内置开发者工具非常强大，而且在调试实体 Android 设备的 Webview 应用时可以连接其控制台（console），获取实时的调试信息。建议读者到其中文版官方网站下载，如图 2.10 所示，安装地址为：https://www.google.com/intl/zh-CN/chrome/browser/。如果因网络问题无法连接官方网站，再考虑到国内的软件下载网站去找，这里笔者就不一一指出了。

图 2.10　Google Chrome 浏览器官方网站下载

完成 Google Chrome 浏览器安装后，Windows 和 Apple OS X 操作系统的用户分别按 F12 键/command+option+I 键，打开 Chrome 的开发者工具，将各窗口布局调整成如图 2.11 中所示的模式。这种布局模式的好处是左边显示了 APP 应用的模拟显示界面。当开发人员在右方窗口对 HTML/CSS/JavaScript 代码做出任何调整的时候，左边的页面渲染将会即时反映出代码的效果；而当开发人员操作左方的界面元素产生动画等效果时，也可以实时看到右方代码窗口里的 CSS 类被动态改变。这种布局模式能充分利用宽屏显示器的优势，推荐读者采纳。

图 2.11　建议的 Chrome 调试模式各窗口布局

对调整不太熟悉的读者可以参考点击图 2.12 中注释出来的按钮，这样就能比较容易获得图 2.11 的效果。

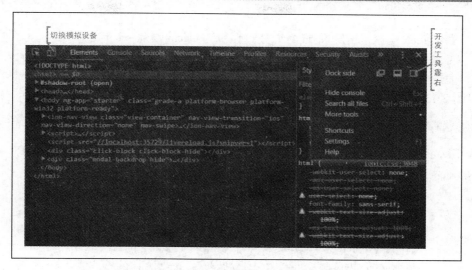

图 2.12　Chrome 调试模式布局调整按钮

2.1.6　Hello Ionic 项目

现在终于可以创建一个 Ionic 的测试样例项目来感觉一下了。在命令行输入：

```
ionic start -a "Hello Ionic" -I app.hello_ionic.one Hello_Ionic blank
```

Ionic 的 CLI 会开始使用 Git 从 Github 网站上抓取正式版的 Ionic 框架源代码，经过一段时间的等待（等待时间跟网络环境有关），会显示如图 2.13 所示的完成界面。界面里提示开发者已经可以使用 ionic serve 在浏览器中测试或是继续安装对 iOS 和 Android 移动操作系统平台的支持（后面两个选项我们会在本章的后续内容里逐一介绍）。

图 2.13　Ionic CLI 完成初始化项目框架提示界面

随后 Ionic 会试图调用 NPM 继续安装所需的 Node.js 组件，由于国内网络状况会有可能失败。这个问题可以通过在项目的根目录下运行命令"cnpm install"来解决。

按照图 2.13 的提示，进入项目目录后在命令行窗口中输入：

```
ionic serve
```

Ionic CLI 将开始 Web 构建过程，进入命令状态，并启动默认的浏览器打开 APP 应用，如图 2.14 所示。

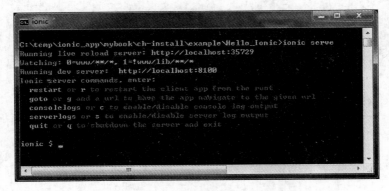

图 2.14　Ionic CLI 命令状态

2.1.7　使用浏览器验证开发环境自动重载特性

Ionic 框架为浏览器环境开启变更自动重载。开发者更改了项目代码并保存后，浏览器会自动刷新反映变化。图 2.15 是初始页面的内容，注意顶栏标题为"Ionic Blank Starter"。

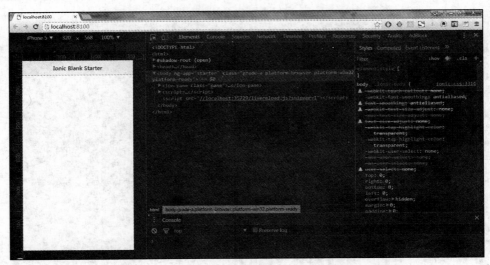

图 2.15　页面初始显示

随后读者可以尝试使用文本编辑器打开项目目录中 www 字母下的 index.html 文件，找到

"Ionic Blank Starter"文本字样后将其改为"Hello Ionic"并保存文件。无须手动刷新，浏览器就会自动刷新页面，如图 2.16 所示，注意顶栏标题已变为"Hello Ionic"。

图 2.16　页面自动 reload 后顶栏标题显示的文本更新

2.2　Windows 下安装 Android 开发平台

完成本书 2.1 节的安装后，我们已经可以在浏览器中运行 Ionic 框架开发出的 APP 应用了。然而在使用任何移动平台硬件设备的特性之前，还需要安装对应移动平台操作系统的软件开发包（SDK）。这些软件开发包是由移动平台操作系统的供应商提供且不断升级维护的。本节将介绍在 Windows 下安装 Google 公司的 Android 软件开发包并使用 Android 实体机设备测试。

iOS 的软件开发包只能安装运行在 Apple OS X 操作系统环境，因此使用 Windows 操作系统的读者只能安装和使用 Android 开发平台。有些开发人员使用"黑苹果"的方式在 PC 上安装 Apple OS X 操作系统，因为法律风险笔者在本书不便介绍这种做法。

按照官方网站说明，Ionic 只对 Android 和 iOS 提供全面的技术支持，Windows Phone 不在考虑范围之内，因此本书也不会介绍 Windows Phone 的开发平台安装。

2.2.1　安装 Android 开发环境

1．安装 JDK

Android 平台中 APP 应用的主要开发语言是 Java，因此首先需要安装和配置 JDK（Java Development Kit）。读者可以自行到 Oracle 公司提供的官方最新 Java SE 版的 JDK 网址 http://www.oracle.com/technetwork/Java/javase/downloads/index.html 下载，如图 2.17 所示。

图 2.17　选择 Java SE 版的 JDK 下载

　　安装时需要记下 JDK 在本机安装的路径，因为随后需要设置系统环境变量指向这个路径。以笔者的 PC 为例，JDK 的安装路径为 C:\Program Files\Java\jdk1.8.0_60。然后点击 Windows 开始菜单按钮，在"搜索文件和程序"的搜索栏中输入"Environment Variables"，在开始菜单里筛选出现的操作项中点击"编辑系统环境变量"，如图 2.18 所示。

　　在随后出现的如图 2.19 的对话框中，切换到"高级"选项卡，再点击"环境变量按钮"。

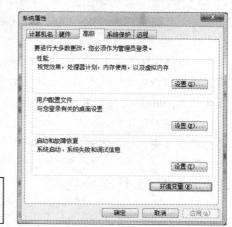

图 2.18　查找编辑系统环境变量入口　　　　图 2.19　进入编辑环境变量

　　在随后出现的如图 2.20 显示的"环境变量"对话框中，查找下方是否已经设置了"JAVA_HOME"变量并确定变量值与安装时获得的 JDK 的安装路径相同。如果查不到

"JAVA_HOME"变量，则需要点击"新建"按钮，在变量名和变量值输入栏分别输入 JAVA_HOME 和 JDK 的安装路径，参见图 2.21。

图 2.20　查找系统变量"JAVA_HOME"　　　图 2.21　设置系统变量"JAVA_HOME"

以上步骤都成功完成后，读者可以在命令行窗口中输入验证命令：

```
Java -version
```

如果出现类似图 2.22 的输出结果，则表明 JDK 已安装完毕，可以进入下面的安装 Android Studio 阶段。

图 2.22　验证 JDK 安装命令输出结果

2．安装 Android Studio

笔者推荐到 Android 开发者网 https://developer.android.com/studio/index.html#downloads 下载对应操作系统平台 Android Studio，参见图 2.23，如果因网络问题无法连接官方网站，可考虑到国内的软件下载网站去找。

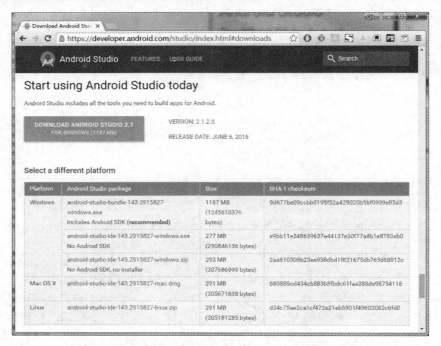

图 2.23　选择对应操作系统平台 Android Studio 下载

下载完毕运行安装文件，使用默认推荐模式安装即可。不过在安装过程中需要记住 Android SDK Tools 安装到本地 PC 的路径。以笔者的 PC 为例是 C:\Users\Thinkpad\AppData\Local\Android\sdk\。

 之所以需要安装 Android Studio，是因为安装它的时候会同时安装 Android SDK Tools。Android 平台下的安装程序打包编译都需要这个 Android SDK Tools。如果读者确定将来不会进行 Cordova 组件的开发，也可以到官网自行下载 Android SDK Tools 安装即可。

安装之后需要做类似安装 JDK 之后的系统环境变量设置工作。这次需要设置 2 个变量：

- ANDROID_HOME：以笔者的 PC 为例，需要增加系统环境变量 ANDROID_HOME，并设置为 C:\Users\Thinkpad\AppData\Local\Android\sdk\。
- PATH：以笔者的 PC 为例，需要增加或修改系统环境变量 PATH，并分别加入两个路径：
  - C:\Users\Thinkpad\AppData\Local\Android\sdk\platform-tools。
  - C:\Users\Thinkpad\AppData\Local\Android\sdk\tools。

3．安装与更新 Android SDK 包

Android Studio 安装和路径配置完毕后，需要使用 Android SDK Tools 所带的 SDK Manager 更新下载 Cordova 能够支持特定 Level 的 Android API。具体的做法是在命令行窗口中输入：

```
android
```

随后在图 2.24 所示的 Android SDK Manager 对话框中，推荐至少选取以下选项后（推荐读者安装图 2.24 中列出的所有 Package 以保证后面能够顺利构建）点击"Install packages"：

- Tools → Android SDK Build-tools 23.0.x　（可选主版本 23 号为 23 的最高版安装）
- Android 6.0（API 23）→ SDK Platform
- Extras →Android Support Library 23.x.x　（可选主版本 23 号为 23 的最高版安装）

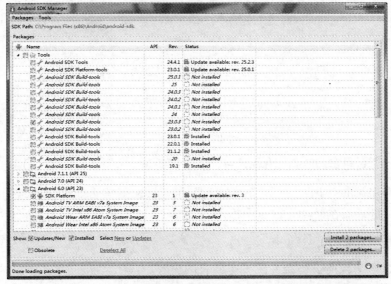

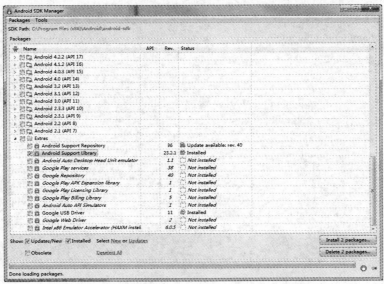

图 2.24　Android SDK Manager 选取安装的 Packages

如果因为国内的网络状况导致安装过程无法完成，建议读者可以尝试在 Android SDK Manager 的菜单中选取 Tools→Options…，在弹出的对话框中选中如图 2.25 所示的选择框再次尝试。

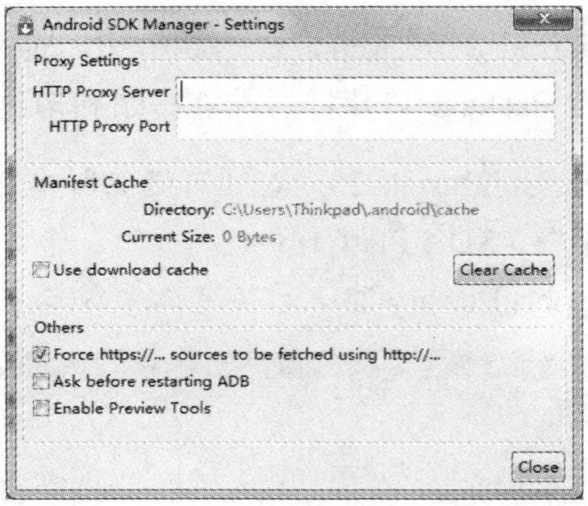

图 2.25　设置 Android SDK Manager 使用 HTTP 协议

如果还是无法安装，则读者需要通过一定的技术手段（如购买临时 VPN 账户）连接到外网来完成安装了。

2.2.2　为测试项目增加 Android 平台支持

现在可以回到 Ionic CLI 为 2.1.6 节创建的测试项目配置 Android 平台支持了。按照图 2.26 所示，进入项目目录后在命令行窗口中输入：

```
ionic platform add android
```

Ionic CLI 自动下载所需资源并配置完所有的内容。

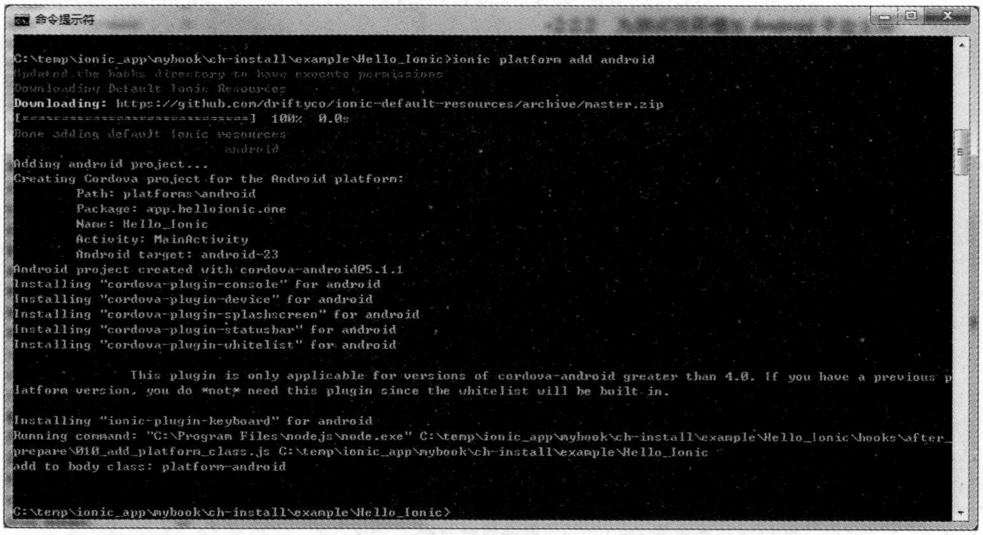

图 2.26　为测试项目增加 Android 平台支持

2.2.3　连接 Android 实体机设备测试 APP

Ionic 的测试项目增加完对 Android 平台的支持后，就可以直接连接 Android 实体机设备进行测试了。按照图 2.27 所示，进入项目目录后在命令行窗口中输入：

```
ionic run android --device
```

Ionic CLI 自动完成项目的编译、链接和生成打包 apk 工作。生成的 Android 安装包文件存放路径为：项目目录/platforms/android/build/outputs/apk/android-debug.apk。

图 2.27　连接 Android 实体机设备运行测试命令

此时如果开发人员将符合版本要求且在设备的设置中打开了开发人员调试选项的实体 Android 设备通过 USB 接口连接到 PC 机，则 Ionic 就能找到该设备，尝试将测试安装包安装在设备上并启动运行。图 2.28 分别演示了 Android 系统提示安装应用、应用启动后的界面显示和应用图标在桌面上的显示截屏。至此 Windows 操作系统环境下 Ionic 的 Android 平台支持就可以确认为成功安装了。

图 2.28　连接 Android 实体机设备安装测试 APP 示例

2.2.4　不使用 Android 模拟器的说明

　　一些早期关于移动 APP 开发的书籍会介绍如何增加配置 Android 模拟器。由于 Android 本身的模拟器启动和执行缓慢，再加上市场的竞争导致高性能的 Android 设备价格低廉，因此本书不介绍如何使用 Android 模拟器进行 Ionic APP 应用项目的开发测试，有特殊需要的读者可自行查找网上的资料来配置实现。

2.3　Apple OS X 下安装 iOS 与 Android 开发平台

　　使用 Apple OS X（以下简称为 OSX）的一个相对优势就是如果配置得当，可以在一台开发机上同时为 iOS 与 Android 这两种移动平台编译、部署和测试 APP 应用。因此建议有条件的读者考虑使用 MacBook Air 或 Mac mini 来做开发机。本节将介绍在 Apple OS X 下安装开发 iOS 的软件包 Xcode 和 Android 开发工具 Android Studio，并分别使用 iOS 模拟器和 Android 实体机设备完成示例应用的发布测试。

> 由于国内的网络状况，如果即使遵照作者在本节给出的完整步骤也无法成功安装，往往是因为某些站点被屏蔽的关系。建议读者通过一定的技术手段（如购买临时 VPN 账户）连接到外网来完成安装。

2.3.1　安装 Xcode

安装 Xcode 是开发运行在 iOS 上的 APP 应用的前提。Xcode 的安装步骤比较简单，进入 OSX 桌面后，点击桌面工具栏的"Lauchpad"图标。随后在弹出的列表窗口中选择"App Store"进入苹果的应用商店，再在应用商店的搜索栏中输入"xcode"，最左边将会出现 Xcode 的应用安装图标，如图 2.29 中点击安装（GET）按钮即可进入正常的安装过程。

图 2.29　使用苹果的应用商店安装 Xcode

2.3.2　为测试项目增加 iOS 平台支持

Xcode 安装完毕后，即可马上验证一下在 2.1.6 节创建的测试项目是否能构建出 iOS 平台的应用了。进入 2.1.6 节创建的测试项目根目录后在命令行窗口中输入：

```
ionic platform add ios
```

Ionic CLI 会自动下载所需资源并配置完所有的内容。命令行窗口显示输出的结果与图 2.26 显示的内容基本相似，除了里面 android 的字样改为 ios 以外。笔者这里就不重复贴图了。

2.3.3　连接 iOS 模拟器测试 APP

为测试项目增加 iOS 平台支持成功完成后，即可继续使用 Ionic CLI 调用 Xcode 完成项目的编译、链接、生成、部署到 iOS 模拟器中并启动。需要在测试项目根目录中输入的命令是：

```
ionic run ios
```

经过一定时间的构建，最终将出现如图 2.30 所示的 iPhone 6 模拟器运行界面。

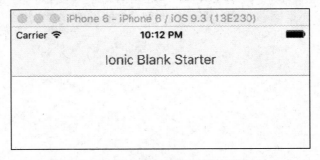

图 2.30　iOS 设备模拟器运行测试项目 APP

使用 iOS 设备模拟器来测试的一个好处就是能够比较方便地动态切换各种型号的设备查看界面布局，如图 2.31 所示。

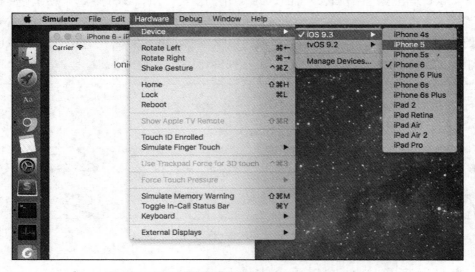

图 2.31　iOS 设备模拟器切换不同型号的测试设备

2.3.4　低成本连接 iOS 实体机设备测试 APP

iOS 模拟器只能满足部分开发基于 iOS 的 APP 应用时的需要，毕竟未来 APP 是要运行在实体机上，而且有些设备专有的硬件功能也需要实体机调试才能确保万无一失。出于真机调试的必要性，笔者决定介绍在考虑广大读者经济负担情况下的 iOS 实体机调试安装步骤。

> 如果不介意花费一定的金钱并且愿意每年支付维持会员费而成为 Apple 的专业开发者的读者可以直接考虑参考苹果的官方网站说明来建立个人专属的账户 https://developer.apple.com/programs/enroll/。因为申请账户的步骤相当烦琐且苹果已经有过调整相关过程的历史，笔者就不在本书具体说明了。

1．获取实体机设备的 UDID

iOS 实体机设备启动系统自带的浏览器 Safari 打开网址 http://pre.im/udid，根据弹出的提示安装描述文件即会返回该页面，最后会出现 40 位的 UDID（设备唯一标识符），如图 2.32 所示。

图 2.32　获得 iOS 设备 UDID

2．获得.p12 文件和.mobileprovision 文件并导入

随后根据获取到的实体机设备的 UDID：

● 如果读者有认识的已经拥有 Apple 开发个人账户的亲友，可以请求他们帮忙根据 UDID 生成后缀名为.p12 的证书文件和后缀名为.mobileprovision 的文件。

● 否则可以到淘宝上购买生成.p12 文件和.mobileprovision 文件的服务，费用也非常低廉。

获得.p12 文件和.mobileprovision 文件后，在 OSX 开发机上依序双击这两个文件，接受系统的默认导入方式提示，即完成了指定 iOS 实体机设备的测试登记。

3．测试连接 iOS 实体机设备

现在可以使用 USB 连接线将 iOS 实体机设备连接到 OSX 开发机上，并对所有的弹出警告框全部接受。随后在命令行窗口进入 OSX 开发机上的项目目录，输入：

```
ionic run ios --device
```

Ionic CLI 将调用 Xcode 自动完成项目的编译、链接和部署到用于测试的 iOS 实体机设备并启动调试模式。图 2.33 显示的 OSX 开发机上控制台输出的最后一行提示了项目的主页面文件已被加载，这就表明用于测试的 APP 应用已经被成功安装并启动了。

读者按照步骤运行到这里时，用于测试的 APP 应用也应该安装在 iOS 实体机设备里并显示主页面窗口了。

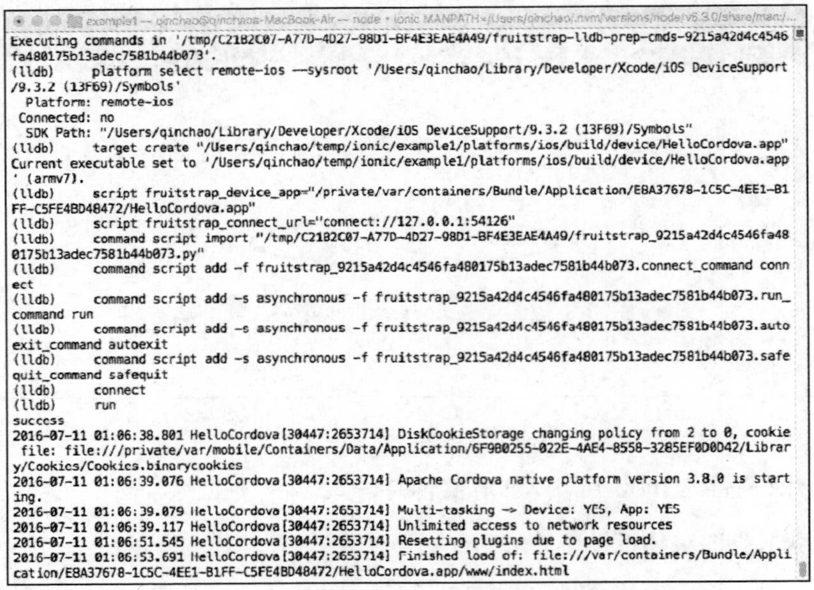

图 2.33　应用部署到 iOS 实体机设备并已启动的输出提示

2.3.5　安装 Android 开发环境

1. 安装/更新 JDK

类似于 2.2.1 节介绍的步骤，建议在 OSX 中安装最新的 JDK，同样是到 http://www.oracle.com/technetwork/Java/javase/downloads/index.html 选择对应操作系统的 JDK 版本下载后直接安装。

安装结束后，也需要配置 JAVA_HOME 环境变量。为方便起见，下面以笔者的 OSX 下 JDK 安装路径是/Library/Java/JavaVirtualMachines/jdk1.8.0_66/Contents/Home 为例。在命令行窗口中，执行以下命令即可：

```
export
JAVA_HOME=/Library/Java/JavaVirtualMachines/jdk1.8.0_66/Contents/Home
```

2. 安装 Android Studio

到 Android 开发者网 https://developer.android.com/studio/index.html#downloads 下载对应操作系统平台 Android Studio，请参考 2.2.1 节里的图 2.23。如果因网络问题无法连接官方网站，可考虑到国内的软件下载网站去找。

下载完毕后，双击被下载到本地的.dmg 文件，会出现如图 2.34 所示的安装提示窗口。

图 2.34　Android Studio 安装提示窗口

拖动图中左边 Android Studio 图标到右边的 Applications 目录里就完成初步安装了。

随后需要双击右边的 Applications 目录夹，打开如图 2.35 所示的 Applications 目录，再双击左侧的 Android Studio 图标启动它。

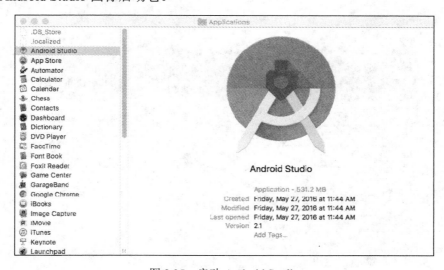

图 2.35　启动 Android Studio

随即 Android Studio 会开始执行初始化 Setup。此处需要记下对话框中显示的 SDK Folder 路径，以图 2.36 为例是/Users/qinchao/Library/Android/sdk，然后在 Verify Settings 对话框中点击 Finish 即可。

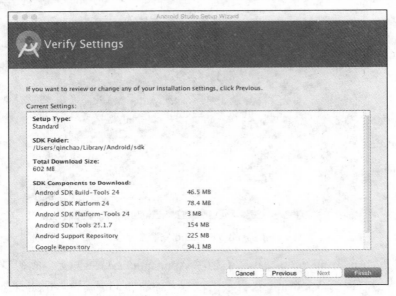

图 2.36　启动 Android Studio 执行初始化 Setup

Android Studio 会开始连接下载网站下载 Android 开发包并安装，如图 2.37 所示。

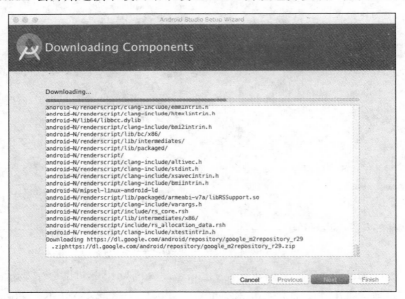

图 2.37　Android Studio 连接下载网站下载 Android 开发包并安装

 如果安装过程中失败，很大可能性是因为国内的网络状况问题，则读者需要通过一定的技术手段（如购买临时 VPN 账户）连接到外网来完成安装了。

安装结束后，将显示如图 2.38 所示的 Android Studio 欢迎界面。此时需要点击下方的 Configure 下拉按钮，选择其中的 SDK Manager 来安装稍低版本的 SDK 和工具。

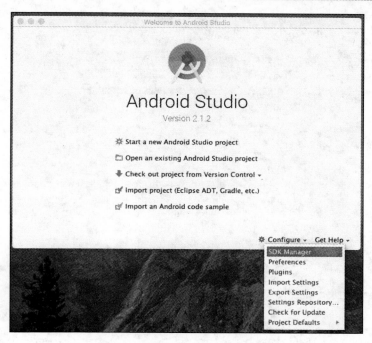

图 2.38　Android Studio 欢迎界面

在随后出现的窗口里的左边导航栏，点击选择 Appearance & Behavior→System Settings→Android SDK，然后在右边的 SDK Platforms 选项页内，选中 Android 6.0（Marshmallow）底下至少 Google APIs、Android SDK Platform 23、Sources for Android SDK 这 3 项，如图 2.39 所示。接着再切换到 SDK Tools 选项页，选中如图 2.40 所示被选中的项目，点击 OK 按钮后会显示如图 2.41 的 SDK Quickfix Installation 窗口，等待它执行下载安装完毕就可以了。

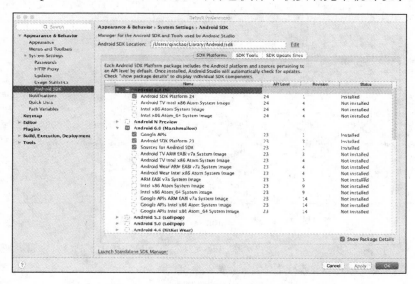

图 2.39　安装指定版本 SDK Platforms

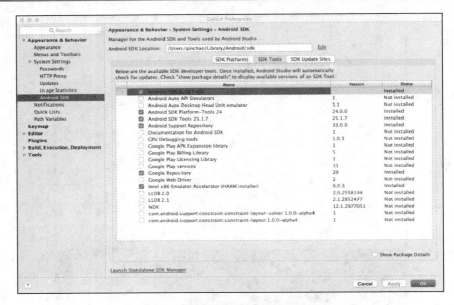

图 2.40　安装指定版本 SDK Tools

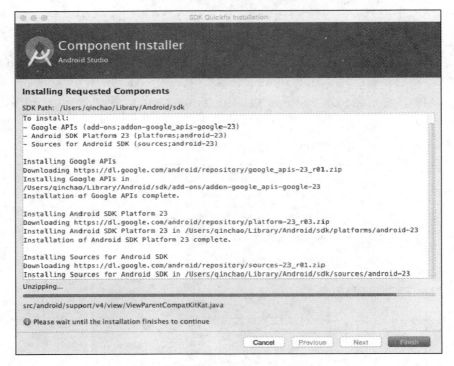

图 2.41　SDK Quickfix Installation 窗口

最后需要做的就是类似 2.2.1 节所做的，还要设置 ANDROID_HOME 环境变量和路径，以笔者的操作系统环境为例需要执行的命令是：

```
export ANDROID_HOME=/Users/qinchao/Library/Android/SDK
export PATH=${PATH}:/Users/qinchao/Library/Android/SDK/platform-tools:/User
```

s/qinchao/Library/Android/SDK/tools

2.3.6　为测试项目增加 Android 平台支持

现在可以回到 Ionic CLI 为 2.1.6 节创建的测试项目配置 Android 平台支持了。与图 2.26 类似，进入项目目录后在命令行窗口中输入：

```
ionic platform add android
```

Ionic CLI 会自动下载所需资源并配置完所有的内容。

2.3.7　连接 Android 实体机设备测试 APP

上述步骤完成后，就可以用 USB 线连接 Android 实体机设备和 OSX 开发机测试一下 APP 了。如果读者像笔者一样用的是国内的厂商提供的 Android 设备，Android SDK Manager 可能会因为无法识别而不能连接。因此出于保险起见，读者可以先进入 OSX 的 Launchpad→Other→System Information，在弹出的窗口左侧导航树中点击 USB 项目，然后在右边的 USB Device Tree 视图里找到通过 USB 线连接的 Android 实体机设备的 Vendor ID。以笔者为例，华为手机的 Vendor ID 为 0x12d1，如图 2.42 所示。

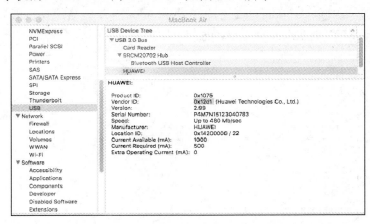

图 2.42　在 System Information 窗口查找 Android 设备 Vendor ID

随后在命令行窗口中执行：

```
echo "0x12d1" >> ~/.android/adb_usb.ini
```

最后就是进入项目目录后在命令行窗口中执行命令来使用 Android 实体机设备测试 APP：

```
ionic run android --device
```

如果前面的步骤都顺利完成，Ionic CLI 将能成功找到 Android 实体机设备，启动如图 2.43 的构建过程。

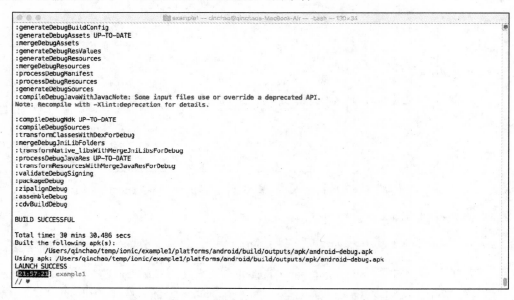

图 2.43　找到 Android 实体机设备启动 APP 构建过程

如果构建过程一切顺利，Ionic CLI 将能在 Android 实体机设备成功部署和启动测试 APP，如图 2.44 的输出显示了"LAUNCH SUCCESS"的字样。

```
:generateDebugBuildConfig
:generateDebugAssets UP-TO-DATE
:mergeDebugAssets
:generateDebugResValues
:generateDebugResources
:mergeDebugResources
:processDebugManifest
:processDebugResources
:generateDebugSources
:compileDebugJavaWithJavacNote: Some input files use or override a deprecated API.
Note: Recompile with -Xlint:deprecation for details.

:compileDebugNdk UP-TO-DATE
:compileDebugSources
:transformClassesWithDexForDebug
:mergeDebugJniLibFolders
:transformNative_libsWithMergeJniLibsForDebug
:processDebugJavaRes UP-TO-DATE
:transformResourcesWithMergeJavaResForDebug
:validateDebugSigning
:packageDebug
:zipalignDebug
:assembleDebug
:cdvBuildDebug

BUILD SUCCESSFUL

Total time: 30 mins 30.486 secs
Built the following apk(s):
        /Users/qinchao/temp/ionic/example1/platforms/android/build/outputs/apk/android-debug.apk
Using apk: /Users/qinchao/temp/ionic/example1/platforms/android/build/outputs/apk/android-debug.apk
LAUNCH SUCCESS
[21:57:23] example1
// ♥
```

图 2.44　在 Android 实体机设备成功部署和启动 APP

此时连接的 Android 实体机设备应该如本书 2.2.3 节的图 2.28 所示启动了测试 APP。因为 Android 实体机设备上显示的内容一致，这里就不再重复给出示例图了。

2.4　安装开发工具 Sublime Text 3（推荐）

在本节前面，读者根据开发机的操作系统，应该分别通过 2.2 或 2.3 的阅读和安装实验，完成了 Ionic 环境和硬件设备环境的安装调试，可以正式进入开发了。Ionic 框架本身是开源项目，目前并没有专有的 IDE 开发环境用于开发。本节笔者推荐介绍适合使用 Ionic 进行跨平台移动 APP 开发的免费代码工具 Sublime Text 3 供读者选用。

2.4.1　安装开发工具 Sublime Text 3

Sublime Text 3 是当前比较适合 Ionic 开发的跨平台（支持 Windows、Linux、OSX）文本编辑器，它的优势在于其漂亮的用户界面、多窗口视图布局和强大的功能。读者可以到其官方网站 https://www.sublimetext.com/3 根据开发机的操作系统下载安装，参见图 2.45 所示。

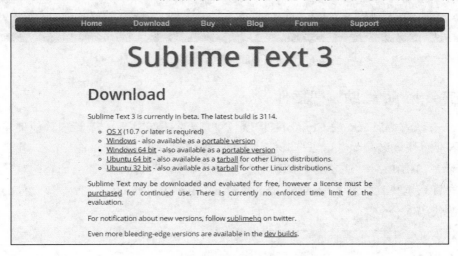

图 2.45　Sublime 3 官方网站下载页

Sublime Text 3 被安装完毕后，读者可以启动它，尝试使用它打开任何目录，点击菜单 View→Layout→Grid 4，切换成 4 个子窗口视图模式，类似图 2.46 所示。笔者在外接大屏幕显示器的时候经常使用这种窗口模式来分类，同时查看本书后面章节会介绍的页面模板、AngularJS 控制器（controller）、AngularJS 服务，以及 SCSS 样式这 4 类文件。由于一个功能相关的多部分代码能做到同屏显示而不用切换窗口来查看，这样能达到较高的产出和调试效率。

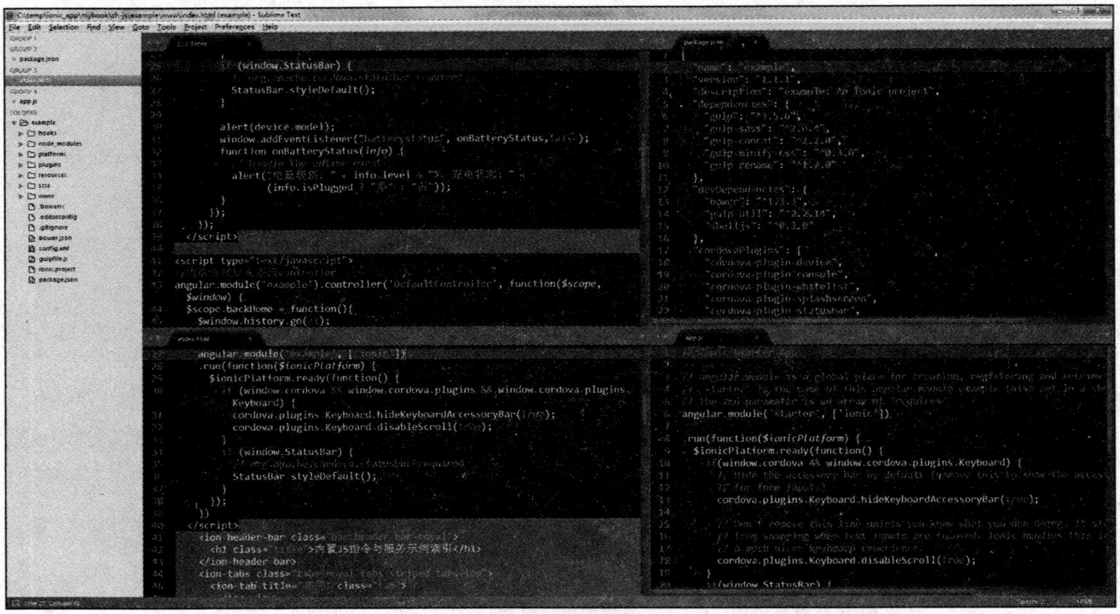

图 2.46　推荐的 Sublime 3 多视图窗口布局

2.4.2　安装 Ionic 辅助编码插件

Sublime Text 3 的 Package Control（扩展包管理器）是它用于安装管理其他扩展的重要工具，因此需要尽快安装。读者可以打开网址 https://packagecontrol.io/installation，找到页面内如图 2.47 所示的 SUBLIME TEXT3 代码部分复制下来。如果读者访问该网址有困难，可以在随书代码的根目录里找到名为 install-sublime-text3-package-control.txt 的文件，该文件的内容即为需要拷贝的代码部分。

SUBLIME TEXT 3　SUBLIME TEXT 2

```
import urllib.request,os,hashlib; h =
'2915d1851351e5ee549c20394736b442' +
'8bc59f460fa1548d1514676163dafc88'; pf = 'Package Control.sublime-
package'; ipp = sublime.installed_packages_path();
urllib.request.install_opener( urllib.request.build_opener(
urllib.request.ProxyHandler()) ); by = urllib.request.urlopen(
'http://packagecontrol.io/' + pf.replace(' ', '%20')).read(); dh =
hashlib.sha256(by).hexdigest(); print('Error validating download (got
%s instead of %s), please try manual install' % (dh, h)) if dh != h
else open(os.path.join( ipp, pf), 'wb' ).write(by)
```

图 2.47　安装 Sublime 3 的扩展包管理网页代码部分

随后点击菜单 View→Show Console，在显示的 Sublime Text 3 的控制台中粘贴上一步复制的代码并回车执行。Sublime 3 会提示运行成功且需要重启。

依照要求重启后点击菜单 Preferences→Package Control，然后在弹出的对话框内输入 Install Package 并回车确认，如图 2.48 所示。

图 2.48　使用 Package Control 进入插件安装

在随后出现的图 2.49 所示的对话框内继续输入 Ionic，就可以从筛选出的列表中选择一个用于辅助输入和完成 Ionic 框架 AngularJS 指令的代码片段的插件安装，并开始使用。读者可以在学习和开发过程中慢慢感受到所安装的插件带来的输入便利，限于篇幅这里就不再详细介绍了。

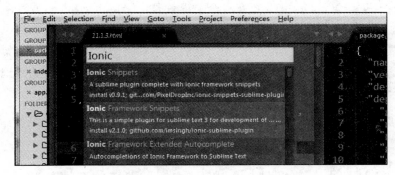

图 2.49　使用 Package Control 安装 Ionic 框架开发辅助插件

2.5　小结

本章的内容虽未具体介绍 Ionic 框架下的代码开发，但是却关系重大。由于国内的网络环境，很多初学者都未能顺利在测试硬件上安装运行一个最简单的 APP 应用。只有完成本章的开发调试环境安装和开发工具的设定后，才能为后续章节的顺利开发调试和部署打下基础，希望本书的读者能顺利完成本章的安装过程。从下一章开始，本书就要进入代码基础知识解说模式了。

第 3 章
◀ AngularJS v1.x入门初步 ▶

本章将介绍使用 Ionic 框架开发前掌握的 AngularJS v1.x（指 AngularJS 的第一个大版本，本书以下简称为 AngularJS）基础知识。除了需要明白 HTML 5/CSS 3/JavaScript 这三个 Web 开发的基本知识，要学会 Ionic 开发还有一个前提就是懂 AngularJS。然而按笔者的估计，初学型的开发者要完整搞懂 AngularJS 的方方面面，怎么也得读一本几百页专讲 AngularJS 的书。为了不偏离本书主旨，同时又根据 2/8 原则，笔者在本章将介绍使用 Ionic 框架时无法回避的 AngularJS 整体结构和最重要的组成元素，而有些旁枝末节或是关系不大的知识点将被略过或在后续章节的示例代码中出现的时候给出解释。

 如有读者想要全面深入学习 AngularJS 知识以达到能够深度改写和扩展 Ionic 框架提供的指令组件的能力，笔者建议直接参考 AngularJS 官方网站完整的使用说明（https://docs.angularjs.org/guide）、API 文档（https://docs.angularjs.org/api）或者国内外出版的优秀 AngularJS 书籍。

本章的主要知识点包括：

- AngularJS 整体结构
- 代码模块与依赖注入（Module & Dependency Injection）
- 数据作用域与控制器（Scope & Controller）
- 服务类组件（Service, Factory & Provider）
- 指令和过滤器（Directive & Filter）
- 常用的 AngularJS 内置组件

3.1 AngularJS 整体结构概述

接触过前端界面开发的读者应该都用过或者听说 jQuery 了。AngularJS 与 jQuery 大不相同：AngularJS 是一个 JavaScript 开发框架，而 jQuery 是一个 JavaScript 工具库。工具库像瑞士军刀，使用者觉得合适的时候就找到它的某个部件用一下，但是它基本不会对使用者提出过多要求或者严格限制，比如瑞士军刀不会要求小刀和开瓶器一定需要一起配合使用；而开发框架则大不相同，它已经通过自有的部分组成了一个环环相扣的有机整体，严格约定了使用者在哪里可以自由组合，在哪里必须按部就班。只有遵照它的要求嵌入和组合，才能保证体系在拼装运行时能正常工作。因此庞大严谨的 AngularJS 相对于灵活的 jQuery 要难学一些，不把 AngularJS 开发应用的整体结构和各部分组件职能了解清楚，会觉得没处下手或是使用时如堕五里雾中，即使勉强完成应用，也在其中埋了一些坑等着后人来慢慢填。

因此本节将先从 AngularJS 的整体入手，向读者简单介绍这个重型框架的四大特性和有关的组件。图 3.1 是笔者简化过的典型 AngularJS 应用结构图，图中前端区域包括了本章将要介绍的大部分内容，除了代码模块和依赖注入这两个抽象概念和变形过滤器这个工具类组件。

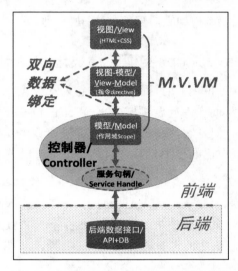

图 3.1　典型 AngularJS 应用的概要组件图

3.1.1　AngularJS 实现了 M.V.VM 模式

MVVM 模式是 Model-View-ViewMode 模式的简称。由视图（View）、视图模型（ViewModel）、模型（Model）三部分组成，通过这三部分实现 UI 逻辑、呈现逻辑和状态控制、数据与业务逻辑的分离。图 3.1 中从下至上组成 MVVM 的 3 部分展现了：

● 模型（Model）用于封装与应用程序的业务逻辑相关的数据以及对数据的处理方法。它代表了对后端数据直接访问的权利，例如对数据库的访问（后面我们会看到，这是通过服务 Service 来代理完成的）。模型本身并不依赖于视图和视图-模型。

● 视图-模型（View-Model）在中间负责与模型和视图互动，将模型的最新状态发送到视图，由其利用 HTML 和 CSS 来渲染内容。

● 视图（View）是 AngularJS 解析后渲染和绑定后生成的 HTML。

AngularJS 使用 MVVM 模式获得了 4 大好处：

1．低耦合

视图可以独立于模型变化和修改，一个视图-模型可以绑定到不同的视图上。当视图变化的时候模型可以不变，当模型变化的时候视图也可以不变。

2．可重用性

可以把一些视图的逻辑放在视图-模型里面，让很多视图重用这段视图逻辑。

3．开发与设计工作可分离

开发人员可以专注于业务逻辑和数据的开发（视图-模型）。设计人员可以专注于界面（视图）的设计。

4．可测试性

可以依据测试归约构造视图-模型来对界面(视图)进行测试。

3.1.2　AngularJS 为 JavaScript 实现了模块化

把系统分割成多模块（Modules）的目的是通过定义公共 APIs、限制行为（功能）和数据（属性和变量）的可视化，从而实现问题领域分离（Separation of Concerns）。大部分的编程语言内置了对模块化的支持，但是客户端 JavaScript 并没有原生支持。因此，作为一个完整的开发框架，AngularJS 实现了自己的模块化系统。这个系统有以下重要特性：

- 组件寄生于模块中。在定义与使用本章后面介绍的控制器、指令、过滤器和服务组件时，必须指明其所属的模块系统（AngularJS 自带的核心组件除外）。
- 使用依赖注入。尽管服务组件是普通的 JavaScript 对象或函数，但为了不污染整体命名空间，这些服务不是定义在全局空间上，而是需要声明了对其的依赖，才能在其他模块中使用它们。

最新的 JavaScript 标准 ES6 已经开始支持和引入类似的模块化概念，因此 AngularJS 的第二个大版本，也就不用再自己实现模块方案，而直接采用 ES6 的模块标准了。

3.1.3　AngularJS 实现了声明式界面

使用 AngularJS 框架标准的 Web 页面最显著的特点是它们表面上都是多了一些特别的属性 tag（如：ng-app、ng-model、ng-controller 等）或者元素 tag（如：ng-include、ng-form 等）的静态 HTML 文档，却能具有动态行为能力。

在 Angular 中，这类 HTML 文件被称为模板，而 ng-app 这类标记被称之为指令。模板通过指令指示 AngularJS 进行必要的操作。比如：ng-app 指令就被用来通知 AngularJS 自动引导一个 AngularJS 应用。

当 AngularJS 启动应用时，它会通过一个编译器解析处理这个模板文件，生成的结果就是图 3.1 里的视图部分。

3.1.4　AngularJS 实现了双向数据绑定

目前市面上大多数的前端框架或库在数据模型和视图之间实现的都是单向数据绑定，而双向数据绑定是 AngularJS 较有特色之处。

图 3.2 中左边的模型图显示了单向数据绑定的常用模式，即数据模型与 HTML 模板结合生成了一次性的视图，数据流是单向的。而图 3.2 中右边的模型图显示的视图与模型之间是有相互交互机制的，从而使视图与模型互相形成数据成为可能，所以称之为双向数据绑定。而这个交互机制就是通过图 3.1 中的视图模型来完成的。

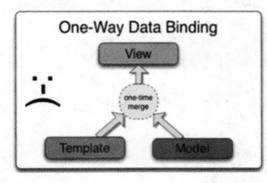 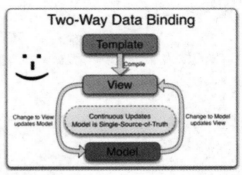

图 3.2　单向数据绑定与双向数据绑定区别

那么为什么需要双向数据绑定呢？它的意义在于给开发人员带来便利性和减少了烦琐易错的手工编写两层之间数据同步的工作量：

● 用户通过视图里的控件调整了语言配置、调整了夜间模式、输入了数据项，这些行为可以用几乎自动的方式来更新到数据模型。

● 当数据模型变化了，比如地理位置变化了、网络情况变化了、同步/异步推送的数据流变化了（比如实时聊天类应用）、被其他视图的输入改变了，所有视图都能几乎自动地持续反应数据模型的变化。

请注意上面两段话里都出现的几乎自动这四个字，它使设计人员和开发人员的任务分离成为可能。也正因为有这个便利性为 AngularJS 带来的成功，使后续出现的 Vue.js、ReactJS 等前端框架，在是否支持以及如何支持双向数据绑定上都面临一个艰难的决定（实现双向数据绑定也会带来一系列副作用，这就不属于本书讨论的范围了）。

 本章前面的各节概念很多，初学者容易产生能看懂文本里的每个词，但却不知道实现一个 AngularJS 功能页面到底该如何去做。产生这种盲人摸象的现象这并不奇怪，毕竟 AngularJS 框架的运行时底层依照设计时的强制约定默默做了很多台面底下的工作才把这些概念和组件紧密整合到一起。因此笔者建议读者可以强忍烦闷先粗略浏览一遍 3.1 节至 3.5 节对概念形成初步印象，然后通过阅读分析 3.6 节给出的一个完整的 AngularJS 范例代码，再回头查看前面印象模糊的部分小节的说明。经过一到两次的反复理解过程，就能上手编写基于 AngularJS 框架的应用了。

3.2 代码模块与依赖注入

在图 3.1 的 AngularJS 应用的概要组件图中没有出现模块的字样，然而这不代表它没出现在图里。实际上图中的指令、服务（句柄）、控制器都是定义在 AngularJS 的模块里。读者从图 3.3 展现的图中可以看到所有类型的 AngularJS 组件都是归属于作为容器的某个模块的。

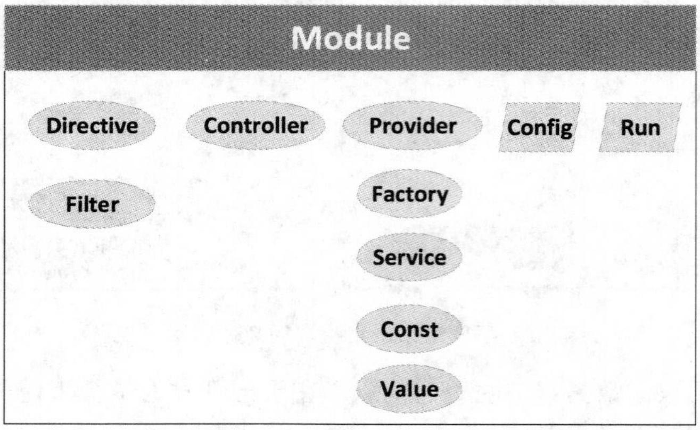

图 3.3　AngularJS 模块与组件定义关系

自然地，如果要会使用 AngularJS，就需要解决两个问题：如何在模块里创建组件以及如何使用其他模块里的组件。下文的 3.2.1 和 3.2.2 节将分别回答这两个问题。

3.2.1　定义模块与组件

定义 AngularJS 模块的代码格式比较固定，为以下形式：

```
var _module = angular.module(moduleName, importedModulesArray);
```

其中 moduleName 是字符串类型的模块名，importedModulesArray 代表需要被本模块所导入的其他模块名，由字符串数组组成，如果没有需要导入的其他模块，也需要传入一个空数组。返回值为被定义出来的模块对象。

在完成了 AngularJS 模块的定义后，也可以通过如下方式调用来获得模块对象：

```
var _module = angular.module(moduleName);
```

其中 moduleName 是字符串类型的模块名。

而定义组件是通过调用上一步骤获得的模块对象的组件工厂方法完成，形式如：

```
_module.controller(componentName,        ["otherComponentName1",        …        ,
"otherComponentNameN", function(otherComponentName1, … , otherComponentNameN){
……//业务逻辑代码
}]);
```

其中的 controller 可以根据需要定义的组件类型而更换成 filter、service 等图 3.3 中出现的类型英文名称。componentName 是字符串类型的组件名，该组件需要依赖使用的其他组件otherComponentName1…otherComponentNameN 按以上格式依序使用字符串作为参数传入，而真正的模块对象定义函数再依序将其依赖使用的其他组件作为函数参数的一部分。

 此处两次列举出依赖使用的其他组件列表的形式是为了避免 JavaScript 代码混淆器造成的副作用而使用的，具体的原因读者可以自行参考网上相关的介绍文章，此处不再赘述。

把两个步骤合在一起，就可以写出类似下面示例 3-1 的代码片段了。

【示例 3-1】演示了定义名为 myApp 的模块并在 myApp 模块内动态定义名为 myCtrl 的控制器组件。

```
//定义名为 myApp 的模块
var app = angular.module("myApp", ["ionic"]);

//在 myApp 模块内动态构建名为 myCtrl 的控制器组件
app.controller("myCtrl", ["$rootScope", function($rootScope) {
  //设置一个数据模型上的属性
$rootScope.appName = "IonicAPP";
//设置一个数据模型上的方法
$rootScope.sayAppName = function(){
  console.log($rootScope.appName);
};
}]);
```

【代码解析】定义名为 myApp 的模块的时候，第二个["ionic"]代表模块需要引入使用名为ionic 模块。（此处仅为演示目的引入，示例里并没有使用 Ionic 的组件）随后通过对 myApp的模块实例 app 的 controller 方法调用，定义了名为 myCtrl 的控制器。该控制器依赖于 AngularJS内置的$rootScope 服务组件。在控制器的内部，利用$rootScope 组件分别定义了数据模型上最顶层的根作用域对象的 appName 属性和 sayAppName 方法。

3.2.2　使用模块与组件依赖注入

使用模块与组件就相对容易了，在示例 3-1 中，定义名为 myApp 的模块的时候，就通过最后的参数["ionic"]代表 myApp 模块需要引入使用名为 ionic 的模块。如果还需要引入其他模块，则在数组里使用同样格式增加其他模块名即可。

组件依赖注入也同样体现在了示例 3-1 中。由于 myCtrl 控制器组件需要（依赖）$rootScope的服务，因此这里把作为 AngularJS 内置的$rootScope 服务组件通过指定的格式放入了 myCtrl控制器组件的定义函数签名中。AngularJS 的注入服务将自动处理定位$rootScope 服务组件并获取其处于缓存中的句柄，在 myCtrl 控制器组件被创建时以函数参数方式注入。

3.2.3　AngularJS 模块与 JavaScript 文件

AngularJS 的开发小组推荐了一个基于 AngularJS 的应用的基于模块类别的切分方案，而 Ionic CLI 生成的项目模板基本也是遵照这个方案，如图 3.4 所示。

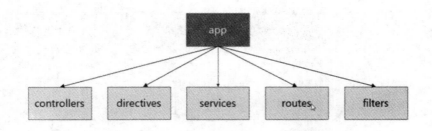

图 3.4　AngularJS 应用基于模块类别的切分方案

一般是图 3.4 中的第二层的每个组件类型方框分别实现到一个 JavaScript 文件中，并为每个组件类型单独建立一个模块。而顶部的 app 应用模块也作为入口点文件，声明对其他模块的引用依赖。

3.3　数据作用域与控制器

了解了模块、组件的概念以及定义创建它们的方法，就可以开始进入各种具体的组件类型的学习了。在图 3.1 AngularJS 的组件中，可以看到数据作用域 Scope（以下简称为作用域）代表了数据模型。而之所以作用域放到控制器 Controller（以下简称为控制器）内，是用于说明控制器的主要任务之一是在作用域上定义业务逻辑。具体来说，使用控制器可以对作用域对象进行以下初始化：

- *初始化定义 JavaScript 属性。*
- *初始化添加 JavaScript 方法。*

正因为两者之间的密切联系，本节将这两种 AngularJS 组件放在一起讨论。

3.3.1　在控制器内初始化作用域对象

可以近似地认为每个控制器都有一个对应的作用域对象,而这个对应的作用域对象是通过 $scope 这个服务组件来访问的，访问方式与示例 3-1 的 $rootScope 类似。

【示例 3-2】JavaScript 文件片段，在名为 myApp 的模块内动态定义名为 myCtrl 的控制器组件，该组件将使用 $scope 初始化与其对应的作用域对象。

```
//在 myApp 模块内动态构建名为 myCtrl 的控制器组件
//首先获得 myApp 模块对象
```

```
angular.module("myApp").
controller("myCtrl", ["$scope", "$rootScope",
function($scope, $rootScope) {
  $rootScope.rootData={};
  //设置根作用域对象上的对象的属性
  $rootScope.rootData.appName = "IonicAPP";
  //设置根作用域对象上的对象的方法
$rootScope.rootData.sayAppName = function(){
    console.log($rootScope.appName);
};

$scope.localData = {};
//设置控制器对应的作用域对象上的对象的属性
$scope.localData.dataName = "My Controller Data";
//设置控制器对应的作用域对象上的对象的方法
$scope.localData.sayDataName = function(){
  console.log($scope.dataName);
};
}]);
```

【代码解析】此处获取 myApp 模块实例后直接调用 controller 方法来定义名为 myCtrl 的控制器。这次该控制器依赖于 AngularJS 内置的$rootScope 和$scope 服务组件。在控制器的内部，$rootScope 组件的使用方式与示例 3-1 没有变化。不同的是使用与调用类似$rootScope 的方式来定义了 myCtrl 控制器对应的数据模型-域对象的 localData.dataName 属性和 localData.sayDataName 方法。

3.3.2　使用作用域对象

完成了 3.3.1 节后，控制器对应的数据模型-域对象已经被初始化好了，那么如何才能在视图中使用它呢？还是用代码来直接描绘典型的代码场景实现片段吧。

【示例 3-3】HTML 视图片段，在视图里显示和操作 myCtrl 控制器对应的数据模型-域对象的属性。

```
<body ng-app="myApp">
  <div ng-controller="myCtrl">
{{ rootData.appName }}
<!-- 此处将会执行单向绑定，显示"IonicAPP"-->
{{ localData.dataName }}
<!-- 此处将会执行单向绑定，初始时显示"My Controller Data" -->
<label>请输入数据</label>
<input ng-model="localData.dataName">
<!-- 此处将会执行双向绑定，初始时显示"My Controller Data"，用户输入任意数据后将被自动
同步到数据模型-->
```

57

```
        </div>
    </body>
```

【代码解析】此处代码有几个地方与普通的 HTML 代码不一样。其中分别是：

- body 标签的 ng-app 属性代表了这是一个 AngularJS 应用的页面，body 标签内部的内容展现和事件处理将会转由 AngularJS 框架进行统一管理。在 3.6 节读者将能看到将 ng-app 的属性设置为具体某模块名的意义与带来的结果说明。

- div 标签的 ng-controller 属性代表了该标签与其内部所绑定对应的数据模型就是在 myCtrl 控制器内通过$scope 定义的域对象。因此该域对象拥有 localData.dataName 属性和 localData.sayDataName 方法。而 AngularJS 框架在执行到这里的时候，会创建 myCtrl 控制器的实例，从而也就创建了一份它对应的数据模型的实例。

- 事实上，使用过 PHP、Ruby on Rails、Express 等服务器端 HTML 模板技术的读者对这种使用{{}}来绑定在控制器的成员变量值并显示在视图里的写法应该并不陌生。{{ rootData.appName }}代表了读取 myCtrl 控制器的域对象或是该域对象的继承树中位于上方的上级域对象的 appName 属性。此处因为 myCtrl 控制器的域对象内并没有 rootData 对象属性，因此最终上溯，找到了使用$rootScope 定义的 rootData 对象属性，随后类似于通过代码读取了 $rootScope.rootData.appName 的值，并用这个文本值直接替换掉{{ rootData.appName }}。

- {{ localData.dataName }}的处理方法与{{ rootData.appName }}类似，只不过因为 myCtrl 控制器的域对象内有 localData 对象属性，因此不用再向上查找，类似于通过代码直接读取 $scope.localData.dataName 的值，并把它的文本值直接替换掉{{ localData.dataName }}。

- input 标签的 ng-model 属性负责了将控件的 value 与 myCtrl 控制器的域对象的 localData.dataName 对象属性进行双向绑定。最终产生的效果是：页面初始加载后，输入栏的值为"My Controller Data"；而当用户修改输入栏的值时（假设输入了了"Hello My Controller"），用户的输入值被同步到绑定的$scope.localData.dataName 里，而上面{{ localData.dataName }}由于单向绑定的关系，将会随着用户的输入，不断刷新显示输入栏的值，最后显示的值也是"Hello My Controller"。这里值得一提的 ng-model 正是一个我们在 3.4 节要学习的指令（Directive），它构成了图 3.1 中视图-模型（View-Model）的部分。

综合示例 3-2 和示例 3-3，可以发现作用域对象在基于 AngularJS 框架开发中占据非常重要的位置，因为它就是我们常说的数据模型。而用来操作作用域对象的$scope 服务组件，也因而意义重大。为了帮助读者在后续的开发中少走弯路，笔者这里列举出来一些$scope 的特点供揣摩理解：

- $scope 是一个 POJO(Plain Old JavaScript Object)。
- $scope 提供了一些工具方法$watch/$apply。

- $scope 是表达式的执行环境（或者叫作用域）。
- $scope 是一个树型结构，与 HTML 页面里 DOM 的标签平行。
- $scope 对象会继承父 $scope 上的属性和方法。
- 每一个 AngularJS 应用只有一个根 $scope 对象（一般属于声明了 ng-app 属性的容器元素），可使用 $rootScope 直接访问。
- $scope 可以传播事件，类似 DOM 事件，可以向上（使用 emit 方法）也可以向下（使用 broadcast 方法）。
- $scope 不仅是建立 MVVM 的一部分，也是实现双向数据绑定的基础。

> 这里对 $scope 的介绍非常简单，更深入地了解是很有必要的。笔者推荐学有余力的读者可以参阅专门介绍 AngularJS 框架主题的书籍与作用域有关的章节，本书就不再重复着重介绍了。

3.3.3　控制器与作用域的反模式

AngularJS 的初学者出于直觉或者省事考虑，很自然地就会往控制器与作用域放置不必要的业务逻辑。然而正确的做法是，控制器这一层应该很薄。也就是说，应用里大部分的业务逻辑和持久化数据都应该放在 AngularJS 的服务组件里。出于内存性能的考虑，控制器实例只在需要的时候才会初始化，一旦不需要就会被抛弃。因此当用户切换或刷新视图时，AngularJS 框架会清空当前的控制器以及与其对应的作用域。而 AngularJS 的服务组件是一旦创建即常驻内存的单例对象，除了可以用于包装业务逻辑，提供永久保存应用数据的接口外，服务组件也可以在不同的控制器之间通过依赖注入的方式被使用。

关于控制器与作用域，AngularJS 有以下几个总结出来的控制器与作用域反模式（即不被推荐的一些不规范做法）：

- DOM 操作：应当将 DOM 操作使用指令进行封装，本书 3.4 节将介绍指令。
- 变换输出形式：应当使用过滤器对输出显示进行转化，本书 3.4 节将介绍过滤器。
- 控制器内有复杂的业务代码：业务代码应当使用服务进行封装，本书 3.5 节将介绍服务类组件。

3.4　指令和过滤器

AngularJS 的指令 Directive 组件与过滤器 Filter 组件的主要使用场景都是在 HTML 页面视图里。这两种组件与其他 AngularJS 组件一样，都是在代码模块 Module 内定义，只不过它们的实例可以通过 AngularJS 框架在解析 HTML 页面视图时自动创建。因为它们都对作用域对象在页面展现有影响，本节将介绍它们的一些基本知识。

3.4.1 指令 Directive 是什么

在 3.3.2 节，我们已经提前接触体验过 AngularJS 框架内置的指令（Directive）了。AngularJS 建立了一套完整、可扩展、用来帮助 Web 应用开发的指令集机制，它使得 HTML 可以转变成"特定领域语言(DSL)"，是用来扩展浏览器能力的技术之一。在 DOM 编译期间，和 HTML 关联着的指令会被 AngularJS 框架的编译器检测到，并且被调用执行。这种机制使得指令可以为 DOM 指定扩展行为，或者改变 HTML 原有组件的默认行为。

指令的实质是"当关联的 HTML 结构进入编译阶段时应该执行的操作"，它只是一个当编译器编译到相关 DOM 时需要执行的函数，可以被写在 HTML 元素的名称，属性，CSS 类名和注释里（后两种形式的指令出现和应用较稀少）。

AngularJS 通过称为指令属性来扩展的 HTML 控件属性，其属性名称带有前缀 ng-，它的实质是绑定在 DOM 元素上的函数。在该函数内部可以操作 DOM、调用方法、定义行为、绑定控制器及$scope 对象等。当浏览器启动、开始解析 HTML 时，DOM 元素上的指令属性就会跟其他属性一样被解析，也就是说当一个 AngularJS 应用启动，AngularJS 编译器就会遍历 DOM 树来解析 HTML，寻找这些指令属性函数，在一个 DOM 元素上找到一个或多个这样的指令属性函数，它们就会被收集起来、排序，然后按照优先级顺序被执行。AngularJS 应用的动态性和响应能力，都要归功于指令属性。比较常见的有在示例 3-3 中出现过的：ng-app、ng-controller、ng-model，此外其他的如 ng-show/ng-hide、ng-class、ng-repeat 等多个指令。本书将在它们第一次出现的位置结合示例代码解释其作用。

3.4.2 自定义指令及使用

指令是 AngularJS 框架里最复杂的组件种类，没有之一。因为指令是 AngularJS 里被唯一能操作 DOM 的组件，并且构成了图 3.1 中数据模型与视图交流互动的桥梁。出于复用和定制的目的，做 AngularJS 应用开发将不可避免要碰到定义自己的指令的需要。

根据 AngularJS 官方网站的 API 参考文档和作者的经验，定义一个指令重要参数的列表如示例 3-4 所示。

【示例 3-4】定义一个 AngularJS 指令可使用的最重要的参数列表。

```
//定义名为' myDirectives '的模块
angular.module('myDirectives', [])
//定义名为'myDirective001'的指令
  .directive('myDirective001', function() {
   return {
     restrict: String,
     template: String or Template Function: function(tElement, tAttrs) {...},
     templateUrl: String,
     replace: Boolean or String,
     scope: Boolean or Object,
     controller: String or function(scope, element, attrs, transclude,
```

```
otherInjectables) { ... },
        link: function(scope, iElement, iAttrs, controller) { ... },
       .......//此处代表其他被省略的可选参数列表
    };
});
```

【代码解析】代码里先是遵照 3.2.3 节建议的 AngularJS 模块划分方案建立了名为 myDirectives 的模块用于包含所有的自定义指令，随后定义了名为 myDirective001 的指令。由于定义一个指令可用的参数太多，而有些参数又并不是特别重要或常用，因此笔者将选择关键的一些来说明，其他被本书忽略的完整参数列表读者可以自行查看 AngularJS 的官方文档说明（https://docs.angularjs.org/api/ng/service/$compile#directive-definition-object）：

- restrict（字符串）告诉 AngularJS 这个指令在 DOM 中可以何种形式被声明，可选值为 E（元素）A（属性）C（CSS 类名）M（注释）的任意组合，如'EA'表示该指令可以为 HTML 元素形式或是某 HTML 元素的属性形式，这也是被推荐使用的两种形式。
- template（字符串或函数）可以被设置为一段 HTML 文本（字符串）模板或是一个可以接受两个参数的函数，参数为 tElement 和 tAttrs，并返回一个代表模板的字符串。
- templateUrl（字符串或函数）可以被设置为一个代表外部 HTML 模板文件路径的字符串或是一个可以接受两个参数的函数，参数为 tElement 和 tAttrs，并返回一个外部 HTML 模板文件路径的字符串。
- replace（布尔型）默认值为 false，表示模板会被当作子元素插入到调用此指令的元素内部，否则模板内容会直接替换掉调用此指令的元素。
- scope（布尔型或对象）参数是可选的，默认值是 false，表示该指令没有自己的作用域对象；当它被设置为 true 时，指令会从父作用域继承并创建一个新的作用域对象；而当它被设置为对象时，指令会创建一个包含该对象的独立作用域对象，这里所谓的独立，是指通过 template 或 templateUrl 获得的模板里将无法访问外部作用域对象了。
- controller（字符串或函数）当设置为字符串时，会以字符串的值为名字来查找注册在应用中的控制器的构造函数；而当设置为函数时，将在指令内部通过调用这个匿名构造函数的方式来定义一个内联的控制器对象。
- link（函数）。如果需要在指令中操作 DOM，我们需要定义 link 属性。其中 AngularJS 传入的参数 scope 代表指令对应的 scope 对象，如果指令没有定义自己的本地作用域，那么传入的就是外部的作用域对象；iElement 参数代表指令所在 DOM 对象的 jqLite 封装。如果使用了 template 属性，那么 iElement 对应变换后的 DOM 对象的 jqLite 封装；iAttrs 参数代表指令所在 DOM 对象的属性集。这是一个 Hash 对象，每个键是驼峰规范化后的属性名；controller 参数代表指令所在 DOM 对象对应的控制器对象实例。

学习了指令的定义，就可以写一个最简单的指令来练手了。

【示例 3-5】定义一个最简单的 AngularJS 指令 hello。

```
//定义名为' myDirectives '的模块，并返回模块实例
```

```
angular.module('myDirectives', [])
//定义名为'hello'的指令
.directive('hello', function() {
  return {
//限制为元素型指令
restrict: 'E',
//指定模板内容
template: '<div>Hello Ionic!</div>',
//指令内容将替换原内容
    replace: true
};
});
```

【代码解析】被定义的指令名为'hello'，是元素型的指令。在 HTML 模板中的该 hello 元素的内容将被模板字符串代替，即页面里的"<hello>这里可以填任意值</hello>"将被替换为"<div>Hello Ionic!</div>"，然后在 DOM 中渲染出来。这个例子过于简单，稍微复杂一些的例子读者可以参考本书 3.6 节中项目演示中的名为 stockCode 的指令组件。

3.4.3　使用过滤器 Filter

过滤器用来格式化需要展示给用户的数据。AngularJS 有很多实用的内置过滤器，同时也提供了方便的途径可以自己创建过滤器。常用的 AngularJS 内置过滤器可参见表 3.1。

表 3.1　AngularJS内置过滤器及其说明

过滤器名	说明
currency	格式化数字为货币格式
filter	从数组的项中选择一个子集
lowercase	格式化字符串为小写
orderBy	根据某个表达式排列数组
uppercase	格式化字符串为大写
date	格式化显示日期
limitTo	只显示从头开始或者从结尾开始的指定数量的数组元素、字符串字符或数字位数
number	格式化显示数字

在 HTML 模板中使用过滤器的语法与 Unix Shell 的管道操作命令很相似，如：

```
{{ 12345.6789 | number }}
```

的输出显示为 12,345.679,

```
{{ 12345.6789 | number:0 }}
```

的输出显示为 12,346,

```
{{ 12345.6789 | number:2 }}
```

的输出显示为 12,345.68。

由于 AngularJS 官方网站（https://docs.angularjs.org/api/ng/filter）已有内置过滤器的详细说明和在线使用示例，本书就不一一介绍了。

与控制器和指令类似，过滤器也是一种 AngularJS 组件，创建一个过滤器的形式也与创建一个控制器类似。

【示例 3-6】定义一个字符串（如一个句子）的首字母转换成大写形式的自定义过滤器。

```
angular.module('myApp', [])
//在 myApp 模块内动态构建名为 capitalize 的自定义过滤器组件
.filter('capitalize', function() {
  // input 表示传入的数据
  return function(input) {
    //要求传入需要过滤器处理的值是非空字符串
    if(input && angular.isString(input)) {
      return input[0].toUpperCase() + input.slice(1);
    }
  }
});
```

【代码解析】被定义的自定义过滤器组件名为'capitalize'，在获得一个字符串后，它将返回把原字符串首字母转换成大写形式的结果字符串。从代码里我们可以看到自定义过滤器的代码格式要求：

● 必须使用模块的 filter() 接口注册服务。
● 必须提供对象工厂方法。
● 对象工厂必须返回一个过滤器函数，其第一个参数为输入变量。

随后就可以在页面里使用这个 capitalize 过滤器了，形式如：

```
{{ 'ionic is so cool!!!' | capitalize}}
```

的输出显示为 Ionic is so cool!!!。注意原 ionic 的首字母已经变成大写形式了。

3.5 服务类组件

在本书前面的 3.3.3 节提到过，AngularJS 的控制器组件的实现不应该有复杂或者可共用的业务代码，它们应当使用服务进行封装。本节将介绍的 3 种主要服务类组件，除了一些细微的差别外，它们都可以用于封装可复用的业务逻辑代码。

AngularJS 提供了 3 种方式来定义（注册）开发者自己的服务：

- Provider
- Factory
- Service

由于 Service 与 Factory 除了代码写法上有差异而作用与实现能力都基本一致，本节将重点介绍 Provider 和 Factory，Service 方式将简单带过。

> 由于 Service 的中文翻译就是服务，而 Provider 和 Factory 直接使用其中文对应名词不但不能反映组件实质的作用，反而容易引起初学者思维的混乱。有鉴于此，笔者在本书将直接使用这 3 个英文单词本身而不使用中文对应名词来表示它们。

3.5.1 Provider 服务组件详解

Provider 是唯一一种可以传进.config() 函数的服务组件。如果想要服务组件对象在启用之前具有先进行初始化配置的能力，则必须使用 Provider。

在 AngularJS 中自行开发并使用 Provider 来创建服务的过程分为 3 个阶段，由于涉及 AngularJS 框架本身的注入服务，以示例的方式来解说将更加易懂。

【示例 3-7】以 Provider 方式开发并使用一个简单的问候 greet 服务的过程。

```
//第一阶段：定义阶段 – 使用 provider() 方法定义 greet 服务
angular.module('myApp').
provider('greet', function greetProvider() {
  //将被调用用来获取 greet 服务的 AngularJS 约定方法，只会在创建时被调用一次
  this.$get = ['$http',
  //注入 $http 服务
  function($http) {
    var greeting = this.greeting;
    return function(name) {
      alert(greeting + ', ' + name);
    }
  }];
  //问候语初始设置为 Hello
  this.greeting = 'Hello';
  //用于设置问候语的方法
  this.setGreeting = function(greeting) {
    this.greeting = greeting;
  }
});

//第二阶段：配置阶段 – 在应用的配置代码里配置 greet 服务的问候语
```

```
angular.module('myApp').config(
//注入 greet 服务的 provider 配置对象
["greetProvider", function(greetProvider) {
  //调用 greet 服务 provider 的配置方法
  greetProvider.setGreeting('你好');
});

//第三阶段：使用阶段 - 在控制器里使用 greet 服务
angular.module('myApp').controller('TestController',[ 'greet',function
(greet) {
  // 使用已配置好的 greet 服务实例，弹出的提示框的输出结果将是"你好，Word"
  greet('Word');
}]);
```

【代码解析】代码块的执行顺序按时间轴的分布可以分为 3 个阶段：

- 首先，使用 provider()方法定义 greet 服务必须要实现一个具有$get 方法的构造函数，该函数需要返回未来可以作为服务组件使用的对象。$get 方法支持依赖注入其他服务，样例代码中为了演示的目的注入了$http 服务，虽然并没有使用到它。$get 方法只会被 AngularJS 的注入服务组件调用一次，随后返回的对象将被缓存下来供整个应用全局使用。

- 然后(这一步是可选的)，在 AngularJS 的应用模块 myApp 的 config 方法里对 Provider 服务组件进行配置。注意引用配置对象时需要加上 Provider 后缀，如本示例中的配置对象名为 greetProvider。示例代码中把原本设为'Hello'的问候语前缀覆盖改为了'你好'。

- 最后的阶段就是使用了经过配置的 greet 服务了。还是通过依赖注入的方式，其他模块（控制器、其他服务组件等）都可以用标准方式使用 greet 服务，访问服务对象返回的方法或属性。示例这里调用最终显示的问候语前缀就是中文的'你好'，覆盖了原来默认的'Hello'。

3.5.2　Factory 服务组件详解

使用 Factory 方式定义服务组件相比 Provider 方式更为简单直观，其主要做法就是创建一个对象，为它添加属性，然后把这个对象返回出来。

【示例 3-8】以 Factory 方式开发并使用类似示例 3-7 的问候 greet 服务的过程。

```
//定义阶段 - 使用 factory()方法定义 greet 服务
angular.module('myApp').
factory('greet', ['$http',function($http) {
  //将被调用用来获取 greet 服务的 AngularJS 约定方法，只会在创建时被调用一次
  return {
    sayHello: function(name){
      alert('Hello, '+name);
```

```
    },
    sayHelloChinese: function(name){
      alert('你好，'+name);
    }
  }
}]);

//使用阶段 - 在控制器里使用 greet 服务
angular.module('myApp').controller('TestController',[ 'greet',function(gree
t) {
  // 调用 greet 服务实例的 sayHello 方法，弹出的提示框的输出结果将是"Hello, Word"
  greet.sayHello('Word');
  //调用 greet 服务实例的 sayHelloChinese 方法,弹出的提示框的输出结果将是"你好，Ionic"
  greet.sayHelloChinese ('Ionic');
}]);
```

【代码解析】代码块的执行顺序就只分为了定义和使用两个阶段。定义阶段的主要任务是返回一个包含函数或属性的对象；而使用阶段更加简单，通过依赖注入的方式声明对服务的使用后，直接调用服务组件实例的方法或属性即可。从代码里读者可以看到要分析 Factory 方式定义的服务组件也很简单，直接找到代码里被最终返回的对象即可知道服务对外暴露的函数或属性接口了。

3.5.3　Service 服务组件简介

使用 Service 方式定义服务组件与 Factory 方式相比主要差异在于前者不需要返回对象，而是直接更改函数对象本身。而分别使用两种方式定义出来的服务组件其使用方式是一模一样的。

【示例 3-9】以 Service 方式开发并使用类似示例 3-7 的问候 greet 服务的过程。

```
//定义阶段 - 使用 service()方法定义 greet 服务
angular.module('myApp').
service('greet', ['$http',function($http) {
  //将被调用用来获取 greet 服务的 AngularJS 约定方法，只会在创建时被调用一次
  this.sayHello = function(name){
    alert('Hello, '+name);
  };
  this.sayHelloChinese: function(name){
    alert('你好，'+name);
  }
}]);

//使用阶段 - 与使用 factory()方法定义的 greet 服务完全一致，略
```

【代码解析】定义阶段的主要任务是为函数对象本身增加函数或者属性，使用阶段与 Factory 服务组件完全一致。

3.5.4　服务类组件特性总结

分别介绍完使用 Provider、Factory 和 Service 三种方式定义和使用服务组件后，有必要总结一下服务类组件的特点，帮助读者在未来开发和使用时查阅和把握：

● 服务都是单例的，一旦创建则被缓存起来循环使用。
● 服务由 AngularJS 特殊的服务组件 $injector 负责实例化。
● 服务一旦实例化，将在整个应用的生命周期中存在，可以用来共享数据。
● 在需要使用的地方利用依赖注入机制注入服务。
● 依赖注入时，自定义的服务需要写在内置的服务后面。
● 内置服务的命名以$符号开头，自定义服务应该避免使用$前缀。

 更灵活而复杂的依赖注入做法是使用上面列表中提到的$injector，不过由于平常时用不上，因此，笔者这里不介绍了。有兴趣的读者可以参考官方文档的说明。

3.6　一个简单的 AngularJS 项目：实时自选股行情页

本章前面各节都引入了相当厚重而抽象的概念，为了帮助初学 AngularJS 的读者理解，本节将开发一个简单但基本完整覆盖本章所介绍的概念和组件的 AngularJS 项目来演示说明各概念与组件的定义使用方法和严密的配合工作机制。

示例的初始页面如图 3.5 所示，主要的功能点有两个：

● 定时刷新显示自选股的行情信息，根据涨跌设置行项目颜色（涨红跌绿）
● 提供用户维护（增加/删除）自选股列表的功能

股票行情显示区

代码	名称	涨跌幅	涨跌额	现价	开盘价	昨收	操作
000858	五粮液	0.05%	0.02	37.14	37	37.12	删除
600048	保利地产	0.65%	0.06	9.28	9.26	9.22	删除
601857	中国石油	0.14%	0.01	7.38	7.37	7.37	删除
002594	比亚迪	2.92%	1.79	62.99	61.69	61.2	删除
601965	中国汽研	-1.36%	-0.14	10.15	10.3	10.29	删除

输入股票代码，如600028　增加

图 3.5　使用 AngularJS 开发的实时股票行情页

后台行情数据取自网上找到的新浪行情接口，HTTP 访问网址和返回结果如图 3.6 所示。

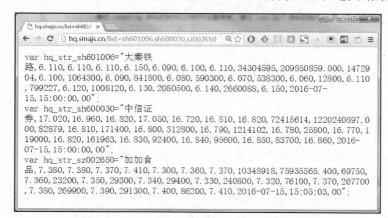

图 3.6 新浪行情接口和返回结果

【示例 3-10】使用 AngularJS 框架开发的实时股票行情页。

```
视图模板文件/index.html 的代码
<!DOCTYPE html>
<html>
  <head>
    <meta charset="utf-8">
    <title>AngularJS 演示项目：实时股票行情页</title>
    <!-- 引入 Bootstrap -->
    <link href="css/bootstrap.css" rel="stylesheet">
    <!-- 引入自定义 CSS -->
    <link href="css/stock.css" rel="stylesheet">
    <!-- 引入 angularjs-->
    <script src="js/lib/angular.js"></script>
    <!-- 引入外部 lodash 库 -->
    <script src="js/lib/lodash-4.13.1.js"></script>
    <!-- 引入应用的 js -->
    <script src="js/app.js"></script>
    <script src="js/controllers.js"></script>
    <script src="js/services.js"></script>
    <script src="js/directives.js"></script>
  </head>
<body ng-app="stockAPP">
  <div class="container" ng-controller="rootController">
    <!-- 沪深 A 股行情显示区 -->
    <div ng-controller="stockListController" class="row">
      <h1 class="text-center">股票行情显示区</h1>
      <table class="table table-striped col-md-12">
        <thead>
```

```
          <tr>
              <th>代码</th><th>名称</th><th>涨跌幅</th><th>涨跌额</th>
              <th>现价</th><th>开盘价</th><th>昨收</th><th>操作</th>
          </tr>
        </thead>
        <tbody>
          <tr ng-repeat="item in stockItems"
              ng-class="{inc:              item.changePercent>0.0,              dec:
item.changePercent<0.0}">
              <td><stock-code info="item.code"></stock-code></td>
              <td>{{item.name}}</td>
              <td>{{item.changePercent|number:2}}%</td>
              <td>{{item.changeAmount|number:2}}</td>
              <td>{{item.currentPrice}}</td>
              <td>{{item.openPrice}}</td>
              <td>{{item.closePrice}}</td>
              <td>
                <button class="btn btn-danger btn-sm"
                  ng-click="removeStock(item.code)">
                删除</button>
              </td>
          </tr>
        </tbody>
      </table>
    </div>
    <!-- 增加股票代码操作区 -->
    <div ng-controller="addStockController" class="row">
      <div class="col-sm-3" style="padding-left: 0px;padding-right: 0px">
        <input ng-model="newStockCode" ng-keypress="keypress($event)"
        class="form-control" placeholder="输入股票代码，如 600028">
      </div>
      <div class="col-md-1">
      <button ng-click="addStock(newStockCode)"
        style="margin-left: -10px;" class="btn btn-primary">
        增加
      </button>
      </div>
    </div>
  </div>
  </body>
</html>
```

【代码解析】index.html 文件是应用的入口文件，在 HEAD 标签引入了使用的 BootStrap

样式库、自定义的样式库文件 stock.css、AngularJS 的库文件、用于集合操作的外部 lodash 库和依据本章前面各节介绍的 AngularJS 主应用、控制器、服务和指令模块定义文件。注意自定义的 AngularJS 模块文件需要在 AngularJS 的库文件之后引入。页面视图分为 2 个区域：

- 上方的沪深 A 股行情显示区使用了 stockListController 控制器，整个行情表都将使用这个控制器提供的作用域对象。表格的 TBODY 区使用了 ng-repeat 指令，这是用于数组型作用域变量循环生成 HTML 子元素的常用组件。TR 标签的 ng-class 指令用于根据作用域对象的表达式动态设置 CSS 样式类，这里的实际逻辑是涨幅为正则附加.inc 样式类，为负则附加.dec 样式类。股票代码栏使用了自定义的指令 stock-code，并将股票代码 item.code 设置到了该指令的 info 属性上。关于涨跌幅的两个数字输出都使用了 number 过滤器用于四舍五入只显示小数位后 2 位数字。最后的删除按钮上附加了 ng-click 事件，点击后将调用作用域对象的 removeStock 方法，传入参数为当前项的股票代码。
- 下方的增加股票代码操作区使用了 addStockController 控制器，用于输入股票代码的 INPUT 文本控件使用 ng-model 与作用域对象的 newStockCode 属性绑定。这样当用户按下"增加"按钮或是在文本控件里按回车键时，作用域对象的 newStockCode 属性会同步为输入框内的值，用于后续事件处理的参数。

两个区域组合成一个整体，该整体用一个 DIV 标签包容，该标签的 DOM 对象对应于 rootController 控制器。该控制器是为了两个区域的控制器通过事件通信而存在的。

 代码里为了方便演示，使用的是目前流行的外部 CSS 样式库 BootStrap。然而 Ionic 建立了自己的 CSS 样式库，与 BootStrap 并不适合一起使用。因此笔者不对使用的 BootStrap 样式类进行深入的解释了，读者可以在本书的第 5 章了解到 Ionic 内置 CSS 样式库的使用方法。

主应用模块文件/js/app.js 的代码：

```
angular.module("stockAPP",['stockAPP.controllers','stockAPP.services','stoc
kAPP.directives'])
  .config(['stockListProvider',function(stockListProvider) {
    //为了演示 Provider 型组件的效果，随意选择几个股票代码配置

stockListProvider.setCodeList(['sz000858','sh600048','sh601857','sz002594','sh
601965']);
  }])
  ;
```

【代码解析】主应用文件的代码很简单，主要是用于引用载入应用涉及的控制器、服务和指令的模块。此外为了演示 Provider 型组件的效果，对 stockList 服务在设置代码块设置了初

始的自选股列表，在图 3.5 中显示的列表就是这里设置指定的。

控制器模块文件/js/controllers.js 的代码

```
angular.module('stockAPP.controllers',[])
//自选股行情列表控制器
.controller('stockListController',
['$scope','$interval','stockInfoService','stockList',
function($scope,$interval,stockInfoService,stockList){
  $scope.stockItems=[];
//刷新自选股行情列表方法
  $scope.refresh = function () {
    stockInfoService.syncInfoList([]).success(function () {
      $scope.stockItems = stockInfoService.getInfoList();
    }).error(function () {
      $scope.stockItems = stockInfoService.getInfoList();
    });
  };
//接收到刷新自选股行情列表消息，执行刷新
  $scope.$on('Refresh_Table',function(){
    $scope.refresh();
  });
  //初始时刷新一次
  $scope.$broadcast('Refresh_Table');
  //设置每隔一段时间刷新自选股行情列表
  $interval(()=>$scope.$broadcast('Refresh_Table'), 5000);

  //删除某自选股方法
  $scope.removeStock= function(stockCode){
    stockList.removeCode(stockCode);
    $scope.$broadcast('Refresh_Table');
  };
}])
//增加自选股面板控制器
.controller('addStockController',
['$scope','stockList',function($scope,stockList){
  //在自选股中增加股票的方法
  $scope.addStock = function(stockCode){
    stockList.addCode(stockCode);
    $scope.newStockCode="";
    $scope.$emit('StockList_Changed');
  };
  //处理股票代码输入框中按回车键自动增加的方法
  $scope.keypress = function(evt){
```

```
    if(evt.which===13){
      $scope.addStock($scope.newStockCode);
    }
  }
}])
//最外层容器控制器
.controller('rootController',
['$scope',function($scope){
  /自选股列表变化后通知广播刷新自选股行情列表
  $scope.$on('StockList_Changed',function(){ /
    $scope.$broadcast('Refresh_Table');
  });
}])
;
```

【代码解析】控制器模块文件分别定义了 rootController、stockListController 和 addStockController 这 3 个控制器，它们分别对应外容器与页面视图 DOM 中的上下两个区域。值得注意的是刷新自选股行情列表的 refresh()方法是使用 stockListController 定义在其内部作用域的。这是因为在下方区域执行完增加自选股后也需要马上刷新自选股行情列表。因此下方区域将使用$emit()方法往上发射一个名为 StockList_Changed 的事件。rootController 通过 $on()函数侦听到这个事件后，判断需要让关心此事件的下层控制器来刷新自选股行情列表。因此使用 $broadcast()方法进行了广播，注意事件已改名为 Refresh_Table。正在侦听 Refresh_Table 事件的 stockListController 调用作用域对象的 refresh()方法，从而刷新了自选股行情列表。此外$interval 服务也是才接触到的，它可以理解为全局函数 setInterval()的封装，可用于执行周期性任务。不过使用它能激发 AngularJS 执行作用域的更新通知机制，因此更适合目前的场景。

代码的控制器里使用了本章 3.3.2 节介绍的作用域事件上传与广播机制，而不是把 refresh() 方法直接定义在根作用域上来使其他作用域能够激发自选股行情列表的刷新。这种松散耦合的做法是复杂前端页面常见的组件间解耦模式，而使用 jQuery 开发往往是把组件间的调用设计成强耦合的方法调用模式。笔者不做过多评判，读者可以思考一下两种方案的利弊和分别适用的场景。

服务模块文件/js/services.js 的代码：

```
angular.module('stockAPP.services',[])
.factory('stockInfoService',['$http','stockList',function ($http,stockList)
{
  return {
    //与行情提供方同步数据
    syncInfoList: function(){
      var codeList = _.join(stockList.getCodeList());
```

```
          //使用 JSONP 的方式调用新浪提供的股票实时行情 API
          return $http.jsonp("http://hq.sinajs.cn/list=" + codeList);
     },
 //解析并返回通过 JSONP 方式拿到的行情方的数据
     getInfoList: function(){
         return _.map(stockList.getCodeList(), stockCode=>{
           var stockInfoArray = _.split(window['hq_str_' + stockCode],","),
             closePrice = parseFloat(stockInfoArray[2]),
             currentPrice = parseFloat(stockInfoArray[3]);
           return {
             code: stockCode,
             name: stockInfoArray[0],
             changePercent: 100*(currentPrice - closePrice) / closePrice,
             changeAmount: currentPrice - closePrice,
             currentPrice: parseFloat(stockInfoArray[3]),
             openPrice: parseFloat(stockInfoArray[1]),
             closePrice: parseFloat(stockInfoArray[2]),
           }
         });
     },
   };
 }])
 //维护视图中显示的股票代码列表，带市场前缀形式
 .provider('stockList',[function stockListProvider(){
   this.$get = [function(){
     var currentCodeList = this.codeList;
 return {
   //获取自选股列表
     getCodeList: function(){
       return currentCodeList;
     },
     //增加自选股
     addCode: function(code){
       var fullCode = code[0]=='6' ? 'sh'+code : 'sz'+code;
       if(-1 == _.findIndex(currentCodeList,n => n==fullCode)){
         currentCodeList.push(fullCode);
       }
     },
     //删除自选股
     removeCode: function(code){
       _.remove(currentCodeList,n => n==code);
     }
   };
```

```
  }];
  //初始化自选股，随机选择两个
  this.codeList = ['sh600030','sz002650'];
  this.setCodeList = function(initCodeList){
    this.codeList = initCodeList || this.codeList;
  };
}])
;
```

【代码解析】服务模块文件分别使用 factory()和 provider ()方法定义了两个服务类组件。
stockInfoService 组件用于从后端行情提供方获取并解析数据。由于后端行情提供方未在服务
器上设置好 CORS，这样直接使用$http 服务通过 get 方法拿数据会因为浏览器的默认安全设置
而阻止 AJAX 调用。因此代码里的 syncInfoList 方法改用$http 服务的 jsonp 帮助方法，获的数
据后 AngularJS 将自动执行返回的全局变量定义脚本，这样就把自选股的行情列表原始数据存
放到了多个全局变量里，随后 getInfoList 方法可以被调用来解析数据。两个函数里都使用了
lodash 库（通过全局变量_）进行数组和字符串的处理，相当方便。stockList 组件用于维护视
图中显示的自选股代码列表，因此提供了 CRUD 中除了修改（因为没有意义）的函数。值得
注意的是这里为了演示的目的，提供了自选股代码列表在应用初始启动时的配置接口函数
setCodeList，在主应用模块文件/js/app.js 中的 config 方法块里对它进行了调用。

指令模块文件/js/directives.js 的代码：

```
angular.module('stockAPP.directives',[])
.directive('stockCode',[function(){
//演示用显示股票代码指令组件，去掉了股票市场前缀
  return {
    restrict: 'E',
    //stockCode 的形式为'sh600030'，这里去掉市场前缀，取后六个字符显示
    template: `{{stockCode| limitTo:-6}}`,
    scope: {
      stockCode: '=info' //股票代码取自 stock-code 标签的 info 属性
    }
  };
}])
;
```

【代码解析】指令模块文件出于演示的目的，创建了一个显示股票代码指令的小指令组件。
该组件里调用了 AngularJS 框架内置的 limitTo 筛选器用于去掉了股票代码里的股票市场前缀，
并且限制其只能用于 HTML 元素的形式。

自定义的样式库文件/css/stock.css 的代码：

```
/*上涨的股票红色文本强调*/
tr.inc{
  color: red;
```

```
  font-weight: bold;
}
/*下跌的股票用绿色文本显示*/
tr.dec{
  color: green;
}
```

【代码解析】自定义的样式库文件定义了视图模板文件/index.html 里 ng-class 指令可能加入的.inc 和.dec 样式类，这样能通过颜色和字体动态区分股票的涨跌类型。

 本示例的重点是介绍 AngularJS，并未针对移动应用进行优化，需要学习后面章节的知识来增强。

经过增加和删除模拟操作测试使用后的页面如图 3.7 所示。

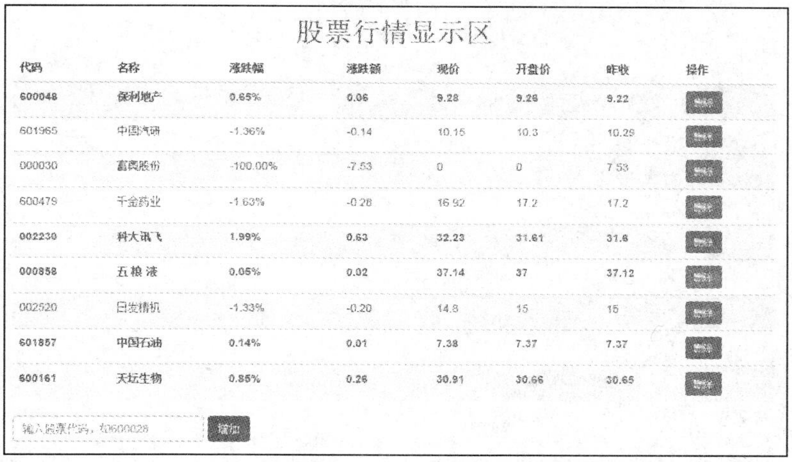

股票行情显示区

代码	名称	涨跌幅	涨跌额	现价	开盘价	昨收	操作
600048	保利地产	0.65%	0.06	9.28	9.26	9.22	
601965	中国汽研	-1.36%	-0.14	10.15	10.3	10.29	
000030	富奥股份	-100.00%	-7.53	0	0	7.53	
600479	千金药业	-1.63%	-0.28	16.92	17.2	17.2	
002230	科大讯飞	1.99%	0.63	32.23	31.61	31.6	
000858	五粮液	0.05%	0.02	37.14	37	37.12	
002520	日发精机	-1.33%	-0.20	14.8	15	15	
601857	中国石油	0.14%	0.01	7.38	7.37	7.37	
600161	天坛生物	0.85%	0.26	30.91	30.66	30.65	

图 3.7　AngularJS 开发的实时股票行情页操作测试后效果

 这里的测试是笔者手工测试的结果，事实上使用 AngularJS 框架开发的另一个强大之处是单元测试、集成测试和模拟用户手工测试的便利性。本书这里由于篇幅的关系不再介绍编写测试用例和相关工具的使用了，有兴趣的读者可以自己在网上搜索到相关的资料学习。

相信看完本节示例项目代码的读者会发现，相对于使用 jQuery 来编写同样的功能页来说，AngularJS 的项目文件结构感很强，模块之间的职责划分很明显。而视图页也不会充斥太多的 JavaScript 逻辑，使前端程序员东拼西凑完成功能的行为有所收敛。这些都是 AngularJS 框架哲学带来的效果。对于团队型的项目开发来说，AngularJS 带来的严谨要求和便利性是值得花时间学习尝试的。

3.7 小结

　　本章的内容是后面学习 Ionic 开发的重要知识基础，毕竟 Ionic 框架的大量代码其实质都是 AngularJS 的自定义组件。AngularJS 的 4 个特点是由本章介绍的模块、依赖注入、作用域、控制器、指令、过滤器和服务这些组件或开发模式所紧密结合而实现的。为了让读者不受 AngularJS 陡峭的学习曲线影响，本章最后给出的项目示例功能很简单，但是已经基本覆盖了介绍过的各类组件和未来会常用的 AngularJS 内置服务。笔者建议读者自己也找一个涉及 CRUD 操作的前台页面应用场景用 AngularJS 来实现或者给 3.6 节的示例再增加完善排序、动画等功能，巩固在本章学到的知识概念。

第 4 章
其他基础知识与Ionic项目结构

本书第 3 章介绍的 AngularJS 技术是一个结构复杂庞大、组件配合紧密的框架，熟练掌握了 AngularJS 就已经基本上跨过了 Ionic 开发的门槛。不过除了提供 AngularJS 功能组件外，Ionic 还为前端组件定制了美观的样式，并使用业内流行的前端工具整合了自动化的项目开发工具链。

因此在全面介绍 Ionic 的组件和开发前，安排了本章介绍掌握 Ionic 开发需要了解的 SASS 样式开发和构建工具 Gulp。最后将 Ionic 项目的整体目录文件结构做一个说明，这样读者未来在需要开发或是阅读调试代码时，就知道该到什么位置去查看了，而不是漫无目的地凭直觉瞎找。

本章的主要知识点包括：

- SASS 基础知识
- lodash 库简单说明
- Gulp 原理与常用模块介绍
- Ionic 项目模板目录结构解析

4.1　SASS 入门

SASS 是一种对 CSS 进行了扩充的开发工具，它提供了许多便利的写法，使得 CSS 的开发变得简单和可维护，大大节省了样式设计者尤其是有编程背景的样式设计者的时间。符合 SASS 语法的文件就是普通的文本文件，里面可以直接使用 CSS 语法。SASS 文件后缀名是.scss，意思为 Sassy CSS。因此有时候 SASS 和 SCSS 两个词是可以混用的。

Ionic 提供的样式文件就是基于 SASS 开发的。考虑到部分读者从未接触过 SASS，本书将重点介绍 Ionic 涉及的 SASS 语法，并不打算变成一个完整的 SASS 说明文档。有通读需要的读者可以到 SASS 的官方网站学习 SASS 的更多特性和样例：http://sass-lang.com/documentation/file.SASS_REFERENCE.html。

编写完成的 SASS 文件需要经过编译处理转换成浏览器可以识别的 CSS 代码，在 Ionic 里有本章 4.3 节介绍的 Gulp 调用相关模块完成编译。在开发者日常编写调试时，可以使用一个在线 SASS 服务网站（http://www.sassmeister.com/）的即时编译转换功能获得 CSS 代码，如图

4.1 所示。

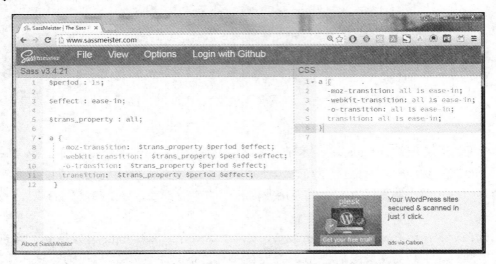

图 4.1　使用在线网站（http://www.sassmeister.com/）的即时编译转换功能获得 CSS 代码

4.1.1　变量与计算

SASS 允许定义变量，变量需要冠以$前缀，如：

```
$period : 1s;
$effect : ease-in;
$trans_property : all;
a {
 -moz-transition: $trans_property $period $effect;
 -webkit-transition: $trans_property $period $effect;
 -o-transition: $trans_property $period $effect;
 transition: $trans_property $period $effect;
 }
```

经转换后的 CSS 代码为：

```
a {
 -moz-transition: all 1s ease-in;
 -webkit-transition: all 1s ease-in;
 -o-transition: all 1s ease-in;
 transition: all 1s ease-in;
}
```

【代码解析】从代码上看似乎使用 SASS 变量的源代码更长，但是有了变量遇到以后的调整变化时，就只需要在变量定义的地方变更值，而不用通过全文搜索去替换。相信有过网站维护经验的读者能够体会 SASS 变量的好处。这也是 Ionic 在定义 CSS 样式类使用的最常见模式。

如果变量需要镶嵌在字符串之中，就必须需要写在#{}之中，如：

```
$side : left;
$default_radius : 5px;
.rounded {
  border-#{$side}-radius: $default_radius;
}
```

经转换后的 CSS 代码为：

```
.rounded {
  border-left-radius: 5px;
}
```

【代码解析】这种字符串替换经常被使用在组合型的 CSS 属性名上。

SASS 允许在代码中使用计算表达式，如：

```
$var : 2;
$more_px : 10px;
body {
  margin: (16px/2);
  top: 100px + 5 * $more_px;
  right: $var * 10%;
}
```

经转换后的 CSS 代码为：

```
body {
  margin: 8px;
  top: 150px;
  right: 20%;
}
```

【代码解析】变量也可以出现在计算表达式中，这样就更灵活了。

4.1.2 样式嵌套

标准的 CSS 只能支持单层的选择器{}块结构，对于习惯了 JavaScript 开发的人来说无疑是值得改进的一个地方。而经 SASS 扩展，可以允许无限层的选择器嵌套，如：

```
$default_font_size: 100%;
.container {
  h1 {
    color:red;
    font-size: $default_font_size * 2;
  }
  h2 {
    color:blue;
    font-size: $default_font_size * 1.5;
```

```
  }
}
```

经转换后的 CSS 代码为：

```
.container h1 {
  color: red;
  font-size: 200%;
}
.container h2 {
  color: blue;
  font-size: 150%;
}
```

【代码解析】从代码可以看到，生成后的 CSS 代码是松散的平面结构，而 SASS 的代码明显更有逻辑性。

CSS 属性名也可以嵌套生成，如：

```
div.container {
  border: {
    color: green;
  }
  border-left: {
    color: red;
  }
}
```

经转换后的 CSS 代码为：

```
div.container {
  border-color: green;
  border-left-color: red;
}
```

【代码解析】从代码可以看到，在 border 和 border-left 后分别加上冒号后，生成的 CSS 会使用-号来连接生成最终的属性名。

在嵌套的代码块内，可以使用&占位符表示引用父元素。如：

```
a {
  &:link { color: blue; }
  &:visited { color: green; }
  &:active { color: blue; }
  &:hover {
    color: red;
    font-weight: bold;
  }
```

```
}
```

经转换后的 CSS 代码为：

```
a:link {
  color: blue;
}
a:visited {
  color: green;
}
a:active {
  color: blue;
}
a:hover {
  color: red;
  font-weight: bold;
}
```

【代码解析】从本示例代码的里可以看出使用 SASS 的深层嵌套在属性较多时有可能可以减少编写的代码量，代码结构也更具有可读性。

4.1.3　单行注释 //

SASS 是 CSS 的超集，因此标准的 CSS 注释 /* comment */ ，会保留到编译后生成的文件。而为了方便开发人员的调试，SASS 支持了类似 JavaScript 的单行注释符//，如：

```
/*
这是单行注释，将被保留
*/
p{
  color: red; // 单行注释示例
  font-size: 10px; /* CSS 原生注释风格示例 */
}
```

经转换后的 CSS 代码为：

```
/*
这是单行注释，将被保留
*/
p {
  color: red;
  font-size: 10px;
  /* CSS 原生注释风格示例 */
}
```

【代码解析】最终在生成的 CSS 代码里，标准的 CSS 注释被保留，单行注释符//被忽略省去，出于保护目的不愿把内部注释发布到网上的开发者也可以考虑使用这个方法。

4.1.4　继承@extend

SASS 允许一个选择器继承另一个选择器，如：

```
.classParent1{
  border: 1px solid #ddd;
}
.classParent2{
  color: red;
  text-align: center;
}
.classChild {
  @extend .classParent1;
  @extend .classParent2;
  font-size:120%;
}
p {
  @extend .classParent1;
  @extend .classParent2;
  font-size:120%;
}
```

经转换后的 CSS 代码为：

```
.classParent1, .classChild, p {
  border: 1px solid #ddd;
}

.classParent2, .classChild, p {
  color: red;
  text-align: center;
}

.classChild {
  font-size: 120%;
}

p {
  font-size: 120%;
}
```

【代码解析】这里可以看到 SASS 跟 CSS 代码相比的好处是既通过@extend 继承了父 CSS 类的样式属性，又把相关的声明都放在子 CSS 类或子元素声明里，这样的代码结构可阅读可维护性明显更佳。

 此处的通过@extend 只能继承 CSS 类，即父类只能是 CSS 类，而不能是元素。

4.1.5　混入@mixin 与@include

最早的 SASS 是用 Ruby 开发的，因此该语言的作者引入了一些类似 Ruby 的语言结构，其中就有用于实现多重继承的混入（Mixin）。混入有点像 C 语言的宏，是可以定义以后在被引入的地方展开而达到重用的代码块。

首先需要使用@mixin 命令，定义一个代码块，随后再使用@include 命令，调用这个混入代码块使之原地展开，如：

```
$border-width : 1px;
@mixin left-setting {
float: left;
margin-left: 10px;
padding-left: 2px;
border-left: $border-width;
}
div {
  @include left-setting;
}
```

经转换后的 CSS 代码为：

```
div {
  float: left;
  margin-left: 10px;
  padding-left: 2px;
  border-left: 1px;
}
```

【代码解析】如代码所示，混入定义本身并不生成 CSS 代码，它类似于静态库被嵌入，当一个元素或者 CSS 类引入了多个混入代码块，则就相当于实现了多重继承的概念了。

 此处变量$border-width 的定义位置需要在名为 left-setting 的混入之前，否则将无法获取该变量的值。这种要求是 SASS 编译器本身的限制导致的。

混入还可以指定参数和默认值，既像 C 语言的宏又强于它，如：

```
@mixin left-setting($border-width: 3px) {
float: left;
margin-left: 10px;
padding-left: 2px;
```

```
  border-left: $border-width;
}
div {
  @include left-setting;
}
div.special{
  @include left-setting(5px);
}
```

经转换后的 CSS 代码为：

```
div {
  float: left;
  margin-left: 10px;
  padding-left: 2px;
  border-left: 3px;
}

div.special {
  float: left;
  margin-left: 10px;
  padding-left: 2px;
  border-left: 5px;
}
```

【代码解析】如代码所示，生成的第一个元素在引入时使用了默认参数值，而第二个在引入时使用了指定参数值。

Ionic 的 SASS 代码里大量使用了混入结构，其中就有一个文件，路径为\项目目录\www\lib\ionic\scss_mixins.scss，文件内容为定义的所有的混入，以下为其中一小段代码片段：

```
// Single Corner Border Radius
@mixin border-top-left-radius($radius) {
  -webkit-border-top-left-radius: $radius;
        border-top-left-radius: $radius;
}
@mixin border-top-right-radius($radius) {
  -webkit-border-top-right-radius: $radius;
        border-top-right-radius: $radius;
}
@mixin border-bottom-right-radius($radius) {
  -webkit-border-bottom-right-radius: $radius;
        border-bottom-right-radius: $radius;
}
@mixin border-bottom-left-radius($radius) {
  -webkit-border-bottom-left-radius: $radius;
```

```
      border-bottom-left-radius: $radius;
}
```

【代码解析】这样为针对两种不同的浏览器分别定义元素的四个角的圆角半径提供了简单的方式。

4.1.6　颜色计算

SASS 提供了一些内置的颜色函数，以便通过种子颜色生成系列颜色，这样能够节省大量的自行计算和查找调色板的时间，常见的颜色函数与使用方式如下所示。

```
$main_color: #336699;
$second_color: #993266;
#page1{
  //提升亮度
  color: lighten($main_color, 10%);
}
#page2{
  //降低亮度
  color: darken($main_color, 10%);
}
#page3{
  //提升饱和度
  color: saturate($main_color, 10%);
}
#page4{
  //降低饱和度
  color: desaturate($main_color, 10%);
}
#page5{
  //调整色调
  color: adjust-hue($main_color, 10%);
}
#page6{
  //取灰度颜色
  color: grayscale($main_color);
}
#page7{
  //混合两种颜色
  color: mix($main_color, $second_color);
}
```

经转换后的 CSS 代码为：

```
#page1 {
```

```
    color: #4080bf;
}

#page2 {
    color: #264d73;
}

#page3 {
    color: #2966a3;
}

#page4 {
    color: #3d668f;
}

#page5 {
    color: #335599;
}

#page6 {
    color: #666666;
}

#page7 {
    color: #664c80;
}
```

【代码解析】在 SASS 代码里的相关位置已经对使用到的函数进行过了注释，这里不再重复说明。当需要对 Ionic 提供的默认颜色方案进行微调或是设计自己的 APP 应用的颜色方案时，读者可以考虑使用这些便捷函数。

4.1.7　引入文件@import

@import 命令，用来插入外部 SASS 文件。Ionic 代码库中路径为\项目目录\www\lib\ionic\scss\ionic.scss 的文件的主要内容就是用于引入其他 SASS 模块文件，如：

```
@import
    // Ionicons 引入图标
    "ionicons/ionicons.scss",

    // Variables 引入变量
    "mixins",
    "variables",
```

```
    // Base 引入基础模块
    "reset",
    "scaffolding",
    "type",
......
```

【代码解析】请注意代码中引入文件名的区别，当 SASS 文件以_为前缀开头时，使用 @import 命令不需要写出这个_前缀和.scss 的后缀。

4.1.8　条件语句@if 和@else

条件语句是一般编程语言的基本设施，SASS 有两个配套的@if 和@else 可以使用。Ionic 代码库中路径为\项目目录\www\lib\ionic\scss_mixins.scss 的文件里也有多处用到了条件语句，如以下片段：

```
@mixin flex-wrap($value: nowrap) {
  -webkit-flex-wrap: $value;
  -moz-flex-wrap: $value;
  @if $value == nowrap {
      -ms-flex-wrap: none;
  } @else {
      -ms-flex-wrap: $value;
  }
  flex-wrap: $value;
}
```

【代码解析】由于 IE 浏览器的 flex-wrap 属性值与其他浏览器不一样，因此代码里通过条件语句进行了额外判断。

4.2　lodash（可选学）

lodash 是一套 JavaScript 工具库，它内部封装了诸多对字符串、数组、对象等常见数据类型的处理函数，在本书的 3.6 节的示例 3-10 已经使用了它的数组处理函数。目前每天使用 npm 安装 lodash 的数量在百万级以上，这在一定程度上证明了其代码的普世性，笔者推荐读者在自己的项目中选择使用。本书 13 和 14 章的项目实战中，也会大量运用到 lodash 的多个辅助函数。

4.2.1　使用场景

lodash 库提供的辅助函数主要分为以下几类：

● Array：适用于数组类型，比如填充数据、查找元素、数组分片等操作。

- Collection：适用于数组和对象类型，部分适用于字符串，比如分组、查找、过滤等操作。
- Function：适用于函数类型，比如节流、延迟、缓存、设置钩子等操作。
- Lang：普遍适用于各种类型，常用于执行类型判断和类型转换。
- Math：适用于数值类型，常用于执行数学运算。
- Number：适用于生成随机数，比较数值与数值区间的关系。
- Object：适用于对象类型，常用于对象的创建、扩展、类型转换、检索、集合等操作。
- Seq：常用于创建链式调用，提高执行性能（惰性计算）。
- String：适用于字符串类型。
- Util：提供了杂类辅助函数。

由于 lodash 库提供的辅助函数数量众多，而本书的主旨是关于 Ionic 框架的开发，因此不再一一深入介绍了。笔者将会在后续第 14 章和第 15 章中的项目实战代码里解说用到的相关 lodash 库函数。

4.2.2　引入到项目

尽管 lodash 库在有数据处理需求的前端开发中已属标配，但 Ionic 框架并没有包含它。因此读者如果需要在自己的项目或产品中使用，必须自行引入。如果仅在 JavaScript 文件中使用，可以采用类似本书 3.6 节中示例 3-10 的简单做法，包含 lodash 的 JavaScript 文件后使用全局变量_来获取它即可。

然而如果需要在 HTML 视图页的 AngularJS 表达式中使用 lodash 库，则有可能因为作用域对象的解析不包括全局变量而无法使用。有一个解决办法是在主应用模块的 run 方法代码块里设置 lodash 库根对象到根作用域里，这样 HTML 视图页里就也能使用了 lodash 库了，如：

【示例 4-1】 设置 lodash 库根对象到 AngularJS 应用的根作用域。

```
var myapp = angular.module('myApp', [])
.run(function ($rootScope) {
$rootScope._ = window._;
});
```

【代码解析】 代码里的 run 方法将在 AngularJS 应用启动时被调用，因此随后所有的作用域对象就都能通过继承链使用它了。

 在页面包含 lodash 库文件时，需要把包含代码放置在应用本身的 JavaScript 文件前面，可参见示例 3-10 的做法。

4.2.3　进一步学习指南

lodash 库功能强劲，而且效率很好，比较适合移动开发这种前台响应要求高的场景。在此推荐读者可以到其官方网站 https://lodash.com/docs 多学习了解其提供的函数，以节省开发时间和减少自编代码中错误产生的几率。

4.3　Gulp 使用简介（可选学）

在本书的 2.1.3 节已经介绍过 Gulp 的长处和安装步骤，本节将介绍 Gulp 的一些基本概念和最常见的使用方法，帮助读者未来选用它的一些自动化处理插件和对 Ionic 默认生成的 Gulp 主文件进行定制。图 4.2 中展现了最常用的几个 Gulp 插件和其对应的功能。

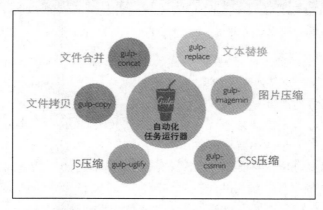

图 4.2　常见的 Gulp 插件和其对应的功能

4.3.1　Gulp 主文件 gulpfile.js 的执行原理

Gulp 需要一个文件作为它的主文件，这个文件被强制规定名称为 gulpfile.js。要使用 Gulp 的时候，在项目的根目录中新建一个文件名为 gulpfile.js 的文件即可。之后要做的就是在 gulpfile.js 文件中定义任务了。示例 4-2 是一个最简单的 gulpfile.js 文件内容示例，它定义了一个默认的任务。

【示例 4-2】在 gulpfile.js 中定义一个默认任务。

```
var gulp = require('gulp');
gulp.task('default',function(){
console.log('hello');
});
```

【代码解析】代码引入 gulp 模块后使用它的 task() 方法定义了名为 default 的默认任务，该任务被调用执行时将在控制台写入字符串 "hello" 后退出。

运行 Gulp 任务只需切换到存放 gulpfile.js 文件的目录，然后在命令行中执行 gulp 命令就行了。gulp 后面可以加上要执行的任务名，例如 gulp task1，如果没有指定任务名，则会执行名为 default 的默认任务。图 4.3 为分别使用两种方式执行示例 4-2 中编写的 gulpfile.js 运行出的结果。

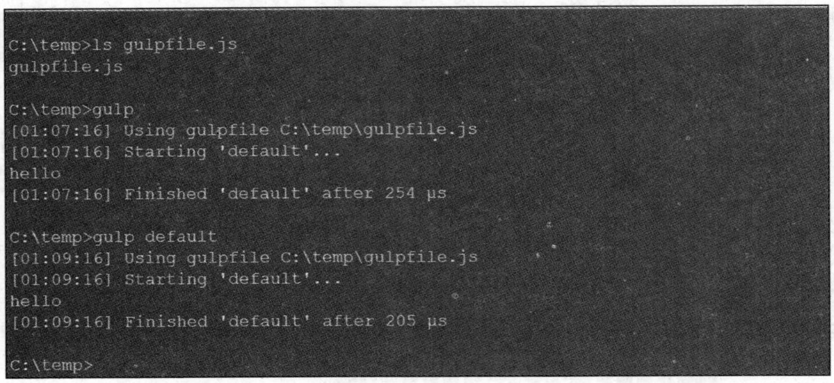

图 4.3　在命令行执行 4-2 中编写的 gulpfile.js 运行出的结果

在介绍 Gulp 的其他函数之前，需要先了解 gulpfile.js 工作方式。在 Gulp 中，使用的是 Node.js 中的流（stream），首先获取到需要的流，然后可以通过流的 pipe()方法把流依次导入到各个 Gulp 插件中，一般最后是把流写入到文件里结束。所以可以把 Gulp 看作是一个流处理器工具，这样它在中间的处理环节不需要频繁地生成临时文件（比 Gulp 更早出现的同类工具 Grunt 是以临时文件方式工作的），效率要更高。

这样可以推想出来，Gulp 的模式一般应该是：首先获取到想要处理的文件流（通过 gulp.src 方法），然后把文件流依次导入到 Gulp 的各个插件中（通过 pipe 方法依次包装各个插件方法），最后把经过插件处理后的流再写入到文件里（也是通过 pipe 方法包装 gulp.dest，gulp.dest 方法则把流中的内容写入到文件中）。如果省去中间各个插件环节，那么最简单的一个 gulpfile.js 就写出来了：

【示例 4-3】在 gulpfile.js 中使用流方式执行复制文本文件的操作。

```
var gulp = require("gulp");
gulp.task('default', function(){
  gulp.src('*.txt')
  .pipe(gulp.dest('test_gulp'));
});
```

【代码解析】在【示例 4-2】的结构里加入了获取 gulpfile.js 当前目录的所有.txt 文件，随后写入到目录底下的 test_gulp 目录中。

了解了 Gulp 的工作原理和代码编写结构后，下面的内容将继续讲解 Gulp 的四个基本 API 接口：gulp.src、gulp.task、gulp.dest 和 gulp.watch。

4.3.2　获取流函数 src

gulp.src()方法正是用来获取流的，但要注意这个流里的内容不是原始的文件流，而是一个虚拟文件对象流(Vinyl files)，这个虚拟文件对象流中存储着原始文件的路径、文件名、内容等信息。其语法为：

```
gulp.src(globs [, options]);
```

1．globs 参数

globs 参数是文件匹配模式（类似正则表达式），用来匹配文件路径（包括文件名），当然这里也可以直接指定某个具体的文件路径。当有多个匹配模式时，该参数可以为一个数组：类型为 String 或 Array。例如：

```
gulp.src(['js/*.js', 'css/*.css', '*.html']); //分别匹配各目录下的 js、css 和本目录下的 html 文件
```

2．options 参数

options 参数是可选参数对象，以下为常见选项参数：

● options.buffer

类型：Boolean   默认值：true

说明：设置为 false 时将返回 file.content 的流而不缓冲整个文件的内容，处理大文件时非常有用。

 插件可能并不会实现对流的支持。

● options.base

类型：String

说明：显式设置输出路径以某个路径的某个组成部分为基础向后拼接。

假设在一个路径为 client/js/somedir 的目录中，有一个文件叫 somefile.js：

```
// 匹配 'client/js/somedir/somefile.js' 现在 `base` 的值为 `client/js/`
gulp.src('client/js/**/*.js')
// 写入 'build/somedir/somefile.js' 将`client/js/`替换为 build
.pipe(gulp.dest('build'));

// base 的值为 'client'
gulp.src('client/js/**/*.js', { base: 'client' })
// 写入 'build/js/somedir/somefile.js' 将`client`替换为 build
.pipe(gulp.dest('build'));
```

【代码解析】在路径中的**代表匹配路径中的 0 个或多个目录及其子目录。使用 options.base 就能够选择保留原路径里的一些下层目录结构。

4.3.3 写文件函数 dest

gulp.dest()方法是用来写入文件或目录的，其语法为：

```
gulp.dest(path [,options]);
```

1．path 参数

path 参数是写入文件或目录的路径；

2．options 参数

options 参数是可选参数对象，以下为常见选项参数：

● options.cwd

类型：String　　　默认值：process.cwd()

说明：输出目录的 cwd（current working directory 当前工作目录）参数，只在所给的输出目录是相对路径时有效。

● options.mode

类型：String　　　默认值：　0777

说明：八进制权限字符，用以定义所有在输出目录中所创建的目录的权限。

这里说明一下生成的文件路径与给 gulp.dest() 方法传入的路径参数之间的关系。gulp.dest(path) 生成的文件路径是传入的 path 参数后面再加上前面调用 gulp.src() 中有通配符开始出现的那部分路径。例如：

```
var gulp = require('gulp');
//有通配符开始出现的那部分路径为 **/*.js
gulp.src('script/**/*.js')
//最后生成的文件路径为 dist/**/*.js, 如果 **/*.js 匹配到的文件为 jquery/jquery.js ,
//则生成的文件路径为 dist/jquery/jquery.js
.pipe(gulp.dest('dist'));
```

【代码解析】通过这种在写入路径中保留通配符所匹配出的路径的方式，能保留源目录的结构。

 用 gulp.dest() 把文件流写入文件后，文件流仍然可以继续使用。在后面的 4.3.6 节我们可以看到 Ionic 的 gulpfile.js 利用这一特性同时生成了正常可读的和压缩优化过的 CSS 文件。

4.3.4　监视文件变化函数 watch

gulp.watch() 用来监视文件的变化，当文件发生变化后，我们可以利用它来执行相应的任务，例如文件重新压缩生成等。其语法为：

```
gulp.watch(glob[, opts], tasks);
```

1．globs 参数

globs 参数为要监视的文件匹配模式，规则和用法与 4.3.2 节里 gulp.src() 方法中的 glob 相同。

2．opts 参数

opts 参数为一个可选的配置对象，通常不需要用到。

3．tasks 参数

tasks 参数为监视到文件变化后要执行的任务名数组。

例如：

```
gulp.task('uglify',function(){
  //do something
});
gulp.task('reload',function(){
  //do something
});
gulp.watch('js/**/*.js', ['uglify','reload']);
```

【代码解析】在监测到工作目录的 js 子目录及以下的任何 js 文件有变动时，则依次调用前面定义过的 uglify 和 reload 任务。

4.3.5　定义任务函数 task

gulp.task()用来定义任务，在前面几个小节读者应该已经初步接触过它了。其语法为：

```
gulp.task(name[, deps], fn)
```

1．name 参数

name 代表任务名。

2．deps 参数

deps 参数是当前定义的任务需要依赖的其他任务名数组。当前定义的任务会在所有依赖的任务执行完毕后才开始执行。如果没有依赖，则可省略这个参数。

3．fn 参数

fn 参数是任务函数，我们把任务要执行的代码都写在里面，该参数也是可选的。

前面在 4.3.1 节和 4.3.4 节已经分别了解了如何定义默认执行的任务和简单的任务，现在介绍当有多个任务时，需要知道怎么通过任务依赖来实现控制任务的执行顺序。例如想要执行 one,two,three 这三个任务，就可以定义一个空的任务，然后把那三个任务当作这个空的任务的依赖就行了：

```
//只要执行default任务，就相当于把one,two,three这三个任务执行了
gulp.task('default',['one','two','three']);
```

【代码解析】 如果任务['one','two','three']相互之间没有依赖，任务就会按书写的顺序来执行，如果有依赖的话则会先执行依赖的任务。

4.3.6 解析 Ionic 项目 Gulp 主文件

了解完 Gulp 提供的 4 个基础 API 接口后，就可以开始通过阅读已有成熟代码学习怎么把 Gulp 应用到日常工作中了。从本书的主旨出发，笔者做出了一个轻松的决定：通过解析 Ionic 项目模板自带的 Gulp 主文件来讲解 Gulp 的 API 和一些插件的使用。

读者可以打开在本书前面的 2.1.6 节生成的 Hello Ionic 项目目录下的 gulpfile.js 文件自行查看阅读或是参考示例 4-4 的代码与注释来学习。

【示例 4-4】Ionic 项目模板自带的 Gulp 主文件 gulpfile.js

```javascript
//引入 Gulp 库和用到的 Gulp 插件
var gulp = require('gulp');
var gutil = require('gulp-util');
var bower = require('bower'); //引入 Bower 库
var concat = require('gulp-concat');
var sass = require('gulp-sass');
var minifyCss = require('gulp-minify-css');
var rename = require('gulp-rename');
//引入 shelljs 库，用于实现 Unix shell 命令执行
var sh = require('shelljs');

//设置项目的 SASS 文件所在目录
var paths = {
  sass: ['./scss/**/*.scss']
};

//设置默认任务依赖于 sass 任务
gulp.task('default', ['sass']);

//sass 任务，将 Ionic 应用的主 SASS 文件编译为 CSS 文件的两种格式
gulp.task('sass', function(done) {
  // 读取 Ionic 应用的主 SASS 文件
  gulp.src('./scss/ionic.app.scss')
    // 编译为 CSS 文件
    .pipe(sass())
.on('error', sass.logError)
//未压缩的版本写入 css 目录中
    .pipe(gulp.dest('./www/css/'))
    .pipe(minifyCss({ //
    keepSpecialComments: 0
}))
//压缩后的版本文件改名
.pipe(rename({ extname: '.min.css' }))
//压缩后的版本写入 css 目录中
```

```
      .pipe(gulp.dest('./www/css/'))
//异步任务完成后执行 done 通知调用者
      .on('end', done);
});


//设置 watch 任务为监控 SASS 文件所在目录，如有变化则启动 sass 任务重新生成 css 文件
gulp.task('watch', function() {
  gulp.watch(paths.sass, ['sass']);
});


//install 任务，调用 Bower 执行包安装
gulp.task('install', ['git-check'], function() {
  return bower.commands.install()
    .on('log', function(data) {
      gutil.log('bower', gutil.colors.cyan(data.id), data.message);
    });
});


// git-check 任务，检查是否安装了 git
gulp.task('git-check', function(done) {
  if (!sh.which('git')) {
    console.log(
      ' ' + gutil.colors.red('Git is not installed.'),
      '\n Git, the version control system, is required to download Ionic.',
      '\n                        Download        git           here:',
gutil.colors.cyan('http://git-scm.com/downloads') + '.',
      '\n Once git is installed, run \'' + gutil.colors.cyan('gulp install')
+ '\' again.'
    );
    process.exit(1);
  }
  done();
});
```

【代码解析】代码里最主要的是两个任务：sass 和 watch。sass 作为主任务负责生成 css 文件，而 watch 任务将被 Ionic CLI 调用监控项目 sass 文件的变化，一旦变化则将在 css 文件更新后调用浏览器的远程函数重新加载应用。

4.4 Ionic 项目模板目录结构简介

使用 Ionic CLI 的命令创建完一个项目并加入 Android 或 iOS（开发机需要是 OSX 操作系

统）运行平台的支持后，项目的目录与文件结构如图 4.4 所示。

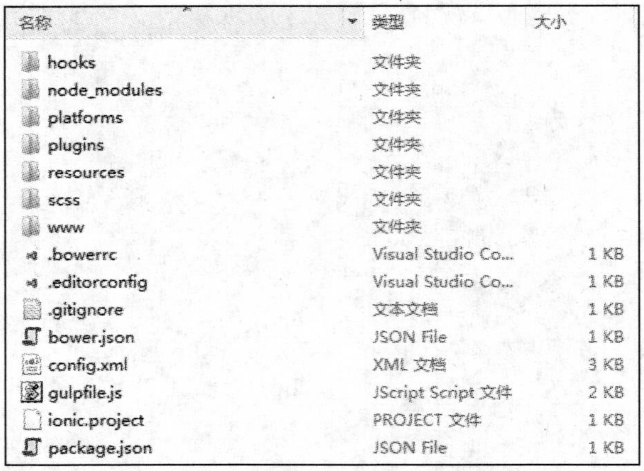

名称
类型
大小
hooks
文件夹
node_modules
文件夹
platforms
文件夹
plugins
文件夹
resources
文件夹
scss
文件夹
www
文件夹
.bowerrc
Visual Studio Co...
1 KB
.editorconfig
Visual Studio Co...
1 KB
.gitignore
文本文档
1 KB
bower.json
JSON File
1 KB
config.xml
XML 文档
3 KB
gulpfile.js
JScript Script 文件
2 KB
ionic.project
PROJECT 文件
1 KB
package.json
JSON File
1 KB

图 4.4　Ionic 项目模板顶层目录与文件结构

本节将介绍重要的目录与配置文件，了解这些对于未来的问题定位与应用定制是有助益的。

4.4.1　常用工作目录 www

www 目录将是开发人员最常访问的地方，开发出的代码基本都归类放在相应的字母下。图 4.5 中显示了初始状态下 www 目录的结构。

css
img
js
lib
index.html

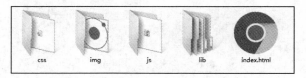

图 4.5　www 目录的结构

相信读者根据名称不难想到：

- css、img 和 js 目录分别放置开发人员自行开发的代码或图片资源。
- index.html 是默认的应用的主页面文件，由于 Ionic APP 应用的实质是一个 SPA（Single Page Application 单页面应用），因此该文件将在运行时一直加载在浏览器中，而随着代码的运行（通过第 8 章介绍的导航类组件）变更其局部的展现。
- lib 目录主要放置存放 Ionic 框架的源代码、图标字体文件和使用的 AngularJS 框架的代码。

4.4.2　常用工作目录 scss

在项目启用了 SASS 后，scss 目录下将会存在一个 ionic.app.scss 文件。开发人员可以在这个文件上更改 Ionic 默认设置的一些变量的值，该文件的头部已有注释文本举例该如何更改。

读者可以结合在 4.1 节了解的 SASS 知识和/lib/ionic/scss 目录下的 Ionic 原始 SASS 文件来定制自己的 APP 应用的外观。

4.4.3　常用工作目录 resources

resources 目录主要用于存放 APP 应用在 Android 和 iOS 平台的桌面图标和应用启动闪屏使用的图片文件。使用自己的资源覆盖这些文件是定制发布 APP 前必须要做的界面完善工作，一般来说这些图片文件是使用 Photoshop 来制作生成的。本书后面的 13.3.9 节里用实例介绍了实战项目中如何定制 APP 的图标和应用启动屏图片文件。

4.4.4　重要文件 package.json

通过文本编辑器打开 package.json 可以看到 APP 应用的相关信息、依赖的 Gulp 插件和其他 NPM 开发包都设置在里面。此外还列举出了随应用模板安装的 Cordova 插件集和支持的硬件平台，如图 4.6 所示。

package.json ×

```
{
  "name": "hello-ionic",
  "version": "1.1.1",
  "description": "Hello Ionic: An Ionic project",
  "dependencies": {
    "gulp": "^3.5.6",
    "gulp-sass": "^2.0.4",
    "gulp-concat": "^2.2.0",
    "gulp-minify-css": "^0.3.0",
    "gulp-rename": "^1.2.0"
  },
  "devDependencies": {
    "bower": "^1.3.3",
    "gulp-util": "^2.2.14",
    "shelljs": "^0.3.0"
  },
  "cordovaPlugins": [
    "cordova-plugin-device",
    "cordova-plugin-console",
    "cordova-plugin-whitelist",
    "cordova-plugin-splashscreen",
    "cordova-plugin-statusbar",
    "ionic-plugin-keyboard"
  ],
  "cordovaPlatforms": [
    "android"
  ]
}
```

图 4.6　package.json 的初始结构

4.4.5　重要文件 config.xml

config.xml 是存放与 APP 应用发布相关的主要信息的配置文件。因为 XML 文件的自描述性，相信读者阅读每项的内容就能知道对应的配置项意义，也可以到 cordova 的官方网站（http://cordova.apache.org/docs/en/latest/config_ref/index.html）阅读更全面的说明。开发人员可以在发布测试时尝试调整里面的一些配置值，如 SplashScreenDelay、FadeSplashScreenDuration。

笔者建议调整其他开关值前在网上先搜索一下这些配置项对应的含义，以免产生意想不到的错误。

4.4.6 其他目录与文件简介

- hooks 目录，放置安装的 Cordova 插件可能需要额外执行的脚本文件，Ionic CLI 会负责调用。
- node_modules 目录，存放项目用到的 Nodejs 插件模块。
- plugins 目录，Cordova 插件的安装目录，相关知识请完整参考本书第 11 章。
- gulpfile.js 文件，项目的 Gulp 主文件，已在本书的 4.3.6 节介绍过。

4.5 小结

本章介绍掌握 Ionic 开发需要了解的 SASS 样式开发和构建工具 Gulp，并对 Ionic 模板项目的 Gulp 主文件做了完整的解析，最后将 Ionic 项目的整体目录文件结构做了说明。从此开始，就要进入 Ionic 的框架代码学习了。

第 5 章
◀ Ionic内置CSS样式 ▶

在第 3 章读者已经了解了 AngularJS 的相关基本概念和使用方式，它需要一定时间学习上手和反复练习才能做到有效掌握。笔者在第 6 章将开始介绍的 Ionic 内置指令与服务组件全面使用了 AngularJS 进行封装，在初始化和执行效率上会比自行编写纯 CSS 与 JavaScript 事件处理脚本有一定的性能损失。因此对于静态的局部控件或是布局简单的页面，可以选择只使用 Ionic 的 CSS 样式文件的方式进行渲染。

本章将介绍不使用 Ionic 内置指令组件的条件下只依赖 Ionic 的内置 CSS 样式文件进行页面布局和开发。在某些页面出现性能问题的时候，本章介绍的开发方式或许也能成为考虑优化的方向之一。此外最重要的一点是，后面要学习和使用的 Ionic 内置指令几乎都是要和这些 CSS 样式配合使用的，所以本章的内容是后面章节的前导知识准备。

本章主要涉及的知识点有：

- Ionic 提供的常见 APP 界面组件集样式：从整体栅格布局对齐到 HTML 组件的界面定制组合。
- 如何自定义界面：通过修改 SCSS 文件的变量定义来改变从默认颜色到边距值等。
- 内置图标集的使用：查找并在合适的位置为 HTML 组件添加图标。

学习完本章的内容后，将能利用 Ionic 提供的各类布局与功能类 CSS 组件，快速完成类似图 5.1 携程首页布局的设计，这也将是本章最后一节作为知识巩固项目的内容。

图 5.1　携程首页布局

为了方便单独说明本章的内容，本章的组件事件处理尽量使用 JQuery 等 JavaScript 库，除了在章节中特别指出的地方，否则将不使用 AngularJS 框架和 Ionic 的 JavaScript 组件。这在实际项目中未必是最合理的做法，读者可以根据工作需要自行判定采用合适的方案。

5.1 栅格布局解析

栅格系统（Grid System），其背后思想是运用格子设计版面布局，已从出版物设计风行到网页设计领域。目前在 PC 端网页开发中流行的 Bootstrap 与 Blueprint 前端开发框架，就都提供了内置的栅格系统。而目前国内外业务规模大的网站出于方便团队成员将页面整体区域切分后分工协作的考虑，基本都会一定程度接受和采用栅格系统布局的理念。如图 5.2 显示的淘宝网首页就做了垂直方向上的栅格切分，在一定的设备宽度尺寸范围下，淘宝网有效显示区域固定为 1140 像素。

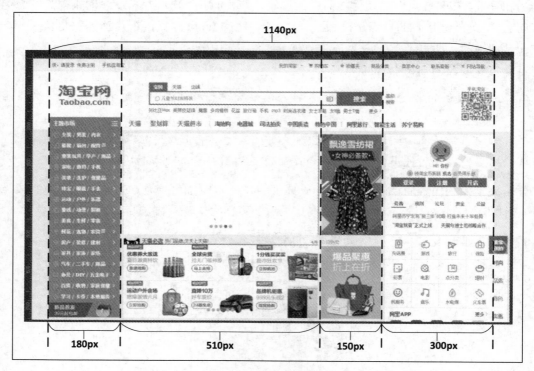

图 5.2　淘宝网的垂直栅格切分

因为 Ionic 定位于面向移动设备开发优先，其栅格系统采用的响应式布局与大部分的前端框架默认采用的针对 PC 端网页特点固定横向总像素数有较大区别：Ionic 的栅格系统是基于 CSS 3 的弹性盒（英文简称为 Flex）布局的，简单来说就是不预设显示区域横轴上的总像素数。

Flex 布局主要思想是让容器有能力改变其子元素的宽度、高度、各方向上相对先后顺序以及对容器剩余空间的分享份额，从而以最佳方式填充可用空间。它带来的好处是现在编写的布局能够适应所有类型的显示设备和屏幕大小，哪怕需要支持的未来设备的屏幕大小目前无法确定。

Ionic 的栅格系统主要使用两个 CSS 类系列分别指定布局中的行与列排列方式：

- .row*：在容器元素上使用.row 类及以.row 为前缀的纵向布局细调类，表示将该元素设置为弹性盒（Flexible Box），放置在其里面的子元素将遵守 Flex 布局。
- .col*：在子元素上使用.col 类及以.col 为前缀的横向布局细调类。

5.1.1　基本行与列 CSS 类

Ionic 栅格系统的基本布局功能由行与列两个方向上的基本 CSS 类.row 和.col 构成：

- .row：在容器元素上使用.row 类，表示将其设置为弹性盒。
- .col：在容器元素的所有子元素上使用.col 类，这些子元素将平分容器的宽度。

【示例 5-1】.row 和.col 在页面布局中的使用：

www\5.1.1.html

```
<body >
  <div class="bar bar-header">
    <h1 class="title">基本行与列 CSS 类</h1>
  </div>
  <div class="scroll-content has-header">
    <div class="row">
      <div class="col">第 1 行第 1 列</div>
      <div class="col">第 1 行第 2 列</div>
    </div>
    <div class="row">
      <div class="col">第 2 行第 1 列</div>
      <div class="col">第 2 行第 2 列</div>
      <div class="col">第 2 行第 3 列</div>
    </div>
    <div class="row">
      <div class="col">第 3 行第 1 列</div>
      <div class="col">第 3 行第 2 列</div>
      <div class="col">第 3 行第 3 列</div>
      <div class="col">第 3 行第 4 列</div>
    </div>
  </div>
</body>
```

【代码解析】通过在 Chrome 的调试工具里切换模拟不同设备的显示（参见图 5.3~图 5.5），可以看到每行的各列自动处理为等宽模式。在此示例的基础上改造实现类似图片库浏览或热门城市选择列表的界面非常容易。

上面示例代码在三种不同设备的模拟显示效果分别为：

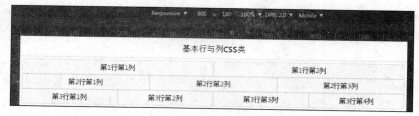

图 5.3　宽度为 800 像素的自定义设备模拟显示

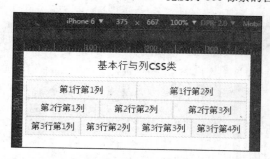

图 5.4　iPhone 6 的模拟显示

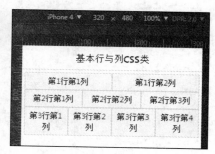

图 5.5　iPhone4 的模拟显示

5.1.2　指定列宽比例与自定义

Ionic 也提供了以下预置的 CSS 类，可用于显式地指定某些列的宽度：

- .col-10：占据容器 10%宽度
- .col-20：占据容器 20%宽度
- .col-25：占据容器 25%宽度
- .col-33：占据容器 1/3 宽度
- .col-34：占据容器 1/3 宽度
- .col-50：占据容器 50%宽度
- .col-66：占据容器 2/3 宽度
- .col-67：占据容器 2/3 宽度
- .col-75：占据容器 75%宽度
- .col-80：占据容器 80%宽度
- .col-90：占据容器 90%宽度

如果读者因为实际工作，需要指定特定比例的宽度，可以通过在 scss 目录下的 ionic.app.scss 文件中增加相应的 CSS 类定义。下面的代码示例说明了使用预置的列宽度比例 CSS 类与自定义的方式。

【示例 5-2】演示了自定义特定宽度比例 CSS 类的代码片段

scss\ionic.app.scss

```
//为组成黄金分割比的两个定制列比例
.col-618 {//比例为 61.8%
 @include flex(0, 0, 61.8%);
 max-width: 61.8%;
}
.col-382 {//比例为 38.2%
 @include flex(0, 0, 38.2%);
 max-width: 38.2%;
}
```

【代码解析】通过同时定制占行宽比例为黄金分割比的两个列比例（分别为 61.8% 和 38.2%），就能在示例 5-3 里使用了。这种定制方式参考于 Ionic 的库代码_grid.scss 实现。

 此处的 scss 文件需要在项目工程的根目录下成功执行命令 ionic setup sass 完成 sass 的配置后才会由 Ionic 的 CLI 生成。

【示例 5-3】演示了指定列宽比例 CSS 类在页面布局中的使用

www\5.1.2.html

```html
<body >
  <div class="bar bar-header">
    <h1 class="title">指定列宽比例与自定义</h1>
  </div>
  <div class="scroll-content has-header">
   <!-- 普通用法 -->
   <div class="row">
    <div class="col col-10">.col-10</div>
    <div class="col col-20">.col-20</div>
    <div class="col col-50">.col-50</div>
    <div class="col col-20">.col-20</div>
  </div>
  <!-- 特殊比例 -->
    <div class="row">
     <div class="col col-33">.col-33</div>
     <div class="col col-66">.col-66</div>
  </div>
  <!-- 含未设置比例列 -->
    <div class="row">
     <div class="col col-10">.col-10</div>
     <div class="col col-20">.col-20</div>
     <div class="col">未设置比例</div>
  </div>
```

```
    <!-- 自定义比例列 -->
    <div class="row">
      <div class="col col-618">.col-618 自定义</div>
      <div class="col col-382">.col-382 自定义</div>
    </div>
    <!-- 总比例超出 100% !!!-->
    <div class="row">
      <div class="col col-10">.col-10</div>
      <div class="col col-50">.col-50</div>
      <div class="col col-66">.col-66</div>
    </div>
    <!-- 总比例不足 100% -->
    <div class="row">
      <div class="col col-10">.col-10</div>
      <div class="col col-50">.col-50</div>
    </div>
    <div class="row">
    <!-- 多重行列组合，可用于实现类 Metro 风格布局,
    出现的未接触过的 CSS 类将会在后面章节陆续介绍 -->
      <div class="col col-50 col-center">
        <a class="button icon-size-128 ion-ios-telephone"></a>
      </div>
      <div class="col col-50">
        <div class="row">
          <div class="col col-50">
            <a class="button icon-left ion-headphone"></a>
          </div>
          <div class="col col-50">
            <a class="button icon-left ion-speakerphone"></a>
          </div>
        </div>
        <div class="row">
          <div class="col col-50">
            <a class="button icon-left ion-android-microphone"></a>
          </div>
          <div class="col col-50">
            <a class="button icon-left ion-android-microphone-off"></a>
          </div>
        </div>
      </div>
    </div>
  </div>
</body>
```

【代码解析】本代码段分别使用最普通的比例、特殊比例、混入未设置比例、自定义比例、总比例不等于 100%以及容器嵌套后在内部设置比例来达成布局的不同效果。本章前面展示的图 5.1 携程首页布局里的内容区域栅格实现就可以运用这里使用的技巧。

通过图 5.6 可以清楚地看出，容器的布局将忠实地按照各列比例定义分布，即使宽度总体比例和在不为 100%的情况下也如此。而较为特殊的三分之一分布也基本显示无误。此外，图中也展示了如何通过多重行列的嵌套组合，达到类似 Metro 布局的效果。

图 5.6 iPhone 6 的模拟显示

5.1.3 指定列相对偏移比例

Ionic 提供了以下预置的 CSS 类，可用于显式地指定某些列从其默认位置相对于容器向右偏移的比例：

- .col-offset-10: 相对默认位置偏移 10%容器宽度
- .col-offset-20: 相对默认位置偏移 20%容器宽度
- .col-offset-25: 相对默认位置偏移 25%容器宽度
- .col-offset-33: 相对默认位置偏移 1/3 容器宽度
- .col-offset-34: 相对默认位置偏移 1/3 容器宽度
- .col-offset-50: 相对默认位置偏移 50%容器宽度
- .col-offset-66: 相对默认位置偏移 2/3 容器宽度
- .col-offset-67: 相对默认位置偏移 2/3 容器宽度
- .col-offset-75: 相对默认位置偏移 75%容器宽度
- .col-offset-80: 相对默认位置偏移 80%容器宽度
- .col-offset-90: 相对默认位置偏移 90%容器宽度

类似于 5.1.2 节的做法，可以通过在 www\ionic.app.scss 文件增加自定义的偏移比例 CSS

类来自定义特定的相对偏移比例。

【示例 5-4】演示了自定义特定偏移宽度比例 CSS 类

scss\ionic.app.scss 的相关代码片段

```
//为组成黄金分割比定制两个列相对偏移比例
//比例为 61.8%
.col-offset-618 {
  margin-left: 61.8%;
}
//比例为 38.2%
.col-offset-382 {
  margin-left: 38.2%;
}
```

【代码解析】通过同时定制偏移行宽比例为黄金分割比的两个列比例（分别为 61.8%和 38.2%），就能在示例 5-5 里使用了，实现的效果参见图 5.7。这种定制方式参考于 Ionic 的库代码_grid.scss 实现。

 此处的 scss 文件需要在项目工程的根目录下成功执行命令 ionic setup sass 完成 sass 的配置后才会由 Ionic 的 CLI 生成。

【示例 5-5】演示了指定偏移宽度比例 CSS 类在页面布局中的使用

　www\5.1.3.html

```
<body >
  <div class="bar bar-header">
    <h1 class="title">指定列相对偏移比例</h1>
  </div>
  <div class="scroll-content has-header">
    <div class="row">
      <div class="col col-33 col-offset-33">.col-offset-33</div>
      <div class="col">.col</div>
    </div>
    <div class="row">
      <div class="col col-33">.col</div>
      <div class="col col-33 col-offset-33">.col-offset-33</div>
    </div>
    <div class="row">
      <div class="col col-33 col-offset-67">.col-offset-67</div>
    </div>
    <div class="row">
      <div class="col col-618 col-offset-382">.col-offset-382 自定义</div>
    </div>
```

```
    <div class="row">
      <div class="col col-382 col-offset-618">.col-offset-618 自定义</div>
    </div>
  </div>
</body>
```

【代码解析】本代码段分别使用 Ionic 内置偏移比例和自定义偏移比例来达成布局内将子元素放置到指定位置的效果。

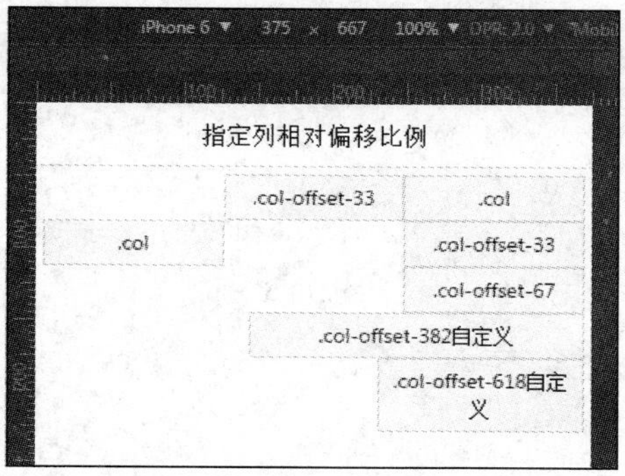

图 5.7　iPhone 6 的模拟显示

实际开发中，本节讨论的 CSS 类可用于列表展现中对于无数据字段的留白效果。

5.1.4　纵轴对齐方式

如果一行中各元素的高度不一样，那么比较矮的那些元素将自动被拉伸以适应整行的高度。

如果希望那些元素保持自身的高度，可使用 Ionic 提供的一些预置的 CSS 类来指定这些元素纵向的对齐方式：

- .col-top：让元素纵向顶对齐
- .col-center：让元素居中对齐
- .col-bottom：让元素向底对齐
- .row-top：让母容器内的所有元素纵向顶对齐
- .row-center：让母容器内的所有元素居中对齐
- .row-bottom：让母容器内的所有元素向底对齐

这些样式类分别是通过设置元素的 CSS 3 样式 align-self 和母容器的 CSS 3 样式 align-items 来实现的。

【示例 5-6】演示了指定纵轴对齐方式的 CSS 类在页面布局中的使用

www\5.1.4.html

```
<body>
  <div class="bar bar-header">
```

```
    <h1 class="title">纵轴对齐方式</h1>
  </div>
  <div class="scroll-content has-header">
   <div class="row">
    <div class="col">.col</div>
    <div class="col">.col</div>
    <div class="col">.col</div>
    <div class="col">1<br>2<br>3<br>4</div>
   </div>
   <div class="row">
    <div class="col col-top">.col-top</div>
    <div class="col col-center">.col-center</div>
    <div class="col col-bottom">.col-bottom</div>
    <div class="col">1<br>2<br>3<br>4</div>
   </div>
   <div class="row row-top">
    <div class="col">.row-top</div>
    <div class="col">.col</div>
    <div class="col">.col</div>
    <div class="col">1<br>2<br>3<br>4</div>
   </div>
   <div class="row row-center">
    <div class="col">.row-center</div>
    <div class="col">.col</div>
    <div class="col">.col</div>
    <div class="col">1<br>2<br>3<br>4</div>
   </div>
   <div class="row row-bottom">
    <div class="col">.row-bottom</div>
    <div class="col">.col</div>
    <div class="col">.col</div>
    <div class="col">1<br>2<br>3<br>4</div>
   </div>
  </div>
</body>
```

【代码解析】本代码段使用了介绍的纵轴对齐方式各 CSS 类调整子元素纵向位置，显示出来的效果参见图 5.8。

图 5.8　iPhone 6 的模拟显示

5.1.5　响应式栅格

不同的设备屏幕的宽度各不相同，而且同一手持设备屏幕也可能切换成横屏（landscape）或竖屏（portrait）的显示模式。这就需要设置每行的网格可以根据不同宽度动态响应宽度大小而自适应调整显示模式。

Ionic 提供的三个不同响应式 CSS 类的默认样式如下：

- .responsive-sm：小于手机横屏（568 像素）
- .responsive-md：小于平板竖屏（768 像素）
- .responsive-lg：小于平板横屏（1024 像素）

当母容器行上的像素数少于指定的响应式 CSS 类时，原本默认会在母容器同一行上显示的列将会拆分显示在不同的行上。本节的示例将会详细显示该效果。

此外，类似于 5.1.2 节的做法，可以通过在 www\ionic.app.scss 文件增加自定义的响应式 CSS 类来自定义特定的像素数切换值。

【示例 5-7】演示了自定义的像素数切换值为 360 的响应式 CSS 类

www\ionic.app.scss 的代码片段

```
//自定义响应式切换阈值
//小于 360px 时切换
$grid-responsive-360-break: 359px !default;
@include                              responsive-grid-break('.responsive-360',
$grid-responsive-360-break);
```

【代码解析】这里的代码定义了一个响应式 CSS 类，当母容器行上的像素数少于 360 像素时，原本默认会在母容器同一行上显示的列将会拆分显示在不同的行上。这种定制方式参考于 Ionic 的库代码_grid.scss 实现。

【示例 5-8】演示了指定响应式 CSS 类在页面布局中的使用

www\5.1.5.html 的主要代码片段

```html
<body>
  <div class="bar bar-header">
    <h1 class="title">响应式栅格</h1>
  </div>
  <div class="scroll-content has-header">
    <div class="row responsive-360">
      <div class="col">.responsive-360</div>
      <div class="col">.responsive-360</div>
    </div>
    <div class="row responsive-sm">
      <div class="col">.responsive-sm(568)</div>
      <div class="col">.responsive-sm(568)</div>
    </div>
    <div class="row responsive-md">
      <div class="col">.responsive-md(768)</div>
      <div class="col">.responsive-md(768)</div>
    </div>
    <div class="row responsive-lg">
      <div class="col">.responsive-lg(1024)</div>
      <div class="col">.responsive-lg(1024)</div>
    </div>
  </div>
</body>
```

【代码解析】在内容区里定义了四行，指定的响应式 CSS 类分别对应自定义与 Ionic 内置的响应宽度大小。接下来的图 5.9~图 5.13 演示了同一页面对不同设备宽度的响应，即将原属于同行的子元素列拆开分行显示。

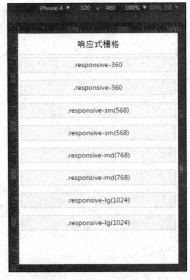

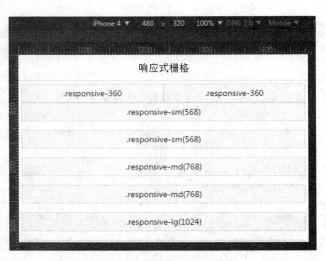

图 5.9　iPhone 4 的竖屏模式模拟显示　　　　图 5.10　iPhone 4 的横屏模式模拟显示

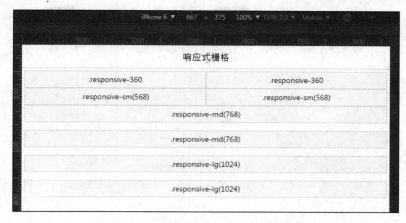

图 5.11　iPhone 6 的横屏模式模拟显示

图 5.12　iPad 的竖屏模式模拟显示

图 5.13　iPad 的横屏模式模拟显示

从图 5-9~图 5-13 的 5 个示例图片我们可以看出，随着设备和显示模式的变化，页面中每一行的列布局显示也根据设备进行了相应调整。这种响应式栅格能提升用户的体验，已经慢慢成为移动开发和网站网页开发的主流做法了。

5.1.6　示例：表情包图片库浏览页

有了前面几节的基础，就能利用这些预制和自定义的 Ionic 栅格布局 CSS 样式类快速地实现一个图片库浏览页的布局了。相对于自行编写大量 CSS 样式代码和后续的前台调试，站在 Ionic 的肩膀上完成任务会轻松很多。

【示例 5-9】演示了一个图片库浏览页的静态布局实现

www\5.1.6.html

```
<body >
```

```
<div class="bar bar-header">
  <h1 class="title">表情包图片库浏览页</h1>
</div>
<div class="scroll-content has-header">
  <div class="row responsive-360 padding">
    <div class="col col-center col-50">
      <img src="img/facial_expression_1.jpg" width="100%">
    </div>
    <div class="col col-center">
      <img src="img/facial_expression_2.jpg" width="100%">
    </div>
  </div>
  <div class="row responsive-360 padding">
    <div class="col col-center">
      <img src="img/facial_expression_3.png" width="100%">
    </div>
    <div class="col col-center">
      <img src="img/facial_expression_4.jpg" width="100%">
    </div>
  </div>
  <div class="row responsive-360 padding">
    <div class="col col-center">
      <img src="img/facial_expression_5.jpg" width="100%">
    </div>
    <div class="col col-center">
      <img src="img/facial_expression_6.jpg" width="100%">
    </div>
  </div>
  <div class="row padding">
    <div class="col">
      <i class="icon icon-right ion-sad-outline icon-item-bigger"> </i>
      没有更多了。。。
    </div>
  </div>
</div>
</body>
```

【代码解析】这里综合使用了前面各小节学习的行与列、响应式栅格、纵轴对齐 CSS 样式类，完成了对因来自于不同收集网站而尺寸比例不同的图片集的自适应布局与居中排列，如图 5.14 所示。最后一行使用到的图标相关知识可参考本书 5.12 可用图标集一节。

图 5.14 表情包图片库浏览页

5.2 固定标题栏

移动 App 主要功能页的整体布局实践中，可见用户界面通常被垂直划分为三个固定横向区域：顶栏区（header）、内容区（content）和底栏区（footer）。微信的功能界面采用的就是该布局，如图 5.15 所示。

图 5.15 三栏模式图例 - 微信的功能界面布局

Ionic 的顶栏区总是位于设备屏幕顶部，底栏区总是位于设备屏幕底部，而内容区将占据设备屏幕剩余的空间。 Ionic 使用以下 CSS 类声明区域容器：

- .bar. bar-heade r：声明元素为顶栏区容器
- .bar. bar-footer：声明元素为底栏区容器
- .content 或.scroll-content：声明元素为内容区容器。官方推荐直接使用 ion-content 或 ion-scroll 指令，具体说明请参阅本书 5.4.1 与 5.4.2 部分。

本节将详细介绍这些 CSS 类以及相关同级与下级样式的使用方式。

5.2.1　固定标题条

Ionic 提供的 CSS 样式.bar 将元素声明为屏幕上绝对定位的块状区域，并具有固定的高度（44px）。一旦元素应用了.bar 样式，就需要选用两类预定义样式来进一步声明元素及其内容的外观，否则元素将默认作为固定顶栏，并且多个声明了.bar 样式的元素将会发生覆盖：

- 同级样式：同级样式与.bar 应用在同一元素上，声明元素的位置、配色等。
- 下级样式：下级样式只能应用在.bar 的子元素上，声明子元素的大小等特征。

具体的使用示例代码可参考本书下一节。

> 如未有声明元素位置的同级样式，则元素将默认作为固定顶栏，并且多个同类元素将会发生覆盖。
>
> 标题条中可组合嵌入按钮、输入框、下拉选择菜单等多种控件，本书将在下面介绍各控件的章节里结合示例代码介绍具体的实现方法。

5.2.2　固定顶栏

如上节所述，Ionic 提供的 CSS 样式 .bar-header 与.bar 结合用来声明固定在屏幕顶部的顶栏，可以包含如标题和左右的功能按钮。而 bar-subheader 与.bar 结合将提供一个直接固定在顶栏下面的次级顶栏，业内有时候也称之为次级导航栏。

【示例 5-10】演示了固定顶栏相关的 CSS 类在页面布局中的使用，如图 5.16 所示。

www\5.2.2.html

```
<body>
  <div class="bar bar-header">
    <h1 class="title">固定顶栏</h1>
  </div>
  <div class="bar bar-subheader">
    <h1 class="title">次级顶栏</h1>
  </div>
  <div class="scroll-content overflow-scroll has-header has-subheader">
  <div class="row">
```

```
      <div class="col">内容区</div>
    </div>
    </div>
  </body>
```

【代码解析】为 div 元素指定.bar 加上.bar-header 或 bar-subheader 即可使其成为固定位置的顶栏。同时内容区域的 div 元素需要声明对应的 CSS 类：.has-header 和.has-subheader，用于避免内容区与顶栏区域重叠。另外同时声明的 CSS 类.scroll-content 和.overflow-scroll 则是用于指定内容区在垂直方向对不可见部分自动显示滚动条。

图 5.16　固定顶栏的布局显示

5.2.3　固定底栏

与上节类似，Ionic 提供的 CSS 样式 .bar- footer 与.bar 结合用来声明固定在屏幕底部的底栏，该栏可以包含如标题和左右的功能按钮。而 bar- subfooter 与.bar 结合将提供一个直接固定在底栏上面的次级底栏。

【示例 5-11】演示了同时固定顶栏和底栏相关的 CSS 类在页面布局中的使用，如图 5.17 所示。

www\5.2.3.html

```
<body>
  <div class="bar bar-header">
    <h1 class="title">固定顶栏 .bar .bar-header</h1>
  </div>
  <div class="bar bar-subheader">
    <h1 class="title">次级顶栏 .bar .bar-subheader</h1>
  </div>
  <div class="bar bar-footer">
    <h1 class="title">固定底栏 .bar .bar-footer</h1>
  </div>
  <div class="bar bar-subfooter">
    <h1 class="title">次级底栏 .bar .bar-subfooter</h1>
  </div>
    <div    class="scroll-content    has-header    has-subheader    has-footer
has-subfooter">
```

```
    <div class="row">
      <div class="col">
内容区 .scroll-content .has-header .has-subheader .has-footer .has-subfooter
</div>
      </div>
    </div>
</body>
```

【代码解析】与上一小节类似，代码里加入了底栏元素和对应的 CSS 类.bar-footer 与.bar-subfooter，同时内容区域的 div 元素需要声明对应的 CSS 类：.has-footer 和.has-subfooter。

图 5.17　同时固定顶栏与底栏的布局显示

5.3　按钮

与前端库 Bootstrap 类似，Ionic 使用 CSS 样式.button 将 HTML 元素如<a>、<button>、<input>等定义为按钮元素，随后可以选用同级与下级 CSS 样式来进一步声明元素及其内容的外观显示。

本节将详细说明相关的按钮 CSS 样式，另外在 5.3.5 节将详述如何将按钮嵌入上一节所述的各标题栏。

5.3.1　普通按钮与配色结合

CSS 样式 .button 的默认样式是 display: inline-block，因此元素宽度是随其内部文字长度自适应增长。结合 Ionic 提供的配色 CSS 类，实现按钮的配色非常简单。

【示例 5-12】演示了普通无修饰样式按钮与 Ionic 配色 CSS 结合的按钮使用，如图 5.18 所示。

www\5.3.1.html

```
<body>
```

```
<div class="bar bar-header">
  <h1 class="title">普通按钮与配色</h1>
</div>
<div class="scroll-content has-header">
  <div class="row padding">
    <button class="button">
      默认
    </button>
    <button class="button button-light">
      button-light
    </button>
    <button class="button button-stable">
      button-stable
    </button>
  </div>
  <div class="row padding">
    <button class="button button-positive">
      button-positive
    </button>
    <button class="button button-calm">
      button-calm
    </button>
    </div>
  <div class="row padding">
    <button class="button button-balanced">
      button-balanced
    </button>
    <button class="button button-energized">
      button-energized
    </button>
  </div>
  <div class="row padding">
    <button class="button button-assertive">
      button-assertive
    </button>
    <button class="button button-royal">
      button-royal
    </button>
  </div>
  <div class="row padding">
    <button class="button button-dark">
      button-dark
    </button>
```

```
    </div>
  </div>
</body>
```

【代码解析】通过给元素同时指定.button 和.button-{颜色方案名}的形式，完成了按钮颜色的定制。

图 5.18　普通无修饰样式按钮与 Ionic 配色 CSS 结合的按钮

5.3.2　按钮尺寸、宽度样式

Ionic 提供了两类按钮样式分别控制按钮的尺寸大小与占父元素所有宽度的模式：

- 尺寸：.button-small、.button-large
- 占父元素所有宽度：.button-block、.button-full

 .button-block 与.button-full 在视觉上的区别比较细微，主要是.button-full 在四个角不显示按钮的圆角弧。

【示例 5-13】演示了控制显示的尺寸大小与占父元素宽度模式的按钮 CSS 类使用方法，如图 5.19 所示。

www\5.3.2.html

```
<body>
  <div class="bar bar-header">
    <h1 class="title">按钮尺寸、宽度样式</h1>
  </div>
  <div class="scroll-content has-header">
    <div>
      <button class="button">
        默认尺寸
```

```
      </button>
      <button class="button button-positive button-small">
        .button-small
      </button>
      <button class="button button-stable button-large">
        .button-large
      </button>
    </div>
    <div>
      <button class="button button-calm button-block">
        .button-block
      </button>
    </div>
    <div>
      <button class="button button-balanced button-full">
        .button-full
      </button>
    </div>
  </div>
</body>
```

【代码解析】与上一节类似，用于指定按钮尺寸的 CSS 类直接放在.button 后即可。

图 5.19　控制显示的尺寸大小与占父元素宽度模式的按钮 CSS 类

5.3.3　无填充色按钮与文本型按钮

对于不需要突出显示按钮整体的场景，Ionic 提供了两个按钮样式：

● .button-outline：只显示按钮外框与文本

● .button-clear：只显示按钮文本

【示例 5-14】演示了无填充色按钮与文本型按钮的 CSS 类使用方法，如图 5.20 所示。

www\5.3.3.html

```
<body>
  <div class="bar bar-header">
```

119

```
    <h1 class="title">无填充色按钮与文本型按钮样式</h1>
  </div>
  <div class="scroll-content has-header">
    <div>
      <button class="button">
      默认
      </button>
      <button class="button button-outline button-assertive">
        .button-outline
      </button>
      <button class="button button-clear button-positive">
        .button-clear
      </button>
    </div>
  </div>
</body>
```

【代码解析】与上一节类似，用于指定按钮样式的 CSS 类直接放在.button 后即可。

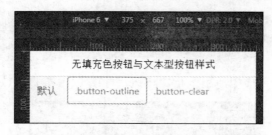

图 5.20　.button-outline 与 button-clear 按钮 CSS 类

5.3.4　图标按钮

使用 Ionic 内置的字体图标样式，图标可以很容易地加入到按钮元素中。Ionic 文档中推荐的办法是：直接在元素上同时设置.button 样式和图标样式，这样可以有效减少 DOM 中元素的数目。通过以下两个图标位置样式控制图标在按钮中的位置：

● 　.icon-left：将图标置于按钮左侧

● 　.icon-right：将图标置于按钮右侧

【示例 5-15】演示了设置带图标按钮的 CSS 类的方法，如图 5.21 所示。

www\5.3.4.html

```
<body>
  <div class="bar bar-header">
    <h1 class="title">图标按钮</h1>
  </div>
  <div class="scroll-content has-header">
    <div>
    <div class="row">
      <button class="button">
        <i class="icon ion-load-a"></i> 加 载 中 ... <i class="icon
```

```
ion-load-b"></i>
          </button>
        </div>
        <div class="row">
          <button class="button icon-left ion-home">首页</button>
          <button class="button icon-left ion-star button-positive">收藏</button>
        </div>
        <div class="row">
          <a class="button icon-right ion-chevron-right button-calm">更多</a>
          <a    class="button    icon-left    ion-chevron-left    button-clear
button-assertive">返回</a>
          <button class="button icon ion-gear-a"></button>
        </div>
        <div class="row">
          <a class="button button-icon icon ion-settings"></a>
          <a class="button button-outline icon-right ion-navicon button-royal">
重排</a>
          <a    class="button    icon    icon-right    button-outline    ion-my-icon-pig
button-balanced">自定义图标</a>
        </div>
      </div>
    </div>
  </body>
```

　　【代码解析】与上一节类似，用于指定按钮图标位置与图标代码的 CSS 类直接放在.button
后即可。此外可以看到代码里最后一个自定义图标的使用方式也与 Ionic 内置图标的使用方式
基本一致。

图 5.21　设置带图标按钮的 CSS 类的方法

　可用的内置 Ionic 图标集请至官网 http://ionicons.com/ 查找。

5.3.5　标题栏按钮

　　Ionic 定义的四个标题栏里都可以直接放入前面介绍的各种样式和大小的按钮，只要按照
前述的方式设置指定的 CSS 样式类即可。

【示例 5-16】演示了在标题栏放置按钮的方法

www\5.3.5.html

```html
<body>
  <div class="bar bar-header bar-dark">
    <button class="button button-clear  icon ion-search"></button>
    <h1 class="title">顶栏按钮</h1>
    <button class="button button-clear  icon ion-plus-round"></button>
  </div>
  <div class="bar bar-subheader bar-stable">
    <button      class="button      button-clear      button-positive      icon
ion-navicon"></button>
    <h1 class="title">次级顶栏按钮</h1>
    <button class="button button-positive button-clear">编辑</button>
  </div>
  <div    class="scroll-content    has-header    has-subheader    has-footer
has-subfooter">
    内容区域
  </div>
  <div class="bar bar-subfooter ">
    <button      class="button      button-clear      button-positive      icon
ion-ios-infinite"></button>
    <button      class="button      button-clear      button-positive      icon
ion-ios-calculator">计算</button>
    <h1 class="title">次级底栏按钮</h1>
    <button class="button button-positive ion-ios-crop-strong icon-right">剪
裁</button>
  </div>
  <div class="bar bar-footer">
    <button class="button button-positive icon ion-ios-bolt"></button>
    <h1 class="title">底栏按钮</h1>
    <button class="button button-outline button-positive">编辑</button>
  </div>
</body>
```

【代码解析】通过在有.bar CSS 样式的元素内放入前面介绍的各种样式的按钮元素，标题栏里就能显示这些按钮了，如图 5.22 所示。

图 5.22　在标题栏放置各类按钮的方法

5.3.6　按钮条

可以使用.button-bar 样式声明一个按钮条容器，该容器将能容纳一组按钮。该容器的位置不限，所以也能放置到标题栏中，使整个标题栏由一个按钮条构成。

【示例 5-17】演示了按钮条的使用方法

www\5.3.6.html

```
<body>
  <div class="bar bar-header">
    <button class="button button-positive icon ion-navicon"></button>
    <h1 class="title">按钮条</h1>
    <button class="button button-outline button-positive">编辑</button>
  </div>
  <div class="bar bar-subheader bar-dark">
    <div class="button-bar">
      <button     class="button      button-clear      button-positive     icon
ion-arrow-left-a">左</button>
      <button class="button button-clear button-positive icon ion-arrow-up-a">
上</button>
      <button class="button button-clear button-positive icon ion-arrow-move">
方向</button>
      <button     class="button      button-positive     button-clear      icon
ion-arrow-down-a">下</button>
      <button     class="button      button-positive     button-clear      icon
ion-arrow-right-a">右</button>
    </div>
  </div>
    <div     class="scroll-content     has-header     has-subheader     has-footer
has-subfooter">
    <div class="button-bar">
      <a class="button button-positive">按钮 1.1</a>
      <a class="button button-assertive">按钮 1.2</a>
      <a class="button button-calm">按钮 1.3</a>
    </div>
    <div class="button-bar">
      <a class="button button-positive">按钮 2.1</a>
      <a class="button button-assertive">按钮 2.2</a>
      <a class="button button-calm">按钮 2.3</a>
      <a class="button button-balanced">按钮 3.3</a>
    </div>
    </div>
  </div>
</body>
```

【代码解析】以上代码分别在次级顶栏和内容区域嵌入了按钮条，如图 5.23 所示。

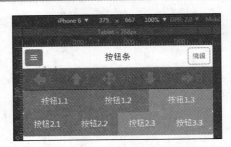

图 5.23　按钮条的使用方法

5.4　列表容器

列表组件常用于对集合类信息的展示。无论是移动设备或是 PC，提供列表的各种组合显示模式是用户界面里最普遍的需求，最常见到的就是类似图 5.24 的微信通讯录界面了：

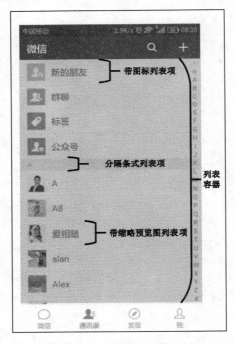

图 5.24　微信通讯录界面

为了帮助用户更快找到和利用信息，业内使用多种多样的列表项显示方式，Ionic 已经内置了对这些显示方式的支持，相关内容将在本节一一讲解。

Ionic 提供的相关 CSS 样式用法是先通过使用.list 样式定义列表容器元素，然后再使用.item 样式定义列表子成员元素完成其主要结构：

```
<ul class="list">
    <li class="item">
```

```
      ...
    </li>
  </ul>
```

 因为普通的列表和列表项的构成与显示都很简单，出于对比效果与篇幅的关系，本书将相
关代码和演示合并到了下面的各小节与其他扩展样式进行说明。

5.4.1　分割条式列表项

分隔条式列表项主要用于对列表容器中的子列表项集进行分块，为用户快速滑动定位到期
望的列表项元素在界面上提供帮助。

【示例 5-18】演示了加入分隔条式列表项的方法，如图 5.25 所示。

www\5.4.1.html

```
<body>
  <div class="bar bar-header">
    <h1 class="title">分割条式列表项-通讯录</h1>
  </div>
  <div class="scroll-content overflow-scroll has-header">
    <div class="list">
      <a class="item" href="#">
        新的朋友
      </a>
      <a class="item" href="#">
        群聊
      </a>
      <div class="item item-divider" href="#">
        C
      </div>
      <a class="item" href="#">
        陈丽娟
      </a>
      <a class="item" href="#">
        Chalse.Bai
      </a>
      <div class="item item-divider">
        D
      </div>
      <a class="item" href="#">
        导入工具
      </a>
      <a class="item" href="#">
        道明寺
```

```
        </a>
    <a class="item" href="#">
      Dianna Liu
    </a>
    <a class="item" href="#">
      ...
    </a>
   </div>
  </div>
</body>
```

【代码解析】通讯录一般按首字母排序分隔，代码里使用分割条样式.item-divider 突出显示分割条。另外有一些固定操作可作为置顶列表项：代码中列表的前两项即为置顶列表项，其余个人联系方式作为普通列表项显示。

图 5.25　加入了分隔条的地址簿列表界面

5.4.2　列表项内图标

列表容器内的一些特殊列表项可在最左边或最右边放置图标，以示区别。具体方法为在列表项元素上加上对应的 CSS 类声明：　.item-icon-left 或 .item-icon-right。

【示例 5-19】演示了在列表项左边加入图标的方法，如图 5.26 所示。

www\5.4.2.html 的相关代码片段

```
    <a class="item item-icon-left" href="#">
      <i class="icon ion-person-add energized"></i>
```

```
  新的朋友
</a>
<a class="item item-icon-left" href="#">
  <i class="icon ion-person-stalker balanced"></i>
  群聊
</a>
```

【代码解析】在列表项元素上加上 CSS 类 .item-icon-left，同时在其内部添加图标元素.icon 并同时指定图标风格。

图 5.26　在列表项左边加入图标地址簿列表界面

5.4.3　列表项内按钮

与 5.4.2 节类似，列表容器内的列表项可在最左边或最右边放置按钮，用于表示列表项上的操作。具体方法为在列表项元素上加上对应的 CSS 类声明：.item-button-left 或 .item-button-right。

【示例 5-20】演示了在列表项右边加入按钮的方法，如图 5.27 所示。

www\5.4.3.html 的相关代码片段

```
<a class="item item-button-right" href="#">
  陈丽娟
  <button class="button button-positive">
    <i class="icon ion-ios-telephone"></i>
  </button>
</a>
<a class="item item-button-right" href="#">
  Chalse.Bai
  <span class="item-note">
    他来自江湖
  </span>
  <button class="button button-positive">
    <i class="icon ion-ios-email"></i>
  </button>
```

```
    </a>
```

【代码解析】在列表项元素上加上 CSS 类 .item-icon-right，同时在其内部添加按钮元素.icon 并同时指定按钮风格。此外代码里出现的 Ionic 内置.item-note 样式常用来给列表项增加注释。

图 5.27　在列表项右边加入按钮的地址簿列表界面

5.4.4　列表项内头像

通讯录和人员列表常用圆形框显示个人的头像照片，Ionic 给列表项提供了内置的 CSS 类.item-avatar，结合 CSS 类.item 与 img 子元素，即可获得标准圆形框照片的效果。

【示例 5-21】演示了在给列表项加入圆形个人头像图片的方法，如图 5.28 所示。
www\5002E4.4.html 的相关代码片段

```
<a class="item item-avatar" href="#">
  <img src="img/avatar_c1.jpg">
  <h2>陈丽娟</h2>
  <p>
    来自电话本
  </p>
</a>
<a class="item item-avatar" href="#">
  <img src="img/avatar_c2.jpg">
  <h2>Chalse.Bai</h2>
  <p>
    他来自江湖
  </p>
</a>
```

【代码解析】在列表项元素上加上 CSS 类 .item-avatar，同时在其内部添加图片元素 img

即可。

图 5.28　在列表项左边加入圆形个人头像的地址簿列表界面

5.4.5　列表项内缩略预览图

与 5.4.2 节类似，列表容器内的列表项可在最左边或最右边放置正方形的图片。具体方法为在列表项元素上加上对应的 CSS 类声明：.item-thumbnail-left 或 .item-thumbnail-right。

【示例 5-22】演示了在给列表项加入左侧缩略预览图片的方法，如图 5.29 所示。

www\5.4.5.html 的相关代码片段

```
<a class="item item-thumbnail-left" href="#">
  <img src="img/avatar_c1.jpg">
  <h2>陈丽娟</h2>
  <p>
    来自电话本
  </p>
</a>
```

【代码解析】在列表项元素上加上 CSS 类 .item-thumbnail-left，同时在其内部添加图片元素 img 即可。

图 5.29　在列表项左边加入缩略预览图片的地址簿列表界面

5.4.6　有边距的列表

如果要以带边距的简单表格的形式显示列表，则可以直接给列表容器元素加上 CSS 样式类.list-inset。

【示例 5-23】演示了给列表容器元素设置.list-inset 样式的方法，如图 5.30 所示。

www\5.4.6.html 的相关代码片段

```
<div class="list list-inset">
  <div class="item">
    上海市公安局车辆管理所：　沪南公路 2638 号
  </div>
  <div class="item">
    浦东交警支队机动车管理：　杨高中路 1500 号
  </div>
  <div class="item">
    黄浦交警支队机动车管理：　陆家浜路 88 号
  </div>
  <div class="item">
    ......
  </div>
</div>
```

【代码解析】.list-inset 样式需要与.list 样式作用在列表容器元素上即可达到效果。

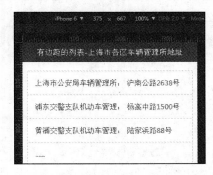

图 5.30　在列表项左边加入缩略预览图片的地址簿列表界面

5.5　展示卡

展示卡近些年在前端设计使用的比较频繁。一条记录的各字段内容可以用展示卡的形式做到分层次、突出重点和固定格式地呈现给用户。像图 5.31 中 Quora 的 Trending 界面，内容区的每条记录单独展示为一个同时摆放了分类、标题、图片和主要梗概的卡片的模式在各 APP 中并不少见。

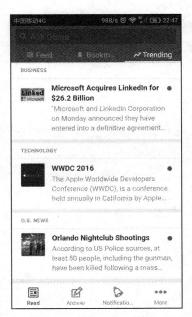

图 5.31　Quora 的 APP 界面里使用展示卡显示信息

Ionic 顺应了这个潮流，专门抽象出展示卡片.card 这个 CSS 样式类，并使用类似本章的已经解析过的按钮与列表项的扩展方法提供显示效果的灵活定制手段。

5.5.1 普通卡

展示卡最简单的使用方式是将其作为容器元素包含一个.item 子元素。

【示例 5-24】演示了直接在内容区域加入多个展示卡的方法，如图 5.32 所示。

www\5.5.1.html 的相关代码片段

```
<div class="scroll-content overflow-scroll has-header">
  <div class="card">
    <div class="item item-text-wrap">
      <h1>No.1</h1>
      <p>This is a basic Card which contains an item that has wrapping text.</p>
    </div>
  </div>
  <div class="card">
    <div class="item item-text-wrap">
      <h2>No.2</h2>
      <p>This is a basic Card which contains an item that has wrapping text.</p>
    </div>
  </div>
  <div class="card">
    <div class="item">
      <h5>No.3</h5>
      <p>This is a basic Card which contains an item that has text to be
truncated.</p>
    </div>
  </div>
</div>
```

【代码解析】每个展示卡用 CSS 样式 .card 标明，然后包含一个.item 子元素，其中可以放置要显示的所有内容。此外最后一个展示卡没有启用 CSS 样式 .item-text-wrap，导致图 5.32 中的文本内容被截断。读者可以根据需要决定是否使用该样式。

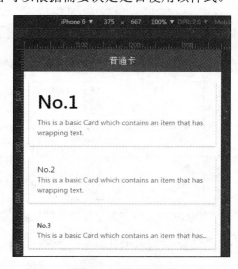

图 5.32　普通展示卡

5.5.2   增加标题栏装饰效果

展示卡的顶部和底部可以加上一个或多个在 5.4.1 节使用过的分割条，达到标题栏的装饰效果。

【示例 5-25】演示了在展示卡加上顶部和底部标题栏的方法，如图 5.33 所示。

www\5.5.2.html 的相关代码片段

```
<div class="card">
  <div class="item item-divider">
    <h1>No.1</h1>
  </div>
  <div class="item item-text-wrap">
    <p>This is a basic Card which contains an item that has wrapping text.</p>
  </div>
  <div class="item item-divider">
    卡片底栏 .item-divider
  </div>
</div>
<div class="card">
  <div class="item item-divider">
    No.2
  </div>
  <div class="item item-text-wrap">
    <p>This is a basic Card which contains an item that has wrapping text.</p>
  </div>
</div>
```

【代码解析】展示卡增加了同时作用了 CSS 样式类 .item 和 .item-divider 的子元素，使作为标题的文本显示更加突出。

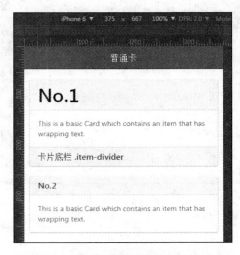

图 5.33   增加标题栏装饰效果的展示卡

5.5.3　卡列表

通过在容器元素上同时使用 CSS 样式类 .list 和 .card，可以创建一个卡列表，显示上非常类似 5.4.6 节的有边距的列表。主要区别是这种方式创建的卡多了底部阴影效果。

【示例 5-26】演示了卡列表的使用方法，效果如图 5.34 所示。

www\5.5.3.html 的相关代码片段

```
<div class="list card">
  <a href="#" class="item item-icon-left">
    <i class="icon ion-home"></i>
    Enter home address
  </a>
  <a href="#" class="item item-icon-left">
    <i class="icon ion-ios-telephone"></i>
    Enter phone number
  </a>
  <a href="#" class="item item-icon-left">
    <i class="icon ion-wifi"></i>
    Enter wireless password
  </a>
  <a href="#" class="item item-icon-left">
    <i class="icon ion-card"></i>
    Enter card information
  </a>
</div>
```

【代码解析】展示卡本身同时作用了 CSS 样式类 .list 和 .card，生成出来的卡其内部显示是一个列表。

图 5.34　卡列表

5.5.4　卡内图片

与本书 5.4.2 和 5.4.5 两节类似，展示卡内部的列表项可以放置缩略预览图和图标，用于这个操作的 CSS 样式类也同样是.item-thumbnail-left， item-thumbnail-right， item-icon-left，item-icon-right。

【示例 5-27】演示了卡列表项放置图片与图标的方法，如图 5.35 所示。
www\5.5.4.html 的相关代码片段

```
<div class="list card">
  <div class="item" style="font-weight: bold; color: #aaa;">BUSINESS</div>
  <div class="item item-thumbnail-left item-icon-right">
    <img src="img/avatar c1.jpg">
    <h2><b>Pretty Hate Machine</b></h2>
    <i class="icon ion-record positive" style="margin-top: -36px; font-size:
4px;"></i>
    <p>Nine Inch Nails, Nine Inch Nails</p>
    <p>Nine Inch Nails, Nine Inch Nails</p>
    <p>Nine Inch Nails, Nine Inch Nails    ...</p>
  </div>
</div>
```

【代码解析】这里使用了 item-thumbnail-left 和 item-icon-right 分别在左边放置新闻图片，在右边放置代表未读消息的图标。此外标题栏和图标直接加入了微调显示样式的 CSS 代码，这里为了方便查看直接写在了 HTML 代码里，工程实践当中推荐读者到 CSS 样式表定义相关的类。

图 5.35　卡内图片与图标

5.5.5　Facebook 型展示卡

展示卡的强大之处在于可以根据设计需要灵活显示各种内容，尤其是图片和文本类内容。Ionic 提供的 CSS 样式类 .item-body 指定完全显示文本内容主体，CSS 样式类 .full-image 则用于显示占据全部宽度的图片。结合本节前面的内容，我们可以灵活组合完成一个 Facebook 型的展示卡。

【示例 5-28】演示了一个仿 Facebook 型的实现方法，效果如图 5.36 所示。
www\5.5.5.html 的相关代码片段

```
<div class="list card">
  <div class="item item-avatar">
    <img src="img/avatar c2.jpg">
    <h2>Marty McFly</h2>
    <p>November 05, 1955</p>
  </div>
  <div class="item item-body">
    <img class="full-image" src="img/delorean.jpg">
    <p>
    This is a "Facebook" styled Card. The header is created from a Thumbnail
List item,the content is from a card-body consisting of an image and paragraph text.
The footer consists of tabs, icons aligned left, within the card-footer.
    </p>
    <p>
      <i class="icon ion-thumbsup calm" style="font-size: 20px; vertical-align:
-3px;"></i>
      <a href="#" class="subdued">5 赞 </a>
      <i class="icon ion-document-text calm" style="font-size: 20px;
vertical-align: -3px;"> </i>
      <a href="#" class="subdued">
      20 评论
      </a>
    </p>
  </div>
</div>
```

【代码解析】这里使用了 .item-body 使文本段的内容全部显示出来，否则会在第一行被截
断。而 full-image 使新闻图片自适应等比例缩放到适合卡片宽度的大小。此外最后一行的两个
图标直接加入了微调显示样式的 CSS 代码，这里为了方便查看直接写在了 HTML 代码里，工
程实践当中推荐读者到 CSS 样式表定义相关的类。

图 5.36　仿 Facebook 型展示卡

5.6 表单控件样式

到目前为止，本章介绍的内容基本以展示为主，不涉及用户进行内容输入。而 Ionic 对于这部分的需求也进行了统一设计，并且还为输入样式内置了多种展示方式，基本能够完成市面上所见的 APP 如图 5.37 所示的常见的输入控件和展现样式。

如未有声明元素位置的同级样式，则元素将默认作为固定顶栏，并且多个同类元素将会发生覆盖。在第 1 章我们已经介绍过 Ionic 是基于 HTML 5 和 CSS 3 的，因此本节未涉及的其他 HTML 5 组件也是可以使用和自行定制显示样式的。相关内容读者可以自行查阅参考介绍 HTML 5 和 CSS 3 的相关书籍，本书就不再赘述了。

图 5.37　APP 里的表单输入

5.6.1 输入字段名提示

文本输入字段应该是功能型 APP 不可避免会使用到的表单字段了，Ionic 根据常见的展现方式，为开发者预置了四种文本输入字段的字段名提示方式：

- HTML 属性 placeholder：文本输入字段内直接提示输入字段名；
- CSS 类 .input-label：文本输入字段左边固定显示输入字段名；
- CSS 类 .item-stacked-label：文本输入字段上面堆叠式输入字段提示；

● CSS 类.item-floating-label：文本输入字段上面以动画方式浮动显示输入字段提示。

> 使用这些字段名提示方式时，都需要为外面的 label 元素同时先加上 CSS 类.item 和.item-input，里面的 span 元素则需要加上 CSS 类.input-label 的声明；使用 CSS 类.item-floating-label 的完整功能需要启动 Ionic 的 JavaScript 基础服务模块支持,示例 5-28 有相关的初始化部分。

通过文字解释四种提示方式的区别不够直接,本节将四种方式合并在一起通过一个示例来显示它们的表现和区别。

【示例 5-29】对比演示了本小节介绍的四种文本输入字段的字段名提示方式，效果如图 5.38 所示。

www\5.6.1.html 的相关代码片段

```html
<head>
  <meta charset="utf-8">
  <meta      name="viewport"      content="initial-scale=1,      maximum-scale=1,
user-scalable=no, width=device-width">
  <title></title>
  <link href="css/ionic.app.css" rel="stylesheet">
  <script src="js/jquery-1.12.3.js"></script>
  <script src="lib/ionic/js/ionic.bundle.js"></script>
  <script type="text/javascript">
    //启动 Ionic 的 JavaScript 基础服务模块支持，满足 CSS 类.item-floating-label 的需要
    angular.module('starter', ['ionic']);
  </script>
</head>
<body ng-app="starter">
  <div class="bar bar-header bar-dark">
    <h1 class="title">提示输入字段名</h1>
  </div>
  <div class="scroll-content overflow-scroll has-header">
    <div class="list">
      <div class="item item-divider">placeholder 方式</div>
      <label class="item item-input">
        <input type="text" placeholder="账户名称">
      </label>
      <label class="item item-input">
        <input type="password" placeholder="输入密码">
      </label>
    </div>
    <div class="list">
      <div class="item item-divider">固定输入字段名 .input-label</div>
      <label class="item item-input">
        <span class="input-label">账户名称</span>
        <input type="text">
      </label>
      <label class="item item-input">
        <span class="input-label">输入密码</span>
```

```
          <input type="password">
        </label>
      </div>
      <div class="list">
        <div class="item item-divider">堆叠式输入字段提示 .item-stacked-label</div>
        <label class="item item-input item-stacked-label">
          <span class="input-label">邮件</span>
          <input type="text" placeholder="john@suhr.com">
        </label>
      </div>
      <div class="list">
        <div class="item item-divider">带上浮动画输入字段提示 .item-floating-label</div>
        <label class="item item-input item-floating-label">
          <span class="input-label">邮件</span>
          <input type="text" placeholder="邮件">
        </label>
      </div>
    </div>
  </body>
```

【代码解析】此处的代码比以前的代码段都要完整，这是为了完整说明使用需要注意的部分：在引入 JavaScript 的部分必须引入 Ionic 和 Angular 的打包文件 ionic.bundle.js。为了方便读者了解原理，代码里直接以嵌入 JavaScript 的方式初始化了 Angular 的 App，并且引入了对 Ionic 的模块依赖。label 元素都同时加上了 CSS 类.item 和.item-input，里面的 span 元素需要加上 CSS 类.input-label 的声明。

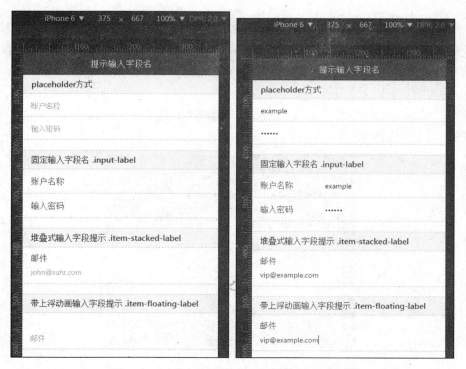

图 5.38　四种文本输入字段的字段名提示方式

5.6.2 输入控件图标

在前面的图 5.32 中展现的常见 APP 里的表单输入示例中，可以发现为了界面更加友好，有在文本输入控件前加上提示图标的做法，Ionic 提供对该需求轻松满足的内置支持 CSS 类.placeholder-icon。

【示例 5-30】演示了为文本输入控件增加图标的方法，如图 5.39 所示。

www\5.6.2.html 的相关代码片段

```
<div class="list list-inset">
  <label class="item item-divider">
    <h2 class="title" style="text-align: center;">用户登录</h2>
  </label>
  <label class="item item-input">
    <i class="icon ion-person placeholder-icon"></i>
    <input type="text" placeholder="输入账号">
  </label>
  <label class="item item-input">
    <i class="icon ion-android-lock placeholder-icon"></i>
    <input type="password" placeholder="输入密码">
    <i class="icon ion-backspace dark"
      style="font-size: 20px; margin-right: 10px;">
    </i>
  </label>
  <label>
    <button class="button button-dark button-block item">登录</button>
  </label>
</div>
```

【代码解析】这里主要使用了. placeholder-icon 在文本输入控件前增加图标。第 2 个控件右边的删除按钮是利用了图标在不声明位置的情况下会被默认置左的特性。我们为了便于讲解使用嵌入式样式微调了这个图标的大小与右边间距，工程实践当中推荐读者到 CSS 样式表定义相关的类的做法。此外细心的读者可能会发现图 5.39 里的各字段都不在占满屏幕的所有宽度，这是因为在列表上增加了 CSS 样式类.list-inset。

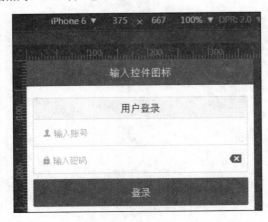

图 5.39　为输入控件增加图标

现在看看图 5.39，两个文本输入控件在形式上已经和图 5.37 中的登录输入控件比较相似了。可见基于 Ionic 提供的内置 CSS 类，我们需要再编写的代码是相当精简的。

5.6.3　有边距的输入表单

默认情况下，所有的输入组件将占据其母容器（一般是有 CSS 样式类.list 的元素）的所有宽度。为了满足可能的显示需要，同时 Ionic 提供了样式类.list-inset，这将使母容器中的所有元素左右都会加上 10 像素的内部间隙（padding）。

> 使用样式类.list-inset 后会发现列表的显示跟展示卡 card 很像，它们之间存在的细微区别是展示卡的下边缘是有阴影的，而列表没有。在性能敏感的场景下，可以优先考虑使用基于.list-inset 的列表展示实现。

5.6.4　输入控件单独设置边距

如果在实践中对 5.6.3 节的实现范围要求缩小，需要定制只有某个列表项插入文本输入控件后有一定内部间隙，则可以使用 Ionic 提供的样式类.item-input-inset 在列表项上。

【示例 5-31】演示了列表项插入文本输入控件后保持内部间隙的方法，效果如图 5.40 所示。
www\5.6.4.html 的相关代码片段

```
<div class="list">
  <div class="item item-input-inset">
    <label class="item-input-wrapper">
      <input type="text" placeholder="请输入收到的短信验证码">
    </label>
    <button class="button button-small button-positive">
      提 交
    </button>
    <button class="button button-small">
      重新发送(35)
    </button>
  </div>
</div>
```

【代码解析】这里主要使用了样式类.item-input-inset 在列表项上。此外需要注意输入控件还用样式类.item-input-wrapper 包裹了起来。

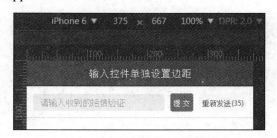

图 5.40　输入控件单独设置边距

5.6.5　标题栏上放置文本输入控件

Ionic 支持直接在标题栏里放置文本输入控件，其使用方式与本书 5.6.4 节介绍的相似。这种类型的展示方式经常用于提供查找功能。

【示例 5-32】演示了标题栏插入文本输入控件的方法，如图 5.41 所示。

www\5.6.5.html 的相关代码片段

```
<body>
  <div class="bar bar-header item-input-inset bar-balanced">
    <label class="item-input-wrapper">
      <i class="icon ion-ios-search placeholder-icon"></i>
      <input type="search" placeholder="请输入搜索内容...">
    </label>
    <button class="button button-assertive">
      清除
    </button>
  </div>
  <div class="scroll-content overflow-scroll has-header padding">
    <i class="icon ion-arrow-up-c"></i>
    放置输入控件到标题栏
    <i class="icon ion-arrow-up-c"></i>
  </div>
</body>
```

【代码解析】这里主要使用了样式类.item-input-inset 在标题栏上。此外需要注意输入控件还用样式类.item-input-wrapper 包裹了起来。

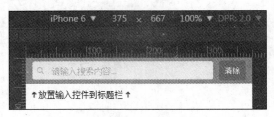

图 5.41　放置文本输入控件到标题栏

5.7　开关类组件

开关类组件在用户设置类的界面里是不可缺少的元素，读者几乎可以在每个移动 APP 里看到它的使用。像图 5.42 中，各个是/否类型的选项开关就是用多个开关类组件实现的。

图 5.42　输入控件在手机声音设置里使用

这类组件本质上是由 HTML 的标准复选框控件 checkbox 构成，而 Ionic 对其用加载了 CSS 样式类.toggle 的 label 元素进行了封装，使之视觉上与使用上更适合可触摸类设备的使用。类似其他组件，开关类组件可以使用 toggle-{颜色代码}的方式指定选中状态时的显示颜色。

 当开关类组件作为列表项使用时，需要在列表项元素上同时加载 CSS 样式类.item-toggle，否则组件不会靠容器的最右边布局显示。

【示例 5-33】演示了在列表中使用开关类组件的方法，如图 5.43 所示。

www\5.7.html 的相关代码片段

```
<ul class="list">
  <li class="item item-divider">音量</li>
  <li class="item item-toggle">
    静音模式
    <label class="toggle toggle-calm">
      <input type="checkbox">
      <div class="track">
        <div class="handle"></div>
      </div>
    </label>
  </li>
  <li class="item item-icon-right">
    <i class="icon ion-chevron-right dark"></i>
    音量调整
    <p class="item-note">20%</p>
  </li>
</ul>
```

【代码解析】列表项元素上加载了 CSS 样式类.item-toggle，label 元素使用 CSS 样式类.toggle 构造一个开关类组件，并指定了颜色。而指定了 CSS 样式类.track 的 div 元素用于构造包含了一个完成触摸操作功能的句柄。

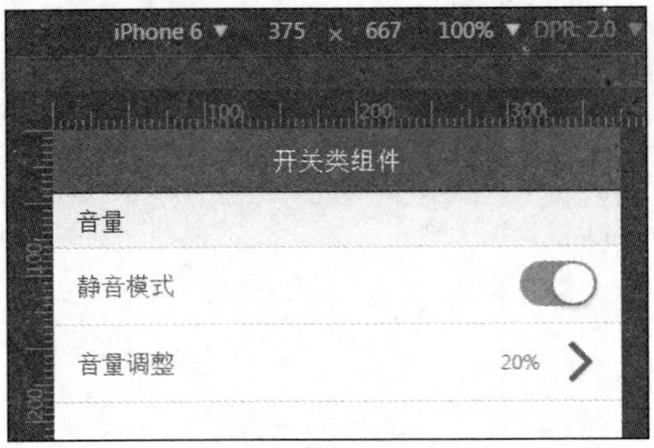

图 5.43　在列表中使用开关类组件

5.8　范围选择组件

范围选择（又被称为滑动条）组件是在 HTML 5 中新引入的元素，常用来进行连续值范围的调节选择。移动 APP 的界面设计中，一般会将范围选择组件的可视部件组成为三部分：左右图标和中间的滑动块（类型为 range 的 HTML input 元素）。Ionic 的官方文档推荐使用一个加载了 CSS 样式类.range 的容器，元素包含这三部分来生成一个完整的范围选择组件。

【示例 5-34】演示了单独使用或在列表中使用范围选择组件的方法，如图 5.44 所示。
www\5.8.html 的相关代码片段

```
<div class="range">
 <i class="icon ion-volume-low"></i>
 <input type="range" name="volume">
 <i class="icon ion-volume-high"></i>
</div>
<div class="list">
 <li class="item item-divider">耗电设置</li>
 <div class="item range range-positive">
  <i class="icon ion-ios-sunny-outline"></i>
  <input type="range" name="volume" min="0" max="100" value="33">
  <i class="icon ion-ios-sunny"></i>
 </div>
 <div class="item range range-balanced">
  <i class="icon ion-ios-bolt-outline"></i>
  <input type="range" name="volume" min="0" max="100" value="50">
  <i class="icon ion-ios-bolt"></i>
 </div>
</div>
```

【代码解析】使用加载了 CSS 样式类.range 的容器元素包含这三部分来生成一个完整的范围选择组件。此外使用 CSS 样式类.range-{颜色代码}的方式指定左边的有效范围的线条颜色。

 在 PC 上的颜色效果可能因为设备的 CSS 适配关系无法演示出来，真正效果需要在实际的移动设备上查看。

图 5.44　单独使用或在列表中使用范围选择组件的方法

5.9　选择框组件

标准 HTML 选择框组件 select 的表现形式都不太一样，例如，在 PC 上，是一个传统的下拉框，如图 5.45 所示；在 Android 是一个单选弹出窗，如图 5.46 所示；而 iOS 目前已不太流行用这种形式的组件了。因为标准组件的渲染由设备本身的浏览器控制，因此使用 Ionic 展现的选择框组件也基本根据设备类型外形各异。

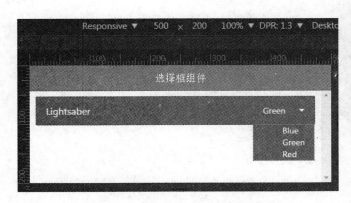

图 5.45　选择框组件在 PC 设备上显示　　　　图 5.46　选择框组件在安卓设备上显示

Ionic 的官方文档推荐使用一个加载了 CSS 样式类.item-select 的容器元素，包含标准 HTML 选择框组件 select 来生成一个 Ionic 下列表项内正常显示的选择框组件。

【示例 5-35】演示了使用加载了.item-select 的容器元素，包含 HTML 选择框组件的方法，

145

如图 5.47 所示。

www\5.9.html 的相关代码片段

```
<div class="list">
  <label class="item item-input item-select item-assertive">
    <div class="input-label">
      Lightsaber
    </div>
    <select>
      <option>Blue</option>
      <option selected>Green</option>
      <option>Red</option>
    </select>
  </label>
</div>
```

【代码解析】使用加载了 CSS 样式类.item-select 的容器元素，包含标准 HTML 选择框组件 select。此外直接使用 CSS 样式类. item-{颜色代码}的方式调整组件颜色外观。

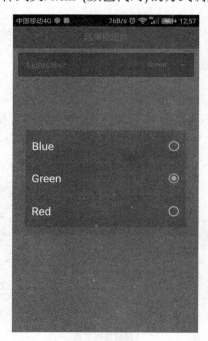

图 5.47　使用 Ionic 选择框组件的安卓界面

5.10　选项卡栏

选项卡是一个可以包含多个按钮或链接的容器，通常用于提供一致的导航体验。　几乎所有具有一定功能集的APP或多或少都会利用选项卡形式的组件进行视图或功能切换,如图5.48和图 5.49 所示。

顶部图标置左型选项卡,背景红

选项卡指示条

底部图标置顶型选项卡

图 5.48　Quora 界面中选项卡使用　　　　图 5.49　微信界面中选项卡使用

Ionic 中首先需要使用.tabs 样式声明选项卡栏,然后使用.tab-item 样式声明选项卡成员。创建的选项卡默认位于屏幕底部。随后可以继续使用三类内置定义 CSS 样式类来进一步声明元素及其内容的外观:

- 上级样式: 上级样式应用于.tabs 的父元素中,声明选项卡的平台特征。
- 同级样式: 同级样式与.tabs 应用在同一元素上,声明选项卡的位置、配色等。
- 下级样式: 下级样式只能应用在.tabs 的子元素上,声明子元素的大小等特征。

下面各小节将根据功能分别介绍这些内置定义 CSS 样式类的使用和显示效果。

 使用了选项卡栏的界面需要为同一页面里的 ion-content 指令组件加入 CSS 样式类.has-tabs 或.has-tabs-top, 否则显示上会有重叠覆盖现象发生。

5.10.1　普通文本型选项卡

选项卡栏里的选项卡默认只包含文字,可通过含有.tab-item 样式声明的子成员来增加。另外可以用以下 CSS 样式类对选项卡栏和其中的选项卡进行显示设置:

- .tabs-top: 将选项卡栏置顶显示。
- .tabs-{颜色代码}: 设置选项卡栏的背景颜色。
- .tabs-color-{颜色代码}: 设置选项卡的默认字体颜色。

而对于选项卡（已含有.tab-item 样式声明的子成员）也可以用以下 CSS 样式类或组合进行细化设置：

- active tab-item-{颜色代码}：单独设置当前处于被选中状态的选项卡的字体颜色。
- disabled：设置当前被禁用的选项卡状态，会导致字体颜色变灰的显示效果。

【示例 5-36】演示了声明普通文本型选项卡与通过 CSS 样式类进行显示设置的方法，效果如图 5.50 所示。

www\5.10.1.html 的相关代码片段

```
<div class="tabs tabs-top tabs-dark tabs-color-energized ">
  <a class="tab-item active tab-item-positive">
    Home
  </a>
  <a class="tab-item">
    Favorites
  </a>
  <a class="tab-item disabled">
    Settings
  </a>
</div>
```

【代码解析】在选项卡栏声明了.tabs-top 样式置顶，.tabs-dark 设置整个选项卡栏的背景颜色为黑色，.tabs-color-energized 定义了下属选项卡成员的默认字体颜色为黄色。代码里为演示期间，将第一个选项卡成员通过.active 设为活动状态，随后用.tab-item-positive 将其字体颜色从默认颜色改为蓝色。最后一个成员选项卡通过.disabled 设为禁用状态，导致其字体颜色相对默认颜色变灰。

图 5.50　Ionic 普通文本型选项卡设置

5.10.2　图标型选项卡

给选项卡栏的选项卡加上图标会使其更加生动，对于希望采用简洁方式显示界面的 APP 设计来说，Ionic 提供了对图标型选项卡的支持：只需要在选项卡栏上声明.tabs-icon-only 样式，并使用 HTML 的<i>标签在.tab-item 中插入图标子元素即可。

【示例 5-37】演示给选项卡栏的选项卡加上图标的方法，效果如图 5.51 所示。

www\5.10.2.html 的相关代码片段

```
<div class="scroll-content has-footer has-header">
  内容区
  <div class="tabs tabs-icon-only tabs-calm">
    <a class="tab-item">
      <i class="icon ion-home"></i>测试文字
    </a>
    <a class="tab-item">
      <i class="icon ion-star"></i>
    </a>
    <a class="tab-item">
      <i class="icon ion-gear-a"></i>
    </a>
  </div>
</div>
```

【代码解析】在选项卡栏声明了 .tabs-icon-only 设置整个选项卡栏的将只显示图标，这样即使在代码里的选项卡内出现了"测试文字"的文本，最终的显示时也不会显示出来。

图 5.51　Ionic 普通文本型选项卡设置

5.10.3　图标置顶或置左型选项卡

最常出现的选项卡形式还是图标与文字同时显示的模式。Ionic 支持相对文本把图标置顶或图标置左的 CSS 样式类作用在选项卡栏元素上：

● 　.tabs-icon-top: 相对文本把图标置顶。

● 　.tabs-icon-left: 相对文本把图标置左。

【示例 5-38】演示图标置顶或置左型选项卡栏的使用方法，效果如图 5.52 所示。

www\5.10.3.html 的相关代码片段

```
<div class="bar bar-header item-input-inset bar-balanced">
  <label class="title">设置图标型选项卡</label>
</div>
```

```
<!-- 图标置顶型选项卡栏-->
<div class="tabs tabs-top tabs-icon-top">
  <a class="tab-item">
    <i class="icon ion-home"></i>
    Home
  </a>
  <a class="tab-item">
    <i class="icon ion-gear-a"></i>
    Settings
  </a>
</div>
<div class="scroll-content has-footer has-header has-tabs-top">
  <!-- 图标置左型选项卡栏-->
  <div class="tabs tabs-icon-left has-footer">
    <a class="tab-item">
      <i class="icon ion-home"></i>
      Home
    </a>
    <a class="tab-item">
      <i class="icon ion-gear-a"></i>
      Settings
    </a>
  </div>
  <div>内容区</div>
</div>
<div class="bar bar-footer bar-dark">
  <h1 class="title">底栏</h1>
</div>
```

【代码解析】在分别使用.tabs-icon-top 或.tabs-icon-left 与.tabs 共用声明图标置顶或置左型选项卡栏。此外因为底部已有底部标题栏，所以代码里把位于底部的选项卡栏放在了内容区里，否则会发生互相重叠覆盖的现象。如果希望用更规范统一的代码布局，有一定 CSS 技术经验的读者可自行修改相关的样式类，这里不再赘述。

图 5.52　图标置顶或置左型选项卡

5.10.4　选项卡指示条

选项卡指示条又被直译为条带风格,这种设置使用一个细长的反背景色条带附加在选项卡与内容区交接的边缘表示该选项卡处于被选中的状态。本节开头的图 5.43 与图 5.44 中都能找到这种风格的应用。在 Ionic 中,使用.tabs-striped 样式将选项卡栏声明为带选项卡指示条风格。

 通过使用 Ionic 内置 CSS 样式.active 作用在选项卡上来声明当前被选中的选项,一个选项卡栏可以同时声明多个当前被选中的选项,虽然这种用法极少见到实际的 APP 采用。

【示例 5-39】演示设置选项卡指示条的方法, 效果如图 5.53 所示。

www\5.10.4.html 的相关代码片段

```html
<div class="tabs-striped tabs-top tabs-background-positive tabs-color-light">
  <div class="tabs">
    <a class="tab-item active" href="#">
      <i class="icon ion-home"></i>
      Test
    </a>
    <a class="tab-item" href="#">
      <i class="icon ion-star"></i>
      Favorites
    </a>
    <a class="tab-item" href="#">
      <i class="icon ion-gear-a"></i>
      Settings
    </a>
  </div>
</div>
<div class="tabs-striped tabs-color-assertive">
  <div class="tabs">
    <a class="tab-item active" href="#">
      <i class="icon ion-home"></i>
      Test
    </a>
    <a class="tab-item" href="#">
      <i class="icon ion-star"></i>
      Favorites
    </a>
    <a class="tab-item" href="#">
      <i class="icon ion-gear-a"></i>
      Settings
    </a>
  </div>
```

```
</div>
```

【代码解析】位于顶部与底部的两个选项卡栏都使用了 .tabs-striped 样式将选项卡栏声明为带选项卡指示条风格。指示条会采用跟选项卡栏背景色不同的颜色来突出显示，因此设置了选项卡栏背景色的指示条颜色是白色的，而未设置的指示条颜色是跟选项卡图标或文字同样颜色的。

图 5.53　设置选项卡指示条

5.11　自定义主题颜色

类似其他前端库如 Bootstrap，Ionic 提供了内置的语义配色方案并定义了含 9 种颜色的默认颜色集，如图 5.54 所示。这些默认的颜色与代码可参见 Ionic 网站 http://ionicframework.com/docs/components/#colors。

对于一般的项目，直接使用 Ionic 的这些颜色即可达到比较满意的界面配色效果，常见的使用方式为：

- {颜色代码}：改变字体颜色
- {颜色代码}-bg：改变背景颜色
- {颜色代码}-border：改变边框颜色
- bar-{颜色代码}：改变标题栏颜色
- button-{颜色代码}：改变按钮颜色
- toggle-{颜色代码}：改变开关组件颜色
- range-{颜色代码}：改变范围选择组件颜色
- item-{颜色代码}：改变选择框组件颜色
- tabs-{颜色代码}：改变选项卡栏背景颜色
- tabs-color-{颜色代码}：改变选项卡栏文本字体与图标颜色

图 5.54　Ionic 默认颜色代码集

　　如果有特殊需要想要修改颜色代码对应的颜色定义，推荐的方式是打开项目目录下的
www\lib\ionic\scss_variables.scss 文件，可以发现文件开头是以下代码：

```
// Colors
// --------------------------------
$light:                  #fff !default;
$stable:                 #f8f8f8 !default;
$positive:               #387ef5 !default;
$calm:                   #11c1f3 !default;
$balanced:               #33cd5f !default;
$energized:              #ffc900 !default;
$assertive:              #ef473a !default;
$royal:                  #886aea !default;
$dark:                   #444 !default;
//...以下是其他无关代码...
```

　　随后直接更改里面某颜色代码对应的颜色值后保存文件并重新打包即可。

153

5.12 可用图标集

Ionic 提供了开源免费的 ionicons 图标样式库供默认使用，读者可以访问网站 http://ionicons.com/来查找可供使用的图标。由于一共有超过 500 个图标可供选择，为了方便查找，该页面提供了输入关键字自动显示相关图标的快速筛选方式，如图 5.55 所示。

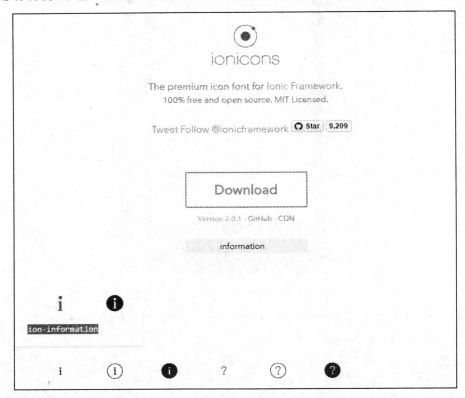

图 5.55　ionicons 图标样式库搜索 information 关键字

找到需要的图标后，在界面点击该图标，即显示该图标对应的图标名称以供使用。

使用图标很简单，推荐在<i>元素上声明以下两个 CSS 类：

- .icon：将元素声明为图标
- .ion-{icon-name}：声明要使用的图标名称

通常使用 i 元素定义图标，例如下面声明了元素显示 ion-home 图标：　<i class="icon ion-home"></i>

因为 Ionic 提供的是字体图标，因此在容器元素中插入图标后，可直接使用元素的.font-size 样式指定图标的大小。

5.13　内边距微调

Ionic 中许多组件都有默认的内边距（padding）。Ionic 初始设置了内边距尺寸都是 10px，并且定义了以下样式类用于给开发者设置组件的边距样式：

- padding：*每边都有内边距*
- padding-vertical：*上下边缘有内边距*
- padding-horizontal：*左右边缘有内边距*
- padding-top：*上边缘有内边距*
- padding-right：*右边缘有内边距*
- padding-bottom：*下边缘有内边距*
- padding-left：*左边缘有内边距*

类似本书 5.11 节自定义主题颜色的方法，Ionic 支持对内边距尺寸的自定义。推荐的方式是打开项目目录下的 www\lib\ionic\scss_variables.scss 文件，找到对 SCSS 变量 $content-padding 定义的代码行：

```
$content-padding:                    10px !default;
```

直接将后面的 10px 改为读者想要的数值即可。

5.14　小结

本章介绍了只使用 Ionic 的内置 CSS 样式文件进行页面布局和开发的基础知识与技巧。包括 Ionic 从整体栅格布局对齐到 HTML 组件的界面定制组合、如何通过修改 SCSS 文件自定义界面以及内置图标集的使用。

下一章将开始进入介绍 Ionic 的内置 JS 指令与相关服务类组件的基础知识。

第 6 章
◄Ionic内置JS组件概述 ►

完成了第 5 章关于 Ionic 内置 CSS 样式类和对其进行定制修改的方法讨论后，从本章开始，本书开始介绍 Ionic 最强大与复杂的 JavaScript 指令与服务部分。Ionic 把移动端开发中常见的 UI 组件间组合与协作模式通过 AngularJS 的指令（Directive）进行了扩展，便于开发者在基于 Web 技术快速开发符合业内移动界面规范或经典场景的 APP。

为了帮助读者先在总体上对 Ionic 内置 JavaScript 指令集有个全面的把握，本章将简短说明它们，以助读者抓住要点，快速理解后面章节的内容。

本章主要涉及的知识点有：

- Ionic 内置 JavaScript 组件分类与命名区别。
- Ionic 内置 JavaScript 组件与内置 CSS 样式类的关系。
- 使用 Ionic 的 JavaScript 组件在开发中遇到的常见问题解决思路。

6.1　Ionic 内置 JS 组件

相对于第 5 章学习的 Ionic 内置 CSS 样式类，Ionic 指令组件提供的组件数和覆盖的功能要更多和更全面，同时由于涉及与数据层和事件监听函数的互动，使用起来也会更复杂。因此一般 Ionic 的指令除了可以设置 CSS 样式类以外，还可以或者需要设置符合 AngularJS 规范的属性（与函数）。

6.1.1　组件分类与前后缀说明

按照 AngularJS 的组件分类，Ionic 内置 JavaScript 组件可以分为两大类：

- 指令组件（Directive）：以元素（Element）、属性（Attribute）或 CSS 类（CSS Class）形式出现在 HTML 文件或 HTML 模板代码中的 Angular 指令组件。元素型指令组件比较好认，都带有 ion- 的前缀，后面的一个或多个单词描述该组件的功能，如 ion-view、ion-nav-bar、ion-side-menu-content 等；属性（Attribute）组件没有可识别的前缀，直接用多个单词连接描述该组件的功能，如 collection-repeat、nav-transition、nav-direction、expose-aside-when、menu-toggle、menu-close、keyboard-attach 等；Ionic 官方文档记录的 CSS 类型指令组件目前总共只有 1 个：hide-on-keyboard-open。
- 服务组件（Service）：可在控制器（controller）或服务（service）等 AngularJS 的 JavaScript 代码文件中被注入用来直接创建页面视图组件或执行与页面视图的指令组件交互的

任务。服务组件的特征也很明显，很多都是带有$ionic 前缀的 Angular 服务对象，如 $IonicHistory、$IonicModal、$IonicPopover、$IonicActionSheet、$IonicPopup、 $IonicBackdrop、 $IonicLoading、 $IonicLoadingConfig、 $IonicPlatform、 $IonicConfigProvider、$IonicPosition 等。其中较为特别的是名称后缀带有 Delegate 的 代 理 类 服 务 组 件 ， 如 $IonicScrollDelegate 、 $IonicNavBarDelegate 、 $IonicSideMenuDelegate、$IonicTabsDelegate、$IonicListDelegate 等。

> 上面提到的代理类服务组件在具体的使用上也比较特殊，这类组件大都有 $getByHandle(delegateHandle)的方法，可用于获取页面上对应的特定指令组件的操作对象，从而达到通过代码动态控制这些组件行为或外观的目的。本书7.2.2节的【示例7-3】有相关内容可供读者参考。

6.1.2　Ionic 内置 JS 组件与 CSS 样式类集成

在本书第 5 章学到的关于 Ionic 内置 CSS 样式类是可以和 Ionic 内置 JavaScript 组件无缝集成使用的，前者用于调整界面元素的显示形态与位置，而后者与标准的 HTML 指令（HTML Tags）一起用于组成支撑起整个界面的框架结构和元素之间的组合。例如以下代码片段：

【示例 6-1】Ionic 内置 JavaScript 组件使用的 Ionic 内置 CSS 样式类方法

www\6.1.html 的相关代码片段

```
<ion-header-bar align-title="left" class="bar-positive">
  <div class="buttons">
    <button class="button" ng-click="doSomething()">Left Button</button>
  </div>
  <h1 class="title">Title!</h1>
  <div class="buttons">
    <button class="button">Right Button</button>
  </div>
</ion-header-bar>
<ion-content class="has-header">
  此处插入内容！
</ion-content>
```

【代码解析】Ionic 内置 JavaScript 指令组件 ion-header-bar 和 ion-content 都分别使用了 Ionic 内置 CSS 样式类 bar-positive 调整了固定顶栏颜色和 has-header 调整了内容区域的显示范围。

> 除了被特殊标注出来的地方（如 toggle_class），可以直接将 Ionic 内置 CSS 样式类以 class 属性的方式作用到 Ionic 的指令组件（Directive）上。

6.1.3　Ionic 内置 JS 组件与 AngularJS 集成

本书的 1.3.3 节曾介绍过 Ionic 框架是构建在 AngularJS 之上的，因此 Ionic 框架所带的所有 JavaScript 指令组件都能与 AngularJS 自带的指令无缝整合使用。更值得一提的是，同时使用 Ionic 和 AngularJS 的指令时无须考虑指令的优先级关系，Ionic 已经测试好了这一切。即类似第 3 章示例 3-10 中的 ng-repeat 指令除了能与<tr>标签配合使用外，也能和本书在后面 9.1.1 节介绍的数据项指令<ion-item>标签一起使用。在本书第 13 和 14 章将能看到更多的 Ionic 与 AngularJS 框架的内置指令和外部引入的 AngularJS 组件融为一体一起使用的场景，这是使用 Ionic 框架开发的巨大优势的表现。

6.2 使用 JS 组件的常见问题解决办法

在使用 Ionic 的 JS 组件进行开发时，常常会因为代码错误或是实体设备与浏览器的区别遇到各种各样的问题。本节将分类介绍针对这些常见问题对应的解决思路与办法。

6.2.1 交互调试部署到 Android 设备上的 Ionic 应用

由于实体设备与浏览器之间存在本质区别，尤其是本书第 11 章介绍的插件集中很多只支持 Android 或 iOS 平台，导致只使用浏览器方式是无法验证很多硬件功能的，比如震动、设备类信息等。因此在开发阶段就需要经常把未完成的 APP 应用通过安装 apk 的方式（做法请参考本书 2.3.7 节）部署在 Android 设备上进行实际环境的测试，以验证功能的正常运行。

具体做法是当 apk 部署到 Android 设备后，在 Chrome 地址栏输入以下地址并进入：

```
chrome://inspect/#devices
```

如果 Android 设备正常连接到了开发机，则会显示类似图 6.1 的界面。图中可以看到有两个应用可以进行连接调试，这两个应用分别是本书后面第 13、14 章项目实战生成的 APP 应用。

点击图 6.1 中任意应用项目的 inspect 按钮，则会打开类似图 6.2 的新窗口界面。这时就可以在图中的 Console 窗口内看到调试输出的日志和用脚本进行调试交互操作了。

目前仅 Android 设备上的 Ionic 应用支持使用 Chrome 来进行调试，iOS 设备尚未支持。

图 6.1　使用 Chrome 连接部署到 Android 设备上的 Ionic 应用

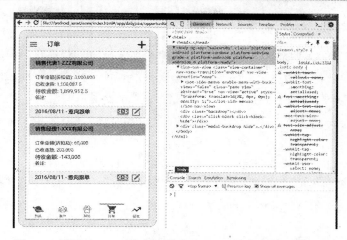

图 6.2　使用 Chrome 调试部署到 Android 设备上的 Ionic 应用

6.2.2　设备上显示白屏幕错误问题调试

在移动设备上部署了 Ionic 的 APP 应用之后，有时候会出现应用启动后（前面的闪屏正常显示）主界面直接显示无任何内容的白屏幕并失去任何手势响应的错误。这类错误一般是因为加载并运行 JavaScript 文件时出错，导致 AngularJS 初始化应用的过程被终止，从而无法显示默认页面的 HTML 文件模板造成的。这样界面里显示的就是一个空白 HTML 页。

对于使用 Android 设备的开发者来说，可以用在 6.2.1 节介绍的基于 Chrome 的交互调试方式，随后在 Console 窗口或 Network 窗口里发现日志输出的错误信息，从而快速定位并解决这个问题。

然而对于 iOS 设备来说，上面这个方式无法使用。这时我们可以使用 Ionic CLI 提供的 Live Reload 设备调试方式来尝试解决。具体做法是，在使用 iOS 设备或模拟器调试 Ionic 应用时，使用如下命令：

```
ionic run ios -l -c
```

 命令中的 l 代表 livereload，c 代表 consolelogs。

应用成功部署并开始运行后，将会把出错的日志信息传回到命令行窗口，如图 6.3 所示。图中的错误是笔者为了演示起见在启动模块里加入了一个不存在的其他模块（取名为 bla）依赖而导致的。

```
** RUN SUCCEEDED **
Ionic server commands, enter:
  restart or r to restart the client app from the root
  goto or g and a url to have the app navigate to the given url
  consolelogs or c to enable/disable console log output
  serverlogs or s to enable/disable server log output
  quit or q to shutdown the server and exit

0    822220   error   Error: [$injector:modulerr] Failed to instantiate module starter due
[$injector:modulerr] Failed to instantiate module bla due to:
[$injector:nomod] Module 'bla' is not available! You either misspelled the module name or for
If registering a module ensure that you specify the dependencies as the second argument.
http://errors.angularjs.org/1.3.13/$injector/nomod?p0=bla
http://192.168.1.91:8100/lib/ionic/js/ionic.bundle.js:8762:32
http://192.168.1.91:8100/lib/ionic/js/ionic.bundle.js:10466:32
ensure@http://192.168.1.91:8100/lib/ionic/js/ionic.bundle.js:10390:45
module@http://192.168.1.91:8100/lib/ionic/js/ionic.bundle.js:10464:39
```

图 6.3　使用 Live Reload 方式调试 iOS 设备上的应用

6.2.3　使用 Batarang 进行性能分析

基于 AngularJS 框架的 Ionic 应用，虽然直接享受了 AngularJS 的开箱即用和双向绑定的特性，但是随着应用中自定义指令里业务逻辑的增长、数据列表里海量数据项出现和复杂表单的控制器脚本逻辑，有时候会感到 APP 应用在操作时页面表现不够流畅，对用户的操作手势有明显的卡顿。这种情况下开发人员往往需要便捷的 profiling（性能分析）工具来辅助找到性能瓶颈点，从而有针对性地优化代码或数据逻辑。

Google 为 AngularJS 框架在 Chrome 里提供了名为 Batarang 的性能分析工具，使用它可以很方便地查看当前页面里的作用域层级数据，并显示出整个作用域的数据模型监控树（Watch Tree）和哪些处理函数在 AngularJS 的处理（digest）周期中占用了更多的时间。

Batarang 工具的安装非常简单，在 Chrome 浏览器里的地址栏里输入安装网址（https://chrome.google.com/webstore/detail/angularjs-batarang/ighdmehidhipcmcojjgiloacoafjmpfk?hl=en）或直接搜索 Batarang 安装后启用即可。

在对应用进行性能分析时，需要先进入 Chrome 的开发者工具，在该工具的菜单栏点击 AngularJS 菜单项，并在出现的窗口中选中"Enable"选项，即为当前的页面启动了 Batarang 分析功能，如图 6.4 所示。图中显示的是当前页面的整个数据模型树，正如标签页上显示的"Models"所示。一般来说，数据模型树里过多的数据项会导致渲染过程的拉长，从而影响用户体验。这时可以考虑实现数据列表的分页加载机制，本书将在 7.2.4 节介绍用于该机制的组件。

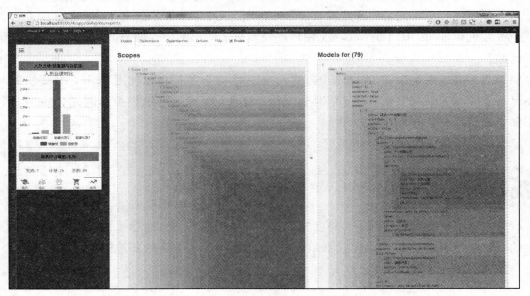

图 6.4　使用 Batarang 分析 APP 当前页面的数据模型（作用域树）

此外影响前台页面响应时间的因素也可能是数据渲染或处理函数。开发人员执行该部分的分析时，可以在 Batarang 的窗口里切换到"Performance"标签页，随后查看页面渲染时每个作用域里调用到的函数列表与页面里函数表达式的执行时间分析，如图 6.5 所示。图中排在越高位置的函数耗时比例也越长，因此是可以考虑执行优化的候选对象。

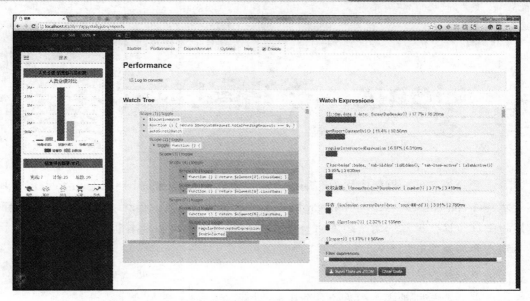

图 6.5　使用 Batarang 分析 APP 当前页面的性能（监控树与监控表达式函数）

6.3　小结

本章首先介绍了 Ionic 的 JS 组件的分类与命名规则，并讨论了其与 CSS 样式类和 AngularJS 集成的方法。此外在常见问题一节介绍了开发中可能遇到的一些问题的解决方法。

下一章将介绍 Ionic 的内置布局类组件的基础知识与应用示例。

第 7 章
◀Ionic内置布局类组件▶

本章主要介绍 Ionic 框架中用于布局的固定标题栏（ion-header-bar 和 ion-footer-bar）、内容展示（ion-content）、内容滚动（ion-scroll）以及刷新类组件（ion-infinite-scroll 和 ion-refresher）的使用。掌握了这些组件的用法之后，一个 APP 应用的单个页面基本框架就能轻易实现了。

本章主要涉及的知识点有：

- 固定标题栏组件
- 内容显示与刷新效果相关的多个组件

7.1　固定标题栏

本节介绍的两个组件与本书 5.2 节固定标题栏介绍的 CSS 组件功能类似，都是用在页面的框架布局上，在顶部或底部放置固定标题栏，而且次级标题栏的建立还依赖于本书 5.2 节固定标题栏介绍的两个 CSS 组件：.bar-subheader 和.bar-subfooter。

 为 ion-header-bar 和 ion-footer-bar 组件指定 CSS 类的时候无须再加上.bar，因为组件本身在创建时就会自动加上 CSS 类.bar。

使用了 ion-header-bar 和 ion-footer-bar 组件的页面布局对内容区域的影响与 CSS 组件类似，需要为内容显示的组件加上相关标题栏存在的 CSS 指示类。具体用法可参见本节示例。

1．ion-header-bar 指令组件

用途：在内容区域顶部添加一个固定标题栏，而如果被指定了.bar-subheader 类，则会成为一个次级顶栏（sub header），ion-header-bar 组件接口及其说明如表 7.1 所示。

表 7.1　ion-header-bar组件接口及其说明

属性/方法/事件	说明
align-title	可选，string类型，用于设置标题对齐的选项。可用: 'left'、'right'和'center'分别表示靠左、靠右和中间对齐。默认为对齐方式与设备平台相关（iOS平台为中间对齐，Android平台靠左对齐）
no-tap-scroll	可选，boolean类型，用于设置是否取消点击标题栏时使内容区域滚动到顶

2．ion-footer-bar 指令组件

用途：在内容区域底部添加一个固定的标题栏，而如果被指定了.bar-subfooter 类，则会成为一个次级底栏（sub footer），ion-footer-bar 组件接口及其说明如表 7.2 所示。

表 7.2　ion-footer-bar 组件接口及其说明

属性/方法/事件	说明
align-title	可选，string 类型，用于设置标题对齐的选项。可用：'left'、'right'和'center'分别表示靠左、靠右和中间对齐。默认对齐方式为中间对齐

【示例 7-1】演示了固定标题栏组件 ion-header-bar 和 ion-footer-bar 的使用方法，效果如图 7.1 所示。

www\7.1.html 的相关代码片段

```
<script type="text/javascript">
//内联方式定义顶级 Controller
angular.module('example').controller('DefaultController',
function($scope,$window) {
    $scope.backHome = function(){
//回到上一页（即示例索引页）
    $window.history.go(-1);
    };
});
</script>
<body ng-controller="DefaultController">
  <ion-header-bar align-title="left" class="bar-royal">
    <button    class="button    button-clear    icon    ion-ios-arrow-back"
ng-click="backHome()">
      返回
    </button>
    <h1 class="title">固定顶栏</h1>
  </ion-header-bar>
  <ion-header-bar class="bar-subheader bar-assertive">
    <h1 class="title">次级顶栏</h1>
  </ion-header-bar>
  <ion-content class="has-header has-subheader has-footer has-subfooter">
    <div>内容区</div>
  </ion-content>
  <ion-footer-bar class="bar-subfooter bar-light">
    <h1 class="title">次级底栏</h1>
  </ion-footer-bar>
  <ion-footer-bar class="bar-positive">
    <h1 class="title">固定底栏</h1>
  </ion-footer-bar>
```

```
</body>
```

【代码解析】 在页面顶部用 ion-header-bar 创建了两个标题栏，其中的次级标题栏用 CSS 类.bar-subheader 声明。顶级标题栏内部还创建了一个回退按钮，点击后将执行控制器（controller）里的方法，通过$window 组件回到上一页（即示例索引页）。读者可以注意到代码里虽然设置了顶栏标题左对齐，但是因为按钮声明在先，标题会给左边的按钮留出空间，从按钮的右边开始显示。如果调整顺序，把按钮声明的代码放在标题栏文本的后面，那么会发现按钮将会被摆放在标题栏的最右边，标题栏文本将会完全置左。

 为了方便集中演示，这里使用的是内联 JavaScript 代码的方式定义了控制器，实际开发时建议拆分到单独的控制器代码文件里，以下类似的情况下也是如此。

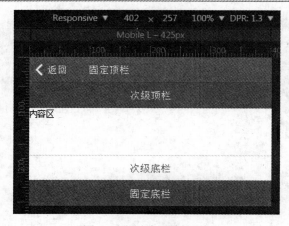

图 7.1　固定标题栏组件

7.2　内容显示相关组件

本节介绍的多个组件主要关注于整个页面的内容区域部分，除了必不可少的内容显示组件以外，也有与移动 APP 特点有关的内容滚动和刷新支持组件。掌握了这些组件的使用，就能通过组件的简单搭配组合配置来提供内容展示功能的框架了。

 为了便于读者的学习理解和使用，本书对组件的分类与官方网站稍微有所区别（官方网站里内容组件只包含了 ion-content、ion-scroll 和 ion-pane 这 3 个），只要是跟内容显示相关的组件都被放在本节一起介绍并通过最后的综合示例加深认识。

7.2.1　内容展示容器

ion-content 指令组件提供一个相对易用的内容区域。通过设置属性 overflow-scroll，该区域的滚动处理可以用 Ionic 开发的滚动视图功能，或是浏览器本身内置的溢出滚动功能。在大多数情况下，应该使用 Ionic 的滚动视图功能，有时（比如因为性能的要求）只能用浏览器原生的溢出滚动才能满足要求。ion-content 组件接口及其说明如表 7.3 所示。

ion-content 指令内可以包含 ion-refresher 指令实现内容区域下拉刷新，并可以包含 ion-infinite-scroll 指令实现无限滚动。相关的具体说明和示例分别在本书第 7.2.5 节和第 7.2.4 节可以找到。

ion-content 指令组件会建立自己的 AngularJS 子作用域（scope），相关概念的说明可参考本书第 3.3 节作用域（数据模型）scope 的介绍。

如果 ion-content 指令组件内部的内容是可动态更新的，那么在更新后需要通过调用 $ionicScrollDelegate 服务代理的 resize()方法来重新计算和更新滚动视图。

表 7.3　ion-content组件接口及其说明

属性/方法/事件	说明
delegate-handle	可选，string类型，定义一个可用$ionicScrollDelegate来获取本组件内部滚动视图对象的句柄名称。使用方法参见本书7.2.2节
direction	可选，string类型，设置可滚动的方向。可用:'x'、 'y'和'xy'分别表示水平、垂直和两个方向的滚动。默认为'y'
locking	可选，boolean类型，是否锁定滚动时只有一个方向。当需要提供手势缩放大小或者双向滚动时可设为false，默认值为true
padding	可选，boolean类型，是否为显示的内容加上内边距。iOS的默认值为true，Android为false
scroll	可选，boolean类型，是否支持内容滚动。默认值为true
overflow-scroll	可选，boolean类型，是否使用浏览器本身内置的溢出滚动功能，默认值为false。如果需要改变整个应用的全局设置，请参考本书10.2.1节
scrollbar-x	可选，boolean类型，是否显示水平方向滚动条。默认值为true
scrollbar-y	可选，boolean类型，是否显示垂直方向滚动条。默认值为true
start-x	可选，string类型，设置水平方向初始的位置。默认值为"0"
start-y	可选，string类型，设置垂直方向初始的位置。默认值为"0"
on-scroll	可选，事件表达式类型，当内容滚动时触发执行事件处理器的代码（即对表达式的求值）
on-scroll-complete	可选，事件表达式类型，当内容滚动停止时触发执行事件处理器的代码，触发时将传入scrollLeft和scrollTop两个局部变量用于获得当前滚动到的位置。使用方法参见本小节示例
has-bouncing	可选，boolean类型，滚动时是否允许超出并弹回到内容区域的边界。iOS上默认为true，Android上默认为false
scroll-event-interval	可选，number类型，触发on-scroll的间隔毫秒数。默认值为10

【示例 7-2】演示了内容展示容器 ion-content 组件的使用方法，效果如图 7.2 所示。

www\7.2.1.html 的相关代码片段

```
<script type="text/javascript">
//内联方式定义内容区 Controller
angular.module('example').controller('ContentController', function($scope)
{
    //初始化内容区数据列表
```

```
        $scope.items = _.map(_.range(100),function(line){
                      return "这是第" + line+"行";});
    //on-scroll 事件处理
    $scope.onScroll = function(){
      console.log("scrolling");
    };
    //on-scroll-complete 事件处理
    $scope.onScrollComplete = function(scrollLeft,scrollTop){
      console.log(scrollLeft + "," + scrollTop);
    };
});
</script>

<ion-content ng-controller="ContentController" on-scroll="onScroll()"
on-scroll-complete="onScrollComplete(scrollLeft,scrollTop)" >
  <ul class="list">
    <li class="item" ng-repeat="item in items">{{item}}</li>
  </ul>
</ion-content>
```

【代码解析】 为了便于摘出关键代码，这里为 ion-content 创建了一个控制器，并在控制器里使用 lodash 库初始化了内容区域显示的列表数据。同时还为作用域加上 onScroll 和 onScrollComplete 成员处理 on-scroll 和 on-scroll-complete 两个事件。这里只完成简单的数据日志输出作为示例。这里使用的 lodash 库的 map 函数用于将一个集合通过 Javascript 函数处理映射成另一个集合，而 range 函数用于生成指定数字范围的一个集合。

读者可以试着上下滚动内容区域的列表，随后将在日志面板里看到相关的输出变化。

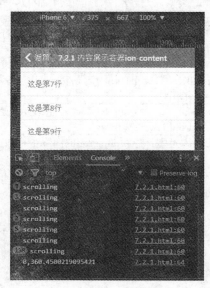

图 7.2　内容展示容器组件

166

7.2.2　内容滚动容器

ion-scroll 指令组件常用来创建一个包含所有内容的可滚动容器，它的使用相对于本书 7.2.1 节介绍的内容展示容器 ion-content 要更复杂，然而该容器提供了在同一页面里可放置多个滚动容器和精细控制缩放等功能。如果面临的需求是创建一个位于页面中间的常见可滚动内容区域，则还是推荐使用 ion-content。ion-scroll 组件接口及其说明如表 7.4 所示。

使用 ion-scroll 指令组件时指定组件的高度与其内部内容元素的高度，相关代码可参考本小节的【示例 7-3】。

表 7.4　ion-scroll组件接口及其说明：

属性/方法/事件	说明
delegate-handle	可选，string类型，定义一个可用$ionicScrollDelegate来获取本组件内部滚动视图对象的句柄名称。使用方法参见本小节的【示例7-3】
direction	可选，string类型，设置可滚动的方向。可用：'x'、'y'和'xy'分别表示水平、垂直和两个方向的滚动。默认为'y'
locking	可选，boolean类型，是否锁定滚动时只有一个方向。当需要提供手势缩放大小或者双向滚动时可设为false，默认值为true
paging	可选，boolean类型，滚动是否限制分页，默认值为false
on-refresh	可选，事件表达式类型，下拉刷新时触发，　与ion-refresher配合使用
on-scroll	可选，事件表达式类型，当内容滚动时触发执行事件处理器的代码（即对表达式的求值）
scrollbar-x	可选，boolean类型，是否显示水平方向滚动条。默认值为true
scrollbar-y	可选，boolean类型，是否显示垂直方向滚动条。默认值为true
zooming	可选，boolean类型，是否支持双指缩放
min-zoom	可选，number类型，允许的最小缩放量（默认为0.5）
max-zoom	可选，number类型，允许的最大缩放量（默认为3）
has-bouncing	可选，boolean类型，滚动时是否允许超出并弹回到内容区域的边界。iOS上默认为true，Android上默认为false

【示例 7-3】演示了内容滚动容器 ion-scroll 组件的使用方法

www\7.2.2.html 的相关代码片段

```
<script type="text/javascript">
//内联方式定义 MapController
angular.module('example').controller('MapController',
function($scope, $rootScope, $ionicScrollDelegate) {
  //初始化内容区数据列表
  $rootScope.items = ["请点击地图上您感兴趣的位置"];
  //地图点击事件处理
  $scope.onMapClick = function(){
    //获得当前内容区的滚动位置
var pos = $ionicScrollDelegate.$getByHandle('scroll_map_handle').getScrollPosition();
  //模拟生成推荐的 10 个餐厅列表
    $rootScope.items = _.map(_.range(10),function(line){
                return "位置(" + parseInt(pos.left) + "," + parseInt(pos.top) +
                ")的第" + line+"个餐厅：*******";});
```

```
      };
   });
</script>
<!-- 地图滚动容器 -->
<ion-scroll zooming="true" ng-controller="MapController"
direction="xy" style="width: 100%; height: 380px;" class="has-header"
delegate-handle="scroll_map_handle" ng-click="onMapClick()">
   <div style="width: 5000px; height: 5000px; background: url('img/demo_map.png')
repeat"></div>
</ion-scroll>
<!-- 餐厅列表滚动容器 -->
<ion-scroll        direction="y"      style="width:         100%;       height:     310px"
class="has-header" paging=true>
   <ul class="list" style="height: 310px">
     <li class="item" ng-repeat="item in items">{{item}}</li>
   </ul>
</ion-scroll>
```

【代码解析】效果如图 7.3 和 7.4 所示，页面摆放了两个 ion-scroll 组件分别用来显示在上方可四个方向滚动的地图和在下方只能上下滚动的列表（都通过样式设置了至少是组件和内容的高度）。点击地图后，ng-click 触发 onMapClick 事件处理器将调用被注入的服务代理 $ionicScrollDelegate 获取上方地图当前滚动到的位置，模拟更新生成到下方列表显示的数据集合里。

图 7.3　ion-scroll 组件-初始状态　　图 7.4　ion-scroll 组件-地图滚动后被点击的显示

 从本小节的示例读者可以看到 ion-scroll 与 ion-content 的一个重要区别就是页面里一般只能同时显示一个 ion-content 组件，而 ion-scroll 支持多个。其他的一些小的区别如支持的事件和属性读者可通过对比两者的组件接口表自行比较。

7.2.3　内容容器对象滚动服务

$ionicScrollDelegate 是 ion-content 或 ion-scroll 指令组件创建的滚动视图的服务代理。它提供的方法集可用来控制这些滚动视图，而通过它的$getByHandle 方法可以精细到控制某个特定的滚动视图或是获取视图的属性。$ionicScrollDelegate 服务代理组件方法及说明如表 7.5 所示。

表 7.5　$ionicScrollDelegate服务代理组件方法及其说明

方法	说明
resize	告诉滚动视图由于内容容器的内容更新，当前的滚动区域大小需要重新计算
scrollTop([shouldAnimate])	滚动到内容顶部。可选的shouldAnimate参数为true|false，表示是否使用动画展示过程
scrollBottom([shouldAnimate])	滚动到内容底部。shouldAnimate参数同scrollTop()方法
scrollTo(left, top, [shouldAnimate])	滚动到指定位置。left和top分别表示要滚动到的x坐标和y坐标。shouldAnimate参数同scrollTop()方法
scrollBy(left, top, [shouldAnimate])	滚动指定偏移量。left和top分别表示要滚动的x偏移量和y偏移量。shouldAnimate参数同scrollTop()方法
zoomTo(level, [animate], [originLeft], [originTop])	缩放到指定数字级别。level表示缩放到的级别，animate表示是否使用动画展示过程，originLeft和originTop分别表示缩放中心点的x坐标和y坐标
zoomBy(factor, [animate], [originLeft], [originTop])	继续缩放的数字级别。factor表示继续缩放乘数因子，animate表示是否使用动画展示过程，originLeft和originTop分别表示缩放中心点的x坐标和y坐标
getScrollPosition()	读取当前视图位置。返回值为一个JSON对象，具有left和top属性，分别表示x和y坐标
anchorScroll([shouldAnimate])	指示滚动视图滚动到一个id匹配window.location.hash的元素。如果没有匹配到元素，它会滚动到顶部。shouldAnimate参数同scrollTop()方法
freezeScroll([shouldFreeze])	指示某个滚动视图是否禁止滚动
freezeAllScrolls([shouldFreeze])	指示所有滚动视图是否禁止滚动
getScrollView()	返回与服务代理组件对应的滚动视图对象。如果需要对滚动视图进行更精细的调整，可以通过返回的该对象的options属性集对象的某个属性进行修改。可供调整的属性集需要到https://github.com/driftyco/ionic/blob/1.x/js/views/scrollView.js查找self.options里定义的所有可用属性选项
$getByHandle(handle)	返回匹配handle字符串所指定的滚动视图实例

7.2.4　加载新内容滚动触发器

ion-infinite-scroll 指令组件用于为滚动容器（ion-scroll 或 ion-content）增加滚动到或接近底部时自动触发获取数据的事件函数来加载新内容的功能。

当用户向下滚动到与底部的距离小于设定的 distance 的数值时，就会触发 on-infinite 指定的事件函数。

ion-infinite-scroll 指令组件适用于无限数据查询搜索类页面（即瀑布流模式），当用户需要获取更多的内容数据时，滚动到内容区域底部，等待加载刷新完毕后获取的数据即出现在内容的底部。ion-infinite-scroll 组件接口及其说明如表 7.6 所示。

on-infinite 事件的处理函数在完成新内容数据的加载后需要广播 scroll.infiniteScrollComplete 事件，通知包容 ion-infinite-scroll 的内容容器更新滚动视图。相关代码可参考本小节的【示例 7-4】。

表 7.6　ion-infinite-scroll组件接口及其说明

属性/方法/事件	说明
on-infinite	必填，事件表达式类型，当内容滚动到底部时触发的事件（即对表达式的求值）。使用方法参见本小节的【示例7-4】
distance	可选，从底部滚动到触发on-infinite表达式的距离。默认: 1%
icon	可选，string类型，当加载时显示的图标。默认值: 'ion-loading-d'。该属性已不推荐使用，而建议用spinner属性代替
spinner	可选，string类型，当加载时显示的轮转等待指示框。可选值参考本书9.4.1节
immediate-check	可选，boolean类型，设置是否在页面加载时马上出发滚动到底事件

【示例 7-4】演示了组件 ion-infinite-scroll 的使用方法，效果如图 7.5 和 7.6 所示。

www\7.2.4.html 的相关代码片段

```javascript
<script type="text/javascript">
//内联方式定义 ListController
angular.module('example').controller('ListController',
function($scope,$timeout) {
    //初始化设置可加载更多数据的次数
    $scope.loadMoreDataTimesAllowed = 3;
    //判断是否可加载更多数据的函数
    $scope.moreDataCanBeLoaded = function(){
      return $scope.loadMoreDataTimesAllowed > 0;
    };
    //初始化内容区数据列表
    $scope.items = _.map(_.range(20),function(line){
                    return "第 0 批数据，数据行" + line});
    //加载更多数据
    $scope.loadMoreLines= function(){
      $timeout(function(){
        $scope.items = _.concat($scope.items,_.map(_.range(5),function(line){
                    return "第"+ (4 - $scope.loadMoreDataTimesAllowed)
                    +"批数据，数据行" + line}));
        $scope.loadMoreDataTimesAllowed = $scope.loadMoreDataTimesAllowed - 1;
        $scope.$broadcast('scroll.infiniteScrollComplete');
      },1000);
    };
});
</script>
<!-- 滚动列表容器 -->
<ion-content class="has-header" ng-controller="ListController">
  <ul class="list">
    <li class="item" ng-repeat="item in items">{{item}}</li>
    <li class="item" ng-if="!moreDataCanBeLoaded()">没有更多数据了...</li>
  </ul>
  <ion-infinite-scroll                          on-infinite="loadMoreLines()"
ng-if="moreDataCanBeLoaded()">
  </ion-infinite-scroll>
```

```
</ion-content>
```

　　【代码解析】页面的内容展示容器里嵌入了一个 ion-infinite-scroll 组件。内容展示容器的控制器设置了当 ion-infinite-scroll 组件被下拉触发更新滚动列表后模拟延时加载数据。连续加载 3 次数据后，通过 AngularJS 的标准 ng-if 指令隐藏 ion-infinite-scroll 组件并同时显示"没有更多数据了"的提示列表项。请特别注意在更新完$scope.items 所代表的列表数据后，代码里调用了$scope.$broadcast('scroll.infiniteScrollComplete')来通知内容展示容器更新滚动视图。此外这里被使用的 lodash 库的 concat 函数是用于将多个数据集合并。

图 7.5　ion-infinite-scroll 组件-加载时的显示　图 7.6　ion-infinite-scroll 组件-无更多数据时隐藏的显示

7.2.5　下拉刷新组件

　　ion-refresher 指令组件用于为滚动容器（ion-scroll 或 ion-content）增加下拉刷新滚动视图的功能。使用 ion-refresher 时，它需要作为 ionContent 或 ionScroll 元素的第一个子元素。

　　ion-refresher 指令组件适用于新闻类页面，当用户需要获取最新的内容数据时，等待加载刷新完毕后最新的数据即出现在下拉内容区域的顶部。ion-refresher 组件接口及其说明如表 7.7 所示。

　　on-refresh 事件的处理函数在完成新内容数据的加载后需要广播 scroll.refreshComplete 事件，通知包容 ion-refresher 的内容容器更新滚动视图。相关代码可参考本小节的【示例 7-5】。

表 7.7 ion-refresher组件接口及其说明

属性/方法/事件	说明
on-refresh	可选，事件表达式类型，当用户向下拉动足够的距离并松开时触发的事件（即对表达式的求值）。使用方法参见本小节的【示例7-5】
on-pulling	可选，事件表达式类型，当用户开始向下拉动时触发的事件（即对表达式的求值）
pulling-text	可选，string类型，当用户向下拉动时显示的文本
pulling-icon	可选，string类型，当用户向下拉动时显示的图标。默认: 'ion-loading-d'。该属性已不推荐使用，而建议用spinner属性代替
refreshing-icon	当用户向下拉动并松开后，显示的等待图标。该属性已不推荐使用，而建议用spinner属性代替
spinner	可选，string类型，当加载时显示的轮转等待指示框
disable-pulling-rotation	可选，boolean类型，设置是否禁止下拉图标旋转动画，需要与pulling-icon一起使用

【示例 7-5】演示了组件 ion-refresher 的使用方法，效果如图 7.7 和 7.8 所示。

www\7.2.5.html 的相关代码片段

```
<script type="text/javascript">
//内联方式定义 ListController
angular.module('example').controller('ListController',
function($scope,$timeout) {
    //初始化内容区数据列表
    $scope.items = _.map(_.range(20),function(line){
                    return "初始数据，数据行" + line});
    //下拉后在列表头部插入新数据
    $scope.loadNewData= function(){
      $timeout(function(){
        var timeString = "---数据时间: " + (new Date()).toLocaleTimeString();
        var newData = _.map(_.range(5),function(line){
                        return "更新数据，数据行" + line + timeString});
        $scope.items = _.concat(newData,$scope.items);
        $scope.$broadcast('scroll.refreshComplete');
      },1000);
    };
});
</script>
<!-- 滚动列表容器 -->
<ion-content class="has-header" ng-controller="ListController">
  <ion-refresher on-refresh="loadNewData()" spinner="lines">
  </ion-refresher>
  <ul class="list">
    <li class="item" ng-repeat="item in items">{{item}}</li>
  </ul>
</ion-content>
```

【代码解析】页面的内容展示容器里嵌入了一个 ion-refresher 组件作为第一个子元素。内容展示容器的控制器设置了当 ion-refresher 组件被下拉触发更新滚动列表后模拟延时加载数据（并在新数据里注明了数据时间），而指令里的 on-refresh 属性设置了对这个事件函数 loadNewData 的调用。请特别注意在更新完$scope.items 所代表的列表数据后，代码里调用了 $scope.$broadcast('scroll.refreshComplete')来通知内容展示容器更新滚动视图。

图 7.7　ion-refresher 组件-加载时的显示

图 7.8　ion-refresher 组件-加载完成后新数据行的显示

7.3　小结

本章介绍了 Ionic 框架中用于布局的固定标题栏、内容展示、内容滚动以及刷新类组件的使用与示例。掌握了这些组件的用法之后，一个 APP 应用的单个页面基本框架就能轻易实现了。

下一章将介绍 Ionic 的内置导航类组件的基础知识与应用示例，这些组件用来连接单个页面，从而完成应用的页面切换效果。

第 8 章
◀ Ionic内置导航类组件 ▶

在第 7 章介绍了单独的一个页面里如何动态获取与滚动显示内容，这是一个 APP 最基础的功能。然而一个成熟的移动 APP 对用户在视觉上来说一般是由多个可以互相跳转的功能或者内容页面组成的。为了达到页面跳转变换的功能，Ionic 基于 Angular UI Router 组件实现了用于页面导航切换的几类组件，可用于完成如图 8.1 中的多种导航要素。本章将详细解析这些组件的功能和使用方式。

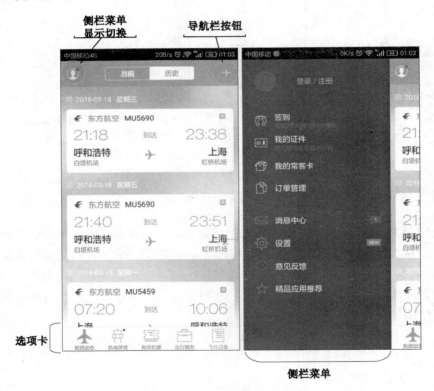

图 8.1　页面导航切换的几类组件

本章主要涉及的知识点有：

● 导航（Navigation）相关组件

● 选项卡相关组件

● 侧栏菜单相关组件

8.1　导航框架相关组件

本节介绍的多个组件可用于支持移动 APP 页面视图的嵌套与切换操作，以及控制嵌套与切换操作过程。掌握了解这些组件的使用方法是学习本书 8.2 选项卡和 8.3 侧栏菜单相关组件两节的基础。

8.1.1　导航视图容器与视图

当用户在 APP 中浏览切换不同视图时，Ionic 保持跟踪保存用户的浏览历史。通过这一点，当用户用手指在页面向左或向右滑动时，Ionic 将正确地处理视图间的转换，比如回退到上一视图或返回上一层功能。

Ionic 打包使用了 Angular-UI 项目的路由模块(angular-ui-router)。该模块使 APP 的界面可以划分成不同的状态（state）。这些状态可以被命名、嵌套，以及通过页面模板（同时）显示在页面上。限于篇幅原因，本书不介绍 angular-ui-router 的所有功能，有兴趣的读者可以到 https://github.com/angular-ui/ui-router/wiki 阅读相关资料。

Ionic 使用 ion-nav-view 指令组件在 APP 中渲染页面模板，ion-nav-view 组件接口及其说明如表 8.1 所示。页面模板是状态的一部分，状态通常会被映射到一个 URL 上。这些设置、定义和映射都是通过 angular-ui-router 提供的$stateProvider 服务编程来实现。本节的示例 8-1 通过代码说明了它的使用方式。

 Ionic 使用 ion-nav-view 指令封装代替了 angular-ui-router 原生提供的 ui-view 指令。以前使用过 angular-ui-router 的读者只要记住原来放置 ui-view 指令的位置将由 ion-nav-view 取代即可。

表 8.1　ion-nav-view组件接口及其说明

属性/方法/事件	说明
name	可选，string类型，指定视图容器的名字。这个名字应该是在相同的状态下所有视图容器中唯一的。不同的状态中可以有相同名称的视图容器。这个属性一般是在页面同时显示多个页面模板的场景下使用。具体的用法可参见angular-ui-router的在线帮助文档：http://angular-ui.github.io/ui-router/site/#/api/ui.router.state.directive:ui-view

在 Ionic 中，为了与导航框架相关组件保持兼容，一般需要使用指令 ion-view 来作为每个页面模板的最外层容器（这是使用我们将在本书 8.1.2 节介绍的 ion-nav-bar 指令来动态生成导航栏的前提条件），并通过设置它的属性来定制因为状态变化而被动态载入的页面模板视图，ion-view 组件接口及其说明如表 8.2 所示。此外页面模板视图从被载入、进入到退出的生命周期里，关键节点的事件可以在控制器里捕获。本节的示例 8-1 通过代码说明了 ion-view 的使用方式。

表 8.2   ion-view组件接口及其说明

属性/方法/事件	说明
view-title	可选，string类型，显示在父ion-nav-bar的标题。使用方法参见本小节的【示例8-1】
cache-view	可选，boolean类型，视图是否允许被缓存。默认为true
can-swipe-back	可选，boolean类型，在当前视图是否允许通过手势操作返回上一视图。默认为true
hide-back-button	可选，boolean类型，是否在父ion-nav-bar隐藏后退按钮
hide-nav-bar	可选，boolean类型，是否隐藏父ion-nav-bar
$ionicView.loaded	事件，视图载入时触发
$ionicView.enter	事件，完成进入视图后触发
$ionicView.leave	事件，完成离开视图后触发
$ionicView.beforeEnter	事件，进入视图前触发
$ionicView.beforeLeave	事件，离开视图前触发
$ionicView.afterEnter	事件，完成进入视图后触发
$ionicView.afterLeave	事件，完成离开视图后触发
$ionicView.unloaded	事件，此时视图的控制器已被销毁，视图的元素也已从DOM中移除
$ionicParentView.enter	事件，进入父视图后触发
$ionicParentView.leave	事件，离开父视图后触发
$ionicParentView.beforeEnter	事件，进入父视图前触发
$ionicParentView.beforeLeave	事件，离开父视图前触发
$ionicParentView.afterEnter	事件，完成进入父视图后触发
$ionicParentView.afterLeave	事件，完成离开父视图后触发

【示例 8-1】演示了组件 ion-nav-view & ion-view 的使用方法

www\8.1.1.html 的相关代码片段

```javascript
<script type="text/javascript">

angular.module('example').config(function($stateProvider,$urlRouterProvider) {
    $stateProvider
    //Home 页面
        .state("home", {
          templateUrl: "home.html", url: "home"
    })
    //音乐页面
        .state("music", {
          templateUrl: "music.html", url: "music", controller: "MusicController"
    })
    //运动页面
    .state("sports", {
          templateUrl: "sports.html", url: "sports"
    });
    //默认到 Home 页面
      $urlRouterProvider.otherwise("home");
    })
    .controller("NavController",function($scope,$state){
      $state.go("home");
```

```
        })
        .controller("MusicController",function($scope){
          $scope.$on("$ionicView.enter", function(event, data){
            console.log("音乐视图数据：", data);
          });
        });
</script>
<body ng-controller="NavController">
  <!--导航栏，主题文本将由 ion-view 的 view-title 属性决定-->
  <ion-nav-bar class="bar-positive">
    <ion-nav-back-button>
    </ion-nav-back-button>
  </ion-nav-bar>
  <!--导航视图容器，里面将动态插入页面模板-->
  <ion-nav-view></ion-nav-view>
  <!--页面模板：home.html，状态为 home 时被插入至 ion-nav-view-->
  <script id="home.html" type="text/ng-template">
    <!-- 视图 -->
    <ion-view view-title="首页">
      <ion-content>
        <ion-list type="list-inset">
          <ion-item ui-sref="music" class="item-icon-left item-icon-right">
            <i class="icon ion-music-note"></i>
            转至音乐频道
            <i class="icon ion-ios-arrow-right"></i>
          </ion-item>
          <ion-item ui-sref="sports" class="item-icon-right item-icon-left">
            <i class="icon ion-ios-basketball"></i>
            转至体育频道
            <i class="icon ion-ios-arrow-right"></i>
          </ion-item>
        </ion-list>
      </ion-content>
    </ion-view>
  </script>
  <!--页面模板：music.html，状态为 home 时被插入至 ion-nav-view-->
  <script id="music.html" type="text/ng-template">
    <!-- 视图 -->
    <ion-view view-title="音乐">
      <ion-content class="padding">
        <a class="button ion ion-home" ui-sref="home"
        > 返回首页</a>
        <a class="button ion ion-ios-basketball" ui-sref="sports"
        > 转至体育频道</a>
      </ion-content>
    </ion-view>
  </script>
```

```
<!--页面模板：sports.html，状态为 home 时被插入至 ion-nav-view-->
<script id="sports.html" type="text/ng-template">
  <!-- 视图 -->
  <ion-view view-title="体育">
    <ion-content class="padding">
      <a class="button ion ion-home" ui-sref="home"> 返回首页</a>
      <a class="button ion ion-music-note" ui-sref="music"> 转至音乐频道</a>
    </ion-content>
  </ion-view>
</script>
</body>
```

【代码解析】JavaScript 代码里使用 angular-ui-router 的$stateProvider 声明了 home、music、sports 状态分别对应 APP 的首页、音乐频道和体育频道 3 个视图页。APP 初始进入时，应该显示首页，如图 8.2 所示。因此在整个页面的控制器 NavController 中使用了 angular-ui-router 提供的$state 服务对象直接将状态设为 home，即首页状态。为了举例说明视图事件，为 music 状态创建并设置了控制器 MusicController。该控制器将在视图进入的时候输出事件相关的数据到控制台，参见图 8.3 的下方输出内容部分。这 3 个状态均使用内联 Angular 页面模板的方式（类似<script id="music.html" type="text/ng-template">的标记）直接定义了视图的显示内容。读者请注意每个视图的最外层使用 ion-view 指令包裹内容，并通过设置 view-title 属性在视图被激活时动态更改顶部导航栏 ion-nav-bar 显示的标题。ion-nav-bar 中还嵌入了 ion-nav-back-button 用于在浏览到不同页面时保持浏览历史，自动提供返回前一视图的功能。图 8.3 与图 8.4 中，顶部导航栏的左侧自动出现了返回按钮，并提示返回的视图名称。ion-nav-bar 和 ion-nav-back-button 的说明可参考本书 8.1.2 节。

 视图里的跳转链接标记<a>里，读者可以发现链接地址不是使用 HTML 标准的 href 属性，而是 ui-sref。这是推荐使用的 angular-ui-router 进行状态跳转的标准方式，具体说明可参考本小节提供的 angular-ui-router 的官方网站文档。

图 8.2　导航的首页

178

图 8.3　导航的音乐视图（显示了进入事件的相关数据）　　图 8.4　导航的跳转到首页视图

图 8.4 显示在跳转到首页视图后，返回按钮显示了可返回上一视图——"体育"。这是因为到达首页的方式是通过内容区的链接而不是返回按钮，因此导航框架将这个行为处理成继续浏览操作而不是返回历史操作。

8.1.2　定制顶部导航栏

1．ion-nav-bar 指令组件

在 8.1.1 节的示例 8-1 中，读者已经开始了解了 ion-nav-bar 的主要功能：一个顶级的 ion-nav-view 指令可以对应创建一个 ion-nav-bar 指令在视图上显示一个顶部导航栏。当程序状态改变时这个顶部导航栏将会根据状态进行相应更新。在示例 8-1 中，ion-nav-bar 中还放入了一个 ion-nav-back-button 来添加一个动态显示的后退按钮。ion-nav-bar 组件接口及其说明如表 8.3 所示。在本小节里，将进一步介绍用 ion-nav-buttons 为特定视图添加多个按钮以及使用 $ionicNavBarDelegate 通过编程方式控制顶部导航栏的方法。

经笔者测试，目前版本的 ion-nav-bar 只对.bar-subheader 有反应，无法使用 Ionic 的内置 CSS 样式类.bar-footer 和.bar-subfooter 放置在底部，因此称 ion-nav-bar 为顶部导航栏。

表8.3　ion-nav-bar组件接口及其说明

属性/方法/事件	说明
delegate-handle	可选，string类型，定义一个可用$ionicNavBarDelegate来获取本组件对象的句柄名称
align-title	可选，string类型，用于设置标题对齐的选项。可用: 'left'、 'right'和'center'分别表示靠左、靠右和中间对齐。默认为'center'
no-tap-scroll	可选，boolean类型，用于设置是否取消点击标题栏时使内容区域滚动到顶

2．ion-nav-title 指令组件

顶部导航栏中默认显示所载入模板视图的 view-title 属性值，Ionic 允许我们使用 ion-nav-title 指令，使用任意的 HTML 片段定制其内容，如图片。本小节的示例 8-2 中有相关的应用演示。

 ion-nav-title 必须是 ion-view 或 ion-nav-bar 的直接后代。

3．ion-nav-back-button 指令组件

在 8.1.1 节的示例 8-1 中，读者已经开始了解了 ion-nav-back-button 的主要功能：当用户在当前导航堆栈能够后退时，将在顶部导航栏上显示后退按钮。ion-nav-back-button 组件是按钮类组件，因此可以使用本书 5.3 说明的 Ionic 内置按钮 CSS 类、设置按钮文字以及通过定义 ng-click 属性来响应事件。本小节的示例 8-2 中有相关的应用演示。

4．ion-nav-buttons 指令组件

在 Ionic 的导航框架中，导航栏是公共资源：随着视图的切换，导航栏的显示内容完全由当前的活动视图决定。因此 Ionic 提供了在不同的状态下（即载入不同的模板视图时），通过 ion-nav-buttons 指令在导航栏上显示一些不同的按钮组的功能。当 ion-nav-buttons 指令作为 ion-view 或 ion-nav-bar 指令的直接后代时，里面定义的按钮会依次根据 side 属性创建并放置到顶部导航栏。ion-nav-buttons 组件接口及其说明如表 8.4 所示。

表8.4　ion-nav-buttons组件接口及其说明

属性/方法/事件	说明
side	可选，string类型，在导航栏中按钮组被放置的位置。 可选项为: primary、secondary、left 或 'right'。Ionic官方文档推荐在一般情况下使用前两个，因为这样框架会根据所属的设备平台自动决定按钮组放置在左边还是右边

5．$ionicNavBarDelegate 服务代理

提供了控制顶部导航栏的脚本接口。

$ionicNavBarDelegate 服务代理组件方法集：

● align ([direction])

带有按钮的标题对齐到指定的方向。可选的 string 类型的 direction 参数表示标题文字对齐的方向，可选项为 left、right、center，默认值：center。

- showBackButton ([show])

设置或获取 ion-nav-back-button 是否显示（如果它存在并且在当前状态下有效）。可选的 boolean 类型的 show 参数表示是否显示。

- showBar ([show])

设置或获取 ion-nav-bar 是否显示。可选的 boolean 类型的 show 参数表示是否显示。

- title(title)

设置 ion-nav-bar 显示的文本。

 由于 APP 只可能有一个顶部导航栏，因此不需要通过调用$getByHandle 方法获取顶部导航栏的对象实例，直接访问$ionicNavBarDelegate 即可。

【示例 8-2】在【示例 8-1】的代码上修改增加了演示其他组件的使用方法，效果如图 8.5 所示。

www\8.1.2.html 的相关代码片段

```
<script type="text/javascript">
  angular.module('example')
.controller("MusicController",function($scope,$ionicNavBarDelegate){
//模拟加入处理函数
    $scope.join = function(){};
    //隐藏顶栏处理函数
    $scope.hideNavBar = function(){
      $ionicNavBarDelegate.showBar(false);
    };
  });
</script>
<!--页面模板：music.html，状态为 home 时被插入至 ion-nav-view-->
<script id="music.html" type="text/ng-template">
  <!-- 视图 -->
  <ion-view view-title="音乐">
    <ion-nav-title><img src="img/music-note.svg" height="30px"
    style="margin-top: 8px;"></ion-nav-title>
    <ion-nav-buttons side="secondary">
      <button class="button" ng-click="join()">加入</button>
      <button class="button" ng-click="hideNavBar()">隐藏顶栏</button>
    </ion-nav-buttons>
    <ion-content class="padding">
      <a class="button ion ion-home" ui-sref="home"
      > 返回首页</a>
      <a class="button ion ion-ios-basketball" ui-sref="sports"
```

```
            > 转至体育频道</a>
        </ion-content>
    </ion-view>
</script>
```

【代码解析】 JavaScript 代码里控制器使用$ionicNavBarDelegate 的 showBar 方法定义了隐藏顶栏的操作实现。更改后的音乐频道视图的页面模板使用 ion-nav-title 定义顶部导航栏显示图片标题。同时在顶部导航栏右侧使用 ion-nav-buttons 增加了两个按钮。其中文字为"隐藏顶栏"的按钮将触发控制器里对应的隐藏顶栏的实现代码。

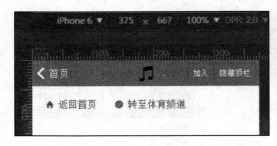 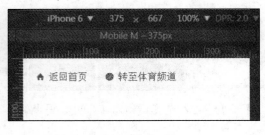

图 8.5　定制顶部导航栏与隐藏操作后示例

8.1.3　浏览历史服务

$ionicHistory 用于追踪用户使用 APP 时的视图浏览历史。浏览器记录访问历史的行为方式是通过唯一一个线性历史记录表跟踪以前的视图、当前视图和下一个视图（如果有的话）。然而在移动 APP 使用选项卡（也称标签页）或侧栏菜单管理并显示可同时并行切换的视图集的情况下，浏览器的单一线性历史记录表就不能满足使用需要了。

因此不同于浏览器的默认实现，移动 APP 需要为每个选项卡或侧栏菜单成员并行维护单独的浏览历史记录（History）。这样能达到的效果就是，如果用户在某一选项卡 A 下浏览跳转了多个页面的情况下，然后切换到另一个选项卡 B 后，这时顶部导航栏的返回按钮（如果存在）在被用户按下后跳转到的页面视图还将是属于选项卡 B 的。

简单来说，$ionicHistory 就是 Ionic 设计出来用于管理上文所描述的 APP 并行浏览历史记录的。$ionicHistory 服务代理组件方法及其说明如表 8.5 所示。

表 8.5　$ionicHistory服务代理组件方法集及其说明

方法	说明
viewHistory()	返回视图访问历史数据
currentView()	返回当前视图对象
currentHistoryId()	返回当前历史ID
currentTitle([val])	设置或读取当前视图的标题
backView()	返回历史栈中前一个视图对象。如果是从视图A跳转到视图B，那么视图A就是视图B的前一个视图对象
backTitle()	返回历史栈中前一个视图的标题
forwardView()	返回历史栈中的下一个视图对象
currentStateName()	返回当前所处状态名

（续表）

方法	说明
removeBackView()	删除历史栈中前一个视图对象
goBack([backCount])	切换返回到历史栈中前面的视图。参数backCount需要为负值，表示往前回到相对于当前视图的第几个；默认值为-1
clearHistory()	清空APP的整个历史栈，但保持当前视图
clearCache()	将每一个ion-nav-view缓存的视图都清空，包括移除DOM及绑定的作用域对象（scope）
nextViewOptions(options)	设置后续视图切换的选项。参数options是一个JavaScript对象，其中可选的属性分别有：disableAnimate——在后续的转场中禁止动画；disableBack——后续的视图将不能回退；historyRoot——下一个视图将作为历史栈的根节点

8.2 选项卡相关组件

通过阅读本书 5.10 节选项卡栏，读者应该已经从外观上了解了选项卡以及通过 Ionic 的内置 CSS 样式类进行外观定制。 然而仅通过标准的 HTML 指令和 CSS 样式类是无法完成最基础的选项卡之间切换的功能的。只有结合本节将要介绍的 ion-tabs 和 ion-tab 指令，才能完整使用 Ionic 的选项卡功能。

8.2.1 选项卡栏与选项卡

1．ion-tabs 指令组件

生成一个选项卡栏，用户可以通过点击其中的选项卡（嵌套多个本小节介绍的 ion-tab 指令组件生成）切换一组视图。在本书 5.10 节学习的前缀为.tabs 开头的 CSS 样式类可以作用在 ion-tabs 指令组件上。选项卡栏出现在页面的默认位置（顶部或底部）依据设备的默认设置而定，但可以通过在组件上附加 CSS 类.tabs-top 和.tabs-bottom 来自定义。ion-tabs 组件接口及其说明如表 8.6 所示。

 不要将 ion-tabs 置入一个 ion-content 元素内，它会造成 Ionic 的 CSS 错误。

表 8.6 ion-tabs组件接口及其说明

属性/方法/事件	说明
delegate-handle	可选，string类型，定义一个可用$ionicTabsDelegate来获取本组件对象的句柄名称

2．ion-tab 指令组件

定义一个选项卡显示内容，该内容仅存在于被选中的给定选项卡中。ion-tab 组件常作为 ion-tabs 组件的直接后代一起定义出属于同一个选项卡栏的多个选项卡。每个 ion-tab 指令组件都会有自己的浏览历史列表，可以通过本书 8.1.3 节介绍的$ionicHistory 来访问和管理。ion-tab 组件接口及其说明如表 8.7 所示。

表 8.7　ion-tab组件接口及其说明

属性/方法/事件	说明
title	必须，string类型，定义选项卡的标题
href	可选，string类型，用户触碰时，该选项卡将会跳转的链接
icon	可选，string类型，选项卡的图标
icon-on	可选，string类型，被选中时显示的图标
icon-off	可选，string类型，未被选中时显示的图标
badge	可选，返回数字的表达式类型，选项卡上的徽章
badge-style	可选，string类型，选项卡上徽章的样式，如badge-assertive
on-select	可选，事件表达式类型，选项卡被选中时触发
on-deselect	可选，事件表达式类型，选项卡取消选中时触发
ng-click	可选，事件表达式类型，如果设置了ng-click，点击时选项卡将不会被自动选中，这种情况下可以通过调用$ionicTabsDelegate的select方法来定制被选中的选项卡
hidden	可选，boolean表达式类型，是否隐藏选项卡
disabled	可选，boolean表达式类型，是否禁用选项卡

【示例 8-3】Ionic 应用模板 tabs 的代码解析

由于使用选项卡是非常流行的 APP 导航模式之一，Ionic 专门定制了一个用于演示说明选项卡导航的应用模板，可以通过 Ionic CLI 的模板选项初始化创建。本示例将在这个 Ionic 创建的样例应用模板基础上改造和说明选项卡相关组件的使用要点。

www\js\app.js 的相关代码片段

```
.config(function($stateProvider, $urlRouterProvider) {
  $stateProvider
  //为选项卡栏创建一个抽象（abstract）状态
    .state('tab', {
    url: '/tab',
    abstract: true,
    templateUrl: 'templates/tabs.html'
})
  //下面定义的每个 tab（选项卡）将拥有自己的浏览历史栈
  //Dashboard 选项卡页
  .state('tab.dash', {
    url: '/dash',
    views: {
      'tab-dash': {
        templateUrl: 'templates/tab-dash.html',
        controller: 'DashCtrl'
      }
    }
})
  //chat 的选项卡页列表页
  .state('tab.chats', {
      url: '/chats',
      views: {
```

```
      'tab-chats': {
        templateUrl: 'templates/tab-chats.html',
        controller: 'ChatsCtrl'
      }
    }
})
//单个 chat 的详情页，将由 tab.chats 状态跳转而至
  .state('tab.chat-detail', {
    url: '/chats/:chatId',
    views: {
      'tab-chats': {
        templateUrl: 'templates/chat-detail.html',
        controller: 'ChatDetailCtrl'
      }
    }
})
  // Account 的选项卡页
  .state('tab.account', {
    url: '/account',
    views: {
      'tab-account': {
        templateUrl: 'templates/tab-account.html',
        controller: 'AccountCtrl'
      }
    }
  });
  // if none of the above states are matched, use this as the fallback
  $urlRouterProvider.otherwise('/tab/dash');
});
```

【代码解析】JavaScript 代码里为每个选项卡都创建了一个状态。第一个名为 tab 的状态是抽象状态，这意味着下面所有类似 tab.* 的状态都是它的子状态，它们被激活时会自动载入 tab 状态的页面模板 templates/tabs.html。子状态都定义了 url 和命名视图集，这样在因为用户点击该链接而被载入时，命名视图对应的子状态页面模板会被加载到其命名对应的同名 <ion-nav-view> 视图容器内。

www\js\controllers.js 的相关代码片段

```
.controller('ChatDetailCtrl', function($scope, $stateParams, Chats,
$ionicTabsDelegate, $ionicNavBarDelegate) {
  $scope.chat = Chats.get($stateParams.chatId);
  //双击内容区后，切换全屏阅读模式，隐藏导航栏和选项卡
  $scope.onDoubleTap = function(){
    $ionicTabsDelegate.showBar(!$ionicTabsDelegate.showBar());
```

```
    $ionicNavBarDelegate.showBar(!$ionicNavBarDelegate.showBar());
  };
})
```

【代码解析】JavaScript 代码里 ChatDetailCtrl 控制器经过了修改，加入了双击内容区后的事件响应，分别通过$ionicTabsDelegate 和$ionicNavBarDelegate 的 showBar 方法来隐藏顶部导航栏和选项卡完成了全屏阅读模式的切换。

www\index.html 的相关代码片段

```
<body ng-app="starter">
  <ion-nav-bar class="bar-stable">
    <ion-nav-back-button>
    </ion-nav-back-button>
  </ion-nav-bar>
  <ion-nav-view></ion-nav-view>
</body>
```

【代码解析】根据前面对 www\js\app.js 的解说，此处未命名的<ion-nav-view>里将会载入 www\templates\tabs.html 页面模板的内容。

www\templates\tabs.html 的相关代码片段

```
<ion-tabs class="tabs-icon-top tabs-color-active-positive tabs-striped">
  <!-- Dashboard 选项卡 -->
  <ion-tab              title="Status"              icon-off="ion-ios-pulse"
icon-on="ion-ios-pulse-strong" href="#/tab/dash">
    <ion-nav-view name="tab-dash"></ion-nav-view>
  </ion-tab>
  <!-- Chats 选项卡-->
  <ion-tab         title="Chats"         icon-off="ion-ios-chatboxes-outline"
icon-on="ion-ios-chatboxes"         href="#/tab/chats"              badge="2"
badge-style="badge-assertive">
    <ion-nav-view name="tab-chats"></ion-nav-view>
  </ion-tab>
  <!-- Account 选项卡 -->
  <ion-tab         title="Account"         icon-off="ion-ios-gear-outline"
icon-on="ion-ios-gear" href="#/tab/account">
    <ion-nav-view name="tab-account"></ion-nav-view>
  </ion-tab>
</ion-tabs>
```

【代码解析】代码通过<ion-tabs>和<ion-tab>的组合建立了选项卡栏的三个选项卡。<ion-tabs>上的多个 CSS 样式类都是本书 5.10 节已经介绍过的。请注意在每个<ion-tab>里嵌入了命名的<ion-nav-view>，它们将分别嵌入对 www\js\app.js 的解说里提及的子状态页面模板。

www\templates\tab-chats.html 的相关代码片段

```
<ion-view view-title="Chats">
  <ion-content>
    <ion-list>
      <ion-item    class="item-remove-animate    item-avatar    item-icon-right"
ng-repeat="chat in chats" type="item-text-wrap" href="#/tab/chats/{{chat.id}}">
        <img ng-src="{{chat.face}}">
        <h2>{{chat.name}}</h2>
        <p>{{chat.lastText}}</p>
        <i class="icon ion-chevron-right icon-accessory"></i>
        <!-- 列表项选项按钮，参见 9.1.1   列表容器与列表项定制-->
        <ion-option-button class="button-assertive" ng-click="remove(chat)">
          Delete
        </ion-option-button>
      </ion-item>
    </ion-list>
  </ion-content>
</ion-view>
```

　　【代码解析】这是 Chats 选项卡（即 tab.chats 状态）的页面模板的内容，界面显示如图 8.6 所示。请注意在设置跳转到 tab.chat-detail 状态的链接时需要指定在前面加上#，并在后面 加入 chat.id。 chat.id 这个参数在 www\js\app.js 的代码里的 tab.chat-detail 状态的 url 属性定义 里被命名为 chatId；而 www\js\controllers.js 的控制器代码里可以通过$stateParams.chatId 来最 终获取到这个参数值。

图 8.6　Ionic 选项卡导航的应用模板

www\templates\chat-detail.html 的相关代码片段

```
<ion-view view-title="{{chat.name}}">
  <!-- 内容区定义了双击事件的处理函数-->
  <ion-content class="padding" on-double-tap="onDoubleTap()" >
    <img ng-src="{{chat.face}}" style="width: 64px; height: 64px">
    <p>
```

```
            {{chat.lastText}}
        </p>
    </ion-content>
</ion-view>
```

【代码解析】这是 tab.chat-detail 状态的页面模板的内容。笔者进行了修改，加入了双击内容区后的事件处理函数调用，双击前后的界面显示分别如图 8.7 和 8.8 所示。

图 8.7　点击链接后进入 tab.chat-detail 状态　　　图 8.8　双击内容区后进入全屏显示模式

8.2.2　选项卡服务

通过使用$ionicTabsDelegate 服务代理，可以在脚本中控制选项卡对象。本书 8.2.1 节的【示例 8-3】中有$ionicTabsDelegate 的使用示例。

$ionicTabsDelegate 服务代理组件方法集解释如下：

- select(index)：选中指定的选项卡，index 参数从 0 开始，第一个选项卡的 index 为 0，第二个为 1，依次类推。
- selectedIndex()：返回当前选中选项卡的索引号。如果当前没有选中的选项卡，则返回 -1。
- showBar(show)：设置或获取选项卡栏是否显示。可选的 boolean 类型的 show 参数表示是否显示。
- $getByHandle(handle)：返回匹配 handle 字符串所指定的选项卡栏实例。

8.3　侧栏菜单相关组件

在本章的开头的图 8.1 页面导航切换的几类组件示例中，读者可以发现侧栏菜单有效地补充了选项卡栏宽度空间的不足（普通的手机屏幕上基本只能摆得下 5 个选项卡，而 Ionic 1.X 版本的默认选项卡栏样式并不支持滑动操作），为 APP "偷" 到了更多的类似选项卡的栏位。这也是侧栏菜单导航方案会被很多移动设备 APP 应用的原因。

侧栏菜单 ion-side-menus 是一个最多包含三个子容器的元素，如图 8.9 所示。默认情况下，侧栏菜单将只显示内容区域容器<ion-side-menu-content>的内容。向左滑动时，将显示右边菜单栏<ion-side-menu side="right" >的内容，向右滑动时，将显示左边菜单栏 <ion-side-menu side="left" >的内容。

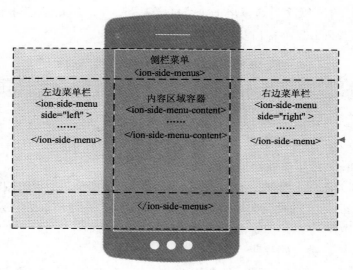

图 8.9　侧栏菜单框架构成示意图

8.3.1　侧栏菜单框架

1．ion-side-menus 组件

如图 8.9 所示，ion-side-menus 是包含（一个或两个）侧面菜单栏 ion-side-menu 和内容区域容器 ion-side-menu-content 的顶级容器元素。ion-side-menus 组件接口及其说明如表 8.8 所示。

表 8.8　ion-side-menus组件接口及其说明

属性/方法/事件	说明
enable-menu-with-back-views	可选，boolean类型，当回退按钮显示时是否可以使用侧栏菜单的选项。设置为false时，menu-toggle组件会被隐藏，用户将无法通过手势唤出侧栏菜单。只有当回退到根页面时（回退按钮不再显示），menu-toggle组件会重新出现，侧栏菜单也会重新生效。默认值为false
delegate-handle	可选，string类型，定义一个可用$ionicSideMenuDelegate来获取本组件对象的句柄名称

2．ion-side-menu-content 组件

如图 8.9 所示，内容区域容器 ion-side-menu-content 用于显示 APP 的主要内容页，与 ion-side-menu 组件是同级关系。ion-side-menu-content 组件接口及其说明如表 8.9 所示。

表 8.9　ion-side-menu-content组件接口及其说明

属性/方法/事件	说明
drag-content	可选，boolean类型，内容区域是否可被拖动而显示侧栏菜单。默认为true
edge-drag-threshold	可选，可能的值为number | true | false，是否启用边距检测。如果设置为一个正数，那么只有当手指拖动的位置发生在距离边界小于这个数值的情况下，才触发侧栏显示。当设置为true时，使用默认的25px作为边距阈值。如果设置为false或0，则意味着禁止边距检测，可以在内容区域的任何地方拖动来打开侧栏

3．ion-side-menu 组件

如图 8.9 所示，侧面菜单栏容器用于包容显示侧栏菜单，与 ion-side-menu-content 组件是同级关系。ion-side-menu 组件接口及其说明如表 8.10 所示。

表 8.10　ion-side-menu组件接口及其说明

属性/方法/事件	说明
is-enabled	可选，boolean类型，该侧栏菜单是否可用
side	可选，string类型，设置侧栏菜单当前在哪一边。可选的值有：'left' 或 'right'
width	可选，number类型，用于设置侧栏菜单应该有多少像素的宽度。默认为275像素

【示例 8-4】Ionic 应用模板 sidemenu 的代码解析

与 8.2 节介绍的选项卡类似，Ionic 也专门定制了一个用于演示说明侧栏菜单导航的应用模板，可以通过 Ionic CLI 的模板选项初始化创建。本示例将在这个 Ionic 创建的样例应用模板基础上改造和说明侧栏菜单相关组件的使用要点。

www\js\app.js 的相关代码片段

```
.config(function($stateProvider, $urlRouterProvider) {
  $stateProvider
  //抽象根状态
  .state('app', {
    url: '/app',
    abstract: true,
    templateUrl: 'templates/menu.html',
    controller: 'AppCtrl'
  })
  //搜索页
  .state('app.search', {
    url: '/search',
    views: {
      'menuContent': {
        templateUrl: 'templates/search.html'
```

```
        }
      }
    })
    //浏览页
    .state('app.browse', {
      url: '/browse',
      views: {
        'menuContent': {
          templateUrl: 'templates/browse.html'
        }
      }
    })
    //演奏列表页
    .state('app.playlists', {
      url: '/playlists',
      views: {
        'menuContent': {
          templateUrl: 'templates/playlists.html',
          controller: 'PlaylistsCtrl'
        }
      }
    })
    //单个演奏内容页
    .state('app.single', {
      url: '/playlists/:playlistId',
      views: {
        'menuContent': {
          templateUrl: 'templates/playlist.html',
          controller: 'PlaylistCtrl'
        }
      }
    });
  $urlRouterProvider.otherwise('/app/playlists');
});
```

　　【代码解析】与【示例 8-3】类似，JavaScript 代码里为每个菜单栏里的菜单项都创建了一个状态。第一个名为 app 的状态是抽象状态，下面所有类似 app.*的状态都是它的子状态，它们被激活时会自动载入 tab 状态的页面模板 templates/menu.html。子状态都定义了 url 和命名视图集，这样在因为用户点击该链接而被载入时，命名视图对应的子状态页面模板会被加载到其命名对应的同名<ion-nav-view>视图容器内。这里与【示例 8-3】的不同之处在于命名视图的名称都是'menuContent'。这是因为 app 状态的页面模板 templates/menu.html 里，用于放置子状态页面模板的命名<ion-nav-view>的名称就是'menuContent'。随着状态切换，对应的活动子状态的页面模板内容将会被填充到这个命名<ion-nav-view>内。

www\index.html 的相关代码片段

```
<body ng-app="starter">
  <ion-nav-view></ion-nav-view>
</body>
```

【代码解析】与【示例 8-3】不同，索引页去掉了显示导航栏的代码（被挪至 app 状态页面模板中的<ion-side-menu-content>内部），只有用于载入 app 状态页面模板的<ion-nav-view>。

www\temp006Cates\menu.html 的相关代码片段

```
<ion-side-menus enable-menu-with-back-views="false">
  <ion-side-menu side="left" expose-aside-when="(min-width:600px)" >
    <ion-header-bar class="bar-stable">
      <h1 class="title">左侧菜单栏</h1>
    </ion-header-bar>
    <ion-content>
      <ion-list>
        <ion-item menu-close ng-click="login()">Login</ion-item>
        <ion-item menu-close href="#/app/search">Search</ion-item>
        <ion-item menu-close href="#/app/browse">Browse</ion-item>
        <ion-item menu-close href="#/app/playlists">Playlists</ion-item>
      </ion-list>
    </ion-content>
  </ion-side-menu>
  <ion-side-menu-content>
    <ion-nav-bar class="bar-stable">
      <ion-nav-back-button>
      </ion-nav-back-button>
      <ion-nav-buttons side="left">
        <button    class="button    button-icon    button-clear    ion-navicon"
menu-toggle="left">
        </button>
      </ion-nav-buttons>
    </ion-nav-bar>
    <ion-nav-view name="menuContent"></ion-nav-view>
  </ion-side-menu-content>
</ion-side-menus>
```

【代码解析】这是 app 状态的页面模板，显示了一个完整的侧栏菜单框架结构所需要组合的 三 个 元 素 ion-side-menus 、 ion-side-menu-content 和 ion-side-menu 。 顶级容器元素 ion-side-menus 的 enable-menu-with-back-views 属性使从 Playlists 页面进入 Playlist 页面后导航栏只显示回退按钮；而菜单栏容器 ion-side-menu 被设置为左侧菜单栏，设置的属性 expose-aside-when="(min-width:600px)"使设备宽度大于 600 像素时（iPhone6 横屏时）自动显示菜单。菜单栏里的每个菜单项使用了 menu-close 指令用于设置点击菜单项后自动隐藏侧栏菜单。内容区域容器 ion-side-menu-content 的顶部放置了顶部导航栏，在导航栏里的按钮里使用了 menu-toggle 指令用于控制左边的侧栏菜单的显示切换。

www\templates\playlists.html 的相关代码片段

```
<ion-view view-title="Playlists">
  <ion-content>
    //显示列表中每个项目的内容
    <ion-list>
      <ion-item            ng-repeat="playlist         in         playlists"
href="#/app/playlists/{{playlist.id}}">
        {{playlist.title}}
      </ion-item>
    </ion-list>
  </ion-content>
</ion-view>
```

【代码解析】这是 app.playlists 状态的页面模板，在不同的设备显示模式下的界面效果如图 8.10~图 8.12 所示，其中的参数传递与【示例 8-3】类似。模板代码中出现的 ion-list 和 ion-item 指令用于显示列表中每个项目的内容，可在本书的 9.1.1 节找到相关说明。

图 8.10　竖屏模式下侧栏菜单隐藏时示意图

图 8.11　竖屏模式下侧栏菜单显示时示意图

图 8.12   横屏模式下侧栏菜单直接显示示意图

8.3.2   侧栏菜单显示设置

1．expose-aside-when 组件

侧栏菜单是否自动显示的条件表达式。默认情况下，侧边栏是隐藏的，需要用户向左或向右拖动内容区域，或者通过一个切换按钮（menu-toggle 组件）来打开。 但在有些场景下（比如横放的平板），当屏幕宽度足够大时，自动地显示侧边栏内容会更合理。和 CSS 3 的媒体查询 @meida 类似，expose-aside-when 需要一个 CSS 表达式，例如：expose-aside-when="(min-width:500px)"，这意味着当屏幕宽度大于 500px 时将自动显示侧栏菜单。使用可参考本节【示例 8-4】。

    CSS 表达式如(min-width:500px)两边的小括号需要输入，否则该指令无效。

2．menu-toggle 组件

用来给元素增加切换侧栏内容显示状态功能的属性指令。可选值为 left 或 right，分别代表左边或者右边的侧栏菜单。使用可参考本节【示例 8-4】。

3．menu-close 组件

用来给元素增加关闭侧栏内容功能的属性指令。使用可参考本节【示例 8-4】。

8.3.3   侧栏菜单服务

通过使用$ionicSideMenuDelegate 服务代理，可以在脚本中控制侧栏菜单对象。
$ionicSideMenuDelegate 服务代理组件方法集及其说明如表 8.11 所示：

表 8.11 $ionicSideMenuDelegate服务代理组件方法集及其说明

方法	说明
toggleLeft([isOpen])	是否打开左侧栏菜单
toggleRight([isOpen])	是否打开右侧栏菜单
getOpenRatio()	返回当前侧栏菜单打开的宽度占其总宽度比例
isOpen()	返回当前是否有侧栏菜单被打开，无论是左侧栏菜单，还是右侧栏菜单
isOpenLeft()	左侧栏菜单是否正被打开
isOpenRight()	右侧栏菜单是否正被打开
canDragContent([canDrag])	是否允许拖曳内容区域以打开侧栏菜单
edgeDragThreshold(value)	设置边距检测阈值。与本节介绍的ion-side-menu-content组件的同名属性功能一致
$getByHandle(handle)	返回匹配handle字符串所指定的侧栏菜单实例

8.4 导航应用综合实战：个人电子简历 APP 框架

有了第 7 章布局类组件和本章所学的导航类组件的知识基础后，就已经具备开发一个常见 APP 框架的能力了。本节将演示主要使用本章内容所覆盖的导航类组件开发一个适于运行在平板（如 iPad）或大屏手机（如 iPhone 6 Plus）的个人电子简历 APP 框架。在找工作面试时，就可以不用带上纸质的简历，而使用移动设备将个人所有资料和作品展示给面试官。该个人电子简历 APP 页面功能集的导航结构如图 8.13 所示。

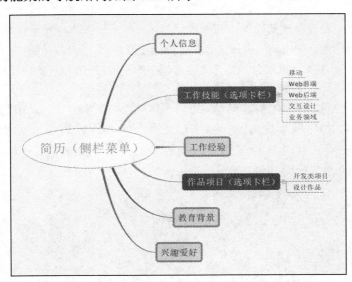

图 8.13 个人电子简历 APP 框架导航结构图

该 APP 的首级导航使用侧栏菜单实现，第 2 级导航使用选项卡栏（如果有多个页面存在）方式或直接显示最终页面方式实现。导航的实现效果示例可参见图 8.14，图的左侧部分为首级侧栏菜单导航，右下方部分为第 2 级选项卡栏导航，第 3 级则是最终需要渲染显示的页面。

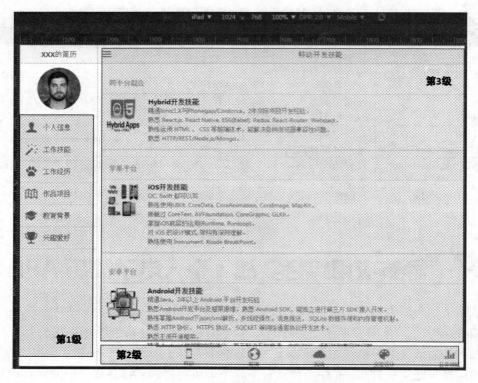

图 8.14　个人电子简历 APP 框架路由导航分级

 本例的实现程度仅达到将 APP 框架建立与填充一个如图 8.14 所示的样例页面，其余的页面尚需要读者根据自己的简历内容自行设计与填充，而本节的讲解也主要是讨论该个人电子简历 APP 框架的导航结构设计与实现，限于篇幅不一一分析所有结构类似的模板页面。

【示例 8-5】个人电子简历 APP 框架（以下简称简历框架）的导航结构的代码解析

与 8.3.1 节类似，简历框架是通过 Ionic CLI 的侧栏菜单模板选项初始化创建。不同之处在于，应用的导航路由设置代码里出现了 3 层结构。

www\js\app.js 的相关代码片段

```
//此处省略了与 8.3.1 节类似的代码片段
.config(function($stateProvider, $urlRouterProvider) {
  $stateProvider
  //根目录，抽象状态
  .state('app', {
    url: '/app',
    abstract: true,
    templateUrl: 'templates/menu.html',
    controller: 'AppCtrl'
  })
  //个人信息
```

```
    .state('app.profile', {
     url: '/profile',
     views: {
       'menuContent': {
         templateUrl: 'templates/profile.html'
       }
     }
    })
    //工作技能，抽象状态
    .state('app.skills', {
     url: '/skills',
     abstract: true,
     views: {
       'menuContent': {
         templateUrl: 'templates/tabs-skills.html'
       }
     }
    })
    //工作技能/移动
    .state('app.skills.mobile', {
     url: '/mobile',
     views: {
       'tab-mobile': {
         templateUrl: 'templates/skills-mobile.html',
       }
     }
    })
    //工作技能/前端
    .state('app.skills.front', {
     url: '/front',
     views: {
       'tab-front': {
         templateUrl: 'templates/skills-front.html',
       }
     }
    })
    //此处省略与上面结构类似的路由代码片段
    //作品项目，抽象状态
    .state('app.artifacts', {
     url: '/artifacts',
     abstract: true,
     views: {
       'menuContent': {
```

```
        templateUrl: 'templates/tabs-artifacts.html'
      }
    }
})
//作品项目/开发类
.state('app.artifacts.develop', {
  url: '/develop',
  views: {
    'tab-develop': {
      templateUrl: 'templates/artifacts-develop.html',
    }
  }
})
//作品项目/设计类
.state('app.artifacts.design', {
  url: '/design',
  views: {
    'tab-design': {
      templateUrl: 'templates/artifacts-design.html',
    }
  }
})
//此处省略与上面结构类似的路由代码片段
$urlRouterProvider.otherwise('/app/skills/mobile');
```

【代码解析】与【示例 8-4】类似，JavaScript 代码里为每个菜单栏里的菜单项都创建了一个状态，不同之处在于也同时为选项卡栏里的选项卡创建了一个状态。值得注意的是，除了第一个名为 app 的状态是抽象状态以外，app.skills 和 app.artifacts 也同时被设置为了抽象状态。抽象状态是不能直接渲染或者指定跳转的，因此这 3 个抽象状态底下都会有子状态继承自它们，如 app.profile、app.skills.mobile 和 app.artifacts.develop 等。

www\templates\menu.html 的相关代码片段

```
//此处省略了与 8.3.1 节类似的代码片段
<ion-side-menu side="left" width="180">
  <ion-header-bar class="bar-stable">
    <h1 class="title">XXX 的简历</h1>
  </ion-header-bar>
  <ion-content>
    <!--显示用户头像-->
    <div class="block-highlight">
      <div class="row">
        <div class="col" style="text-align: center;">
          <img style="border-radius: 50%; width: 100px;height: 100px;"
```

```
          src="img/photo.png">
        </div>
      </div>
    </div>
    <ion-list>
      <ion-item menu-close href="#/app/profile" class="item-icon-left">
        <i class="icon ion-person positive"></i>个人信息
      </ion-item>
      <ion-item          menu-close          href="#/app/skills/mobile"
class="item-icon-left">
        <i class="icon ion-wand positive"></i>工作技能
      </ion-item>
      <ion-item menu-close href="#/app/experience" class="item-icon-left">
        <i class="icon ion-ios-paw positive"></i>工作经历
      </ion-item>
      <ion-item          menu-close          href="#/app/artifacts/develop"
class="item-icon-left">
        <i class="icon ion-map positive"></i>作品项目
      </ion-item>
      <ion-item menu-close href="#/app/education" class="item-icon-left">
        <i class="icon ion-university positive"></i>教育背景
      </ion-item>
      <ion-item menu-close href="#/app/interests" class="item-icon-left">
        <i class="icon ion-trophy positive"></i>兴趣爱好
      </ion-item>
    </ion-list>
  </ion-content>
</ion-side-menu>
//此处省略了与 8.3.1 节类似的代码片段
```

【代码解析】代码只抽取显示了侧栏菜单框架结构中的菜单栏元素 ion-side-menu，而其余元素基本是不会变动的。这里与【示例 8-4】的不同点是菜单栏里的"工作技能"和"作品项目"菜单项均指向了其下的第 3 级页面的路由地址，因为它们对应的抽象状态 app.skills 和 app.artifacts 是不能直接跳转的。

www\templates\tabs-skills.html 的相关代码片段

```
<ion-tabs class="tabs-icon-top tabs-color-active-positive tabs-striped">
  <ion-tab title="移动" icon="ion-iphone" href="#/app/skills/mobile">
    <ion-nav-view name="tab-mobile"></ion-nav-view>
  </ion-tab>

  <ion-tab title="前端" icon="ion-earth" href="#/app/skills/front">
    <ion-nav-view name="tab-front"></ion-nav-view>
```

```
  </ion-tab>

  <ion-tab title="后端" icon="ion-ios-cloud" href="#/app/skills/back">
    <ion-nav-view name="tab-back"></ion-nav-view>
  </ion-tab>

  <ion-tab title=" 交 互 设 计 " icon="ion-android-color-palette"
href="#/app/skills/design">
    <ion-nav-view name="tab-design"></ion-nav-view>
  </ion-tab>

  <ion-tab title=" 业 务 领 域 " icon="ion-stats-bars"
href="#/app/skills/business">
    <ion-nav-view name="tab-business"></ion-nav-view>
  </ion-tab>
</ion-tabs>
```

【代码解析】虽然 app.skills 状态是抽象状态，但是它的子状态在渲染页面时也会以其模板属性作为母模板给渲染出来，因此这里的代码与【示例 8-3】的代码在结构上是类似的。

www\templates\skills-mobile.html 的相关代码片段

```
<ion-view view-title="移动开发技能">
  <ion-nav-buttons side="secondary">
  </ion-nav-buttons>
  <ion-content>
   <div class="list card animated zoomIn">
     <div class="item" style="font-weight: bold; color: #aaa;">跨平台混合</div>
     <div class="item item-thumbnail-left">
      <img src="img/hybrid.jpg">
      <h2><b>Hybrid 开发技能</b></h2>
      <p>精通 Ionic1.X 与 Phonegap/Cordorva，2 年实际项目开发经验。</p>
      <p>熟悉 React.js, React Native, ES6(Babel), Redux, React-Router, Webpack.
</p>
      <p>熟练运用 HTML 、 CSS 等前端技术，能解决各种浏览器兼容性问题。</p>
      <p>熟悉 HTTP/REST/Node.js/Mongo。</p>
     </div>
   </div>
   <div class="list card animated zoomIn">
     <div class="item" style="font-weight: bold; color: #aaa;">苹果平台</div>
     <div class="item item-thumbnail-left">
      <img src="img/ios.jpg">
      <h2><b>iOS 开发技能</b></h2>
      <p>OC, Swift 都可以写</p>
      <p>熟练使用 UIKit, CoreData, CoreAnimation, CoreImage, MapKit。</p>
```

```
       <p>接触过 CoreText, AVFoundation, CoreGraphic, GLKit。</p>
       <p>掌握 iOS 底层的运用(Runtime, Runloop)。</p>
       <p>对 iOS 的设计模式，架构有深刻理解。</p>
       <p>熟练使用 Instrument, Xcode BreakPoint。</p>
     </div>
   </div>
   <div class="list card animated zoomIn">
     <div class="item" style="font-weight: bold; color: #aaa;">安卓平台</div>
     <div class="item item-thumbnail-left">
     <img src="img/android.jpg">
     <h2><b>Android 开发技能</b></h2>
     <p>精通 Java，2 年以上 Android 平台开发经验</p>
     <p>熟悉 Android 开发平台及框架原理，熟悉 Android SDK，能独立进行第三方 SDK 接入
开发。</p>
     <p>熟练掌握 Android 下 json/xml 解析，多线程操作，消息推送，SQLite 数据存储和内
存管理机制。</p>
     <p>熟悉 HTTP 协议、HTTPS 协议、SOCKET 等网络通信协议开发技术。</p>
     <p>熟悉主流开源框架。</p>
     <p>精通 Android 性能和内存优化，善于解决系统崩溃，内存溢出，适配性和兼容性问题。
</p>
     </div>
   </div>
 </ion-content>
</ion-view>
```

【代码解析】这是第 3 层状态 app.skills.mobile（工作技能/移动）的模板页面代码，它与
【示例 8-3】的模板页面代码在结构上也是类似的。

其余的页面代码与菜单导航结构都与已经介绍讨论过的知识完全一致，这里就不再一一重
复了。

8.5 小结

本章介绍了 Ionic 框架中用于页面导航切换的顶部导航栏、选项卡、侧栏菜单的使用与示
例。掌握了这些组件的用法之后，一个 APP 应用的多个单个页面就能被连接起来，在用户的
操作下完成应用的不同页面切换，本章 8.4 节的实战案例就是一个读者可借鉴扩展的多层路由
导航实现演示项目。

下一章将介绍 Ionic 的内置数据展示与操作组件的基础知识与应用示例，这些组件用于单
个页面上的数据显示与获得用户的操作交互，使一个 APP 应用的功能基本完整起来。

第 9 章
Ionic内置数据展示与操作组件

在第7章和第8章介绍完Ionic提供的布局与导航这些定义移动APP的整体框架的内容后，本章将介绍构成Ionic开发的移动APP的内容部分所要用到的各种常见界面组件要素。这些组件都是市面上流行APP经常采用的，因此Ionic框架做了深度的设计封装，使开发者通过较少的代码量就能轻松达到专业应用的界面与功能效果。

本章主要涉及的知识点有：

- 数据列表（List）显示与操作相关组件
- 表单（Form）子元素组件
- 针对不同场景的几种对话框组件
- 提示性组件
- 手势类组件与事件
- 点击或键盘输入类组件
- 第 8 章介绍的导航框架中几种组件的综合样例复习

图 9.1　列表项滑动后显示的操作按钮

9.1　列表相关组件

在本书 5.4 列表容器一节，我们已经介绍了可用于列表和列表项的 Ionic 内置 CSS 样式类。本节将学习如何动态配置列表，使其能够为列表项滑动显示常见的删除、重排和自定义操作按钮，达到类似图 9.1 里的效果。

9.1.1　列表容器与列表项定制

1．ion-list 组件

声明列表容器元素，里面将包含用 ion-item 指令声明的列表成员元素。ion-list 组件接口及其说明如表 9.1 所示。

表 9.1　ion-list 组件接口及其说明

属性/方法/事件	说明
type	可选，string 类型，用来设置列表的种类：list-inset | card。两者的区别与显示可参考本书 5.4.6 与 5.5.3 节
show-delete	可选，boolean 类型，是否显示列表成员内的删除按钮 ion-delete-button
show-reorder	可选，boolean 类型，是否显示列表成员内的重排序按钮 ion-reorder-button
can-swipe	可选，boolean 类型，是否支持滑动方式显示列表成员内的自定义操作按钮 option
delegate-handle	可选，string 类型，定义一个可用$ionicListDelegate 来获取本组件对象的句柄名称

2．ion-item 组件

声明列表成员元素，一般作为 ion-list 组件的子元素出现。里面除了可以包含任意 HTML 元素以外，也可以包含本小节介绍的 3 类代表在列表成员上进行操作的按钮：ion-delete-button、ion-reorder-button 和 ion-option-button。

3．ion-delete-button 组件

声明删除按钮。一个 ion-item 内最多有一个删除按钮。删除按钮在显示时总是位于成员的最左端。需要在该组件上使用 ng-click 指令来设置点击事件监听函数。

4．ion-reorder-button 组件

声明重排按钮。一个 ion-item 内最多有一个重排序按钮。重排序按钮在显示时总是位于成员的最右端。需要在该组件上使用 on-reorder 属性来设置重排序事件监听函数。

5．ion-option-button 组件

声明选项按钮。一个 ion-item 内可以包含多个选项按钮。选项按钮是隐藏的，需要用户向左滑动成员，以显示选项按钮。需要在该组件上使用 ng-click 指令来设置点击事件监听函数。

【示例 9-1】演示了列表容器与列表项定制组件 ion-list、ion-item、ion-delete-button、ion-reorder-button、 ion-option-button 的使用方法。

www\9.1.1.html 的相关代码片段

```
<script type="text/javascript">
angular.module('example').controller('DefaultController',
function($scope, $window , $ionicListDelegate ) {
  $scope.backHome = function(){
    $window.history.go(-1);
  };
  //设置显示删除和重排序按钮
  $scope.flag={showDelete:false,showReorder:false};
  //初始化模拟数据
  $scope.items=["1. Chinese","2. English","3. German","4. Italian","5. Janapese","6. Sweden","7. Koeran","8. Russian","9. French"];
  //删除项目操作
```

```
  $scope.delete_item=function(item){
    var idx = $scope.items.indexOf(item);
    $scope.items.splice(idx,1);
  };
  //移动项目(重排序)操作
  $scope.move_item = function(item, fromIndex, toIndex) {
    $scope.items.splice(fromIndex, 1);
    $scope.items.splice(toIndex, 0, item);
  };
//响应用户长时间触及屏幕事件
  $scope.onHold = function(){
    $ionicListDelegate.showReorder(true);
  };
});
</script>
<body ng-controller="DefaultController">
  <ion-header-bar class="bar-positive">
    <button    class="button    button-clear    icon    ion-ios-arrow-back"
ng-click="backHome()"></button>
    <a    class="button    button-clear    icon    ion-ios-minus-outline"
ng-click="flag.showDelete=!flag.showDelete;flag.showReorder=false;"></a>
    <h1 class="title">列表容器与列表项定制</h1>
    <a    class="button    icon    ion-navicon    button-clear"
ng-click="flag.showReorder=!flag.showReorder;flag.showDelete=false;"></a>
  </ion-header-bar>
  <ion-content on-hold="onHold()" >
    <ion-list show-delete="flag.showDelete" show-reorder="flag.showReorder">
      <ion-item ng-repeat="item in items">
        {{item}} 2016 年 06 月 25 日 {{$index+1}}:{{$index+1}}:{{$index+1}}
        <ion-option-button class="button-stable" ng-click="read_item(item)">
标为已读
    </ion-option-button>
        <ion-option-button    class="button-assertive"
ng-click="delete_item(item)">删除({{$index}})
    </ion-option-button>
        <ion-delete-button    class="ion-minus-circled"
ng-click="delete_item(item)">
    </ion-delete-button>
        <ion-reorder-button on-reorder="move_item(item,$fromIndex,$toIndex)"
    class="ion-navicon"></ion-reorder-button>
      </ion-item>
    </ion-list>
  </ion-content>
</body>
```

【代码解析】标题栏的两个按钮按下后分别会让列表项显示删除和重排序按钮，如图 9.2 所示。此外内容区域的 **on-hold** 事件处理使用户长时间触及屏幕表面时也通过 $ionicListDelegate 显示重排序按钮。除了 Ionic 的标准删除和重排序按钮外，列表项也加入了"标为已读"和"删除"两个选项按钮，在用户向左滑动时出现，如图 9.3 所示。

图 9.2　分别显示 ion-delete-button 和 ion-reorder-button 操作按钮

图 9.3　列表初始状态与列表项滑动后显示的操作按钮

9.1.2　列表服务

通过使用$ ionicListDelegate 服务代理，可以在脚本中控制列表对象。

$ionicListDelegate 服务代理组件方法集：

- showReorder([showReorder])：设置是否显示该列表的重排序按钮。
- showDelete([showDelete])：设置是否显示该列表的删除按钮。
- canSwipeItems([canSwipeItems])：设置是否允许通过在列表成员上的手势向左滑动来显示成员选项按钮。
- closeOptionButtons()：关闭所有选项按钮。
- $getByHandle(handle)：返回匹配 handle 字符串所指定的列表实例。

$ionicListDelegate 的使用可参考本节的【示例 9-1】。

9.1.3　列表高性能显示优化

collection-repeat 指令和 ng-repeat 指令类似，但是相对于 ng-repeat，它更适用于多达几千项的大数据量的列表数据。因为 collection-repeat 只将处于可视区域的数据渲染到 DOM 上，这样就不会使渲染的任务长时间占用系统 CPU 资源，从而导致对用户的操作失去响应。collection-repeat 组件接口及其说明如表 9.2 所示。

 collection-repeat 处理的数据必须是一个数组。

如果没有给出 item-height 和 item-width 属性，指令将认为所有的列表项与第一项具有同样的宽度和高度。

不能使用形式为（::）的 Angular 单次变量绑定，否则滚动时数据渲染会出错。

iOS 设备里的<img src>元素渲染时会有性能瓶颈，推荐使用 web worker 对图片进行缓存。具体做法参见官方说明：https://github.com/driftyco/ionic/issues/3194

表 9.2　collection-repeat 组件接口及其说明

属性/方法/事件	说明
collection-repeat	必须，表达式类型，格式与 Angular 的 ng-repeat 指令类似：variable in expression，如：album in artist.albums | orderBy:'name'
item-width	可选，表达式类型，列表元素的宽度。可以是一个数字（以像素为单位）或一个百分数
item-height	可选，表达式类型，列表元素的高度。可以是一个数字（以像素为单位）或一个百分数
item-render-buffer	可选，number 类型，在显示的列表集前后缓存读入的列表项数，默认值为 3。如果数据项里有较多的图片，则可以适当将该数字提高，用以提前载入图片
force-refresh-images	可选，boolean 类型，设置当列表项被滚动后其中的图片将被刷新

【示例 9-2】演示了 collection-repeat 组件的使用方法，效果如图 9.4 所示。

www\9.1.3.html 的相关代码片段

```
<script type="text/javascript">
angular.module('example').controller('DefaultController',
function($scope,$window) {
    $scope.backHome = function(){
      $window.history.go(-1);
    };
    //随机生成100个不同图片的地址
    $scope.photos = [];
    for (var i = 0; i < 100; i++) {
     var w = 100 + Math.floor(Math.random() * 200);
      w -= w % 5;
      var h = 150 + Math.floor(Math.random() * 100);
```

```
    h -= h % 5;
    $scope.photos.push({
      width: w,
      height: h,
      src: 'http://placekitten.com/' + w + '/' + h
    });
  }
});
</script>
<body ng-controller="DefaultController">
  <ion-header-bar class="bar-positive">
    <button    class="button    button-clear    icon    ion-ios-arrow-back"
ng-click="backHome()"></button>
    <h1 class="title">列表高性能显示优化 collection-repeat</h1>
  </ion-header-bar>
  <ion-header-bar class="bar-stable bar-subheader">
    <h1 class="title">待收养小猫图片列表</h1>
  </ion-header-bar>
  <ion-content>
    <!-- 此处使用 collection-repeat 而不是 ng-repeat，需要传入属性设置固定高度与宽度
-->
    <img collection-repeat="photo in photos" ng-src="{{photo.src}}"
    item-width="50%" item-height="200px" force-refresh-images="10">      >
  </ion-content>
</body>
```

【代码解析】在内容区域使用 collection-repeat 来显示图片列表，通过对宽度和高度的设置，使一行显示两个图片，图片高度固定。此外由于我们生成的是来源于外部网站提供的图片，因此微调了 force-refresh-images 属性使缓存图片项数增多。

图 9.4　使用 collection-repeat 来优化显示图片列表

9.2 表单输入相关组件

由于 HTML 5 提供的表单输入类控件在 iOS 和 Android 设备上的显示都已趋于完善，Ionic 框架并没有必要花很大代价再去包装定制。除了在本书 5.7 节已经了解的 toggle 组件，其余两个表单输入组件 ion-checkbox 和 ion-radio 的使用接口都与 AngularJS 的对应组件一致，只不过外形上有所区别，显示上更像移动原生的输入控件。而 ion-toggle 的使用接口与 AngularJS 的 checkbox 组件也是一致的。因此本节不再详述相关接口参数，读者可以参考：

ion-checkbox 组件：http://docs.angularjs.org/api/ng/input/input[checkbox]。

ion-toggle 组件：　http://docs.angularjs.org/api/ng/input/input[checkbox]。

ion-radio 组件：　http://docs.angularjs.org/api/ng/input/input[radio]。

【示例 9-3】演示了表单输入相关组件的使用方法，效果如图 9.5 所示。

www\9.2.html 的相关代码片段

```
<script type="text/javascript">
angular.module('example').controller('DefaultController',
function($scope,$window) {
  $scope.backHome = function(){
    $window.history.go(-1);
  };
  //以下为建立示例初始数据
  $scope.toggles=[
    {text:"H5"},
    {text:"ES6",selected:true},
    {text:"CSS 3",selected:true}
  ];
  $scope.techItems=["H5","ES6","CSS 3"];
  $scope.radioValue = {choice: "CSS 3"};
});
</script>
<body ng-controller="DefaultController">
  <ion-header-bar class="bar-positive">
    <button    class="button    button-clear    icon    ion-ios-arrow-back"
ng-click="backHome()"></button>
    <h1 class="title">表单输入组件</h1>
  </ion-header-bar>
  <ion-content>
    <ion-list>
      <div class="item item-divider">ion-toggle 演示</div>
      <ion-toggle             ng-repeat="item            in           toggles"
ng-model="item.selected">{{item.text}} : {{item.selected}}</ion-toggle>
    </ion-list>
    <ion-list>
      <div class="item item-divider">ion-checkbox 演示</div>
      <ion-checkbox ng-repeat="item in toggles" ng-model="item.selected">
        {{item.text}} : {{item.selected}}
```

```
        </ion-checkbox>
      </ion-list>
      <ion-list>
        <div class="item item-divider">ion-radio演示:
{{radioValue.choice}}</div>
        <ion-radio ng-repeat="item in techItems" ng-model="radioValue.choice"
ng-value="item">
          {{item}}
        </ion-radio>
      </ion-list>
    </ion-content>
  </body>
```

【代码解析】在内容区域演示了本节介绍的三种组件的使用方法。参数设置与 AngularJS 的对应组件一致。

图 9.5　使用表单输入相关组件

9.3　对话框类相关组件

本节介绍的基本都是会暂时打断或阻止用户与设备屏幕自由的交互行为,而需要完成指定的输入或者等待一定时间后才能继续的组件。这些组件都是通过组件对象的编程接口进行控制的,只不过在设备界面上的表现形式各有不同。

9.3.1　模态框

模态框组件是最常见的对话框组件,当它被调用后会临时占据屏幕的全部空间。用户只有完成指定的操作或执行显式关闭后，才能返回到原来的界面。而在模态框关闭之前，其他的用户界面交互行为将无法继续进行，但不会挂起 JavaScript 代码的处理运行。例如强制要求用户输入登录的验证账户信息对话框就可以用模态框的方式来完成。

 定义模态框的显示部分时，需要用一个<ion-modal-view>作为容器元素包含模态框的显示内容。一般使用内联模板或者独立模板文件的方式设置模态框的显示内容。

在 JavaScript 代码里，可以先通过调用$ionicModal 服务对象的创建方法初始化并返回类型为 ionicModal 的模态框控制器对象（以下简称 ionicModal 控制器），随后通过调用这个 ionicModal 控制器的若干方法完成对模态框生命周期的控制。

1．$ionicModal 组件

用于载入模态框模板并返回 ionicModal 控制器。

● fromTemplate (templateString, options)

使用字符串模板创建模态框。templateString 参数是模态框模板的字符串，options 参数是传递给调用 ionicModal 控制器 initialize 方法时的选项对象。返回值是一个 ionicModal 控制器实例对象。

● fromTemplateUrl(templateUrl,options)

使用内联模板或模板文件创建模态框。templateUrl 参数是模态框模板的 url，options 参数是传递给调用 ionicModal 控制器 initialize 方法时的选项对象。返回值是一个最终可被解析为 ionicModal 控制器实例对象的 promise 对象。

2．ionicModal 对象

由$ionicModal 服务组件初始化创建用来控制模态框的控制器对象。

● initialize (options)

用于创建一个新的模态框控制器对象，其 options 参数对象的属性及说明如表 9.3 所示。

表 9.3　$ionicModal.initialize 的 options 参数对象可选属性及其说明

属性	说明
scope	object 类型，模态框使用的作用域(scope)对象。默认将创建一个$rootScope 的子作用域
animation	字符串类型，模态框显示与隐藏时的切换动画方式，默认为 slide-in-up
focusFirstInput	boolean 类型，模态框显示时是否使第一个输入组件获取输入焦点。默认为 false
backdropClickToClose	boolean 类型，点击背景幕布时是否关闭模态框，默认为 true
hardwareBackButtonClose	boolean 类型，用户在 Android 平台下点击系统回退按钮时是否关闭模态框，默认为 true

默认状态下模态框的容器元素<ion-modal-view>会占据设备的整个屏幕空间，backdropClickToClose 属性设置后实质无效。然而读者可以通过对<ion-modal-view>容器元素的样式进行更改，使模态框不再占据设备的整个屏幕空间。

● show()

显示模态框。返回值是动画效果完成时将被解析完成的 promise 对象。

● hide()

隐藏模态框。返回值是动画效果完成时将被解析完成的 promise 对象。

● remove()

从 DOM 中去掉并清除这个模态框实例。

每个模态框结束使用后，都需要调用它的 remove()方法进行清除，以避免内存泄漏。

● isShown()

返回值为 boolean 类型，指示模态框是否正在显示。

为了通过界面对比与其他对话框组件区分，模态框的示例可参阅本章 9.3.6 对话框类组件综合示例。

9.3.2　浮动框

相对于 9.3.1 介绍的模态框组件而言，浮动框提供了一种非侵入的方式来显示对话框，例如图 9.6 所示的微信中浮动框组件作为下拉菜单条。其主要用于以下场景：

图 9.6　微信中浮动框组件作为下拉菜单条

● 显示当前视图的更多信息
● 弹出一个下拉菜单条由用户选择工具或者配置选项
● 展示当前屏幕中某个子视图能做的操作列表

除了非侵入和不默认占据设备整个屏幕的特性区别以外，浮动框的创建、使用和编程接口与模态框非常相近。

定义浮动框的显示部分时，与模态框类似，需要用一个<ion-popover-view>作为容器元素包含浮动框的显示内容。一般使用内联模板或者独立模板文件的方式设置浮动框的显示内容。

在 JavaScript 代码里，可以先通过调用$ionicPopover 服务对象的创建方法初始化并返回类型为 ionicPopover 的浮动框控制器对象（以下简称 ionicPopover 控制器），随后通过调用这个 ionicPopover 控制器的若干方法完成对浮动框生命周期的控制。

1．$ionicPopover 组件

用于载入浮动框模板并返回 ionicPopover 控制器。

● fromTemplate (templateString, options)

使用字符串模板创建浮动框。templateString 参数是浮动框模板的字符串，options 参数是传递给调用 ionicModal 控制器 initialize 方法时的选项对象。返回值是一个 ionicPopover 控制器实例对象。

● fromTemplateUrl(templateUrl,options)

使用内联模板或模板文件创建浮动框。templateUrl 参数是浮动框模板的 url，options 参数是传递给调用 ionicPopover 控制器 initialize 方法时的选项对象。返回值是一个最终可被解析为 ionicPopover 控制器实例对象的 promise 对象。

2．ionicPopover 对象

由$ionicPopover 服务组件初始化创建用来控制浮动框的控制器对象。

● initialize (options)

用于创建一个新的浮动框控制器对象，其 options 参数对象的属性及说明见表 9.4。

表 9.4　$ionicPopover.initialize 的 options 参数对象可选属性及其说明

属性	说明
scope	object 类型，浮动框使用的作用域（scope）对象。默认将创建一个$rootScope 的子作用域
focusFirstInput	boolean 类型，浮动框显示时是否使第一个输入组件获取输入焦点。默认为 false
backdropClickToClose	boolean 类型，点击背景幕布时是否关闭浮动框，默认为 true
hardwareBackButtonClose	boolean 类型，用户在 Android 平台下点击系统回退按钮时是否关闭浮动框，默认为 true

● show($event)

显示浮动框。参数$event 可以是触发浮动框显示的事件对象或是浮动框需要对齐显示的视图元素。返回值是动画效果完成时将被解析完成的 promise 对象。

● hide()

隐藏浮动框。返回值是动画效果完成时将被解析完成的 promise 对象。

● remove()

从 DOM 中去掉并清除这个浮动框实例。

 每个浮动框结束使用后，都需要调用它的 remove()方法进行清除，以避免内存泄漏。

● isShown()

返回值为 boolean 类型，指示浮动框是否正在显示。

为了通过界面对比与其他对话框组件区分，浮动框的示例可参阅本章 9.3.6 对话框类组件综合示例。

9.3.3　弹出框

弹出框服务组件$ionicPopup 可以看做是缩小的模态框，通常用于提醒、警告等。在用户响应弹出框之前，其他的交互行为不能继续或无效。与模态框覆盖设备整个屏幕空间不同，弹出框通常仅占据一部分屏幕空间。此外该组件提供了浏览器的 Window 对象支持的 3 个弹出框方法，也是作为对比较丑陋且无法定制外观的浏览器标准弹出框的补充。

支持的方法有：

1．show(options)

可以用于显示一个完整而复杂的对话框，这是随后所述其他 3 个弹出框方法的基础功能方法，其 options 参数对象的可选属性及其说明如表 9.5 所示。

表 9.5　$ionicPopup.show 的 options 参数对象可选属性及其说明

属性	说明
title	字符串类型，弹出框的标题
cssClass	字符串类型，自定义的 CSS 样式类，这个样式类将会被作用在弹出框的最外层容器上（一个具有 CSS 样式类.popup-container 的\<div\>容器元素）
subTitle	字符串类型，可选，弹出框的子标题
template	字符串类型，可选，放在弹出框内容区内的 HTML 字符串模板
templateUrl	字符串类型，可选，在弹出框内容区内的 HTML 模板的 URL
scope	作用域对象，可选，一个链接到弹出框内容区（一个具有 CSS 样式类.popup-body 的\<div\>容器元素）的 scope（作用域）
buttons	按钮对象数组，可选。每个按钮带有一个 text（按钮文本）和 type（按钮类型的 CSS 样式类）字段，此外还有一个 onTap 事件函数。当点击弹出框上的相关按钮，会触发调用对应按钮定义的 onTap 事件函数。函数调用完毕默认会关闭弹出框，返回弹出框关闭时的返回值。如果想阻止默认的关闭弹出框动作，则需要在触发 onTap 事件函数里调用 event.preventDefault()

show(options)方法将返回一个 promise 对象，当弹出框关闭时，这个对象将会被完成解析（resolved）。

【示例 9-4】构造弹出框组件$ionicPopup.show 的 options 参数

```
{
  // String. 弹出框的标题。
  title: '',
  // String, 自定义的 CSS 样式类名
cssClass: '',
// String (可选)。弹出框的子标题。
  subTitle: '',
  // String (可选)。放在弹出框 body 内的 html 模板。
  template: '',
  // String (可选)。在弹出框 body 内的 html 模板的 URL。
templateUrl: '',
  // Scope (可选)。一个链接到弹出框内容的 scope（作用域）。
  scope: null,
  //Array[Object] (可选)。放在弹出框 footer 内的按钮。
  buttons: [{
    text: 'Cancel',
    type: 'button-default',
    onTap: function(e) {
      // 当点击时，e.preventDefault() 会阻止弹出框关闭。
      e.preventDefault();
    }
  }, {
    text: 'OK',
    type: 'button-positive',
    onTap: function(e) {
      // 返回的值会将作为调用 show 方法返回的 promise 对象因为弹出框关闭而解析出的值。
      return scope.data.response;
    }
  }]
}
```

【代码解析】根据表 9.5 可以获得其中所有参数的说明。

2．alert(options)

可以用于显示一个带有一段信息和一个关闭按钮的简单提示弹出框，与浏览器的 Window 对象的同名方法功能类似，其 options 参数对象的可选属性及其说明如表 9.6 所示。

表 9.6　$ionicPopup.alert 的 options 参数对象的可选属性及其说明

属性	说明
title	字符串类型，弹出框的标题
cssClass	字符串类型，自定义的 CSS 样式类，这个样式类将会被作用在弹出框的最外层容器上（一个具有 CSS 样式类.popup-container 的\<div\>容器元素）
subTitle	字符串类型，可选，弹出框的子标题
template	字符串类型，可选，放在弹出框内容区内的 HTML 字符串模板
templateUrl	字符串类型，可选，在弹出框内容区内的 HTML 模板的 URL
okText	字符串类型，可选，关闭按钮显示的文字，默认为 OK
okType	字符串类型，可选，按钮类型的 CSS 样式类。默认为 button-positive

alert(options)方法将返回一个 promise 对象，当弹出框关闭时，这个对象将会被完成解析（resolved）。

3．confirm(options)

可以用于显示一个简单的带有确定取消按钮的弹出框，与浏览器的 Window 对象的同名方法功能类似，其 options 参数对象可选属性及其说明如表 9.7 所示。

表 9.7　$ionicPopup.confirm 的 options 参数对象可选属性及其说明

属性	说明
title	字符串类型，弹出框的标题
cssClass	字符串类型，自定义的 CSS 样式类，这个样式类将会被作用在弹出框的最外层容器上（一个具有 CSS 样式类.popup-container 的\<div\>容器元素）
subTitle	字符串类型，可选，弹出框的子标题
template	字符串类型，可选，放在弹出框内容区内的 HTML 字符串模板
templateUrl	字符串类型，可选，在弹出框内容区内的 HTML 模板的 URL
okText	字符串类型，可选，关闭按钮显示的文字，默认为 OK
okType	字符串类型，可选，按钮类型的 CSS 样式类。默认为 button-positive
cancelText	字符串类型，可选，取消按钮显示的文字，默认为 Cancel
cancelType	字符串类型，可选，取消类型的 CSS 样式类。默认为 button-default

confirm(options)方法将返回一个 promise 对象，当弹出框关闭时，这个对象将会被完成解析（resolved），用户点击的是确定按钮则解析值为 true，否则为 false。

4．prompt(options)

可以用于显示一个带有一个 input 输入控件、一段提示信息和确定取消按钮的简单提示弹出框，与浏览器的 Window 对象的同名方法功能类似，其 options 参数对象的可选属性及其说

明如表 9.8 所示

表 9.8　$ionicPopup.prompt 的 options 参数对象可选属性及其说明

属性	说明
Title	字符串类型，弹出框的标题
cssClass	字符串类型，自定义的 CSS 样式类，这个样式类将会被作用在弹出框的最外层容器上（一个具有 CSS 样式类.popup-container 的\<div\>容器元素）
subtitle	字符串类型，可选，弹出框的子标题
Template	字符串类型，可选，放在弹出框内容区内的 HTML 字符串模板
templateUrl	字符串类型，可选，在弹出框内容区内的 HTML 模板的 URL
okText	字符串类型，可选，关闭按钮显示的文字，默认为 OK
okType	字符串类型，可选，按钮类型的 CSS 样式类。默认为 button-positive
cancelText	字符串类型，可选，取消按钮显示的文字，默认为 Cancel
cancelType	字符串类型，可选，取消类型的 CSS 样式类。默认为 button-default
inputType	字符串类型，可选，input 输入控件的类型。默认为 text
defaultText	字符串类型，可选，input 输入控件里的初始值。默认为空
maxLength	number 类型，可选，设置 input 输入控件里可输入文本的最大长度。默认为空
inputPlaceholder	字符串类型，可选，设置 input 输入控件 placeHolder 属性值。默认为空

　　prompt(options)方法将返回一个 promise 对象，当弹出框关闭时，这个对象将会被完成解析（resolved）。用户点击的是确定按钮则解析值为 input 输入控件的输入内容，否则为 undefined。

　　为了通过界面对比与其他对话框组件区分，弹出框的示例可参阅本章 9.3.6 对话框类组件综合示例。

9.3.4　上拉菜单

　　上拉菜单组件来自于模拟移动设备专有样式的界面控件，如图 9.7 所示的移动 QQ 中上拉菜单。该组件的显示是一个从设备屏幕底部向上滑动出现的菜单项面板，用户可以从菜单项列表中点击选择。危险的操作以红色突出文本显示。用户点击背景幕布可以直接关闭该组件。

　　$ionicActionSheet 可以创建的上拉菜单由 3 种按钮组成，用户点击任何按钮后都自动关闭：

图 9.7　移动 QQ 中上拉菜单组件

● 取消（cancel）按钮：总是位于上拉菜单的底部。一个上拉菜单最多有一个取消按钮。

● 危险（destructive）选项按钮：危险选项的按钮文字将被标红以明显提示用户。一个上拉菜单最多能包含一个危险选项按钮。

● **自定义按钮**：用户可定义任意数量的按钮。

使用 $ionicActionSheet 触发显示上拉菜单很简单，在 Angular 的控制器代码里调用 $ionicActionSheet 的 show 方法传入参数对象 options 即可（show(options)）。

show(options)加载并显示一个新的上拉菜单元素，这个上拉菜单将拥有一个隔离的作用域对象（isolated scope），随后该元素将被插入到页面视图的内容区域，其 options 参数对象的可选属性及其说明如表 9.9 所示。

表 9.9　$ionicActionSheet.show 的 options 参数对象可选属性及其说明

属性	说明
buttons	object 类型的数组，数组中的每个 object 的 text 属性代表了一个按钮的显示文本
titleText	字符串类型，上拉菜单的标题
cancelText	字符串类型，取消按钮的文字
destructiveText	字符串类型，危险选项按钮的文字
cancel	事件函数类型，当点击取消按钮或点击背景时触发
buttonClicked	事件函数类型，当自定义按钮之一被点击时触发。按钮的索引将作为函数参数传入。函数返回 true 则将关闭上拉菜单，或为 false 则保持打开
destructiveButtonClicked	事件函数类型，当危险选项按钮被点击时触发。返回 true 则关闭操作表，或为 false 则保持打开
cancelOnStateChange	boolean 类型，当切换到新的视图时是否关闭此上拉菜单。默认为 true
cssClass	字符串类型，自定义的 CSS 样式类，这个样式类将会被作用在上拉菜单组件的最外层容器上

show(options)方法将返回一个函数对象，调用该函数对象将关闭对应的上拉菜单。

【示例 9-5】调用$ionicActionSheet 显示类似图 9.7 的上拉菜单样例

```
angular.module('mySuperApp', ['ionic'])
.controller(function($scope, $ionicActionSheet, $timeout) {
  // 可通过按钮点击或类似事件处理函数调用
  $scope.show = function() {
    // 显示上拉菜单并返回函数对象
    var hideSheet = $ionicActionSheet.show({
      buttons: [
        { text: '分享' },
        { text: '举报' }
      ],
      destructiveText: '取消关注',
      cancelText: '取消',
      cancel: function() {
```

```
  },
  buttonClicked: function(index) {
    console.log(index);
    return true;
  }
});
// 两秒钟后，通过调用函数对象延时关闭上拉菜单
$timeout(function() {
  hideSheet();
}, 2000);
};
});
```

【代码解析】这是常见的用法，在 Angular 的控制器代码里调用$ionicActionSheet 的 show 方法传入参数对象 options 创建上拉菜单。通过调用返回的函数对象关闭清理创建的上拉菜单。

为了通过界面对比与其他对话框组件区分，上拉菜单的示例可参阅本章 9.3.6 对话框类组件综合示例。

9.3.5 背景幕布

在对话框的其他组件如模态框、浮动框、上拉菜单中，背景幕布（backdrop）都扮演了帮助其他组件创建一个覆盖设备屏幕的半透明灰色图层，提示用户聚焦于指定的交互区域的角色。在 Ionic 里也可以通过背景幕布服务组件$ionicBackdrop 单独地使用和控制背景幕布的保持（retain）和释放（release）操作。读者可以认为这两个操作类似于加锁与解锁操作，只有当解锁数>=加锁数时，屏幕才会隐藏背景幕布。

 目前背景幕布在 DOM 里的元素的 z-index 默认值为 11，如果读者自行定制了其他组件的样式使 z-index 值>=11，则将会无法被背景幕布组件盖住。这也是利用背景幕布创建自定义提示效果的一个可行做法。

- retain ()：加持背景幕布。
- release ()：释放背景幕布。

9.3.6 对话框类组件综合示例

从本书的开头到目前为止，开发一个移动 APP 的前端代码的大部分组件读者已经接触过了。本小节用一个同时包含第 8 章所介绍的导航框架的几种组件的综合性样例，来演示一下本节对话框类相关组件的使用和界面效果。

【示例 9-6】对话框类组件综合示例

www\9.3.6.html 的侧栏菜单相关代码片段

```
<!-- 侧栏菜单整体结构 -->
```

```
<script id="menu.html" type="text/ng-template">
  <ion-side-menus>
    <ion-side-menu side="left" width="130">
      <ion-header-bar class="bar-stable">
        <h1 class="title">对话框</h1>
      </ion-header-bar>
      <ion-content>
        <ion-list>
          <ion-item menu-close href="#/dialog/modal">模态框</ion-item>
          <ion-item menu-close href="#/dialog/popover">浮动框</ion-item>
          <ion-item menu-close href="#/dialog/popup/alert">弹出框</ion-item>
          <ion-item menu-close href="#/dialog/actionsheet">上拉菜单</ion-item>
        </ion-list>
      </ion-content>
    </ion-side-menu>
    <ion-side-menu-content>
      <ion-nav-bar class="bar-stable">
        <ion-nav-buttons side="left">
          <button class="button button-icon button-clear ion-navicon"
          menu-toggle="left"></button>
        </ion-nav-buttons>
      </ion-nav-bar>
      <ion-nav-view name="menuContent"></ion-nav-view>
    </ion-side-menu-content>
  </ion-side-menus>
</script>
<!--此处省略在第 8 章已经学习掌握的页面路由导航代码片段-->
<body ng-controller="DefaultController" >
  <ion-nav-view></ion-nav-view>
</body>
```

【代码解析】以上代码所构造的侧栏菜单如图 9.8 左侧所示，使用的是标准的 Ionic 侧栏菜单路由导航框架，因为相关的内容已经在本书的 8.3 节详细解析过，这里就不再重复了。

图 9.8　侧栏菜单+选项卡栏构造的二级功能导航布局

219

www\9.3.6.html 的模态框相关代码片段

```html
<!-- 模态框页面 -->
<script id="modal.html" type="text/ng-template">
  <ion-view view-title="模态框 Modal">
    <ion-content>
      <button class="button button-block" ng-click="openModal();">
      打开模态框</button>
    </ion-content>
  </ion-view>
</script>
<!-- 模态框模板 -->
<script id="modal-show.html" type="text/ng-template">
  <ion-modal-view>
    <ion-header-bar class="bar-positive">
      <h1 class="title dark">这是一个模态框</h1>
      <a class="button" ng-click="closeModal();">关闭</a>
    </ion-header-bar>
    <ion-content>
      <img class="full-image" src="img/delorean.jpg">
    </ion-content>
  </ion-modal-view>
</script>
<script type="text/javascript">
//模态框 ModalController
angular.module('example').controller('ModalController',
function($scope,$ionicModal){
  //初始化
  $ionicModal.fromTemplateUrl("modal-show.html", {
    scope: $scope,
    animation: "slide-in-up"
  }).then(function(modal) {
    $scope.modal = modal;
  });
  //显示
  $scope.openModal = function() {
    $scope.modal.show();
  };
  //隐藏
  $scope.closeModal = function() {
    $scope.modal.hide();
  };
  //清理模态框资源
  $scope.$on("$destroy", function() {
```

```
    $scope.modal.remove();
  });
});
</script>
```

　　【代码解析】以上代码所构造的模态框如图 9.9 所示。模态框控制器 ModalController 将加载 ID 为 modal-show.html 的模板页 HTML 构造模态框对象$scope.modal。后续调用该对象的 show 和 hide 方法来显示与隐藏模态框。最后在作用域的$destroy 事件处理中，需要调用该对象的 remove 方法清理资源。

图 9.9　模态框

　　www\9.3.6.html 的浮动框相关代码片段

```
<!-- 浮动框页面 -->
<script id="popover.html" type="text/ng-template">
  <ion-view view-title="浮动框 Popover">
    <ion-content>
      <h3 class="popover-align">浮动框 Popover</h3>
      <a class="button" ng-click="openPopover($event);">浮动框是什么？</a>
    </ion-content>
  </ion-view>
</script>
<!-- 浮动框模板 -->
<script id="popover-show.html" type="text/ng-template">
  <ion-popover-view class="dark-bg positive padding dark-arrow">
    <p>浮动框提供了一种非侵入的方式来显示对话框，主要用于以下场景：</p>
    <ul>
    <li>显示当前视图的更多信息</li>
     <li>弹出一个下拉菜单条由用户选择工具或者配置选项</li>
     <li>展示当前屏幕中某个子视图能做的操作列表</li>
    </ul>
  </ion-popover-view>
</script>
```

```
<script type="text/javascript">
//浮动框 PopoverController
angular.module('example').controller('PopoverController',
function($scope,$ionicPopover){
  //初始化
  $ionicPopover.fromTemplateUrl("popover-show.html", {
    scope: $scope
  })
  .then(function(popover){
    $scope.popover = popover;
  })
//显示
  $scope.openPopover = function($event) {
    //$scope.popover.show(".popover-align"); //need import JQuery first
    $scope.popover.show(
      angular.element(document.querySelector('.popover-align')));
  };
  //隐藏
  $scope.closePopover = function() {
    $scope.popover.hide();
  };
  //销毁事件回调处理：清理 popover 对象
  $scope.$on("$destroy", function() {
    $scope.popover.remove();
  });
});
</script>
```

【代码解析】以上代码所构造的浮动框如图 9.10 所示。浮动框控制器 PopoverController 将加载 ID 为 popover-show.html 的模板页 HTML 构造浮动框对象$scope.popover。后续调用该对象的 show 和 hide 方法来显示与隐藏浮动框。最后在作用域的$destroy 事件处理中，需要调用该对象的 remove 方法清理资源。

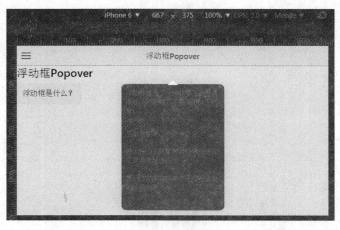

图 9.10　浮动框

www\9.3.6.html 的弹出框相关代码片段

```html
<!-- 弹出框选项卡栏定义页 -->
<script id="popup.html" type="text/ng-template">
  <ion-view>
    <ion-tabs class="tabs-icon-top tabs-color-active-positive tabs-striped">
      <ion-tab title="Show"  icon="ion-easel" href="#/dialog/popup/show">
        <ion-nav-view name="popupShow"></ion-nav-view>
      </ion-tab>
      <ion-tab           title="Alert"           icon="ion-alert-circled"
href="#/dialog/popup/alert">
        <ion-nav-view name="popupAlert"></ion-nav-view>
      </ion-tab>
      <ion-tab title="Confirm" icon="ion-ios-checkmark-empty"
      href="#/dialog/popup/confirm">
        <ion-nav-view name="popupConfirm"></ion-nav-view>
      </ion-tab>
      <ion-tab title="Prompt" icon="ion-compose" href="#/dialog/popup/prompt">
        <ion-nav-view name="popupPrompt"></ion-nav-view>
      </ion-tab>
    </ion-tabs>
  </ion-view>
</script>
<!-- 定制弹出框页面 -->
<script id="popupShow.html" type="text/ng-template">
  <ion-view view-title="弹出框 Show">
    <ion-content>
      <h3>弹出框 Show</h3>
      <a class="button button-block button-calm" ng-click="showPopup();">
      定制弹出框/popup</a>
    </ion-content>
  </ion-view>
</script>

<!-- 因与弹出框 Show 页面相似，此处省略了弹出框 Alert、Confirm、Prompt 页面代码 -->
<script type="text/javascript">
//弹出框 PopupShowController
angular.module('example').controller('PopupShowController',
function($scope, $timeout, $ionicPopup){
  //直接构造并显示
  $scope.showPopup = function() {
    console.log("PopupShowController");
    $scope.data = {}
    // 调用$ionicPopup 弹出定制弹出框
    $ionicPopup.show({
      template: "姓名: <input type='text' ng-model='data.name'>" +
              "电话: <input type='text' ng-model='data.phone'>",
      title: "请输入您的联系信息",
      subTitle: "姓名与电话号码",
```

```
        scope: $scope,
        buttons: [
          { text: "取消"},
          {
            text: "<b>确定</b>",
            type: "button-positive",
            onTap: function(e) {
              //返回获得的输入内容
              return [$scope.data.name,$scope.data.phone];
            }
          }
        ]
      })
      .then(function(res) {
        //输出获得的输入内容
        console.log(res);
      });
    };
  });

  //弹出框 PopupAlertController 因与弹出框 PopupShowController 相似，
  //此处省略了 PopupAlertController、PopupConfirmController、PopupPromptController
的代码
  </script>
```

【代码解析】以上代码所构造的弹出框如图 9.11 所示。弹出框控制器 PopupShowController 将直接根据 show 方法传入的属性对象显示弹出框。在传入的模板参数 template 字符串里，是通过 ng-model 属性来绑定作用域对象的属性的。

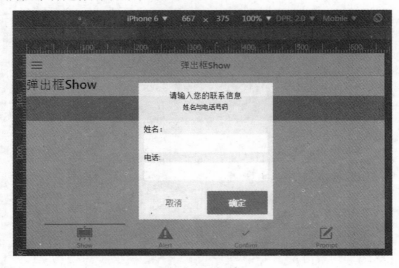

图 9.11　弹出框

www\9.3.6.html 的上拉菜单相关代码片段

```html
<!-- 上拉菜单 ActionSheet 页面 -->
<script id="actionsheet.html" type="text/ng-template">
  <ion-view view-title="上拉菜单 ActionSheet">
    <ion-content>
      <h3 on-hold="show()">上拉菜单 ActionSheet</h3>
    </ion-content>
  </ion-view>
</script>
<script type="text/javascript">
//上拉菜单 ActionSheetController
angular.module('example').controller('ActionSheetController',
function($scope, $ionicActionSheet, $timeout){
  $scope.show = function() {
    // 构造并显示上拉菜单
    var hideSheet = $ionicActionSheet.show({
      titleText: "仿移动 QQ 上拉菜单",
      buttons: [
        { text: "分享" },
        { text: "举报" }
      ],
      buttonClicked: function(index) {
        console.log(index);
        return true;
      },
      cancelText: "取消",
      cancel: function() {},
      destructiveText: "取消关注",
      destructiveButtonClicked:function(){
      }
    });

    //设置 1 分钟后自动关闭
    $timeout(function() {
      hideSheet();
    }, 60000);
  };
});
</script>
```

【代码解析】以上代码所构造的上拉菜单如图 9.12 底部所示。上拉菜单控制器 ActionSheetController 将直接根据 show 方法传入的属性对象显示菜单项。触发显示上拉菜单是使用用户在标题上长按时触发的 on-hold 事件。

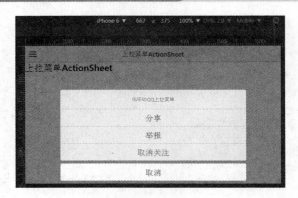

图 9.12　上拉菜单

9.4 加载中提示相关组件

加载中适用于向用户提示 APP 应用当前需要通过网络服务从后台数据库存取数据或进行耗时较多的计算与初始化工作，这属于移动应用通用的交互模式。本节将介绍 Ionic 的动画图标型加载中提示与操控提示的服务组件。

9.4.1　加载中指示器

Ionic 预置了多种用于旋转加载的 SVG 动画图标。当 APP 进行耗时操作需要用户等待时，可以显示加载中指示器组件 ion-spinner 给用户一个明显的等待提示。目前可用的动画名称与样式参见图 9.13。

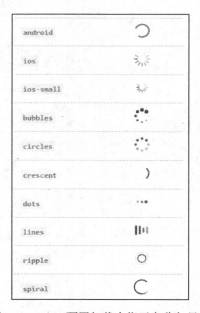

图 9.13　Ionic 预置加载中指示名称与显示

加载中指示器组件 ion-spinner 的使用很简单，直接在要显示组件的位置插入 ion-spinner 指令声明并指定动画图标名称和以 spinner-为前缀的 CSS 颜色样式类即可，如：

```
<ion-spinner icon='bubbles' class="spinner-energized" ></ion-spinner>
```

9.4.2　加载中指示服务

当系统需要完成某些耗时的操作（如从外部调用 API 或初始化移动设备的某些硬件功能）才能继续响应用户的操作交互时，可以使用加载中指示器提示用户系统的后台操作正在进行，暂时无法交互。　加载中指示器通常会叠加一个半透明的背景幕布层（与背景幕布组件类似）以阻止用户的交互，但不影响系统的后台运算进行。

1．$ionicLoading 服务组件

用于显示和隐藏加载中的指示器。

$ionicLoading 服务代理组件方法集：

● show (options)

显示一个加载中的指示器。如果该指示器已在显示状态，它使用 options 参数修改该指示器，并保持指示器的显示状态，options 参数对象的可选属性及其说明如表 9.10 所示。

表 9.10　$ionicLoading.show 的 options 参数对象可选属性及其说明

属性	说明
scope	子作用域，默认将创建一个$rootScope 的子作用域对象
noBackdrop	boolean 类型，是否不叠加一个半透明的背景幕布
hideOnStateChange	boolean 类型，当切换到新的视图时，是否隐藏载入指示器
template	字符串类型，可选，放在弹出框内容区内的 HTML 字符串模板
templateUrl	字符串类型，可选，在弹出框内容区内的 HTML 模板的 URL
delay	number 类型，显示载入指示器之前要延迟的时间，以毫秒为单位，默认为 0，即不延迟
duration	number 类型，载入指示器持续时间，以毫秒为单位。时间到后载入指示器自动隐藏。默认情况下，载入指示器保持显示状态，直到调用 hide()方法

show (options)返回值是指示器显示时被解析完成的 promise 对象。

● hide ()

隐藏当前加载中的指示器。返回值是指示器隐藏时被解析完成的 promise 对象。

2．$ionicLoadingConfig 服务组件

用于统一配置加载中指示器显示时的 options 参数，未来调用$ionicLoading 组件的 show 方法时默认使用该参数进行显示。$ionicLoadingConfig 服务组件的使用方法可参见示例 9-7。

【示例 9-7】加载中指示服务组件使用示例，效果如图 9.14 所示。

www\9.4.2.html 的相关代码片段

```
<script type="text/javascript">
//使用$ionicLoadingConfig定义加载中指示器的提示模板
angular.module('example').constant('$ionicLoadingConfig', {
  template: "正在载入更多<i class='icon ion-social-octocat'></i> <i class='icon
ion-social-octocat'></i> <i class='icon ion-social-octocat'></i>"});
  angular.module('example').controller('DefaultController',
function($scope,$window,$ionicLoading,$timeout) {
  $scope.backHome = function(){
    $window.history.go(-1);
  };
  $scope.photos = [];
  $scope.load = function() {
    //显示加载中指示器
    $ionicLoading.show();
    for (var i = 0; i < 4; i++) {
     var w = 100 + Math.floor(Math.random() * 200);
     w -= w % 5;
     var h = 150 + Math.floor(Math.random() * 100);
     h -= h % 5;
     $scope.photos.unshift({
       width: w,
       height: h,
       src: 'http://placekitten.com/' + w + '/' + h
     });
    };
    //延时2000ms来模拟载入的耗时行为
    $timeout(function(){
      //隐藏加载中指示器
      $ionicLoading.hide();
    },2000);
  };
});
</script>
<body ng-controller="DefaultController">
  <ion-header-bar class="bar-positive">
    <button     class="button    button-clear    icon    ion-ios-arrow-back"
ng-click="backHome()"></button>
    <h1 class="title">加载中指示服务组件</h1>
  </ion-header-bar>
  <ion-header-bar class="bar-stable bar-subheader">
```

```
      <h1 class="title">待收养小猫图片列表</h1><button class="button icon
ion-refresh" ng-click="load();">载入更多</button>
      </ion-header-bar>
      <ion-content>
       <img collection-repeat="photo in photos" ng-src="{{photo.src}}"
       item-width="50%" item-height="200px">
      </ion-content>
    </body>
```

【代码解析】示例代码使用$ionicLoadingConfig 定义加载中指示器的提示模板，后面无须再用 options 参数即可调用$ionicLoading.show。每次点击加载更多按钮后控制器会显示加载中指示器，随后在图像数组中加入图像并更新显示。这里延时 2000ms 来模拟载入的耗时行为，随后调用$ionicLoading.hide()隐藏加载中指示器。

图 9.14　加载中指示器

9.5　轮播组件

轮播是移动 APP 中常见的 UI 类组件。它从一组页面中选择一个页面投射到屏幕区域，用户可以通过滑动方式（向左或向右）进行切换。轮播组件在 Ionic 里需要使用 ion-slide-box 指令声明轮播元素数组，使用 ion-slide 指令声明轮播元素，ion-slide-box 组件接口及其说明如表9.11 所示。

 轮播元素的图片格式支持与所在设备平台的浏览器内核有关，经过试验有些 Android 环境的智能机无法显示 png 格式，因此需要转成 jpg 格式。

表 9.11 ion-slide-box 组件接口及其说明

属性/方法/事件	说明
does-continue	可选，boolean 类型，是否循环显示
auto-play	可选，boolean 类型，是否自动播放
slide-interval	可选，number 类型，自动切换页面的时间间隔。默认值为 4000，代表 4000 毫秒
show-pager	可选，boolean 类型，是否显示分页器
pager-click	可选，事件函数类型，当分页器被点击时，这个函数将被传入被点击的分页按钮对应的页面序号：index
on-slide-changed	可选，事件函数类型，当幻灯片切换时，这个函数将被传入当前的页面序号：index
delegate-handle	可选，string 类型，定义一个可用 $ionicSlideBoxDelegate 来获取本组件对象的句柄名称

【示例 9-8】轮播组件使用示例，效果如图 9.15 所示。

www\9.5.html 的相关代码片段

```
<script type="text/javascript">
angular.module('example').controller('DefaultController',
function($scope,$window,$ionicLoading,$timeout) {
  $scope.backHome = function(){
    $window.history.go(-1);
  };
  //获取轮播组件当前页面索引
  $scope.syncIndex = function(index){
    $scope.pictureIndex = index;
  };
});
</script>
<body ng-controller="DefaultController">
  <ion-header-bar class="bar-positive">
    <button     class="button     button-clear     icon     ion-ios-arrow-back"
ng-click="backHome()"></button>
    <h1 class="title">轮播组件 ion-slide-box</h1>
  </ion-header-bar>
  <ion-content>
    <div class="row">
      <div class="col">
        <ion-slide-box auto-play="true" does-continue="true"
        show-pager="true" on-slide-changed="syncIndex(index)">
          <ion-slide><img src="img/she_1.jpg"></ion-slide>
          <ion-slide><img src="img/she_2.jpg"></ion-slide>
          <ion-slide><img src="img/she_3.jpg"></ion-slide>
          <ion-slide><img src="img/she_4.jpg"></ion-slide>
          <ion-slide><img src="img/she_5.jpg"></ion-slide>
          <ion-slide><img src="img/she_6.jpg"></ion-slide>
          <ion-slide><img src="img/she_7.jpg"></ion-slide>
        </ion-slide-box>
      </div>
```

```
    </div>
    当前的专辑图片索引是：{{pictureIndex}}
  </ion-content>
</body>
```

【代码解析】示例代码使用 7 张图片作为循环轮播的页面，并开启了自动播放和循环播放。通过声明的 on-slide-changed 属性，在图片切换时获得当前的图片索引并显示。如果是编写一个音乐专辑介绍的 APP，则可以很容易地根据图片索引载入专辑的介绍并显示在下方文字区。

图 9.15　轮播组件

 ion-slide-box 组件在 Ionic 2.0 后的版本也许会被改名为 ion-slides 组件，属性接口也会有相应调整。

类似其他的用户界面组件，Ionic 中可以使用服务代理组件$ionicSlideBoxDelegate 在脚本中操作轮播组件对象，$ionicSlideBoxDelegate 服务代理组件接口及其说明如表 9.12 所示。

表 9.12　$ionicSlideBoxDelegate 服务代理组件接口及其说明

属性/方法/事件	说明
update ()	当容器尺寸或是页面集合发生变化时，可能需要调用 update()方法重绘幻灯片
slide(to, [speed])	切换到指定页面。参数 to 表示切换的目标页面序号，参数 speed 表示以毫秒为单位的切换时间
enableSlide([shouldEnable])	启用或禁用轮播组件，返回值为轮播组件当前的启用状态
previous([speed])	切换到前一页
next([speed])	切换到后一页
stop()	停止轮播
start()	开始轮播
currentIndex()	获得当前页的序号
slidesCount()	获得全部页面的数量
$getByHandle(handle)	返回匹配 handle 字符串所指定的轮播组件实例

$ionicSlideBoxDelegate 的使用与其他服务代理组件非常相似，本书不再额外给出示例。

9.6 手势事件与服务组件

Ionic 框架基于 Cordova 平台提供了移动设备的长按手势事件 on-hold 的支持。由于移动设备通过支持丰富的手势事件为用户提供了良好的交互特性，作为模拟原生移动 APP 有优秀表现的 Ionic，也相应地支持了 15 个主要的手势事件。本节将介绍这些手势事件以及可用于灵活管理视图元素上的手势事件响应设置的手势事件服务组件$ionicGesture。

9.6.1 Ionic 手势事件类型

定义 Ionic 视图元素对手势事件的响应非常直接，使用类似以下代码方式即可：

```
<any on-hold="...">...</any>
```

其中 any 代表任意元素，而 on-hold 事件可以换成表 9.13 中的任何其他事件名。括号内填入对控制器中定义的事件处理函数的调用即可。

表 9.13　Ionic 支持的手势事件及其说明

属性/方法/事件	说明
on-hold	在一个位置长按，持续时间达到 500ms
on-tap	在一个位置轻击，持续时间不超过 250ms
on-double-tap	在一个位置两次轻击
on-touch	在用户点击后立即触发
on-release	在用户结束触碰后触发
on-drag	点击某个元素后，手不离开设备屏幕并开始四处拖曳该元素将会触发。此时建议禁用该元素所在区域的滚动功能（实现方式请参考本书 7.2.3 节中关于 $ionicScrollDelegate 的 freezeScroll 方法）
on-drag-up	向上拖曳元素时触发
on-drag-right	向右拖曳元素时触发
on-drag-down	向下拖曳元素时触发
on-drag-left	向左拖曳元素时触发
on-swipe	手指在元素上快速滑动时触发
on-swipe-up	手指在元素上快速向上滑动时触发
on-swipe-right	手指在元素上快速向右滑动时触发
on-swipe-down	手指在元素上快速向下滑动时触发
on-swipe-left	手指在元素上快速向左滑动时触发

9.6.2 手势事件

$ionicGesture 服务组件可用于通过脚本动态注册与解除手势事件监听。此外该服务组件支持的手势事件也比 9.6.1 节以元素属性方式声明手势事件的方式支持的事件更多。

● on(eventType,callback,$element,options)

注册手势事件监听函数。如果该指示器已在显示状态，它使用 options 参数修改该指示器，并保持指示器的显示状态。其中参数 eventType 是支持的事件类型字符串，可选的值有 hold、tap、doubletap、drag、dragstart、dragend、dragup、dragdown、dragleft、dragright、swipe、swipeup、swipedown、swipeleft、swiperight、transform、transformstart、transformend、rotate、pinch、pinchin、pinchout、touch、release；参数 callback 用于指定监听函数；参数 $element 是要绑定事件的 jqLite 元素，可使用 angular.element 方法封装出来；参数 options 一般不需要传入。该方法返回值是一个随后可供调用 off 函数解除监听时传入的 ionic.gesture 对象。

● off(gesture, eventType, callback)

解除手势事件监听函数。参数 gesture 是 on() 方法返回的结果对象；参数 eventType 是解除的手势事件类型字符串，可用值参见上面的 on 函数同名参数；参数 callback 是要移除的监听函数。

9.7　键盘组件

在 Android 和 iOS 中，Ionic 会试图做弹出键盘校正，即通过在视图里滚动输入控件或可聚焦的元素到可见位置而不让弹出的键盘遮盖住它们。因此，可以获得输入焦点的元素一般需要放置在一个可滚动的容器 ion-scroll 或 ion-content 指令内。

9.7.1　键盘插件

在获取焦点时，Ionic 也会试图阻止原生的滚动溢出（overflow scrolling），这样可能会导致布局问题，比如将顶栏挤出视图内可见区域。为了避免这个问题，在 Ionic 下推荐使用键盘插件 ionic-plugin-keyboard。

安装：在项目的目录中运行命令行 cordova plugin add ionic-plugin-keyboard 即可。

 为项目增加了设备平台的支持后需要再次运行。

编程接口：在项目的目录中调用时，ionic-plugin-keyboard 组件使用的对象名是 cordova.plugins.Keyboard，cordova.plugins.keyboard 组件接口及其说明如表 9.14 所示。

表 9.14　cordova.plugins.Keyboard 组件接口及其说明

属性/方法/事件	说明
cordova.plugins.Keyboard.hideKeyboardAccessoryBar	方法，隐藏键盘上的附加输入条
cordova.plugins.Keyboard.close	方法，关闭键盘
cordova.plugins.Keyboard.disableScroll	方法，禁用滚动
cordova.plugins.Keyboard.show	方法，弹出显示键盘
cordova.plugins.Keyboard.isVisible	属性，键盘是否处于显示状态
native.keyboardshow	事件，键盘要显示前或键盘大小切换时触发。传入的事件有 keyboardHeight 属性代表键盘高度的像素数
native.keyboardhide	事件，键盘要隐藏前触发

该插件属于 cordova 插件，因此其属性、方法、事件的编程调用方式是用原生的 JavaScript 方式，而不用考虑匹配 AngularJS 框架。

在键盘显示时隐藏元素：可以使用 CSS 类 hide-on-keyboard-open，如：

```
<div class="hide-on-keyboard-open">
  <div id="google-map"></div>
</div>
```

9.7.2 悬浮底栏指令

keyboard-attach 是一个属性指令，只能在 ion-footer-bar 元素上使用。在键盘弹出显示时，它会导致 ion-footer-bar 元素悬浮在键盘上方。这适用于聊天类 APP 应用中将文本输入框放置在底栏的场景，否则用户的输入内容将被键盘遮挡无法看到。

 该指令依赖 Ionic 键盘插件 ionic-plugin-keyboard。

在 iOS 中，如果 APP 的底栏内有一个输入组件 input，则需要调用键盘插件方法 cordova.plugins.Keyboard.disableScroll(true)。

该指令的使用方法比较简单，如：

```
<ion-footer-bar align-title="left" keyboard-attach class="bar-assertive">
<h1 class="title">标题!</h1>
</ion-footer-bar>
```

9.8 小结

本章介绍了 Ionic 框架中列表、表单、对话框、加载提示、轮播、手势和键盘这些用于数据展示与操作的众多组件，它们被广泛用于单个页面上的数据显示与获得用户的操作交互，使一个 APP 应用的功能最终完整起来。

下一章将介绍 Ionic 的内置基础服务组件与设备平台客制化方法，主要包含移动设备专有的事件处理器、了解具体的设备平台版本信息和如何区分移动平台指定不同的显示效果。

第 10 章

Ionic内置基础服务组件与设备平台客制化

本章是全书介绍关于 Ionic 框架提供的 JavaScript 功能组件的最后一章，主要由 Ionic 提供的操作或设置整个移动设备的工具组件的说明组成。在移动 APP 的开发过程中，不可避免会遇到需要注册移动设备专有的事件处理器、了解具体的设备平台与版本等与开发 PC 版网页不一样的活动。Ionic 将这种类型的功能组件分类为工具类组件，本章将专门讨论它们的使用方法和需要注意的事项。

本章主要涉及的知识点有：

- 平台服务组件
- 其他的全局服务类组件
- 如何根据设备平台客制化

 本章讨论的一些组件基于 cordova 平台提供的插件完成，使用前需要安装，具体的 cordova 平台插件介绍可以参考本书第 11 章的相关内容。

10.1 平台服务组件

$IonicPlatform 是一个对在本章 10.2.2 讨论的 ionic.Platform 对象的部分常用方法进行 AngularJS 封装的服务组件。它提供了一系列方法可用于控制 Android 后退按钮的行为，以及注册设备就绪后的回调函数，$IonicPlatform 服务组件接口及其说明如表 10.1 所示。

表 10.1　$IonicPlatform 服务组件接口及其说明

属性/方法/事件	说明
onHardwareBackButton(callback)	绑定设备平台的硬件后退按钮的监听事件
offHardwareBackButton(callback)	移除一个硬件后退按钮的监听事件

（续表）

属性/方法/事件	说明
registerBackButtonAction(callback, priority, [actionId])	注册一个硬件后退按钮动作。当点击按钮时，只有一个动作会执行，因此该方法决定了注册的后退按钮动作具有最高的优先级。例如，如果一个上拉菜单正在显示，点击后退按钮将只会执行关闭这个动作表，而不应该继续返回一个页面视图或关闭一个打开的模态框。参数 priority 代表为注册的事件动作的设置的优先级。目前系统默认已有的各事件优先级有：返回上一视图=100；关闭侧栏菜单=150；关闭模态框=200；关闭上拉菜单=300；关闭弹出框=400；关闭背景幕布=500
ready([callback])	一旦设备就绪，则触发一个回调函数；如果该设备已经就绪，则立即调用
on(type, callback)	注册 Cordova 监听事件。type 参数类型为字符串，代表 Cordova 事件类型，可选值与硬件平台支持参见表 10.2

Cordova 事件名称与硬件平台支持情况如表 10.2 所示。

表 10.2　Cordova 事件名称与硬件平台支持

事件名称	Android 平台支持	iOS 平台支持
deviceready	是	是
pause	是	是
resume	是	是
backbutton	是	否
menubutton	是	否
searchbutton	是	否
volumedownbutton	是	否
volumeupbutton	是	否

阅读过 Ionic CLI 生成的 APP 模板代码的读者对$IonicPlatform 应该不会陌生，因为在生成的代码里会在 AngularJS 的应用模块里调用 run 方法，而其中传入的回调函数就是使用 $IonicPlatform 的 ready 方法来配置在本书 9.7.1 节介绍的键盘插件：

```
angular.module('starter', ['ionic'])

.run(function($ionicPlatform) {
  $ionicPlatform.ready(function() {
    if(window.cordova && window.cordova.plugins.Keyboard) {
      // 默认隐藏输入辅助栏
      cordova.plugins.Keyboard.hideKeyboardAccessoryBar(true);

      //进行文本输入时将由 Ionic 自动处理滚动效果
      cordova.plugins.Keyboard.disableScroll(true);
    }
```

```
    if(window.StatusBar) {
      StatusBar.styleDefault();
    }
  });
})
```

对$IonicPlatform 其他函数的调用，读者可以根据开发的 APP 的需要进行定制。

10.2　其他工具

除了 10.1 节介绍的平台服务组件$IonicPlatform，Ionic 还根据开发者的需求陆续提供了一系列全局性服务的组件，功能范围覆盖了应用的全局选项配置、设备与应用的属性与管理方法、视图的 DOM 操作支持与丰富的手势事件（目前有 24 个）监听支持。了解和掌握这些全局服务类组件对开发功能齐全的移动 APP 非常重要。

10.2.1　应用基础配置

基于 Ionic 开发的移动应用默认会采取跟应用所在的设备匹配的界面切换动画风格，然而如果出于个性化的需要想定制修改移动 APP 这些风格设置时，$ionicConfigProvider 组件就可以派上用场了。

使用$ionicConfigProvider 组件有两种模式：一种是对所有平台的设备都设置相同的配置参数；另一种是设置配置参数时特别指定有效的设备平台。例如：

```
$ionicConfigProvider.views.maxCache(10);
```

是会在所有设备上执行视图最大缓存的设置调整，而：

```
$ionicConfigProvider.platform.android.views.maxCache(5);
```

则只会在 Android 设备上执行视图最大缓存的设置调整。

$ionicConfigProvider 组件关于修改应用基础配置提供的方法及其说明如表 10.3 所示。

表 10.3　$ionicConfigProvider 组件修改应用基础配置的方法及其说明

方法	说明
views.transition(transition)	设置切换视图时的动画效果风格。参数 transition 为字符串类型，默认值为 platform，代表根据 APP 运行的平台自动选择。其余的可选值为 ios、android 和 none
views.maxCache(maxNumber)	DOM 树中缓存的视图数量上限。到达上限后，最后被访问时间靠前的将被移除。缓存的视图将会被保留它的作用域对象、当前的状态（state）对象以及在当前视图滚动到的位置。当视图被切换出活动状态而处于被缓存状态时，它的作用域对象不在 AngularJS 的$watch 循环中被监控，只有视图被重新切换回活动状态时才会恢复监控。默认的视图数量上限为 10

（续表）

方法	说明
views.forwardCache(value)	设置是否缓存下一个视图（相对于当前视图在访问历史列表的位置而言）。参数 value 为 boolean 类型，默认值为 false
views.swipeBackEnabled(value)	是否启用滑动手势退回上一视图的选项。参数 value 为 boolean 类型，默认为 true。 注意：该方法仅在 iOS 设备平台下有效
scrolling.jsScrolling(value)	是否使用 JavaScript 的滚动实现代替设备平台原生的滚动实现。参数 value 为 boolean 类型，默认为 true
backButton.icon(value)	回退按钮的图标，参数 value 为字符串类型
backButton.text(value)	回退按钮的文本，参数 value 为字符串类型
backButton.previousTitleText(value)	回退按钮的文本是否使用上一个视图的标题名。参数 value 为 boolean 类型，在 iOS 设备平台默认为 true
form.checkbox(value)	Checkbox 的显示风格。在 Android 设备平台默认为 square，在 iOS 设备平台默认为 circle
form.toggle(value)	Toggle 的显示风格。在 Android 设备平台默认为 small，在 iOS 设备平台默认为 large
spinner.icon(value)	默认的加载中指示器图标，参数 value 为字符串类型，可选值列表可参考本书 9.4.1
tabs.style(value)	设置被选中的选项卡是否显示指示条。参数 value 为字符串类型，可选值为 striped 和 standard。在 Android 设备平台默认为 striped，在 iOS 设备平台默认为 standard
tabs.position(value)	选项卡栏的位置。参数 value 为字符串类型，可选值为 top 和 bottom。在 Android 设备平台默认为 top，在 iOS 设备平台默认为 bottom
templates.maxPrefetch(value)	设置预取的通过 $stateProvider 定义的状态的模板数量上限。参数 value 为 number 类型，默认值为 30
navBar.alignTitle(value)	导航栏标题的对齐方向。参数 value 为字符串类型，可选值为 platform，left，center 和 right。在 Android 设备平台默认为 left，在 iOS 设备平台默认为 center
navBar.positionPrimaryButtons(value)	导航栏首级按钮组的对齐方向。参数 value 为字符串类型，可选值为 platform，left 和 right。在 Android 设备平台默认为 right，在 iOS 设备平台默认为 left
navBar.positionSecondaryButtons(value)	导航栏次级按钮组的对齐方向。参数 value 为字符串类型，可选值为 platform，left 和 right。在 Android 设备平台和 iOS 设备平台都默认为 right

10.2.2　设备信息与基本操作

本书第 10.1 节介绍的 $IonicPlatform 是对 ionic.Platform 对象的部分常用方法的 AngularJS 服务封装。如果需要访问更多的当前移动设备的信息或者对整个 APP 应用进行操作（虽然出现这种需求的几率不大），则需要考虑直接使用全局 JavaScript 对象 ionic.Platform 组件。

因为 ionic.Platform 组件是全局对象，因此使用该组件是无须进行 AngularJS 服务注入的，例如：

```
angular.module('PlatformApp', ['ionic'])
.controller('PlatformCtrl', function($scope) {//此处无须注入依赖
  ionic.Platform.ready(function(){
```

```
    //与10.1节介绍的 ready 方法有同样功能效果
});

var deviceInformation = ionic.Platform.device();

var isWebView = ionic.Platform.isWebView();
var isIPad = ionic.Platform.isIPad();
var isIOS = ionic.Platform.isIOS();
var isAndroid = ionic.Platform.isAndroid();
var currentPlatform = ionic.Platform.platform();
var currentPlatformVersion = ionic.Platform.version();
// 停止整个应用
ionic.Platform.exitApp();
});
```

ionic.Platform 组件提供的方法与属性说明如表 10.4 所示。

表 10.4　ionic.Platform 组件的方法与属性说明

方法/属性	说明
ready(callback)	设备就绪后触发一个回调函数（参数 callback），或如果设备已经就绪则立即触发。该方法可以在任意处运行。当一个 APP 包含于一个 WebView 中时（基于 Cordova 平台），设备就绪后它将会触发回调函数。如果该 APP 包含于一个 Web 浏览器中，它会在 window.load 之后触发回调函数
setGrade(grade)	设置设备对 CSS 特性支持的级别，从高到低排列为 a、b、c。默认状态下，Ionic 会根据当前设备情况自动设置该级别
device()	返回当前设备对象（这是 Cordova 提供的对象）
isWebView()	APP 是否包含于一个 WebView 中（基于 Cordova 平台）
isIPad()	是否在 iPad 上运行
isIOS()	是否在 iOS 上运行
isAndroid()	是否在 Android 上运行
isEdge()	是否在 Windows Edge 浏览器上运行
platform()	返回当前平台的名字
version()	当前设备平台的版本
is(Platform)	当前平台的名字是否为参数 Platform 指定的字符串
exitApp()	退出 APP
showStatusBar(shouldShow)	显示或隐藏设备状态栏（基于 Cordova 平台）
fullScreen([showFullScreen], [showStatusBar])	设置 APP 是否使用全屏模式（基于 Cordova 平台）
isReady	设备是否就绪属性
isFullScreen	设备是否全屏属性
platforms	一个 APP 运行所在的平台类别属性的字符串数组，如：["browser", "android", "android5", "android5_0"]是使用 Chrome 的模拟器模拟 Galaxy S5 的输出结果
grade	设备对 CSS 特性支持的级别属性。属性值范围参见本表 setGrade 方法的说明

10.2.3　DOM 信息与基本操作

为了弥补使用 AngularJS 框架导致的不能直接操作与获取 DOM 节点的缺憾，Ionic 框架提供了关于 DOM 操作方法集的组件 ionic.DomUtil，ionic.DomUtil 组件的方法及其说明如表 10.5 所示。

表 10.5　ionic.DomUtil 组件的方法说明

方法	说明
requestAnimationFrame(callback)	调用 requestAnimationFrame 函数，如果该函数不可用则调用一个同等功能的 polyfill。这个方法是用来在页面重绘之前，通知浏览器调用一个指定的回调函数参数 callback，以满足开发者操作动画的需求。这个方法接受一个函数为参数，该函数会在重绘前调用。这是浏览器支持的标准方法，不属于本书详细介绍讨论的范围，读者如需深入了解该函数可以参考网址：https://developer.mozilla.org/zh-CN/docs/Web/API/Window/requestAnimationFrame
animationFrameThrottle(callback)	控制给定的回调函数参数在两个动画帧之间，最多只能被调用 100 次。这里的回调函数参数 callback 是本表介绍的 requestAnimationFrame 方法的参数
getPositionInParent(element)	获取一个元素在容器内的滚动偏移量。参数 element 类型为 DOMElement。返回值为对象：left 属性代表元素的左端偏移量，top 属性代表元素的顶端偏移量
ready(callback)	当 DOM 就绪后调用一个函数，或如果它已经就绪则立即调用
getTextBounds(textNode)	获取一个 textNode 占用的矩形边界。参数 text Node 类型为 DOMElement。返回值为对象：left 属性代表元素的左端位置，top 属性代表元素的顶端位置，right 属性代表元素的右端位置，bottom 属性代表元素的底端位置，width 属性代表元素的宽度，height 属性代表元素的高度
getChildIndex(element, type)	在给定元素的子元素集内获取指定类型的第一个子节点的索引
getParentWithClass(element, className)	返回离给定元素最近的指定 CSS 类的父元素，返回值类型为 DOMElement，如找不到返回空
getParentOrSelfWithClass(element, className)	返回离给定元素最近的指定 CSS 类的父元素或元素自身，返回值类型为 DOMElement，如找不到返回空
rectContains(x, y, x1, y1, x2, y2)	由{x1,y1,x2,y2}定义的矩形内部是否包含点{x,y}
blurAll()	取消当前获取了输入焦点的输入控件的选中焦点。返回被取消的元素 DOMElement 或返回空

10.2.4　DOM 元素位置信息

$ionicPosition 组件是从 AngularUI Bootstrap 项目移植过来，用于提供元素的位置信息。使用该组件的场景基本是当需要显示提示类的元素（工具提示 tooltip 或浮动框 popover）时用锚点元素为其找到应该出现的位置。

$ionicPosition 组件提供的方法有：

● position(element)

获取指定元素相对于它最近的具有相对位置(position:relative)的父级元素的距离。如果找不到这样的元素，则返回相对于应用的左上角顶点距离。该方法的语义与 JQuery 的同名方法一致。

● offset(element)

始终返回指定元素相对于应用的左上角顶点距离。该方法的语义与 JQuery 的同名方法一致。

10.2.5　事件管理

本章介绍的$IonicPlatform 和 ionic.Platform 对全局的事件管理都是残缺的，它们都未提供对已注册事件的取消功能。此外在某些场景下（比如向客户演示复杂操作）还需要模拟触发事件。Ionic 专门提供 ionic.EventController 组件用于进行完整的事件管理。

 ionic.EventController 组件是全局 JavaScript 对象，虽然它的名称里有后缀 Controller，但是它与 AngularJS 是没有关系的。

ionic. EventController 组件提供的方法有：

● trigger(eventType, data, [bubbles], [cancelable])

触发一个由 eventType 指定的事件，事件的数据由 object 类型的 data 参数传入。bubbles 参数指定事件是否在 DOM 中冒泡，cancelable 参数指定事件是否能被取消。

● on(type, callback, element)

监听一个元素上的事件。

● off(type, callback, element)

移除一个元素上的指定的事件监听器。

● onGesture(eventType, callback, element, options)

在一个元素上添加一个手势事件监听器。可用的事件类型有 hold、tap、doubletap、drag、dragstart、dragend、dragup、dragdown、dragleft、dragright、swipe、swipeup、swipedown、swipeleft、swiperight、transform、transformstart、transformend、rotate、pinch、pinchin、pinchout、touch、release。方法的返回值是一个 ionic.Gesture 对象，它在后续的 offGesture 方法调用里用于移除该手势事件监听器。

 目前支持的手势事件由 HAMMER.JS 支持，手势事件演示参见 http://hammerjs.github.io/。

- offGesture(gesture, eventType, callback)

移除一个元素上的指定的手势事件监听器。

10.3 设备平台客制化

为了与特定设备平台的常用界面规范匹配，Ionic 框架本身通过调用 ionic.Platform 获得了设备所属平台信息后，会通过增加平台特定 CSS 类的方式完成界面客制化。简单来说，这样能达到开发人员无须经过枚举设备类型而使开发的同一个 APP 应用在 Android 和 iOS 平台下符合各自平台的原生应用风格要求。如果读者所要编写的移动 APP 需要更深度的定制，就需要使用本节将要介绍的几种客制化方法了。

10.3.1 设备平台 CSS 样式类

在基于 Ionic 框架开发的 APP 初始化的时候，Ionic 会根据 APP 运行的设备在页面的 <body>标签自动加上反映设备平台类型的 CSS 类。图 10.1 就通过使用第 9 章的示例打开调试窗口演示了模拟使用 iPhone6 时，Ionic 为 <body>自动增加的设备平台 CSS 样式类：platform-browser、platform-ios、platform-ios9、platform-ios9_1。

图 10.1　Ionic 自动增加设备平台 CSS 样式类到<body>

设备平台 CSS 样式类主要分为两大类:

1．平台设备类

这些 CSS 样式类主要是用于 Ionic 为设备平台定制类似原生应用的界面和布局作为类似开关的 CSS 类。当然开发人员也可以通过覆盖这些 CSS 类的定义来定制 APP 的界面,CSS 样式类与说明如表 10.6 所示。

表 10.6　平台设备 CSS 样式类与说明

平台名称	CSS 样式类名	说明
浏览器	platform-browser	APP 是否运行在 PC 浏览器上。当使用命令行 ionic serve 方式调试 APP 时将会有该 CSS 类,本节的图 10.1 就符合这个条件
Cordova	platform-cordova	APP 是否运行在使用 Cordova 作为显示平台的设备上
Webview	platform-webview	APP 是否运行在一个原生应用的 webview 里
iOS	platform-ios	APP 是否运行在一个 iOS 设备里,因此界面布局和操作方式和 iOS 平台一致
iPad	platform-ipad	APP 是否运行在一个 iPad 设备里,会与 platform-ios 类一起出现
Android	platform-android	APP 是否运行在一个 Android 设备里,因此界面布局和操作方式和 Android 平台一致

2．平台操作系统版本类

这些 CSS 样式类由 Ionic 根据 APP 的宿主浏览器的 User Agent 属性里的操作系统版本信息生成,并增加到<body>标签上。图 10.1 中的 platform-ios9,platform-ios9_1 就属于此类。它的生成规律是 platform-{平台代码}{主版本号}_{副版本号}。目前版本的 Ionic 框架没有针对平台操作系统版本类的定制,所以它主要是为开发人员需要区分设备操作系统版本定制 APP 界面而设计的。

有了 Ionic 自动提供的平台相关的 CSS 样式类,开发人员通过更改 SCSS 样式表来定制不同平台的显示就很容易了。

【示例 10-1】定制平台相关的 CSS 样式类示例,效果如图 10.2 所示。

scss\ionic.app.scss 的相关代码片段

```
.platform-android .bar-header {
 background-image: url('../img/delorean.jpg');
 background-size: 100% 348px;
}
```

【代码解析】定制 Android 平台的固定顶栏的显示,使用指定的背景图片显示。

图 10.2　定制平台相关的 CSS 样式类给固定顶栏显示背景图

从图中可以看到，模拟成 Android 设备 Nexus 6P 的页面视图固定顶栏背景显示成了图片，而不是固定色。

10.3.2　使用 AngularJS 客制化平台风格示例

到目前为止，读者应该已经了解到 Ionic 框架提供了各种丰富的了解设备平台特性的方法或是 CSS 类用于个性定制。由于 Ionic 是基于 AngularJS 框架的，因此官方推荐的定制方法也是和 AngularJS 紧密结合的。本小节将用一个小的示例来说明其做法。

【示例 10-2】使用 AngularJS 客制化平台风格示例

scss\ionic.app.scss 的相关代码片段

```
<script type="text/javascript">
//内联方式定义顶级 Controller
angular.module('example').controller('DefaultController',
function($scope,$window) {
  $scope.backHome = function(){
    $window.history.go(-1);
  };
  //获取当前的设备平台，将返回'android'或'ios'
  $scope.platform = ionic.Platform.platform();
});
</script>
<body ng-controller="DefaultController">
  <ion-header-bar align-title="left" class="bar-royal">
    <button     class="button     button-clear     icon     ion-ios-arrow-back"
```

```
ng-click="backHome()">
        返回
  </button>
  <h1 class="title">ng 客制化平台风格</h1>
</ion-header-bar>
<ion-content ng-class="{'has-subheader': platform == 'android'}">
  <h1 class="title">当前的设备平台{{platform}}</h1>
</ion-content>
<ion-tabs class="tabs-color-active-positive "
ng-class="{'tabs-striped': platform == 'android',
        'tabs-icon-top': platform != 'android'}">
  <ion-tab title="Show"  icon="ion-easel" >
  </ion-tab>
  <ion-tab title="Alert" icon="ion-alert-circled">
  </ion-tab>
  <ion-tab title="Confirm" ng-attr-icon="{{ platform != 'android' ?
                                  'ion-ios-checkmark-outline' :
                                  'ion-android-checkbox-outline'}}">
  </ion-tab>
  <ion-tab title="Prompt" icon="ion-compose">
  </ion-tab>
</ion-tabs>
</body>
```

　　【代码解析】在控制器里通过调用本章了解的全局 JavaScript 对象的 ionic.Platform 获取当前的平台名称。随后首先对选项卡栏的 CSS 类使用 AngularJS 的 ng-class 进行定制，设置 Android 平台会显示选项卡指示条，iOS 平台会使选项卡图标放在文本之上。对于标题为 Confirm 的选项卡，为了跟原生应用的平台风格一致，使用 ng-attr-icon 来根据平台名切换显示的图标。图 10.3 显示了通过 Chrome 模拟两种不同平台时，选项卡栏显示的区别，相信通过代码解析和图片对比，读者应该了解了使用 AngularJS 客制化平台风格的办法了。

图 10.3　使用 AngularJS 客制化平台风格

切换完模拟设备平台后需要点击刷新按钮让页面重新载入，否则 Ionic 不会自动更新平台对象相关值。

10.4 小结

本章介绍了 Ionic 的内置基础服务组件与设备平台客制化方法，主要包含通过移动设备专有的事件处理器定制 APP 应用、了解具体的设备平台版本信息和如何区分移动平台指定不同的显示效果。此外介绍的 ionic.DomUtil 和$ionicPosition 组件为开发人员在不得不操作 DOM 的情况下提供了一个编程入口。

下一章将介绍如何查找和使用 Cordova 插件和 Ionic 团队开发的 ngCordova 插件集来使基于 Ionic 开发的 APP 应用能够调用手机硬件设备的专有功能。

第 11 章
◀ 借助插件接近无限可能 ▶

使用 Ionic 框架制作 APP 除了能使用浏览器引擎提供的 HTML 5 的功能集以外，也包含了与手机硬件设备专有功能如摄像头拍照、本地文件访问、地理定位、陀螺仪、振动传感器、推送紧密结合的无限可能。这种无限可能性是通过 Cordova 插件机制来实现的，本章将介绍如何查找与使用 Cordova 插件以及由 Ionic 开发团队包装的 ngCordova 插件的使用。

本章主要涉及的知识点有：

● 项目内的 Cordova 插件管理与使用
● ngCordova 插件使用

11.1　Cordova 插件

Cordova 的官方文档对 Cordova 插件功能的定义是："一个可使基于 Cordova Webview 进行渲染的 APP 与原生平台进行通信交互调用的代码包。它使基于网页的 APP 突破了不能使用设备平台完整功能的限制"。因此，Cordova 插件是使用 Ionic 开发 APP 时调用设备平台完整硬件功能的基石，掌握在开源社区里找到并使用合适的 Cordova 插件是开发基于 Ionic 的 APP 应用必须掌握的技能。

 在能成功安装和使用 Cordova 插件之前必须先完成对所支持的设备平台的 SDK 开发环境的建立。具体的步骤请参考本书第 2 章的 2.2 和 2.3 节。

11.1.1　搜索可用的插件

目前社区提供的 Cordova 插件数有上千个，支持各种设备平台的各类硬件特性，读者可以先到网站 http://cordova.apache.org/plugins/进行搜索。除了根据页面上提供的按质量、最近更新时间和下载量排序搜索外，用户可以在搜索栏内输入描述硬件特性的英文关键字（如 file，camera 等）。页面会自动刷新显示与该关键字匹配的插件列表供选择。图 11.1 演示了该网站的操作界面和可用的插件列表示例。

选择将要使用的插件的时候需要注意的要点是：尽量选择更新时间近，下载量大的插件，这意味着该插件的质量会相对有所保证一些。

图 11.1　可用的 Cordova 插件网站

11.1.2　插件管理（安装、删除、显示已装插件）

在图 11.1 所示网站页面里搜索到了满足要求的 Cordova 插件后，就可以根据插件名来安装了。在 Ionic 下安装 Cordova 插件很简单，只要在 Ionic 应用项目的目录下运行一条命令即可，命令格式为：

```
ionic plugin add {需要安装的 Cordova 插件名}
```

插件名为以减号分隔的多个英文单词的组合，如：cordova-plugin-camera。安装过程的界面如图 11.2 所示，可以从图中看到安装过程其实是调用 npm 来完成根据插件名字查找安装包并下载安装到本机的。最后也会更新项目的 package.json 文件，在 cordovaPlugins 节点加入插件名。

图 11.2　安装 Cordova 插件命令

正如安装命令一样，删除已安装的 Cordova 插件命令格式也是在 Ionic 应用项目的目录下运行一条命令即可，命令格式为：

```
ionic plugin rm {需要安装的 Cordova 插件名}
```

删除过程的界面如图 11.3 所示，读者可以发现项目的 package.json 文件也会更新该删除信息。

图 11.3 删除 Cordova 插件命令

正因为安装的 Cordova 插件名记录都在项目的 package.json 文件里，因此使用任何 IDE 开发工具的开发者都可以通过打开 package.json 文件找到 cordovaPlugins 节点下内容的方式来查看已经安装的插件清单。Ionic 也同时提供了一条命令用于查看已经安装的插件，命令为：

```
ionic plugin ls
```

显示出的信息如图 11.4 所示。

图 11.4 显示当前项目已装 Cordova 插件命令

11.1.3 cordova-plugin-battery-status 插件使用示例

在图 11.1 所示的网站找到 Cordova 插件后，可以直接点击插件名，页面会跳转到该组件的 npm 页面，该页面一般会介绍所选插件的安装方法和使用文档。本小节将选择 cordova-plugin-battery-status 示例讲解如何使用一个 Cordova 插件。

首先通过运行安装命令来安装该插件：

```
ionic plugin add cordova-plugin-battery-status
```

随后根据该组件的 npm 页面示例，在本书的样例代码中加入 window 对象对 batterystatus 事件的回调函数 onBatteryStatus。

【示例 11-1】使用 cordova-plugin-battery-status 插件示例

www\11.1.3.html 的相关代码片段

```
<script type="text/javascript">
    angular.module('example', ['ionic'])
    .run(function($ionicPlatform) {
      $ionicPlatform.ready(function() {
        if       (window.cordova      &&      window.cordova.plugins      &&
window.cordova.plugins.Keyboard) {
          cordova.plugins.Keyboard.hideKeyboardAccessoryBar(true);
          cordova.plugins.Keyboard.disableScroll(true);
        }
        if (window.StatusBar) {
          StatusBar.styleDefault();
        }
        //显示设备
        alert(device.model);
        //设置电池状态变化的事件回调函数 onBatteryStatus
        window.addEventListener("batterystatus", onBatteryStatus,false);
        function onBatteryStatus(info) {
          // 处理电池状态变化事件
          alert("电量级别: " + info.level + "%, 充电状态: " +
            (info.isPlugged ? "是" : "否"));
        }
      });
    });
</script>
```

【代码解析】主要的电池状态变更事件处理在回调函数 onBatteryStatus 中，传入参数对象包含当前设备剩余电量级别和是否在处于充电状态。这些信息从标准的浏览器中是无从获取的，而 Cordova 以 JavaScript 对象的形式使之在移动设备上成为可能。图 11.5 显示了部署到真实 Android 设备上的 APP 所在的当前设备型号 HUAWEI MT7-TL00（华为 Mate 7）。电量发生变更或者充电线插入与拔出时，插件会生成 batterystatus 事件从而使 APP 弹出提示框显示当前设备剩余电量级别和是否在处于充电状态，如图 11.6 所示。

图 11.5　显示 device.model 取到的当前硬件设备型号

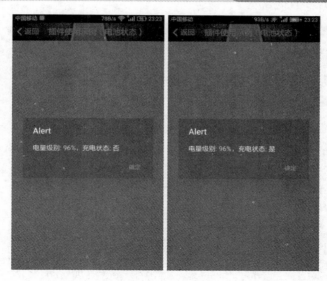

图 11.6　充电线插入与拔出时 Android 设备的 batterystatus 事件响应

此外读者可以自行使用 PC 的浏览器实验，这时浏览器的控制台会显示当前设备型号的语句报错为 device 对象未被定义，而 batterystatus 事件的处理函数也从来都不会被触发。

11.1.4　cordova-plugin-whitelist 插件说明

在进入下一节介绍 ngCordova 插件之前，需要对开发移动 APP 非常重要的 Cordova 插件 cordova-plugin-whitelist 进行说明，它是用来定义 APP 内可访问外部网站或数据接口的白名单。本书将着重介绍该插件常用的配置选项，完整的官方说明可以参考它的 Github 网站：https://github.com/apache/cordova-plugin-whitelist。

安装：使用 Ionic 的模板创建 Ionic 项目时 cordova-plugin-whitelist 插件就已经被自动安装到项目里了，因此不需要再运行 11.1.2 节的命令来安装它。

使用：默认的配置情况下，Ionic 设置 APP 可以访问所有的外部网站或数据接口，在开发调试时该配置对开发人员来说很方便。但是当发布 APP 的正式版本时，这将给用户带来安全隐患。因此需要根据需求和设计的最终定义，把 APP 可访问的外部资源全部列举出来，作为白名单的形式配置在项目根目录的 config.xml 文件内。

【示例 11-2】使用 AngularJS 客制化平台风格示例
config.xml 的相关代码片段

```
<content src="index.html"/>
<!-- 移除对外部资源访问的无限制配置 -->
<!--   <access origin="*"/> -->
<!-- 示例，增加将 Ionic 文档网站配置在白名单列表内 -->
<allow-navigation href="http://docs.ionic.io/*" />
<preference name="webviewbounce" value="false"/>
<!-- 允许通过短信链接打开相关应用 -->
```

```
<allow-intent href="sms:*" />
<!-- 允许通过电话链接打开拨号应用 -->
<allow-intent href="tel:*" />
<!-- 允许通过地理链接打开地图应用 -->
<allow-intent href="geo:*" />
```

【代码解析】以上的代码片段是从 config.xml 文件中摘录的被修改部分。主要目的是去除了默认的外部资源访问的无限制配置，另外出于演示的目的通过<allow-navigation>节点将 Ionic 文档网站配置在白名单列表内。随后的三个<allow-intent>节点用于允许应用内通过链接打开设备内其他指定类型的应用。

www\11.1.4.html 的相关代码片段

```
<ion-content>
  <ion-list>
    <ion-item href="http://docs.ionic.io/">白名单站点：Ionic docs</ion-item>
    <ion-item href="http://www.baidu.com/">被禁用站点：Baidu</ion-item>
    <ion-item href="sms:*">短信</ion-item>
    <ion-item href="tel:*">电话</ion-item>
    <ion-item href="geo:*">地图</ion-item>
  </ion-list>
</ion-content>
```

【代码解析】以上的代码片段出于演示目的在页面视图显示了两个链接，分别是在白名单中的 Ionic 文档网站和不在白名单中的 Baidu 站点。

读者可以尝试将 APP 部署到智能手机设备后，点击页面的两个地址，结果将是跳转 Ionic 文档网站成功，而点击不在白名单中的 Baidu 站点则毫无反应。在笔者的手机里点击其他链接将弹出选择相关应用提示（短信和电话）或直接打开应用（地图），运行结果参见图 11.7。

图 11.7　点击链接打开短信和电话应用

本插件只在高版本的移动设备上生效：Android 和 ios 都需要在 4.0.0 及以上。

11.2　ngCordova 插件集

在本章 11.1 节介绍的 Cordova 插件，是无法使用 AngularJS 的$scope 对象和依赖注入的，只能通过访问全局的变量和方法来调用，这样会给单元测试导致很多麻烦，也不便于代码管理。针对这个问题，Ionic 开发团队在 Cordova API 基础上封装了一系列开源 Cordova 插件，命名为 ngCordova 插件集，它们都成为 AngularJS 服务，使开发者可以更方便地在符合 AngurlarJS 框架结构的代码中调用设备。在本书编写时，ngCordova 已有 70 多个插件可供使用，本节将举例介绍其中一些常见和重要的插件使用方法。

11.2.1　安装 ngCordova 插件集

不同于 Cordova 插件，ngCordova 插件集是需要使用 bower 来下载组件文件的。但是两者方法类似，只要在 Ionic 应用项目的目录下运行一条命令，格式为：

```
bower install ngCordova --save
```

安装过程中会输出黄色文字的警告信息，主要是因为名字非小写的提醒信息，应该无碍，如图 11.8 所示。

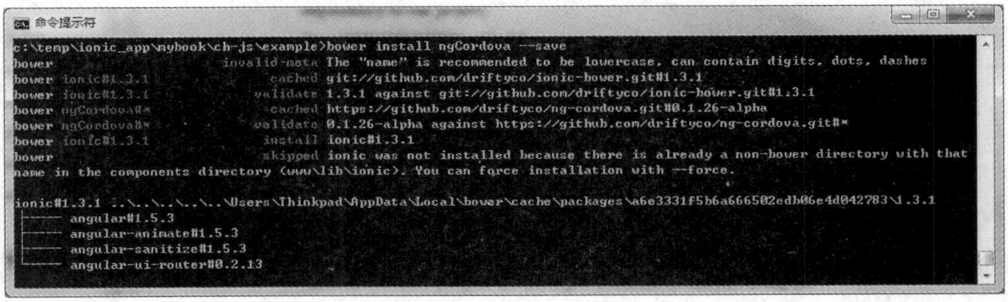

图 11.8　ngCordova 安装过程提示

完成后，需要打开项目目录下 www/index.html 文件，在如下位置加入对 ng-cordova.min.js 文件的引用：

```
<head>
  <meta charset="utf-8">
  <meta     name="viewport"     content="initial-scale=1,     maximum-scale=1,
user-scalable=no, width=device-width">
  <title></title>
  <!-- compiled css output -->
  <link href="css/ionic.app.css" rel="stylesheet">
```

```
<!-- ionic/angularjs js -->
<script src="lib/ionic/js/ionic.bundle.js"></script>

<!-- ngCordova -->
<script src="lib/ngCordova/dist/ng-cordova.min.js"></script>

<!-- cordova script (this will be a 404 during development) -->
<script src="cordova.js"></script>
</head>
```

 引入的 ng-cordova.min.js 文件的出现位置不能随意改变，必须出现在 ionic.bundle.js 和 cordova.js 两个文件之间，否则将会在控制台输出中看到报错信息。

安装的最后一步则是将 ngCordova 作为依赖的模块注入 APP 的应用模块中。一般的做法是打开项目的应用文件 www/js/app.js，将 ngCordova 模块注入：

```
angular.module('starter', ['ionic', 'ngCordova'])
```

然后就可以在控制器（controller）或主模块里愉快地调用 ngCordova 插件的各个服务了。

 ngCordova 插件只是提供调用 Cordova 插件的 AngularJS 接口，安装 ngCordova 插件不包括它将调用的底层 Cordova 插件，因此使用 ngCordova 的具体某插件功能时，需要先安装底层的 Cordova 插件。因此本章 11.2.2 节的 ngCordova 插件使用示例也会包括相关的 Cordova 插件安装过程介绍。

11.2.2 ngCordova 插件使用步骤概要

本章的开始笔者介绍了 ngCordova 已有 70 多个插件可供使用，那么怎么根据开发 APP 的需要找到合适的插件呢？最便捷的方式是到 ngCordova 的文档网站：http://ngcordova.com/docs/plugins/，它列出了按字母排序的所有插件的帮助链接并提供搜索功能，如图 11.9 所示。

图 11.9　ngCordova 网站插件浏览页

　　根据名称发现可用的插件后，可以点击左侧的插件链接，打开该插件的说明页，如图 11.10 所示。

图 11.10　ngCordova 插件$cordovaActionSheet 说明页

　　图 11.10 所示的说明页里给出了插件的安装命令，如图中的插件的安装命令是：

```
cordova plugin add https://github.com/EddyVerbruggen/cordova-plugin-
actionsheet.git
```

255

命令中的 cordova 最好改为 ionic，虽然目前使用两者无差异。

安装完毕后，开始使用的最快方式就是寻找样例代码测试运行，然后在这基础上调整修改以满足 APP 的实际需要。样例代码也在 ngCordova 文档网站的插件说明页里，基本会包括常见的参数设置与插件方法调用代码，如图 11.11 所示。

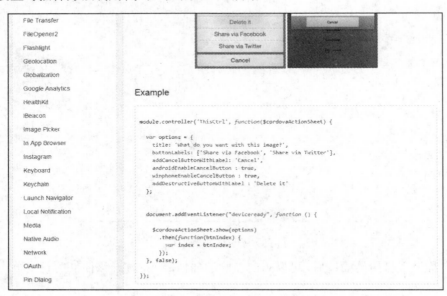

图 11.11　ngCordova 插件$cordovaActionSheet 说明页的样例代码部分

ngCordova 插件的使用模式一般是将插件以 AngularJS 服务的形式注入需要调用插件的控制器内，服务的名称基本为"$cordova{插件名}"。本章随后的各小节将具体介绍 10 个常用插件的样例代码与解说，便于读者在开发中直接参考。出于演示的目的，这些插件统一在一个页面里被注入一个控制器里调用：

www\11.2.2.html 的插件注入到控制器相关代码片段

```
angular.module('example').controller('NGCordovaController',
function($ionicPlatform,$scope, $rootScope, $ionicLoading, $timeout, $sce,
$window,
   $cordovaDevice, $cordovaToast, $cordovaContacts, $cordovaLocalNotification,
   $cordovaGeolocation,
$cordovaVibration,$cordovaCamera,$cordovaSocialSharing,
   $cordovaNetwork, $cordovaSQLite) {
//以下为使用 ngCordova 插件的代码段
//……
   }
```

【代码解析】以上的代码片段除了注入 Ionic 和 AngularJS 的服务组件以外，另外注入了 10 个以$cordova 作为前缀的 ngCordova 插件服务组件，这样在控制器的代码里就可以使用它们了。

因为 ngCordova 插件服务组件都可能依赖于 APP 对硬件设备的初始化完成，因此对插件的调用代码建议都包装在$ionicPlatform.ready()里，本章后续的各使用示例都将遵循该做法。

11.2.3　插件$cordovaDevice 使用示例

$cordovaDevice 插件主要用于获取设备的基本信息，开发人员可用于判断某些基于特定平台或者特定版本的功能是否支持。

【示例 11-3】使用插件$cordovaDevice 示例，效果如图 11.12 所示。

www\11.2.2.html 的$cordovaDevice 插件使用相关代码片段

```
// 1.显示设备信息
$ionicPlatform.ready(function() {
  $scope.showDeviceInfo = function(){
    alert('设备平台 : ' + $cordovaDevice.getPlatform() +
         '\n 型号: ' + $cordovaDevice.getModel() +
         '\n 版本: ' + $cordovaDevice.getVersion());
  };
});
```

【代码解析】在$ionicPlatform.ready()里通过注入的$cordovaDevice 服务调用方法获取操作系统平台、设备型号和版本号。

图 11.12　$cordovaDevice 返回的设备信息

11.2.4 插件$cordovaToast 使用示例

$cordovaToast 插件主要用于调用系统原生的 Toast 提示功能向用于显示一条过一段时间就消失的提示信息。

【示例 11-4】使用插件$cordovaToast 示例，效果如图 11.13 所示。

www\11.2.2.html 的$cordovaToast 插件使用相关代码片段

```
// 2.显示 Toast 提示
$ionicPlatform.ready(function() {
  $scope.showToast = function(){
    $cordovaToast.show('这是一个 toast 提示!', 'long', 'center')
    .then(function(success) {
    // 成功
    }, function(error) {
    // 失败
    });
  };
});
```

【代码解析】在$ionicPlatform.ready()里通过注入的$cordovaToast 服务调用 show 方法显示一条过一段时间就消失的提示信息。

图 11.13 $cordovaToast 弹出的 toast 提示信息

11.2.5　插件$cordovaContacts 使用示例

$cordovaContacts 插件可用于调用系统设备原生的联系人模块来完成创建、删除、查找联系人。

【示例 11-5】使用插件$cordovaContacts 选择一个联系人示例

www\11.2.2.html 的$cordovaContacts 插件使用相关代码片段

```
// 3.选择手机联系人
$ionicPlatform.ready(function() {
  $scope.selectContact = function(){
    $cordovaContacts.pickContact()
    .then(function (result) {
      // 获取到联系人对象
      $scope.contactInfo = JSON.stringify(result);
    });
  };
});
```

【代码解析】在$ionicPlatform.ready()里通过注入的$cordovaContacts 服务调用 pickContact 方法获得一个联系人的完整信息对象，并将其转成字符串。调用 pickContact 方法时，会从 APP 切换到系统的原生联系人界面（因该界面不属于本书编写的 APP 范围内，示意图略）供查找选取联系人，返回后如图 11.14 中显示我们可以找到被选中的测试联系人的电话和电子邮件的信息。

图 11.14　$cordovaContacts 获取到的测试联系人信息

11.2.6 插件$cordovaLocalNotification 使用示例

$cordovaLocalNotification 插件可用于调用系统设备原生的顶部通知栏增加用于通知用户的消息，这些消息可以编程定时显示以及通过接口方法管理。本小节将简单介绍立即显示通知消息的功能，其他更加复杂的管理功能和事件请读者自行参考 ngCordova 网站的 $cordovaLocalNotification 插件文档。

【示例 11-6】使用插件$cordovaLocalNotification 立即显示一条通知消息示例，效果如图 11.15 所示。

www\11.2.2.html 的$cordovaLocalNotification 插件使用相关代码片段

```
// 4.发送本地通知
$ionicPlatform.ready(function() {
$scope.noticeText = "本地通知内容: ";
// 定义显示一条通知消息的方法
  $scope.showLocalNotification = function(textToShow){
    $cordovaLocalNotification.schedule({
      id: 1,
      title: '本地通知',
      text: textToShow
    }).
    then(function(result) {
      console.log(result);
    });
  };
});
```

【代码解析】在$ionicPlatform.ready()里通过注入的$cordovaLocalNotification 服务调用 schedule 方法立即在设备的顶部通知栏显示一条通知消息。

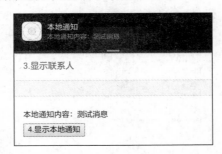

图 11.15　调用$cordovaLocalNotification 显示的通知信息

11.2.7 插件$cordovaGeolocation 使用示例

$cordovaGeolocation 插件可用于调用系统设备原生的 GPS 传感器获取设备当前的地理位置以及跟踪位置变化。本小节将简单介绍获取设备当前的地理位置功能，跟踪功能请读者自行参考 ngCordova 网站的$cordovaGeolocation 插件文档。

【示例 11-7】使用插件$cordovaGeolocation 获取设备当前地理位置示例，效果如图 11.16 所示。

www\11.2.2.html 的$cordovaGeolocation 插件使用相关代码片段

```
// 5.获得当前地理位置信息
$ionicPlatform.ready(function() {
  $scope.showGeo = function(){
    $scope.modal = $ionicLoading.show({
      content: 'Fetching Current Location...',
      showBackdrop: false
    });
    // 获取地理位置的等待时间与精度参数设置
    var posOptions = {
      timeout: 10000,
      enableHighAccuracy: true
    };
    $cordovaGeolocation
    .getCurrentPosition(posOptions)
    .then(
      // 成功获得位置信息
    function(position) {
      $scope.latitude = position.coords.latitude;
      $scope.longitude = position.coords.longitude;
      $scope.accuracy = position.coords.accuracy;
      $scope.dataReceived = true;
      $ionicLoading.hide();
    }, function(err) {
      $scope.modal.hide();
      $scope.modal = $ionicLoading.show({
        content: '失败: ' + err,
        showBackdrop: false
      });
      $timeout(function() {
        $ionicLoading.hide();
      }, 5000);
    });
  };
});
```

【代码解析】在$ionicPlatform.ready()里通过注入的$cordovaGeolocation 服务调用 getCurrentPosition 方法获得当前设备所处位置的信息对象。调用服务时需要指定设备的过期返回时间，并在方法返回前使用$ionicLoading 显示了遮罩提示用户正在获取当前位置信息。

图 11.16　$cordovaGeolocation 获取到的设备地理位置信息

11.2.8　插件$cordovaVibration 使用示例

$cordovaVibration 插件可用于调用移动设备的震动模块持续指定时间的震动。

【示例 11-8】使用插件$cordovaVibration 间歇震动示例

www\11.2.2.html 的$cordovaVibration 插件使用相关代码片段

```
// 6.调用震动模块
$ionicPlatform.ready(function() {
  $scope.vibrateDevice = function() {
    $cordovaVibration.vibrate(1000);
    $timeout(function() {
      $cordovaVibration.vibrate(1000);
      $timeout(function() {
        $cordovaVibration.vibrate(1000);
      }, 2000);
    }, 2000);
  };
});
```

【代码解析】在$ionicPlatform.ready()里通过注入的$cordovaVibration 服务调用 vibrate 方法震动 3 次，每次震动 1 秒，震动间隔为 1 秒。

11.2.9　插件$cordovaCamera 使用示例

$cordovaCamera 插件可用于调用系统设备的摄像头模组拍摄照片或者视频。本小节将简单介绍获取拍摄照片并直接返回照片数据的模式（不存储到相册中），其他模式请读者自行参考 ngCordova 网站的$cordovaCamera 插件文档。

【示例 11-9】使用插件$cordovaCamera 拍照并显示示例

www\11.2.2.html 的$cordovaCamera 插件使用相关 JavaScript 代码片段

```
// 7.调用拍照模块
```

```
$ionicPlatform.ready(function() {
  // 设置摄像的参数
  var options = {
    quality: 50,
    destinationType: Camera.DestinationType.DATA_URL,
    sourceType: Camera.PictureSourceType.CAMERA,
    allowEdit: true,
    encodingType: Camera.EncodingType.JPEG,
    targetWidth: 100,
    targetHeight: 100,
    popoverOptions: CameraPopoverOptions,
    saveToPhotoAlbum: false
  };
  $scope.takePicture = function() {
    $cordovaCamera.getPicture(options).then(function(imageData) {
      // 直接获取图像数据
      $scope.imgSrc = "data:image/jpeg;base64," + imageData;
    }, function(err) {
      console.log(err);
    });
  };
});
```

【代码解析】在$ionicPlatform.ready()里通过注入的$cordovaCamera 服务调用 getPicture 方法获得拍摄的照片图片数据，随后加上固定的数据头返回给作用域变量$scope.imgSrc。随后绑定在<img>元素上的$scope.imgSrc 依赖 AngularJS 的绑定机制使图片显示出来，如图 11.17 所示。

www\11.2.2.html 的调用$cordovaCamera 插件并显示拍摄的照片相关 HTML 代码片段

```
<ion-item ng-click="takePicture()">7.拍照</ion-item>
<ion-item><img class="padding" ng-src="{{imgSrc}}"></ion-item>
```

图 11.17　调用$cordovaCamera 插件拍摄照片并显示

11.2.10 插件$cordovaSocialSharing 使用示例

$cordovaSocialSharing 插件可用于调用指定的社交类应用（Facebook、Twitter 等）或是传统的邮件、短信的分享接口来发布信息。由于国情的关系一些社交类应用目前还在墙外无法使用，本小节将简单介绍调用设备原生的分享页（Share Sheet）由用户指定当前设备已安装的可分享的 APP 来发布一条测试信息。其他$cordovaSocialSharing 的调用方法格式都很类似，请读者自行参考 ngCordova 网站的$cordovaSocialSharing 插件文档。

【示例 11-10】使用插件$cordovaSocialSharing 利用设备原生的分享页分享信息示例，效果如图 11.18 所示。

www\11.2.2.html 的$cordovaSocialSharing 插件使用相关代码片段

```
    // 8.调用分享模块
    $ionicPlatform.ready(function() {
      var message = '';
var subject = '测试 ngCordova 分享功能';
// 演示用图片链接
      var link = 'http://placekitten.com/300/200';
$scope.nativeShare = function() {
    // 使用原生分享页
      $cordovaSocialSharing.share(message, subject, link);
    };
  });
```

【代码解析】直接根据参数名调用$cordovaSocialSharing.share 方法即可。

图 11.18 $cordovaSocialSharing 使用设备原生的分享页分享信息

11.2.11　插件 $cordovaNetwork 使用示例

$cordovaNetwork 插件可用于获取移动设备的联网状态以及跟踪该状态的变化事件（移动设备的可移动特性使联网的状态变化更加频繁）。对于可能涉及大数据量传输的视音频 APP 来说，侦测用户的联网状态及变化有利于进行用户友好的提示。本小节将简单介绍获取当前设备的联网状态并根据状态变化动态显示其状态。

【示例 11-11】使用插件$cordovaNetwork 侦测用户的联网状态及变化示例

www\11.2.2.html 的$cordovaNetwork 插件使用相关代码片段

```
// 9.获得联网状态
$ionicPlatform.ready(function() {
  $scope.type = $cordovaNetwork.getNetwork();
  $scope.isOnline = $cordovaNetwork.isOnline();
  // 响应网络上线事件
  $rootScope.$on('$cordovaNetwork:online', function(event, networkState) {
    $scope.isOnline = true;
  });
  // 响应网络断线事件
  $rootScope.$on('$cordovaNetwork:offline', function(event, networkState) {
    $scope.isOnline = false;
  });
});
```

【代码解析】在$ionicPlatform.ready()里通过注入的$cordovaNetwork 服务调用 getNetwork 方法获得的是网络类型。调用 isOnline 方法获取当前的联网状态。通过$rootScope.$on 方法绑定的事件处理器对联网和断网事件进行响应，动态更新作用域上代表联网状态的变量 $scope.isOnline 的值。该值被绑定到前台页面的是否在线字段，从而通过 AngularJS 的绑定机制完成了联网和断网状态的跟踪。图 11.19 显示的是 wifi 正常模式和随即切换到飞行模式后网络状况的显示情况，图中是否在线的状态就发生了变化。读者不难联想到使用$cordovaNetwork 插件就可以做到类似微信的根据网络状态和变化提示用户是否下载打开视频文件的提示功能了。

图 11.19　$cordovaNetwork 获取移动设备的联网状态以及跟踪该状态的变化

11.2.12　插件$cordovaSQLite 使用示例

本章最后介绍的插件虽然与用户可以见到的前台界面功能无直接关联,但却是大部分应用不可避免地需要使用的功能点：大量数据在设备上的存储。由于浏览器的 Local Storage 有容量限制, 使用 SQLite 这类小数据库存储数据对于移动 APP 来说是上佳的选择。

完整的插件使用和 API 调用方法可参考该插件在 Github 的网站说明介绍：https://github.com/litehelpers/Cordova-sqlite-storage/blob/storage-master/README.md,本小节将简单介绍调用$cordovaSQLite 完成创建数据库、创建表与插入一条记录并显示该过程记录在页面上。

【示例 11-12】使用插件$cordovaSQLite 示例, 输出结果如图 11.13 所示。

www\11.2.2.html 的$cordovaSQLite 插件使用相关代码片段

```
// 10.调用 SQLite 模块
$ionicPlatform.ready(function() {
  $scope.messages = '';
  $scope.showMessage = function(msg) {
    $scope.messages += $sce.trustAsHtml('> '+msg);
  };
  $scope.showMessage('<b>before open new DB</b><br/>');
//var db = $cordovaSQLite.openDB("my.db",true);
// 创建数据库
  var db = window.openDatabase("my.db", '1', 'my', 1024 * 1024 * 100);
$scope.showMessage('<b>Opened new DB</b><br/>');
// 启动事务执行操作
db.transaction(function(tx) {
  // 删表
    tx.executeSql('DROP TABLE IF EXISTS demo_table');
    $scope.showMessage('<b>Dropped exsiting demo_table</b><br/>');
    // 建表操作
    tx.executeSql('CREATE TABLE IF NOT EXISTS demo_table (id integer primary
key, data text, data_num integer)');
    $scope.showMessage('<b>Created demo_table</b><br/>');
    $scope.showMessage('<b>Inserting Sample Data</b><br/>');
    // 插入记录
    $cordovaSQLite.execute(db,"INSERT INTO demo_table (data, data_num) VALUES
(?,?)",["demo", 100]).
    then(
      // 成功
      function(res){
        $scope.showMessage('   insertId: ' + res.insertId +
'<br/>');
      },
```

```
    // 失败
    function (err){
      $scope.showMessage('   Error: ' + err + '<br/>');
   });
  });
  });
```

【代码解析】$scope.showMessage 用于更新过程记录。$sce.trustAsHtml 是 AngularJS 提供的标准方法，用于非转义地在页面输出 HTML 内容。由于经过测试，笔者当前使用的 $cordovaSQLite.openDB 方法创建数据库不成功，因此转而直接调用 Cordova 的 window.openDatabase 方法。随后的调用有数据库应用开发经验的读者应该比较熟悉了，就是在一个事务里完成创建表和插入记录的整个过程，并把该过程输出到过程记录中，如图 11.20 所示。

www\11.2.2.html 的显示操作 SQLite 数据库记录过程的 HTML 代码片段

```
<ion-item>10.SQLite</ion-item>
<ion-item ng-bind-html="messages"></ion-item>
```

【代码解析】显示操作 SQLite 数据库记录过程的显示项使用了 ng-bind-html 指令来绑定 $scope.messages，这样输出的 HTML 不会被转义。

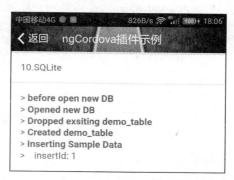

图 11.20 $cordovaSQLite 操作移动设备数据库

11.3　小结

本章介绍了在能使用浏览器引擎提供的 HTML 5 的功能集以外，如何使基于 Ionic 框架的 APP 应用通过使用 Cordova 插件和 ngCordova 插件集能够调用手机硬件设备专有功能，如摄像头拍照、本地文件访问、地理定位、网络状态监控、社交分享和 SQLite 数据库等。完成本章的学习后，关于 Ionic 的开发知识就已经告一段落了。

下一章将介绍如何安装与搭建用于服务 Ionic APP 应用的后端服务器环境，为后续的实战项目做准备。

第 12 章
后端服务器模拟环境搭建准备

一个完整的移动 APP 应用是不可避免地要与后端服务保持数据交互的。从获取新用户的注册资料、老用户的登录与档案（profile）读取操作到应用数据的同步与推送更新，后续第 13 章和第 14 章的项目实战就需要解决通过 HTTP（S）的 API 调用后端（Back End）服务问题。虽然表面上看来本章介绍的后端服务开发内容与使用 Ionic 开发前端移动 APP 关系不大，但是具备一定的后端知识是能够方便实际开发与维护中的错误定位的。建议读者可以把本部分作为推荐选学内容了解。

本章采用目前在互联网企业中比较流行的 MEAN（MongoDB、Express、AngularJS、NodeJS 的首字母缩写）架构来作为解决方案。AngularJS 在本书的第 3 章已有详细介绍，而 NodeJS 作为 Express 的运行平台如果不自行开发底层的 module 也不需深究，仅需要了解可以通过 require 指令引入使用工具包模块和通过 module.exports 指令导出自己的模块即可。因此本章将主要关注如何使用 MongoDB 和 Express 这两个重要组件为 APP 提供后端的 API 接口。另外本章也会涉及的 Mongoose、Passport 和 Postman 都被用来完善或简化以 MongoDB 和 Express 作为基础开发 APP 应用的后端 API 服务，笔者将单独以小节的形式介绍它们安装和使用。

本章主要涉及的知识点有：

- MongoDB 安装
- 使用 Postman 测试 API
- 使用 Express 编写 API
- 使用 Mongoose 访问 MongoDB
- 使用 Passport 加入用户验证功能

 本章介绍的大部分 NodeJS 组件的安装和使用在 Windows 环境和 Apple OS X 环境并无大的差异。考虑到国内大多数读者基本都是使用的 Windows 操作系统，为了节省篇幅将默认只介绍 Windows 环境下的安装使用。当 Apple OS X 环境下有较大区别时，笔者将会单独说明。

12.1 MongoDB 安装与测试

本书采用 MongoDB 而不是另外一个也常见的选项 MySQL 作为数据库环境，出于以下理由：

- MongoDB 安装与运行非常容易，可以达到基本无须配置，非常适用于产品原型开发。

- MongoDB 原生支持自由的 Schema 模型，能快速响应需求变化对数据模式的要求；而且 MongoDB 非常容易输出 JSON 类的数据结果，这样使前端调用的转换相当快捷，尤其适用于我们使用基于 AngularJS 的 Ionic 框架。
- 经过多年的业内使用和探索，MongoDB 已经成熟和健壮，常见的场景都能很容易通过搜索引擎在 stackoverflow 上找到同类问题和解决方案的样例代码，适合通过复制粘贴搞定问题而不求深解（当然也不能完全不懂）型的高手。
- MongoDB 的单机性能也相当可观，在项目的初期不需要做很多性能调优配置。

因为本书只是使用 MongoDB 来说明移动 APP 构建的完整环境，而不是建立一个大规模的生产服务系统，因此安装 MongoDB 的免费社区版已经足够使用。读者在实际工作项目中，应该依据需要选择合适的版本如企业版。MongoDB 服务的社区版可以到网址：https://www.mongodb.com/download-center#community 下载。读者可以根据 Windows 操作系统的版本下载相应的 MongoDB 安装包 msi 文件，然后执行安装，如图 12.1 所示。

图 12.1　MongoDB 下载网站

Windows 环境下建议使用 Custom 的安装类型，这样可以了解 MongoDB 主要文件的安装目录，参见图 12.2。

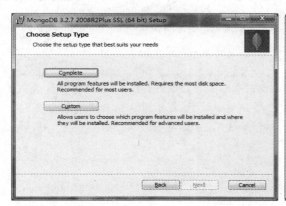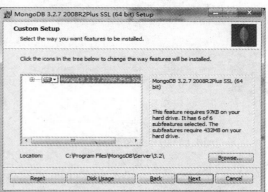

图 12.2　MongoDB 安装过程

安装结束后，启动命令行窗口，输入以下命令启动 MongoDB 的后台服务进程：

```
mongod
```

如果以前没有安装使用过 MongoDB，则该服务进程的启动过程将会报错，如图 12.3 所示。

图 12.3　MongoDB 服务进程的启动过程报错

这是因为 Windows 环境下 MongoDB 默认的数据库文件存放目录为 c:\data\db\，而该目录目前不存在。依照提示创建目录 c:\data\db 后，再次输入命令启动 MongoDB 的后台服务进程。这次成功启动，并提示在端口 27017 等待连接，如图 12.4 所示。

图 12.4　MongoDB 服务进程的成功启动提示

本书出于方便演示的目的，未对 MongoDB 的数据存放目录进行配置。MongoDB 提供了用户自行指定数据库文件存放目录的选项，有需要的读者可以参考网上官方文档：https://docs.mongodb.com/manual/tutorial/install-mongodb-on-windows/ 的 "Set up the MongoDB environment" 一节。

Apple OS X 环境下推荐使用 Homebrew 而不是自行下载安装包来安装 MongoDB：

● 首先更新 Homebrew 的包数据库：

```
brew update
```

- 随后安装 MongoDB 的 TLS/SSL 支持版：

```
brew install mongodb --with-openssl
```

- 安装完毕后，与 Windows 环境下类似，需要创建默认的 MongoDB 的数据存放目录：

```
sudo mkdir -p /data/db
```

随后启动命令行窗口，输入以下命令启动 MongoDB 的后台服务进程：

```
sudo mongod
```

在以上 Windows 或 Apple OS X 环境下成功启动 MongoDB 服务进程步骤后，需要 MongoDB 提供的基于 JavaScript 的 Shell：

```
mongo
```

随后连接本机的 MongoDB 服务进程，并运行数据库查看命令测试是否正常工作：

```
show dbs
```

运行结果应该如图 12.5 所示，随后可以在命令行中输入 quit()退出：

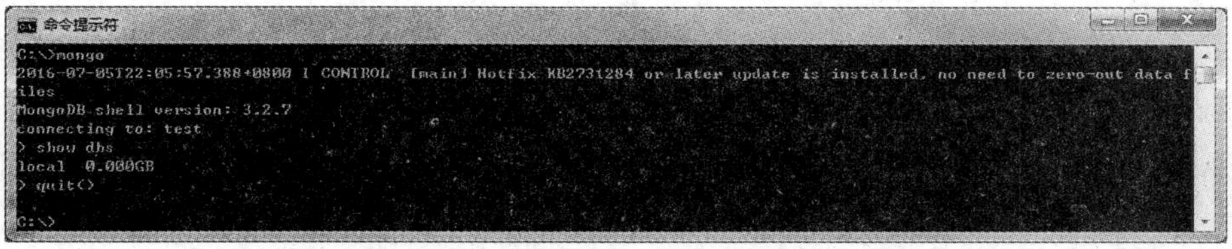

图 12.5　MongoDB 数据库查看命令测试

12.2　Postman 安装与使用示例

使用 Ionic 开发出的移动应用，其本质还是一个单页面 Web 应用（SPA：Single Page Application）。这个应用与后端服务器的交互将主要通过调用后端服务器提供的 Restful 风格的 API 完成。而测试验证后端服务器 API 有效性的需求，就催生了像 Postman 这样的浏览器插件工具在开发人员中的流行。

按照官方网站的口号，Postman 是专门用于帮助开发人员更快开发 API 的。具体来说，Postman 允许用户发送任何类型的 HTTP 请求，这就包括 Restful API 使用到的 GET、POST、HEAD、PUT、DELETE 等，并且可以由开发人员方便地任意定制参数和 HTTP 头（Headers）。Postman 支持各种流行的认证机制，包括 Basic Auth、Digest Auth、OAuth 1.0、OAuth 2.0 等。此外 Postman 的输出是自动按照语法格式高亮并给出语法解析结果的，目前它支持的常见语法包括 HTML、JSON 和 XML。

安装 Postman 需要先登录到它的官方网站：https://www.getpostman.com，找到安装入口，如图 12.6 所示。

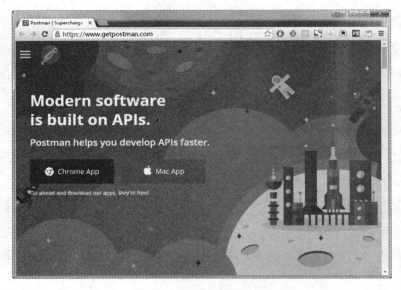

图 12.6　Postman 官方网站

随后读者可以根据开发环境所在的操作系统点击相应链接进入安装启动页，如图 12.7 所示。

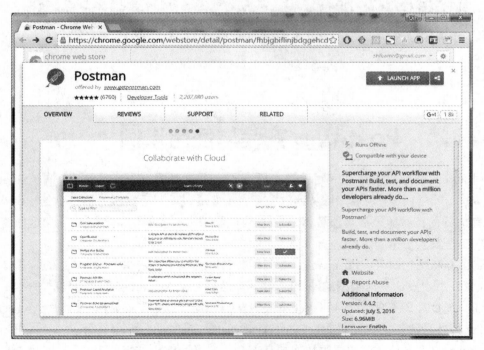

图 12.7　Postman 安装与启动

作为开发人员，打开 Postman 后基本就可以根据界面上的元素直观地找到输入 HTTP 请求

URL 的输入框尝试一下，如图 12.8 所示。

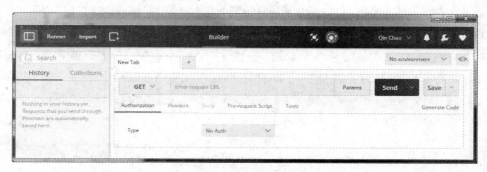

图 12.8　Postman 启动界面

作为简单示例，本节尝试用 Postman 调用新浪提供的 IP 地址信息查询 API：
http://int.dpool.sina.com.cn/iplookup/iplookup.php?format=json&ip=8.8.8.8，如图 12.9 所示。

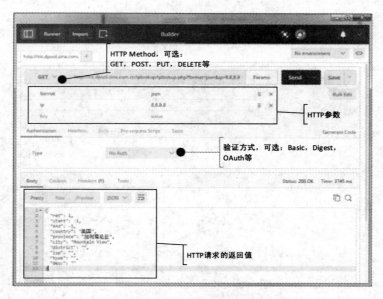

图 12.9　Postman 返回的 JSON 对象

需要经常使用的一些定制 HTTP 请求的配置选项，如 HTTP Method、HTTP 参数和验证方
式请参见图 12.9 中的注解。从图中可以看到，该请求最后返回了 IP 地址 8.8.8.8 所在的地理位
置信息。

在确认 Postman 能正常工作后，下一节我们将安装 Express 并使用它开发一个不连接数据
库的简单数据维护 API，随即使用 Postman 来测试这个 API。

12.3 使用 Express 初始化创建 API 示例

按照官方的定义，Express 是基于 Node.js 平台，是一个快速、开放、极简的 Web 开发框架。它承诺包含丰富的 HTTP 快捷方法和任意排列组合的 Connect 中间件，使开发人员创建健壮、友好的 API 变得既快速又简单。因为 Express 的这些特点，本书的项目实战将使用 Express 提供的移动 APP 访问后台的 API。

> Express 的功能已经相当丰富，完全理解应用需要学习介绍 Express 和其子组件的专门书籍或讲座课程。限于篇幅关系，本书将只介绍解释后续实战章节会涉及的功能部分，不再深入讨论 Express 的原理与更多特性。

当把 Express 用作后端 API 开发时，并不需要使用 Express CLI 建立整个预设的项目架构，而是先通过 npm init 命令创建一个 node 项目（项目名与所在目录名 express_exam 一致，其余的提示输入均可直接按回车键使用默认值），如图 12.10 所示。

```
\ npm init
This utility will walk you through creating a package.json file.
It only covers the most common items, and tries to guess sensible defaults.

See `npm help json` for definitive documentation on these fields
and exactly what they do.

Use `npm install <pkg> --save` afterwards to install a package and
save it as a dependency in the package.json file.

Press ^C at any time to quit.
name: (express_exam)
version: (1.0.0)
description: Example of Express
entry point: (index.js)
test command:
git repository:
keywords:
author:
license: (ISC)
About to write to c:\temp\ionic_app\mybook\ch-svr-emu\express_exam\package.json:

{
  "name": "express_exam",
  "version": "1.0.0",
  "description": "Example of Express",
  "main": "index.js",
  "scripts": {
    "test": "echo \"Error: no test specified\" && exit 1"
  },
  "author": "",
  "license": "ISC"
}

Is this ok? (yes)

c:\temp\ionic_app\mybook\ch-svr-emu\express_exam   (express_exam@1.0.0)
```

图 12.10 使用 npm init 命令创建 node 项目 express_exam

随后通过 npm install 命令为项目引入安装 Express，用于解析 HTTP 请求中的参数的 body-parser 包和方便集合函数操作的 lodash 包：

```
npm install express body-parser lodash --save
```

命令成功执行后，项目的 package.json 文件将会更新，加入对 Express、body-parser 和 lodash 包的依赖。

【示例 12-1】安装完 Express、body-parser 和 lodash 包后的 package.json 示例。

package.json 代码

```
{
  "name": "express_exam",
  "version": "1.0.0",
  "description": "Example of Express",
  "main": "index.js",
  "scripts": {
    "test": "echo \"Error: no test specified\" && exit 1"
  },
  "author": "",
  "license": "ISC",
  "dependencies": {
    "body-parser": "^1.15.2",
"express": "^4.14.0",
"lodash": "^4.13.1"
  }
}
```

【代码解析】文件的 dependencies 一节增加了对 Express、body-parser 和 lodash 包指定版本的依赖。当把项目目录（因为与运行的平台兼容性关系，一般不包含 node_modules 目录）复制到正式环境时，在项目目录下运行 npm install 时将会自动安装指定（或更高）版本的包。

外部工具包安装完毕后，就可以进入 API 的开发了。本小节的示例只包含关于一个实体对象类的 API，为了更贴合实际应用，示例代码应用了 Express 的路由（Route）特性。虽然这会让示例代码稍显复杂（拆分成了两个 JS 文件），但有利于演示将来后端的领域对象类别数量膨胀扩大时，如何通过创建多个路由（Routes）进行代码领域分离。

【示例 12-2】使用 Express 开发的后端 API 示例。

后端服务主入口 index.js 代码

```
var express = require("express");
var bodyParser = require("body-parser");
//引入用户管理的 Router
var apiRouteUsersV1 = require("./api/v1/users");
//初始化 Express 应用
var app = express();
//使用 body-parser 包中间件将 HTTP 请求 Body 里的参数解析到对象中
app.use(bodyParser.urlencoded({ extended: false }));
//使用用户管理的 Route 尝试匹配
app.use("/api/v1/users",apiRouteUsersV1);
```

```
//…如果有其他的 API，可以陆续加入对应的 Routes
//启动 Express 开始侦听到达 3000 端口的 HTTP 请求
app.listen(3000, function() {
  console.log("App is listening on port 3000");
});
```

【代码解析】服务入口代码完成的主要任务是引入 Express 并使用它创建一个侦听端口为 3000 的 HTTP 服务应用。在这过程中引入了 body-parser 包作为进入的 HTTP 请求的中间件（middleware）用于解析 body 部分被编码的字段值。此外引入了项目目录下的 api/v1/users.js 文件，作为访问应用路径"/api/v1/users"的路由（Route）。这样当移动客户端访问该路径的 API 时，将由 api/v1/users.js 文件类似于中间件（middleware）一样执行处理。

 因为 Express 使用类似管道的方式使 HTTP 请求依序通过 app.use 方法设置的中间件（middleware），代码里的 app.use 引入的包和路由的顺序非常关键，不能随意更改。

后端用户管理服务路由器/api/v1/users.js 代码

```
//引入外部工具包
var express = require("express");
var _ = require("lodash");
//初始化 Router
var api = express.Router();
//初始化用户对象数组
var users = [{name: '张三', age: 25, retired: false},
             {name: '李四', age: 75, retired: true},
             {name: '王五'}];
//API：获取用户对象列表
api.get("/", function(req, res) {
  res.send(users);
});
//API：获取指定用户对象
api.get("/:name", function(req, res) {
  var idx = _.findIndex(users, ['name', req.params.name]);
  if (idx < 0) {
    res.status(404).send("找不到指定 name 属性的用户对象！");
    return;
  }
  res.send(users[idx])]);
});
//API：增加一个用户对象
api.post("/", function(req, res) {
  if (!req.body.name) {
    res.status(400).send("用户对象的 name 属性不能为空");
    return;
  }
  users.push({name:    req.body.name,    age:    req.body.age,    retired:
req.body.retired});
  res.send(users);
```

```
});
//API：更改一个用户对象
api.put("/", function(req, res) {
  if (!req.body.name) {//
    res.status(400).send("用户对象的 name 属性不能为空！");
    return;
  }
  var idx = _.findIndex(users, ['name', req.body.name]);
  if(idx<0){//
    res.status(404).send("找不到指定 name 属性的用户对象！");
    return;
  }
  users[idx].age = req.body.age;
  users[idx].retired = req.body.retired;
  res.send(users);
});
//API：删除一个用户对象
api.delete("/", function(req, res) {
  if (!req.body.name) {//
    res.status(400).send("用户对象的 name 属性不能为空！");
    return;
  }
  _.remove(users,['name', req.body.name])
  res.send(users);
});
//导出 Router
module.exports = api;
```

【代码解析】本文件的功能聚焦于提供关于用户管理的 CRUD（Create，Retrieve，Update，Delete 的首字母缩写）操作 API。为了不引入太多的新内容，导致此处的用户数据集合直接初始化临时的样例变量数组。

代码编写完成后，直接在项目目录下通过命令行窗口启动后端服务主入口文件：

```
node index.js
```

当命令行窗口显示已在 3000 端口开始侦听后，就可以使用 12.2 节安装的 Postman 来测试验证编写的 API 了，如图 12.11 所示。

图 12.11　启动后端服务主入口文件开始侦听

● 使用 HTTP 的 GET 方法测试 http://localhost:3000/api/v1/users，获取用户对象集，如图 12.12 所示。

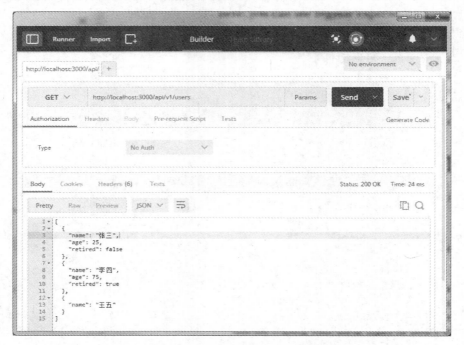

图 12.12　使用 GET 方法调用获取用户对象集 API

Postman 界面中下半部分显示了返回的 JSON 形式的用户对象集。

● 使用 HTTP 的 GET 方法测试 http://localhost:3000/api/v1/users/李四，查找存在的指定用户对象，如图 12.13 所示。

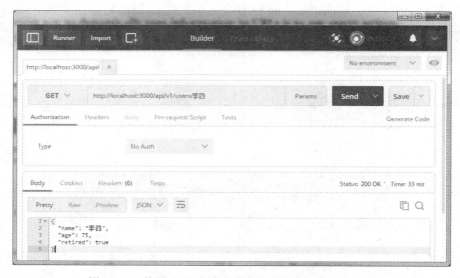

图 12.13　使用 GET 方法查找存在的指定用户对象 API

Postman 界面中下半部分显示了返回的 JSON 形式的单个用户对象。随后使用 http://localhost:3000/api/v1/users/abc 测试，查找不存在的指定用户对象，期待 API 返回 404 错误，表明对象找不到，如图 12.14 所示。

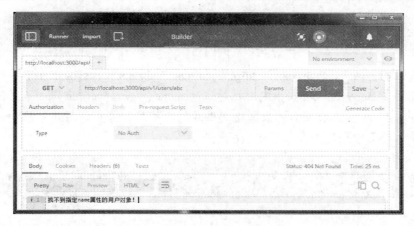

图 12.14　使用 GET 方法查找不存在的用户对象 API 返回结果

Postman 界面中下半部分显示了返回的错误信息，右下方的 Status 状态码为 404，也符合设计的要求。

● 使用 HTTP 的 POST 方法测试 http://localhost:3000/api/v1/users/，增加用户对象。测试时需要在 Body 区域增加用户对象的 name、age 和 retired 属性，并注意选择使用 x-www-form-urlencoded 的数据提交格式。后端完成用户对象的创建和插入后，如图 12.15 所示将新的用户对象数组返回。

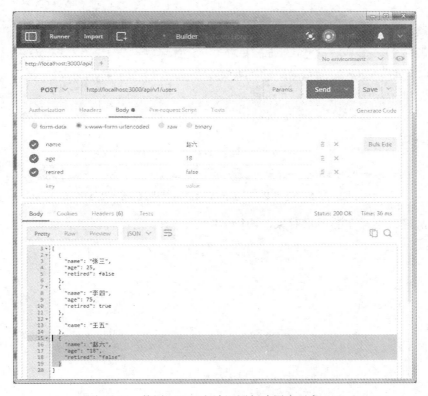

图 12.15　使用 POST 方法调用创建用户对象 API

Postman 界面中下半部分显示了返回的新的用户对象数组，POST 方法传过去的用户对象已被插入到数组中并以 JSON 数据对象形式返回。

- 使用 HTTP 的 PUT 方法测试 http://localhost:3000/api/v1/users/，修改用户对象。测试时需要在 Body 区域填入指定用户对象的 name、age 和 retired 属性，并注意选择使用 x-www-form-urlencoded 的数据提交格式。后端找到并完成用户对象的修改后，将新的用户对象数组返回，如图 12.16 所示。

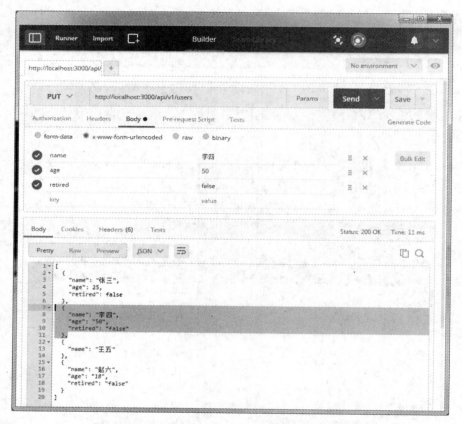

图 12.16　使用 PUT 方法成功调用修改用户对象 API

随后测试修改不存在的用户对象，期待 API 返回 404 错误，表明对象找不到，如图 12.17 所示。

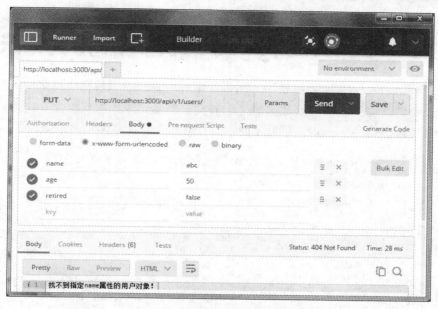

图 12.17　使用 PUT 方法调用修改不存在的用户对象 API

● 使用 HTTP 的 DELETE 方法测试 http://localhost:3000/api/v1/users/，删除用户对象。
测试时需要在 Body 区域填入指定用户对象的 name 属性，并注意选择使用
x-www-form-urlencoded 的数据提交格式。后端找到并完成用户对象的删除后，将新
的用户对象数组返回，如图 12.18 所示。

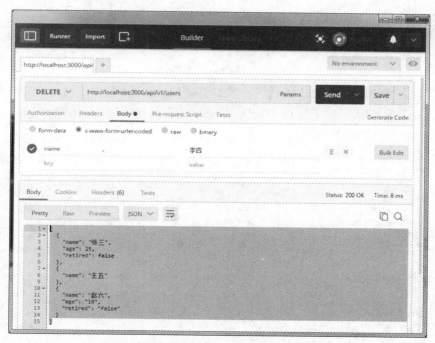

图 12.18　使用 DELETE 方法调用删除用户对象 API

12.4 使用 Mongoose 完善数据持久化示例

在 12.3 节的示例中，为了不过快引入太多的学习内容，后端数据层直接使用最简单的内存中 JavaScript 的数组实现，尚缺数据持久化的要求未能完成。本节将弥补这个缺陷，使用 Mongoose 包提供的基于 MongoDB 数据库的数据存取层来继续完善示例 12-2。

【示例 12-3】使用 Mongoose 包进行数据持久化的改进版后端 API 示例

更新后的 package.json 代码

```json
{
  "name": "mongoose_exam",
  "version": "1.0.0",
  "description": "Example of Mongoose usage",
  "main": "index.js",
  "scripts": {
    "test": "echo \"Error: no test specified\" && exit 1"
  },
  "author": "",
  "license": "ISC",
  "dependencies": {
    "mongoose": "^4.5.3",
    "body-parser": "^1.15.2",
    "express": "^4.14.0"
  }
}
```

【代码解析】相对于示例 12-1 的代码，增加了对 Mongoose 包的引用，并去掉了对 lodash 包的引用。这是因为本节不再使用 JavaScript 对象数组作为存储层，所有的增删改查操作将基于 Mongoose 的接口。

更新后的后端服务主入口 index.js 代码

```javascript
//引入外部工具包
var express = require("express");
var bodyParser = require("body-parser");
var mongoose = require('mongoose');
//获得 mongoose 的连接对象
var db = mongoose.connection;
db.on('error', console.error.bind(console, 'connection error:'));
db.once('open', function() {
  console.log("已连接 MongoDB！");
});
//连接 Mongodb
```

```
mongoose.connect('mongodb://localhost/test');
//引入用户管理的 Router
var apiRouterUsersV1 = require("./api/v1/users");
//初始化 Express 应用
var app = express();
//使用 body-parser 包将 HTTP 请求 Body 里的参数解析到对象中
app.use(bodyParser.urlencoded({ extended: true }));
//使用用户管理的 Router 尝试匹配
app.use("/api/v1/users",apiRouterUsersV1);
//应用退出时断开与 MongoDB 的连接
process.on('SIGINT',function(){
  db.close(function(){
    console.log('Mongoose disconnected through app termination');
    process.exit(0);
  });
});
//启动 Express 开始侦听到达 3000 端口的 HTTP 请求
app.listen(3000, function() {
  console.log("App is listening on port 3000");
});
```

【代码解析】相对示例 12-2 的代码，主要是增加了通过 Mongoose 连接与断开 MongoDB 的本地 test 数据库操作。

更新后的后端用户管理服务路由器/api/v1/users.js 代码

```
//引入外部工具包
var express = require("express");
//引入用户对象在 MongoDB 中的模型
var User = require(process.cwd() + "/models/user_model");
//初始化 Router
var api = express.Router();
//在数据库中初始化用户对象列表
User.find(function(err,users){
  if(users.length) return;
  new User({name: '张三', age: 25, retired: false}).save();
  new User({name: '李四', age: 75, retired: true}).save();
  new User({name: '王五'}).save();
});
//API: 获取用户对象列表
api.get("/", function(req, res) {
  User.find(function(err,users){
    res.send(users);
  });
});
```

```
//API: 获取指定用户对象
api.get("/:name", function(req, res) {
  User.findOne({name: req.params.name}, function(err,user){
    res.send(user);
  })
});
//API: 增加一个用户对象
api.post("/", function(req, res) {
  if (!req.body.name) {
    res.status(400).send("用户对象的 name 属性不能为空");
    return;
  }
  new User({name: req.body.name,
          age: req.body.age,
          retired: req.body.retired}).
  save(function(err,user){
    if(err){
      res.status(500).send("无法存入数据");
      return;
    }
    res.send(user);
  });
});
//API: 更改一个用户对象
api.put("/", function(req, res) {
  if (!req.body.name) {//
    res.status(400).send("用户对象的 name 属性不能为空！");
    return;
  }
  //根据 name 找到用户对象后更新保存至数据库
  User.findOne({name: req.body.name}, function(err,user){
    if(err || !user){
      res.status(500).send("无法存入数据");
      return;
    }
    user.age = req.body.age;
    user.retired = req.body.retired;
    user.save(function(err,user){
      if(err){
        res.status(500).send("无法存入数据");
        return;
      }
      res.send(user);
```

```
      });
    });
  });
  //API：删除一个用户对象
  api.delete("/", function(req, res) {
    if (!req.body.name) {//
      res.status(400).send("用户对象的 name 属性不能为空！");
      return;
    }
    User.findOne({name: req.body.name}, function(err,user){
      if(err || !user){
        res.status(500).send("数据不存在");
        return;
      }
      //根据 name 找到用户对象后在数据库中删除
      user.remove(function(err,user){
        if(err){
          res.status(500).send("无法删除数据");
          return;
        }
        res.status(200).send("完成删除操作");
      });
    });
  });
  //导出 Router
  module.exports = api;
```

【代码解析】相对示例 12-2 的代码，主要是把对数据集合的所有操作都改为使用在
Mongoose 中定义并创建的用户对象模型类完成。这个用户对象模型类是通过引入项目目录下
的/models/user_model.js 文件定义的。为了不在代码里写死用户对象模型类的相对路径，代码
里使用 process.cwd()来获得项目的根目录路径。此外需要区别的是原来在 JavaScript 对象数组
中初始化的数据集合已经更改成了在 MongoDB 中保存的方式。

　　新建的用户对象模型类定义/models/user_model.js 代码

```
//引入 mongoose
var mongoose = require("mongoose");
//定义用户对象的 schema
var userSchema = mongoose.Schema({
  name: { type: String, required: true, unique: true },
  age: { type: Number },
  retired: { type: Boolean }
});
//生成用户对象的 Model 类
```

```
var User = mongoose.model("User", userSchema);
//导出用户对象的 Model 类
module.exports = User;
```

【代码解析】本文件主要定义用户数据表的 Schema，与关系型数据库的 DDL 定义比较神似，只不过是使用 JavaScript 对象来作为定义对象。另外与关系型数据库不同的一点是需要在 Schema 的基础上创建模型类对象，真正被导出在/api/v1/users.js 中使用的是这个模型类对象，如图 12.19 所示。

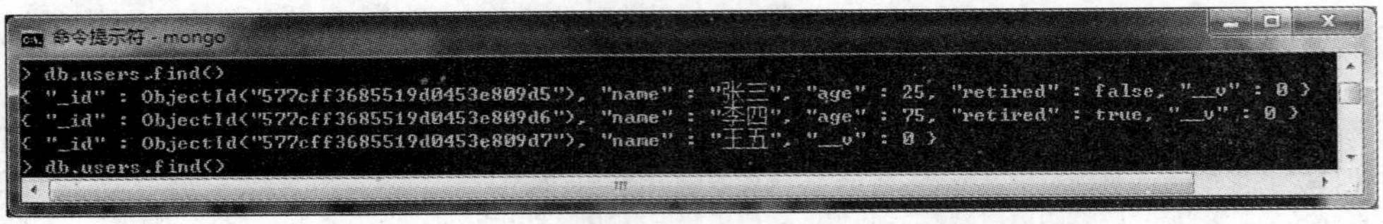

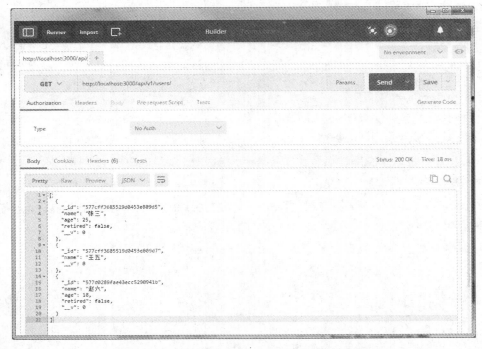

图 12.19　MongoDB 中初始化的用户对象数据集合查询结果

代码修改完成后的测试与 12.3 节的步骤基本一致，由于 API 并未做大的变化，因此通过 Postman 调用后端 API 显示的如图 12.20 的结果界面与 12.3 节所示的图片也基本类似。本节不必再罗列这些 Postman 调用后的结果界面截屏，仅显示所有操作依次完成后最终使用 Postman 显示的用户数据列表。

图 12.20　MongoDB 中最终的用户对象数据集合查询结果

从图 12.19 的结果中可以找出与 12.3 节的结果存在显著差异的是所有的数据对象（根据 MongoDB 的术语是 document）均含有内置的 id 属性（_id）和版本属性（__v）。

由于本书的主要定位是介绍使用 Ionic 开发移动 APP，碍于篇幅笔者只罗列了使用 Mongoose 和 MongoDB 开发供前端测试所用的后端 API 的简单步骤，并未深入涉及 MongoDB 的文档数据库专有概念术语及优化和 Mongoose 提供的丰富接口。有兴趣的全栈开发型读者可以自行到 Mongoose 和 MongoDB 的官方网站深入学习掌握。

12.5　使用 Passport 加入用户验证示例

完成了 12.4 节后，似乎后端 API 的开发已经完全掌握了。然而跟实际的情况对比，还有本章相对最复杂的用户身份验证部分在前面并未触及。用户身份验证之所以复杂，是因为这部分涉及前后端的密切配合、内部与外部众多社交应用账户身份验证集成（国外是 Facebook、Google、Twitter 账户等，国内是微信、QQ、微博账户等）以及测试场景与真实场景的不同导致的验证失败追踪定位等各种因素。基于篇幅和可使用 Postman 测试出发，本节将介绍使用 Passport 包的 local 模块完成最常见的本地账户验证策略功能（用户的登录账户和加密后的登录密码直接存储在后端的 MongoDB 数据库里）。其余的第三方社交应用账户身份验证集成读者可以自行参考 Passport 的官方网站（http://passportjs.org/docs/）提供的策略包和样例来实现。出于内容延续性的考虑，本节的示例将在 12.4 节的示例 12-3 基础上继续修改完善，为用户管理 API 加入验证的要求。

【示例 12-4】使用 Passport 包进行验证的最终版后端 API 示例。

最终的 **package.json** 代码

```
{
  "name": "passport_exam",
  "version": "1.0.0",
  "description": "Example of Passport usage",
  "main": "index.js",
  "scripts": {
    "test": "echo \"Error: no test specified\" && exit 1"
  },
  "author": "",
  "license": "ISC",
  "dependencies": {
    "bcrypt-nodejs": "0.0.3",
    "body-parser": "^1.15.2",
    "express": "^4.14.0",
    "mongoose": "^4.5.3",
    "passport": "^0.3.2",
    "passport-local": "^1.0.0"
```

```
    }
}
```

【代码解析】相对于示例 12-3 的 package.json 文件，代码增加了对 bcrypt-nodejs 包（用于用户明文密码的加密和对比验证）、passport 包（用于建立 passport 验证框架）和 passport-local 包的引用（用于支持 passport 的本地验证策略）。

最终的后端服务主入口 index.js 代码

```
//引入外部工具包
var express = require("express");
var bodyParser = require("body-parser");
var mongoose = require('mongoose');
//引入 passport 包提供验证中间件
var passport = require("passport");
//引入建立 passport 的登录策略的配置模块
var setUpPassport = require("./setup_passport");
//获得 mongoose 的连接对象
var db = mongoose.connection;
db.on('error', console.error.bind(console, 'connection error:'));
db.once('open', function() {
  console.log("已连接 MongoDB! ");
});
//连接 Mongodb
mongoose.connect('mongodb://localhost/test');
//执行 passport 的登录策略的配置模块完成配置
setUpPassport();
//引入用户管理的 Router
var apiRouterUsersV1 = require("./api/v1/users");
//初始化 Express 应用
var app = express();
//使用 body-parser 包将 HTTP 请求 Body 里的参数解析到对象中
app.use(bodyParser.urlencoded({ extended: true }));
//初始化 passport 并使用其作为 Express 的中间件
app.use(passport.initialize());
//使用用户管理的 Router 尝试匹配
app.use("/api/v1/users",apiRouterUsersV1);
//应用退出时断开与 MongoDB 的连接
process.on('SIGINT',function(){
  db.close(function(){
    console.log('Mongoose disconnected through app termination');
    process.exit(0);
  });
});
//启动 Express 开始侦听到达端口 3000 的 HTTP 请求
```

```
app.listen(3000, function() {
  console.log("Express 应用已在端口 3000 开始侦听......");
});
```

【代码解析】相对于示例 12-3 的 index.js 文件，代码增加了引入 passport 包和使用 passport 必须定制的登录策略配置模块./setup_passport.js。随后在 Express 的中间件配置中把 passport 包通过 passport.initialize()方法的返回对象引入。

最终的后端用户管理服务路由器/api/v1/users.js 代码

```
//引入外部工具包
var express = require("express");
//引入 passport 包
var passport = require("passport");
//引入用户对象在 MongoDB 中的模型
var User = require(process.cwd() + "/models/user_model");
//初始化 Router
var api = express.Router();
//在数据库中初始化用户对象列表
User.find(function(err,users){
  if(users.length) return;
  new User({logonName:'zhang3', password: 'zhang3', name: '张三', age: 25,
retired: false}).save();
  new User({logonName:'li4', password: 'li4', name: '李四', age: 75, retired:
true}).save();
  new User({logonName:'wang5', password: 'wang5',name: '王五'}).save();
});
//API：获取用户对象列表，出于演示目的要求登录验证
api.post("/list", passport.authenticate('local'), function(req, res) {
  //成功登录验证后，passport 会填充验证出来的 req.user 对象
  console.log(req.user.name + "/" + req.user.logonName + "：请求获取用户对象列表
");
  User.find(function(err,users){
    res.send(users);
  });
});
//API：获取指定用户对象，出于演示目的要求登录验证
api.post("/:name", passport.authenticate('local'), function(req, res) {
  User.findOne({name: req.params.name}, function(err,user){
    res.send(user);
  })
});
//API：增加一个用户对象，演示新用户注册，不要求登录验证
api.post("/", function(req, res) {
  if (!req.body.name) {
```

```
      res.status(400).send("用户对象的name属性不能为空");
      return;
    }
    new User({logonName: req.body.logonName,
            password: req.body.password,
            name: req.body.name,
            age: req.body.age,
            retired: req.body.retired}).
    save(function(err,user){
      if(err){
        res.status(500).send("无法存入数据");
        return;
      }
      res.send(user);
    });
});
//API: 更改一个用户对象，出于演示目的要求登录验证
api.put("/", passport.authenticate('local'), function(req, res) {
  if (!req.body.name) {//
    res.status(400).send("用户对象的name属性不能为空！");
    return;
  }
  //根据name找到用户对象后更新保存至数据库
  User.findOne({name: req.body.name}, function(err,user){
    if(err || !user){
      res.status(500).send("无法存入数据");
      return;
    }
    user.logonName = req.body.logonName;
    if(req.body.password){
      user.password = req.body.password;
    }
    user.age = req.body.age;
    user.retired = req.body.retired;
    user.save(function(err,user){
      if(err){
        res.status(500).send("无法存入数据");
        return;
      }
      res.send(user);
    });
  });
});
```

```
//API：删除一个用户对象，出于演示目的要求登录验证
api.delete("/", passport.authenticate('local'), function(req, res) {
  if (!req.body.name) {//
    res.status(400).send("用户对象的 name 属性不能为空！");
    return;
  }
  User.findOne({name: req.body.name}, function(err,user){
    if(err || !user){
      res.status(500).send("数据不存在");
      return;
    }
    //根据 name 找到用户对象后在数据库中删除
    user.remove(function(err,user){
      if(err){
        res.status(500).send("无法删除数据");
        return;
      }
      res.status(200).send("完成删除操作");
    });
  });
});
//导出 Router
module.exports = api;
```

【代码解析】相对于示例 12-3 的 users.js 文件，代码里除了加入引入 passport 包以外，有 3 个方面的大改动：

● 除了增加一个用户对象的 API 因为用于演示新用户注册，不要求登录验证外，其余 提供删改查功能的 API 都通过在处理的管道里加入 passport.authenticate('local') 来确保 只有成功登录验证的调用才能执行后续的访问数据操作，否则将会返回 HTTP 401 错 误到调用客户端。

● 将原来使用 HTTP GET 方法获取用户对象列表和获取指定用户对象的 API 改造为使 用 HTTP POST 方式。否则将每次 API 调用都需要传送的用户名和密码直接作为请求 URL 的一部分有比较大的安全缺陷。

● 初始化的用户对象列表增加了登录账户和密码两个字段，用于适应登录验证的要求。

最终的用户对象模型类定义/models/user_model.js 代码

```
//引入 mongoose
var mongoose = require("mongoose");
//引入 bcrypt-nodejs 提供加密解密
var bcrypt = require("bcrypt-nodejs");
//设置加密次数
var SALT_FACTOR = 10;
```

```javascript
//定义用户对象的 schema
var userSchema = mongoose.Schema({
  logonName:{ type: String, required: true, unique: true },
  password: { type: String, required: true},
  name: { type: String, required: true },
  age: { type: Number },
  retired: { type: Boolean }
});
//保存前将密码加密
userSchema.pre("save",function(done){
  var user = this;
  if(!user.isModified("password")){
    return done();
  }
  bcrypt.genSalt(SALT_FACTOR,function(err,salt){
    if(err) { return done(err); }
    bcrypt.hash(user.password,salt,function(){},
    function(err,hashedPassword){
      if(err) { return done(err); }
      user.password = hashedPassword;
      done();
    });
  });
});
//密码对比验证，使用 bcrypt.compare 方法预防计时攻击
userSchema.methods.checkPassword = function(guess, done) {
  bcrypt.compare(guess, this.password, function(err, isMatch) {
    done(err, isMatch);
  });
};
//生成用户对象的 Model 类
var User = mongoose.model("User", userSchema);
//导出用户对象的 Model 类
module.exports = User;
```

【代码解析】相对于示例 12-3 的 user_model.js 文件，代码里除了加入引入 bcrypt-nodejs 包以外，有 2 个方面的大改动：

- 用户对象的 schema 加入了 logonName 和 password 两个字段用于登录验证。
- 为用户对象的 schema 定义了保存动作的前置处理代码，用于将明文密码多次加密后更新到 password 字段。同时又为用户对象的 schema 定义了 checkPassword 方法用于登录验证时的密码对比。

新建的 passport 的登录策略的配置模块 setup_passport.js 代码

```javascript
//引入 mongoose
//引入 passport 包
var passport = require("passport");
//使用 passport 的本地登录策略
var LocalStrategy = require("passport-local").Strategy;
//引入用户对象在 MongoDB 中的模型
var User = require("./models/user_model");
//配置 passport 的本地登录策略
passport.use(new LocalStrategy({
    usernameField: 'userLogonName', //指定登录账户名的字段名
    passwordField: 'userPassword', //指定密码的字段名
    session: false //API 方式，每次均要验证，不使用 session 保存用户 id
  },
  function(logonName, password, done) {
    User.findOne({ logonName: logonName }, function(err, user) {
      if (err) { return done(err); }
      if (!user) {
        return done(null, false,
          { message: "没找到用户!" });
      }
      user.checkPassword(password, function(err, isMatch) {
        if (err) { return done(err); }
        if (isMatch) {
          return done(null, user);
        } else {
          return done(null, false,
            { message: "密码不对." });
        }
      });
    });
  }
));
//passport 指定需要实现的两个方法
module.exports = function() {
  passport.serializeUser(function(user, done) {
    done(null, user._id);
  });
  passport.deserializeUser(function(id, done) {
    User.findById(id, function(err, user) {
      done(err, user);
    });
  });
};
```

【代码解析】本文件主要用于配置 passport 使用的登录策略（这里是本地模式），并导出根据 passport 的要求实现的两个序列化和反序列化的方法。在配置本地登录策略时，因为后端服务提供的是无会话的 API，因此在选项里关闭了 session（网页型应用一般需要打开）。此外为了演示如何定制，笔者没有使用默认的 username 和 passoword 字段，而是自定义了两个其他的字段名从前端传送到后端作为验证之用，所以需要在配置选项里通过 usernameField 和 passwordField 指出来。

代码修改完成后的测试与 12.4 节的步骤基本一致。在 MongoDB 的 shell 中删除原来的用户对象数据集合后启动应用，可以在 shell 中查到按照新定义的 Schema 的用户列表，注意其中的密码字段（password）值已经被加密，如图 12.21 所示。

图 12.21　更新 Schema 后的初始化用户对象数据集合查询结果

除了每次调用都需要加入已有用户的登录验证信息和 HTTP GET 方法需要转为 POST 方法外，后端向前端提供的 API 并未有其他变化，因此通过 Postman 调用后端 API 显示的结果界面与 12.4 节所示的结果也大体类似。

本节不再全部罗列这些 Postman 调用后的结果界面截屏，仅演示区分未提供登录信息、提供错误登录信息和提供正确的登录信息这 3 种情况调用后端 API 获取用户数据列表的输出结果示例图，分别如图 12.22~12.24 所示。

图 12.22　不提供登录信息调用用户对象数据集合查询 API 结果

在图 12.22 中 Postman 显示返回 HTTP 400 的错误代码，表示缺少登录信息。

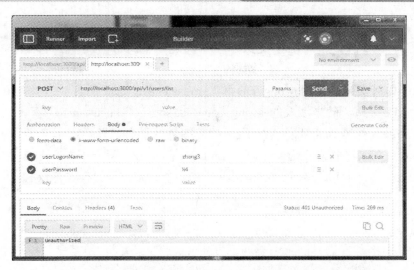

图 12.23　提供错误的登录信息调用用户对象数据集合查询 API 结果

在图 12.23 中 Postman 显示返回 HTTP 401 的错误代码，表示并未登录成功。

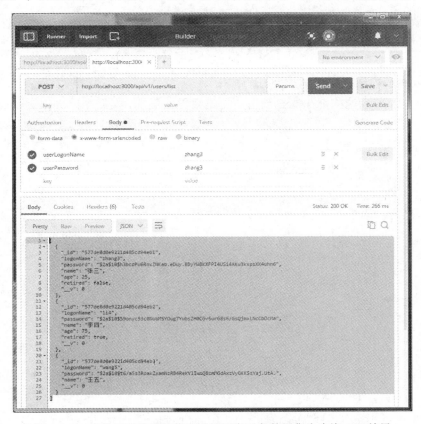

图 12.24　提供正确的登录信息调用用户对象数据集合查询 API 结果

在图 12.24 中 Postman 显示返回 HTTP 200 的成功代码，并在下方显示了取回的 JSON 格式用户对象数据集合。

12.6 小结

　　本章介绍了如何安装并使用 MongoDB 和 Express 这两个重要的后端服务器组件为 APP 提供高效的后端 API 接口。随之涉及的 Mongoose、Passport 和 Postman 都被用来完善或简化以 MongoDB 和 Express 作基础为开发 APP 应用的后端 API 服务。随着对本章学习内容的掌握，读者已经有能力从头到尾独立打造一个基于 Ionic 框架的 APP 应用了。

　　下一章将进入第一个 Ionic 项目实战，完成建立一个旅游过程分享与产品提供的 APP 应用。

第 13 章

项目实战：逍遥游APP v0.1(UGC+B2C应用)

完成学习前面章节的 Ionic 开发必备的前后端基础知识，从本章开始就可以进入完整的 APP 开发了。本章将描述如何从头到尾为一个虚拟的互联网旅游公司建立名为逍遥游的旅游游记分享与旅游路线产品提供基本功能的 APP。其中的游记分享部分是由 APP 的用户来贡献（即目前热门的 UGC - User Generated Content 模式），而旅游路线产品部分是由该虚拟的互联网旅游公司策划、维护和提供服务（即传统的 B2C - Business To User 模式）。

本章的主要知识点包括：

- 调用服务器后端的 API 服务
- 使用 ng-cordova 的拍照组件
- 引入并使用高德地图 API 提供地图标注和查看功能
- 定制生成 APP 的启动屏与图标

 本章标题中的 v0.1 代表着完成的 APP 产品是在一周内快速迭代完成的初始产品。该 APP 主要定位于教学需要，后续的性能界面优化和功能丰富增强设计可由读者作为学习本章后的强化作业练习自行完成。

13.1 项目和代码说明

随着移动网络的发展，用户已经接受并且习惯通过手机分享自己的生活点滴和直接下单购买各种产品与服务了。在传统的携程和阿里旅行主要以提供飞机火车订票、宾馆预订以及代理其他旅行社的产品商业模式之外，也有类似不二之旅、蝉游记等更注重其产品独特性和用户参与内容分享的商业模式另避蹊径获得了高价值的用户支持。

13.1.1 项目说明

为了不再重复接近于千人一面的电子商务 APP 模式，本项目设计成同时包含支持用户参与分享内容和提供旅游产品预订两大部分业务功能。此外 APP 里还包括类似用户登录、注册、密码修改、账户设置等基础功能。

在参考了其他同类 APP 的界面和 Ionic 框架提供的两种应用模板特点之后，笔者决定从 Ionic 的 sidemenu 模板来开始逍遥游 APP 的整体界面布局设计。

在用户分享游记部分，APP 需要提供对拍照和图片上传的支持，因此将引入 ng-cordova 的拍照组件和直接利用 HTML 5 的文件上传组件来提供支持。此外为用户提供的照片地图定位设置功能是常见的需求，因为众所周知的原因，谷歌地图的 API 服务目前在中国是不太稳定的。项目里将引入高德地图 API 来演示如何在 Ionic 框架里进行地图功能的集成。

面向终端用户的界面质量要求都相对比较高，因此项目里对 Ionic 提供的配色和布局方案都进行了一定改造和扩充，使界面更加活泼和具有现代感。笔者并不是专业的界面设计人员，项目里的配色和布局方案只是作为技术实现的说明来设计实现的。读者也可以通过对照阅读和修改项目的模板文件和本书 4.4.2 节介绍的 ionic.app.scss 文件来定制出自己满意的界面效果来。

13.1.2　随书代码运行说明

读者可以先在电脑上运行测试已完成的整个项目，再进入阅读后续的设计和实现内容，需要执行以下步骤：

- 随书源代码的整个 ch-travel-app 目录到本机的任意文件夹下，如 "c:\temp\ch-travel-app"。
- 启动 MongoDB，执行步骤参考本书 12.1 节。
- 启动 NodeJS 执行文件 "安装目录\ch-travel-app\back-end\easego-express\index.js"，执行步骤参考本书 12.3 节。
- 编辑文件 "安装目录\ch-travel-app\front-end\easego_ionic\www\js\services.js"，将如下代码中的 192.168.1.80 改为本机的 IP 地址：

```
"rootUrl": 'http://192.168.1.80:3000', //需要改为后端服务器的地址
```

- 在 "安装目录\ch-travel-app\front-end\easego_ionic\" 目录下执行 Ionic CLI 命令：

```
ionic serve
```

- 随后在浏览器自动加载的应用界面里就可以使用测试账户（用户名：test1，密码：111111）来测试了。
- 测试完毕需要终止 NodeJS 进程。

13.2　功能设计

根据 13.1 节的项目说明，逍遥游 APP 主要由 5 大部分的功能集组成，分别是：

- 侧栏菜单
- 旅游行踪
- 我的足迹
- 预约旅行产品
- 设置

这 5 大功能集与其内部的主要子功能可参考图 13.1 所示的逍遥游 APP 整体功能结构图。

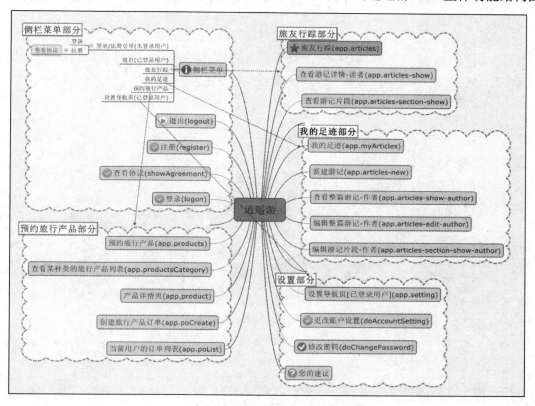

图 13.1　逍遥游 APP 整体功能结构图

需要说明的是，图 13.1 中除侧栏菜单的每个菜单项以外，每个子功能后括号内的内容有两种表现形式，它们之间的重要区别是：

- 以 "app." 为前缀的子功能设计为 Angular-UI 项目的路由模块(angular-ui-router)中的一个状态（state），而这些状态将共用一个抽象的根状态 "app"，它将负责载入本书 8.3 节提及的侧栏菜单框架模板，提供子状态用于切换展现的容器。 本章 13.3.3 节的代码解析部分将能见到这部分的代码说明。
- 其他无 "app." 前缀的子功能被设计为使用本书 9.3.1 节介绍的 Ionic 的模态框来实现。

13.2.1　界面与功能概述

1．界面配色定制

面向大众的 APP 比较重视界面的观感，因此选择和定制界面的配色是不可轻视的一个环节。本项目出于演示的目的，直接依据 Google 的 Material Design 设计指导（https://github.com/google/material-design-lite），在其推荐列表中分别选取了代号为 Light Green 和 Orange 的两个调色板作为颜色搭配的组合，参见图 13.2 所示。图中有箭头指示的颜色为被选中使用的色彩。

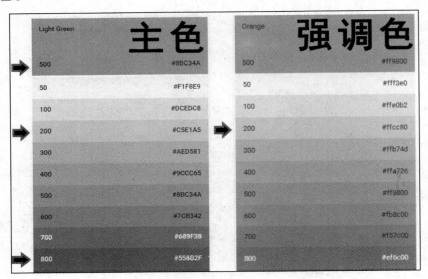

图 13.2　逍遥游 APP 的配色方案

因此逍遥游 APP 将依据项目选定的配色方案，在/scss/ionic.app.scss 中进行相应的颜色重定义，如：

```
$stable:            #8bc34a !default;
$balanced:          #c5e1a5 !default;
$positive:          #558b2f !default;
$highlight:         #ffcc80;
```

前 3 个颜色变量是 Ionic 有默认定义而被项目覆盖的，而第 4 个$highlight 是新增的定义。

2．侧栏菜单

逍遥游 APP 通过侧栏菜单为用户提供在不同主要功能动态跳转的方式，同时菜单也会根据用户的登录状态而动态调整显示的可选菜单项和用户头像的内容。图 13.3 和 13.4 分别演示了用户在登录和未登录状态下菜单的显示情况。

图 13.3　用户已登录状态下的侧栏菜单区域显示　　图 13.4　用户未登录状态下的侧栏菜单区域显示

3．旅友行踪

作为以 UGC 为特点的逍遥游 APP，旅友行踪功能的首页（即登录用户发布公开的游记列表）将作为整个应用的默认首页，如图 13.5 所示。

用户点击任何游记的封面图片后，将能跳转到该游记的阅读页对某个游记的图文片段进行点赞和评论。点击图 13.5 中的固定位置绿色圆形按钮后，将会转到用户创建自己的游记功能页面。

此外在图 13.5 中因为静态图的关系而未能展现上拉载入更多和下拉刷新的功能，它们将利用在本书 7.2.4 和 7.2.5 节分别介绍过的 ion-infinite-scroll 和 ion-refresher 组件并结合后端的数据获取 API 来实现。

4．我的足迹

该功能集的实质是为已登录用户提供编辑维护和发布自己创作的游记图文内容。图 13.6 演示了一个普通用户的"我的足迹（游记）"列表中显示的两类游记（已发布与未发布）。点击任何游记的封面图片后，用户将进入编辑维护模式，13.3.6 节将会详细描述这些功能与实现方式。

图 13.5　旅友行踪功能的首页　　　　　　图 13.6　我的足迹功能的首页

5．预约旅行产品

预约旅行产品功能集体现了逍遥游 APP 的 B2C 特点。虽然不涉及网上支付，但将具备基本的各系列（种类）产品浏览和下订单功能，其主要商业目的是带来销售线索，如图 13.7 所示。当然有兴趣的读者可以考虑与第三方的支付服务商对接，加入诸如促销、团购、支付、退款和商品评价等更加丰富的功能实现。

从图 13.7 中可以看到，逍遥游 APP 对次级固定顶栏进行了定制，使其呈现半透明风格，克服了 Ionic 原生固定顶栏界面的纯色背景比较死板的展现形式。而产品种类大图下的各产品的缩略图滚动轴是利用本书 7.7.2 节介绍的内容滚动容器 ion-scroll 定制实现的。具体的产品详情页与订单提交页的功能与实现方式将会在 13.3.7 节详述。

6．设置

与大多数 APP 应用的设置功能布局类似，主要是提供用户头像的上传、个人资料的编辑更新与密码的维护，如图 13.8 所示。而尚未实现的"您的建议"功能比较简单，读者可以用来练习 ionicModal 的使用。

图 13.7　预约旅行产品功能的首页　　　　图 13.8　设置功能

13.2.2　服务端 API 接口概述

13.2.1 节介绍的都是前台展现的业务功能，然而展现的内容是存储在后台服务端数据库（无论是传统的 SQL 或是目前流行的 NoSQL）并通过访问接口来获取到前端设备上的。

针对逍遥游 APP 的主要业务对象，其服务端 API 主要提供了 4 类数据实体的访问接口：

- 用户，接口文件路径为：back-end/easego-express/api/v1/users.js
- 游记，接口文件路径为：back-end/easego-express/api/v1/articles.js
- 产品，接口文件路径为：back-end/easego-express/api/v1/products.js
- 客户订单，接口文件路径为：back-end/easego-express/api/v1/pos.js

由于服务端 API 的编写不属于本书详细介绍的内容范围。限于篇幅的关系，服务端的 API 代码本书不会单独介绍，感兴趣的读者可以自行阅读代码与其中相应的注释。但是对相关服务端 API 的调用将会在各功能的服务实现小节中提及以保证内容逻辑的完整性。

13.3　功能实现

通过 13.1 和 13.2 节的介绍，想必读者已经对应用的大致功能有了初步了解。从本节开始笔者将介绍逍遥游 APP 的测试运行和功能代码实现解析，读者可以在本节通过实际运行与结合代码阅读改写来熟悉使用 Ionic 开发应用的整个过程。

13.3.1　准备工作：部署服务器端环境

在进入编写前端 APP 代码之前，首先需要保证服务端 API 的可用，因此第一步是完成服务器端环境的部署与测试验证其正常工作。本小节介绍的大部分内容都是本书第 12 章学习过的，因此具体的软件或服务安装过程这里不再详细介绍：

1．复制服务器端目录并运行 npm 包安装命令

将随书代码里路径"ch-travel-app\back-end\"下的 easego-express 目录复制到本机上，并调整 uploads 和 avatars 两个目录的权限，去掉只读属性。因为逍遥游 APP 的游记图片和用户的头像上传功能均会导致对它们写入文件。

随后在 easego-express 目录下的命令行运行：

```
cnpm install
```

这样将会安装该后端 NodeJS 项目依赖的 npm 包。

2．启动 mongodb

如果尚未启动 MongoDB 的后台服务进程，则在命令行运行命令启动：

```
mongod
```

3．启动 easego-express 目录下的 index.js 文件

在命令行内进入步骤 1 中的 easego-express 目录，随后运行命令启动：

```
node index.js
```

4．使用 mongo 查询 easego 数据库是否已被初始化

步骤 3 成功执行后将会连接并初始化 easego 数据库，因此这里需要通过 mongo 查询该数据库是否已成功建立，输出的内容应如图 13.9 所示，easego 数据库会出现在数据库列表中：

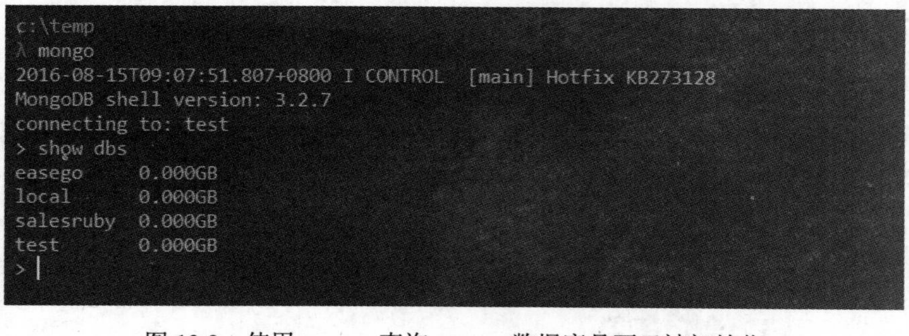

```
c:\temp
λ mongo
2016-08-15T09:07:51.807+0800 I CONTROL  [main] Hotfix KB273128
MongoDB shell version: 3.2.7
connecting to: test
> show dbs
easego      0.000GB
local       0.000GB
salesruby   0.000GB
test        0.000GB
>
```

图 13.9　使用 mongo 查询 easego 数据库是否已被初始化

5．使用 postman 测试接口

最后一步就是使用 postman 验证测试服务端的 API 接口是否能正常提供数据了。按照本书 12.2 节的内容，在 postman 使用 GET 方法直接调用 http://localhost:3000/api/v1/products/list 来测试是否能获取到笔者已经在代码里自动载入的测试数据记录集。正常情况下应该如图 13.10

所示，有多个用于测试的产品记录返回。

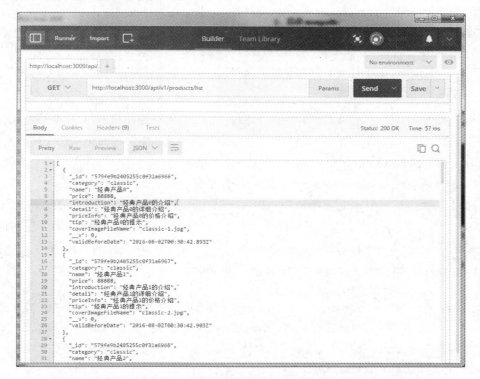

图 13.10　使用 postman 测试服务端的 API 接口是否已经可用

13.3.2　初始化项目设置与目录结构

1．使用 Ionic CLI 初始化项目目录

在 13.1 节的项目说明里决定了使用 Ionic 的 sidemenu 模板作为逍遥游 APP 的开发起点，因此可以用如下命令来初始化应用：

```
ionic start -s -a "逍遥游" -i com.mycompany.easego  ".\easego_ionic"  -t sidemenu
```

 如果读者从头构建一个 Ionic 的 APP 推荐用 ionic CLI 来初始化项目，而如果读者只是通过源码的复制查看逍遥游 APP 应用目前的整体代码结构并修改完善，则无须运行上面的初始化命令。

命令中具体各参数的含义读者可使用如下命令查看详情：

```
ionic -h
```

2．为项目安装配置 SASS 支持

随后可以在目录运行以下命令使项目切换成使用 SASS 来编写 CSS 文件：

```
ionic setup sass
```

由于命令的运行会在其内部调用 npm install，在国内的网络环境下有可能会出错退出。读者可参考 Ionic 官方网站的说明文档 http://ionicframework.com/docs/cli/sass.html 来自行手工安装项目对 SASS 的支持。

3．复制引入第三方 JS 库

逍遥游 APP 将使用本书 4.2 节介绍的 lodash 库用于从服务后端获取到数据集合的处理支持，因此需将笔者使用的 lodash 库文件 lodash-4.13.1.js 复制至 ch-travel-app\front-end\easego_ionic\www\lib 目录下，并将其引入到 ch-travel-app\front-end\easego_ionic\www 目录下的 index.html 文件中。

在 13.1 节里提及需引入的高德地图 API 服务是以在线服务的方式提供的，因此无须额外复制 JS 库文件到项目目录中，而是需要参考其在线文档（http://lbs.amap.com/api/lightmap/guide/summary/）申请开发者 KEY 并引入到 ch-travel-app\front-end\easego_ionic\www 目录下的 index.html 文件中。

随书代码里 ch-travel-app\front-end\easego_ionic\www\index.html 文件中已经引入了高德地图 API 服务，其中填入的 KEY（9d68eeba626eb0eaf2a2cafa2c98c292）是笔者本人申请用于开发测试的。强烈建议读者自行申请并更改该值，否则有多人同时使用可能会被封号导致 API 服务不正常而影响读者的测试开发。

4．安装 ngCordova 插件集

逍遥游 APP 将使用多个 ngCordova 插件，因此需要参考本书 11.2.1 的步骤和前端 Ionic 项目目录下的 package.json 文件安装配置用到的 ngCordova 插件集，具体的步骤不再重复说明。

5．设置对 Android 平台的支持

由于 Windows 环境下的工具集比较全面，笔者主要选择在 Windows 下进行逍遥游 APP 的开发测试，测试机也为 Android 系统的手机。在测试需要一些手机硬件配合才能完成的功能时，需要把应用测试包安装在实体机上。因此需要参照本书 2.2.2 节的做法为逍遥游 APP 添加 Anroid 平台支持，具体的步骤不再重复说明。

6．创建 AngularJS 的服务（Service）与过滤器（Filter）定义 JS 文件

Ionic 默认生成的代码框架并没有包含 AngularJS 框架常见的服务、指令与过滤器文件。而逍遥游 APP 出于演示的需要将使用服务（Service）与过滤器（Filter）组件。因此需要在 ch-travel-app\front-end\easego_ionic\www\js 目录下分别创建 services.js 和 filters.js 文件用于存放相应的组件代码。

13.3.3　实现总体界面导航与路由

逍遥游 APP 的界面导航与路由使用了 Ionic 框架推荐的标准实现方法，主要通过

www\js\app.js 和 www\templates\menu.html 文件结合来建立整个结构，而 www\index.html 则提供了最外部的页面容器。这个实现机制在本书 8.3.1 节已经分析过，此处不再重复说明。

【示例 13-1】实现总体界面导航与路由的代码

www\index.html 的总体界面代码

```html
<!DOCTYPE html>
<html>
  <head>
    <meta charset="utf-8">
    <meta name="viewport" content="initial-scale=1, maximum-scale=1,
    user-scalable=no, width=device-width">
    <title></title>

    <!--<link href="lib/ionic/css/ionic.css" rel="stylesheet">-->
    <!--<link href="css/style.css" rel="stylesheet">-->
    <link href="css/ionic.app.css" rel="stylesheet">

    <!-- IF using Sass (run gulp sass first), then uncomment below and remove
    the CSS includes above
    <link href="css/ionic.app.css" rel="stylesheet">
    -->
    <!--引入高德地图 API-->
    <script
src="http://webapi.amap.com/maps?v=1.3&key=9d68eeba626eb0eaf2a2cafa2c98c292"
type="text/javascript"></script>

    <!-- 引入 lodash 库 -->
    <script src="lib/lodash-4.13.1.js"></script>

    <!-- ionic/angularjs js -->
    <script src="lib/ionic/js/ionic.bundle.js"></script>

    <!-- 引入 ngCordova -->
    <script src="lib/ngCordova/dist/ng-cordova.min.js"></script>

    <!-- cordova script (this will be a 404 during development) -->
    <script src="cordova.js"></script>

    <!-- your app's js, 增加了引入自定义服务和过滤器 js 文件 -->
    <script src="js/app.js"></script>
    <script src="js/services.js"></script>
    <script src="js/controllers.js"></script>
    <script src="js/filters.js"></script>
```

```
        </head>

        <!-- 将 app 的名称从 starter 修改为 easego -->
        <body ng-app="easego">
          <ion-nav-view></ion-nav-view>
        </body>
      </html>
```

【代码解析】除了在本书 13.2.2 节提及的引入的外部 JS 库和新增的服务和过滤器 js 文件，笔者将 Ionic 自动生成的 ng-app 命名从 "starter" 改为 "easego" 以匹配逍遥游 APP 的英文名称。文件中的 ion-nav-view 指令内部将被 AngularJS UI Router 用于填充 www\templates\menu.html 的内容，这个填充操作是由 www\js\app.js 应用模块建立路由时设置的。

www\js\app.js 应用模块建立路由的代码片段

```
angular.module('easego', ['ionic',
'easego.controllers', 'easego.services','easego.filters','ngCordova'])
......//此处省略非路由相关的代码
.config(function($stateProvider, $urlRouterProvider) {
  $stateProvider
  //根状态
  .state('app', {
    url: '/app', abstract: true, templateUrl: 'templates/menu.html', controller:
'AppCtrl'
  })
  //我的足迹(游记)
  .state('app.myArticles', { url: '/my-articles',
    views: {
      'menuContent': {
        templateUrl:           'templates/my-articles.html',           controller:
'MyArticlesCtrl',
  } } })
  //旅友行踪
  .state('app.articles', { url: '/articles',
    views: {
      'menuContent': {
        templateUrl: 'templates/articles.html', controller: 'ArticlesCtrl',
  } } })
  //查看整篇游记
  .state('app.articles-show',
    // articleId 为传入的游记 ID
  { url: '/articles/:articleId',
    views: {
```

```
    'menuContent': {
      templateUrl: 'templates/article.html', controller: 'ArticleCtrl',
  } } })
  //查看游记片段
  .state('app.articles-section-show',
    // sectionId 为传入的游记片段 ID, articleId 为传入的游记 ID
{ url: '/articles/:articleId/:sectionId',
  views: {
    'menuContent': {
      templateUrl: 'templates/section.html', controller: 'SectionCtrl',
  } } })
  //新建游记
  .state('app.articles-new', { url: '/articles/new',
  views: {
    'menuContent': {
      templateUrl:            'templates/article-new.html',             controller:
'ArticleNewCtrl',
  } } })
  //查看整篇游记-作者
  .state('app.articles-show-author',
    // articleId 为传入的游记 ID, removeBackViewCount 为需要删除的访问历史记录数
{ url: '/articles/author/:articleId/:removeBackViewCount',
  views: {
    'menuContent': {
      templateUrl:            'templates/article-author.html',           controller:
'ArticleAuthorCtrl',
  } } })
  //编辑整篇游记-作者
  .state('app.articles-edit-author',
    // articleId 为传入的游记 ID
{ url: '/articles/edit-author/:articleId',
  views: {
    'menuContent': {
      templateUrl:         'templates/article-edit-author.html',          controller:
'ArticleEditAuthorCtrl',
  } } })
  //查看游记片段-作者
  .state('app.articles-section-show-author', {
  // articleId 为传入的游记 ID,  sectionId 为传入的游记片段 ID,
  // removeBackViewCount 为需要删除的访问历史记录数
    url: '/articles/author/:articleId/:sectionId/:removeBackViewCount',
    views: {
      'menuContent': {
```

```
            templateUrl:          'templates/section-author.html',          controller:
'SectionAuthorCtrl',
    } } })
    //预约旅行产品列表首页
    .state('app.products', { url: '/products',
      views: {
        'menuContent': {
          templateUrl: 'templates/products.html', controller: 'ProductsCtrl',
    } } })
    //查看某种类的旅行产品列表
    .state('app.productsCategory',
      // category 传入的产品种类英文名
    { url: '/products-category/:category',
      views: {
        'menuContent': {
          templateUrl:        'templates/products-category.html',         controller:
'ProductsCategoryCtrl',
    } } })
    //查看某旅行产品的详情页
    .state('app.product',
      // productId 为传入的产品 ID
    { url: '/product/:productId',
      views: {
        'menuContent': {
          templateUrl: 'templates/product.html', controller: 'ProductCtrl',
    } } })
    //创建旅行产品订单
    .state('app.poCreate',
      // productId 为传入的产品 ID
    { url: '/po-create/:productId',
      views: {
        'menuContent': {
          templateUrl: 'templates/po-create.html', controller: 'PoCreateCtrl',
    } } })
    //当前用户的订单列表
    .state('app.poList', { url: '/po-list',
      views: {
        'menuContent': {
          templateUrl: 'templates/po-list.html', controller: 'PoListCtrl',
    } } })
    //设置导航页
    .state('app.setting', { url: '/setting',
      views: {
```

```
    'menuContent': {
        templateUrl: 'templates/setting.html', controller: 'SettingCtrl',
    } } }) ;
//默认到旅友行踪页
$urlRouterProvider.otherwise('/app/articles');
});
```

【代码解析】代码中的根状态"app"作为抽象状态将引入 www\templates\menu.html 文件
的内容。文件中定义的其余状态都将作为它的子状态被动态切换载入与移出（这里指的是视觉
上的效果，Ionic 实际上是将子状态的视图缓存隐藏起来以提升性能）。

　　www\templates\menu.html 建立的应用总体侧栏菜单导航

```
<ion-side-menus enable-menu-with-back-views="false">
  <ion-side-menu side="left" expose-aside-when=" (min-width:600px)">
    <ion-header-bar class="bar-stable">
      <h1 class="title">逍遥游</h1>
    </ion-header-bar>
    <ion-content>
    <!--显示用户头像-->
    <div class="block-highlight">
      <div class="row">
        <div class="col col-center col-vertical-compacted">
          <img class="image-avatar-md" ng-show="currentUser"
          ng-src="{{rootUrl}}/{{currentUser.avatarFileName}}">
          <img          class="image-avatar-lg"          ng-hide="currentUser"
ng-click="logon()"
          ng-src="{{rootUrl}}/no-avatar.jpg">
        </div>
      </div>
    </div>
    <!--显示可用操作-->
    <ion-list>
      <ion-item menu-close ng-click="logon()" ng-hide="currentUser"
      class="text-center item-complex">
        <a class="item-content">登录</a>
      </ion-item>
      <ion-item menu-close ng-click="register()" ng-hide="currentUser"
      class="text-center item-complex">
        <a class="item-content">注册</a>
      </ion-item>
      <ion-item menu-close ng-click="logout()" ng-show="currentUser"
      class="text-center item-complex">
        <a class="item-content">退出</a>
      </ion-item>
```

```
        <ion-item menu-close ui-sref="app.articles" class="text-center">
            旅友行踪
        </ion-item>
        <ion-item menu-close ui-sref="app.myArticles" ng-show="currentUser"
        class="text-center">
            我的足迹
        </ion-item>
        <ion-item menu-close ui-sref="app.products" class="text-center">
            预约旅行产品
        </ion-item>
        <ion-item menu-close ui-sref="app.setting" ng-show="currentUser"
        class="text-center">
            设置
        </ion-item>
    </ion-list>
  </ion-content>
</ion-side-menu>


<ion-side-menu-content>
  <ion-nav-bar class="bar-stable">
    <ion-nav-back-button
    class="button icon-left ion-chevron-left button-clear button-icon">返回
    </ion-nav-back-button>
    <ion-nav-buttons side="left">
        <button    class="button    button-icon    button-clear    ion-navicon"
menu-toggle="left">
        </button>
    </ion-nav-buttons>
  </ion-nav-bar>
  <ion-nav-view name="menuContent"></ion-nav-view>
</ion-side-menu-content>
</ion-side-menus>
```

【代码解析】代码的主要结构与本书 8.3.1 节的示例 8-4 基本一致，只不过了加入了上方显示用户头像的代码。

13.3.4　实现侧栏菜单功能集

本章的 13.2.1 节的图 13.3 和图 13.4 里，分别有登录、注册两大功能是在侧栏菜单的控制器 AppCtrl 直接实现的。而注销功能沿用了 Ionic 模板的默认实现位置，即在应用模块 easego 里实现。

【示例 13-2】实现侧栏菜单功能集的代码片段

www\js\app.js 应用模块里登录用户注销的代码片段

```
angular.module('easego', ['ionic',
'easego.controllers', 'easego.services','easego.filters','ngCordova'])
……//此处省略其他部分的无关代码
.run(function($rootScope,$localstorage,appConfig,UtilService){
   //从配置服务中获取服务器后端的 Url 地址
   $rootScope.rootUrl = appConfig.rootUrl;
   //在页面里引入 lodash
   $rootScope._ = window._;
   //在 Local Storage 里存取登录用户的信息
   $rootScope.currentUserId = $localstorage.get('currentUserId',"");
   if($rootScope.currentUserId) $rootScope.currentUser =
   $localstorage.getObject('currentUserObj');
   //在 Local Storage 里存取登录用户的账户与密码信息，将用于后续的调用后端 API
   $rootScope.currentUserLogonName
$localstorage.get('currentUserLogonName',"");
   $rootScope.currentUserPassword
$localstorage.get('currentUserPassword',"");
   //已登录用户注销退出
   $rootScope.logout = function(){
     $localstorage.setObject('currentUserObj',null);
     $localstorage.set('currentUserId',"");
     $localstorage.set('currentUserLogonName',"");
     $localstorage.set('currentUserPassword',"");
     $rootScope.currentUser = $localstorage.getObject('currentUserObj');
     $rootScope.currentUserId = $localstorage.get('currentUserId',"");
     $rootScope.currentUserLogonName = "";
     $rootScope.currentUserPassword = "";
   };
})
……//此处省略其他部分的无关代码
```

【代码解析】用户注销主要是对 Local Storage 的操作，将记录当前登录用户信息的所有属性置空，并同时同步到$rootScope 的对应属性变量中去。判断用户是否登录以及后续访问服务端的 API 接口都是需要访问这些属性变量的。

www\js\controllers.js 控制器模块里用户与注册的逻辑代码片段

```
angular.module('easego.controllers', ["easego.services",'ngCordova'])
.controller('AppCtrl', function($scope, $ionicModal, $timeout,$rootScope,
$cordovaDevice,$ionicPlatform,$cordovaToast,
$ionicPopup,$localstorage,appConfig, LogonService,RegisterService) {
   /** 用户登录 */
```

```
// 初始化用户登录模态框
$ionicModal.fromTemplateUrl('templates/logon.html', {
  scope: $scope
}).then(function(modal) {
  $scope.logonModal = modal;
});
// 显示用户登录模态框
$scope.logon = function() {
  $scope.logonData = {};
  $scope.logonModal.show();
};
// 执行用户登录操作
$scope.doLogon = function(){
  // 调用后端登录服务
  LogonService.logon($scope.logonData.logonName,$scope.logonData.password)
  .then(
    function(successResult) {
      // 成功登录后更新当前用户的账户信息至根作用域和 Local Storage
      $rootScope.currentUser = successResult.data;
      $rootScope.currentUserId = successResult.data._id;
      $rootScope.currentUserLogonName = $scope.logonData.logonName;
      $rootScope.currentUserPassword = $scope.logonData.password;
      $localstorage.setObject('currentUserObj',successResult.data);
      $localstorage.set('currentUserId',successResult.data._id);

$localstorage.set('currentUserLogonName',$scope.logonData.logonName);
      $localstorage.set('currentUserPassword',$scope.logonData.password);
      $scope.logonModal.hide();
    },
    function(failResult){
      if(failResult.status== 401){
        $ionicPopup.alert({title: "账户名或密码不正确"});
      }
    }
  );
}
$scope.closeLogon = function() {
  $scope.logonModal.hide();
};

/** 用户注册 */
// 初始化用户注册模态框
$scope.registerData = {};
```

```javascript
$ionicModal.fromTemplateUrl('templates/register.html', {
  scope: $scope
}).then(function(modal) {
  $scope.registerModal = modal;
});
// 显示用户注册模态框
$scope.register = function() {
  $scope.registerModal.show();
};
// 执行用户注册操作
$scope.doRegister = function(){

RegisterService.register($scope.registerData.logonName,$scope.registerData.pas
sword,

$scope.registerData.mobile,$scope.registerData.name,$scope.registerData.verify
Code)
    .then(
      function(successResult) {
        $rootScope.currentUser = successResult.data;
        $rootScope.currentUserId = successResult.data._id;
        $rootScope.currentUserLogonName = $scope.logonData.logonName;
        $rootScope.currentUserPassword = $scope.logonData.password;
        $localstorage.setObject('currentUserObj',successResult.data);
        $localstorage.set('currentUserId',successResult.data._id);
        $scope.registerData = {};
        $scope.closeRegister();
      },
      function(failResult){
        if(failResult.status== 401){
          $ionicPopup.alert({title: "账户名或密码不正确"});
        }
      }
    );
  }
$scope.closeRegister = function() {
  $scope.registerModal.hide();
};
// 模拟获取验证码
$scope.getVerificationCode = function(){
  RegisterService.getVerificationCode($scope.registerData.mobile)
  .then(
    function(successResult) {
```

315

```
                    $scope.registerData.verifyCode = successResult.data.verificationCode;
            }
        );
    };


    /**此处省略比较简单的用户协议模态框显示代码 */
})
......//此处省略其他部分的无关代码
```

【代码解析】除了前台页面的交互代码（通过作用域变量）以外，逻辑代码里的其余部分均是调用服务 LogonService 和 RegisterService 来操作后端服务器的 API。这里需要注意的是因为 HTTP API 调用的异步特性，调用服务 LogonService 和 RegisterService 基本都是返回一个 promise，需要通过 then 函数的形式注册服务调用完成后的回调处理函数。

www\js\services.js 服务模块里 Local Storage 操作、用户登录与注册的代码片段

```
angular.module('easego.services', ['ngCordova'])
.constant('appConfig',{
    "rootUrl": 'http://192.168.1.80:3000', //需要改为后端服务器的地址
    "isPC": navigator.platform=="Win32"
})
// ......此处省略其他部分的无关代码
// Local Storage 包装服务
.factory('$localstorage', ['$window', function($window) {
 return {
    // 在 Local Storage 设置 key 对应的字符串 value
    set: function(key, value) {
        $window.localStorage[key] = value;
},
// 在 Local Storage 获取 key 对应的字符串 value，如果不存在时则使用 defaultValue 的值
    get: function(key, defaultValue) {
        return $window.localStorage[key] || defaultValue;
},
// 在 Local Storage 设置 key 对应的对象 value 的字符串形式
    setObject: function(key, value) {
        $window.localStorage[key] = JSON.stringify(value);
},
// 在 Local Storage 获取 key 对应的对象，如果不存在时则使用{}对象
    getObject: function(key) {
        return JSON.parse($window.localStorage[key] || '{}');
    }
  }
}])
```

```
    // 调用服务器端的登录 API 服务
    .factory('LogonService',['$http','$httpParamSerializerJQLike','appConfig',
    function LogonService($http,$httpParamSerializerJQLike,appConfig) {
      return {
         // 登录操作
    logon: function(userLogonName,password){
      // 调用后端处理用户登录的 API
         return $http.post(
           appConfig.rootUrl + "/api/v1/users/logon",
$httpParamSerializerJQLike({userLogonName:userLogonName,userPassword:password}
),
           {headers: {'Content-Type': 'application/x-www-form-urlencoded'}});
       },
     };
  }])
    // 调用服务器端的用户注册 API 服务
    .factory('RegisterService',['$http','$httpParamSerializerJQLike','appConfig
',
    function RegisterService($http,$httpParamSerializerJQLike,appConfig) {
      return {
         // 获取验证码
    getVerificationCode: function(mobile){
      // 调用后端生成验证码的 API，传入用户的手机号码参数
         return $http.post(
           appConfig.rootUrl + "/api/v1/users/get-verification-code",
           $httpParamSerializerJQLike({
             mobile: mobile,
           }),
           {headers: {'Content-Type': 'application/x-www-form-urlencoded'}}
         );
    },
    // 注册
    register: function(logonName,password,mobile,name,verifyCode){
      // 调用后端注册新用户的 API
         return $http.post(
           appConfig.rootUrl + "/api/v1/users/register",
           $httpParamSerializerJQLike({
             logonName: logonName,
             password: password,
             name: name,
             mobile: mobile,
             verifyCode: verifyCode,
```

```
        }),
        {headers: {'Content-Type': 'application/x-www-form-urlencoded'}}
    );
   },
 };
}])
```

【代码解析】对后端服务器 API 调用的模式都比较相似，都是通过$http 调用 HTTP 的标准方法（GET、POST、PUT 等），传送的数据通过$httpParamSerializerJQLike 进行打包，并加上相应的 HTTP 头。如前所述，调用$http 的 HTTP 方法将返回 promise，后续需要通过 then 函数注册回调函数来处理最终的调用结果。

www\templates\logo006E.html 用户登录前端 HTML 模板代码

```
<ion-modal-view>
  <ion-header-bar class="bar-stable">
   <a class="button icon-left ion-chevron-left button-clear button-icon"
ng-click="closeLogon()"></a>
     <h1 class="title">登录</h1>
  </ion-header-bar>
  <ion-content>
    <form ng-submit="doLogon()">
     <div class="list">
      <label class="item item-input">
        <span class="input-label">输入登录用户</span>
        <input type="text" ng-model="logonData.logonName">
      </label>
      <label class="item item-input">
        <span class="input-label">输入登录密码</span>
        <input type="password" ng-model="logonData.password">
      </label>
      <label class="item">
        <button class="button button-block button-positive" type="submit"
        ng-disabled="!logonData.logonName || !logonData.password"> 登    录
</button>
      </label>
     </div>
    </form>
  </ion-content>
</ion-modal-view>
```

【代码解析】用户登录使用 ionicModal 组件的模态框实现，因此前端 HTML 模板代码的容器为 ion-modal-view。模态框需要自行设置关闭按钮，如图 13.11 的左上角返回按钮。这里笔者没有使用更多的样式，而是直接使用了 Ionic 的表单文本输入控件。读者可以自行决定是否需要进一步美化。

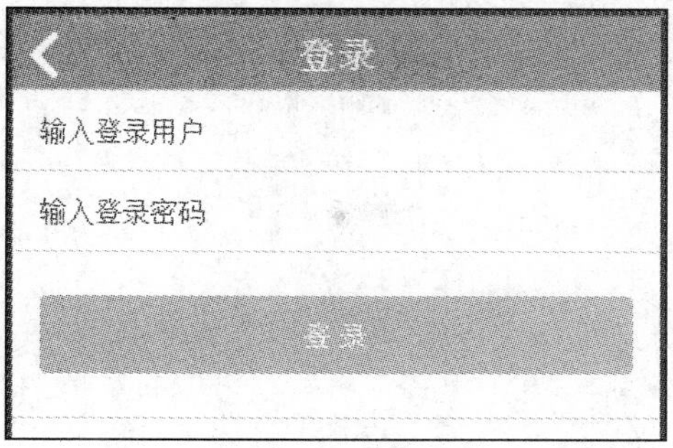

图 13.11　用户登录页

www\templates\register.html 用户注册前端 HTML 模板代码

```
<ion-modal-view>
  <ion-header-bar class="bar-stable">
    <a class="button icon-left ion-chevron-left button-clear button-icon"
ng-click="closeRegister()"></a>
    <h1 class="title">注册用户</h1>
  </ion-header-bar>
  <ion-content>
    <form name="registerForm" ng-submit="doRegister()">
      <div class="list">
        <label class="item item-input item-stacked-label">
          <span class="input-label">您的手机号码</span>
          <input         type="text"         ng-model="registerData.mobile"
ng-pattern="/^1[3|4|5|7|8][0-9]\d{8}$/">
        </label>
        <div class="item item-input item-stacked-label">
          <span class="input-label">输入短信验证码</span>
          <a  class="button  button-small"  ng-click="getVerificationCode()"
ng-disabled="!registerData.mobile"
         style="margin-left: 4px; padding-top: 4px; display: inline-block;
vertical-align: middle; font-size: 16px;">获取验证码</a>
          <input       type="text"        ng-model="registerData.verifyCode"
style="max-width: 150px;" required>
        </div>
        <label class="item item-input item-stacked-label">
          <span class="input-label">输入登录用户名</span>
          <input type="text" ng-model="registerData.logonName" required>
        </label>
        <label class="item item-input item-stacked-label">
          <span class="input-label">输入登录密码,至少 6 位</span>
          <input        type="password"       ng-model="registerData.password"
```

```
ng-minlength="6" required>
        </label>
        <label class="item item-input item-stacked-label">
          <span class="input-label">输入显示昵称</span>
          <input type="text" ng-model="registerData.name" required>
        </label>
        <div class="item">
          <button class="button button-block button-positive" type="submit"
          ng-disabled="registerForm.$invalid">同意协议并注册</button>
          <a                style="display:                block;text-align:center;"
ng-click="showAgreement()" >逍遥游用户隐私协议</a>
        </div>
      </div>
    </form>
  </ion-content>
</ion-modal-view>
```

【代码解析】本页面的代码与登录页面的代码基本结构大致类似。两个不同点分别是调用后台服务器 API 获得手机验证码与支持查看用户隐私协议，图 13.12 中可以看到这两个被不同背景或字体颜色突出显示的两个异形按钮。查看用户隐私协议也是由 ionicModal 组件的模态框实现，这里利用了它的可重入特性。

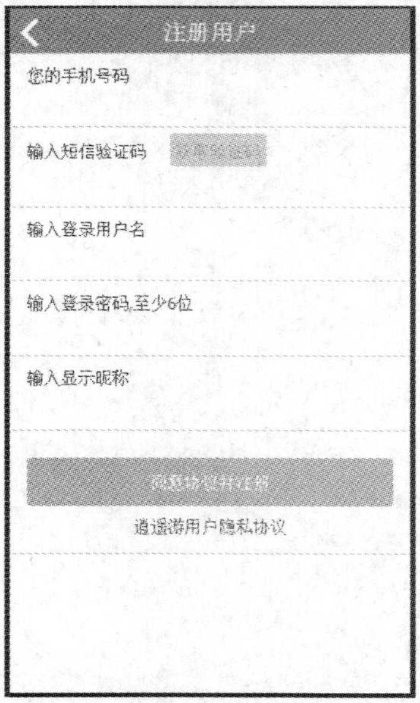

图 13.12　用户注册页

www\templates\agreement.html 显示用户隐私协议前端 HTML 模板代码

```
<ion-modal-view>
  <ion-header-bar class="bar-stable">
```

```
    <a class="button icon-left ion-chevron-left button-clear button-icon"
ng-click="closeAgreement()"></a>
    <h1 class="title">逍遥游用户隐私协议</h1>
  </ion-header-bar>
  <ion-content>
<!--此处省略隐私协议的内容文本-->
  </ion-content>
</ion-modal-view>
```

【代码解析】本页面的代码最为简单，页面的内容也是非常朴实，如图 13.13 所示。它直接由 ionicModal 组件的模态框实现。读者朋友可以动手将源文件进行 HTML 格式化，使之看上去更美观。

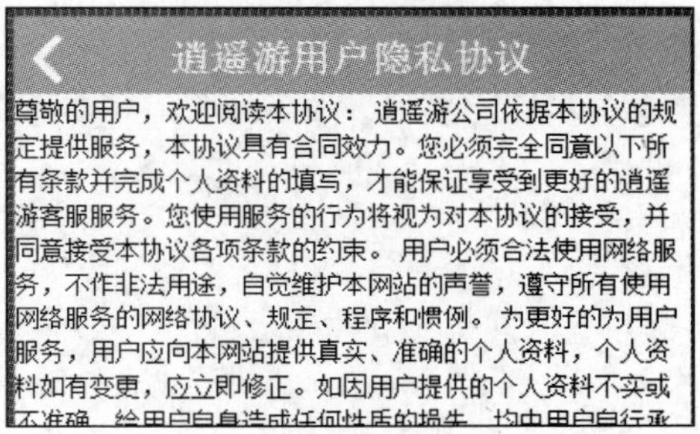

图 13.13　用户隐私协议浏览页

13.3.5　实现旅友行踪功能集

如图 13.1 的逍遥游 APP 整体功能结构图所示，本部分主要由已发布的游记列表、单个游记详情和单个游记片段 3 个功能页组成。用户的浏览步骤也是按此顺序进行，因此本小节将依序分别介绍这 3 个功能页的实现方式。

1．已发布的游记列表

如图 13.5 所示，该页面主要显示的是用户上传分享的游记。由于游记的记录数是随着时间无限增加的，因此逍遥游 APP 将该页设计成分页模式，初始时载入第一页。当用户浏览到页面的尾端时，APP 将自动调用后台服务载入后续页码的记录集内容并填充到页面。当用户下拉时，APP 遵照标准的交互模式，调用后台服务试图取出未显示的最新记录并填充到页面。

【示例 13-3】实现已发布的游记列表功能的代码片段

www\js\controllers.js 控制器模块里已发布的游记列表的逻辑代码片段

```
// 旅友行踪首页-已发布的游记列表
.controller('ArticlesCtrl',function ArticlesCtrl(
$scope,$stateParams,$ionicHistory,ArticleService) {
  $scope.articleList = [];
  $scope.$on('$ionicView.enter', function(e) {
    //初始状态只显示第一页的记录
```

```
      $scope.pageNo = 0;
      //初始状态设为还有更多的记录页可以载入
      $scope.moreDataCanBeLoaded = true;
      //调用 ArticleService 服务获取游记列表，未指定页码，将会默认为获取首页的数据
        ArticleService.list()
        .then(function(data) {$scope.articleList = data.data; });
      });
      // 载入更多操作，即加载下一页的记录
      $scope.loadMoreArticles = function(){
        //调用 ArticleService 服务获取游记列表的下一页的记录数据
        ArticleService.list($scope.pageNo+1)
        .then(function(data) {
          var articleListReturned = data.data;
          if(articleListReturned.length > 0)
          // 获得了更多数据记录
          {
            $scope.pageNo = $scope.pageNo + 1;
            // 将传回的数据集插入到前台数据集
            _.times(articleListReturned.length, function(index){
              if             (_.findIndex($scope.articleList,              {_id:
articleListReturned[index]._id})<0){
                $scope.articleList                                        =
_.concat($scope.articleList,articleListReturned[index]);
              }
            });
            //提示前端视图重绘
            $scope.$broadcast('scroll.infiniteScrollComplete');
          }
          else{
            // 已无更多历史数据,设置使页面的 ion-infinite-scroll 组件的 on-infinite 事件不再
有效
            $scope.moreDataCanBeLoaded = false;
          }
        });
      };
      // 刷新获取新记录操作
      $scope.loadNew = function(){
        //更新的数据都是排序在前面,因此这里简化操作,直接再次获取首页的数据记录
        ArticleService.list(0)
        .then(function(data) {
          var articleListReturned = data.data;
          if(articleListReturned.length > 0)
          {
```

```
    // 将新的数据集插入到前台数据集
    _.times(articleListReturned.length,function(index){
      if              (_.findIndex($scope.articleList,          {_id:
articleListReturned[index]._id}))<0){
        $scope.articleList.unshift(articleListReturned[index]);
      }
    });
    //提示前端视图重绘
    $scope.$broadcast('scroll.refreshComplete');
    }
  });
  };
})
```

【代码解析】控制器里定义的 loadMoreArticles 和 loadNew 函数分别调用后台同一方法实现了载入更多和刷新获取新记录功能。代码里用到了 lodash 库的 findIndex 函数，它是用于返回指定对象在数组中的索引，如果找不到则返回-1。

www\js\services.js 服务模块里获取游记的记录列表代码片段

```
.factory('ArticleService',
['$http','$httpParamSerializerJQLike','$q','appConfig',
function ArticleService($http,$httpParamSerializerJQLike,$q,appConfig) {
  return {
list: function(pageNo){
  //调用后端服务 API 获取游记列表，未指定页码，将会默认为获取首页的数据
    return $http.get(
      appConfig.rootUrl + "/api/v1/articles/list/" + (pageNo || 0));
  },
    //……此处省略其他部分的无关代码
  };
}])
```

【代码解析】该服务的 API 调用比较简单，也不要求用户登录信息，只要传送页码信息即可，默认情况下将传送第 1 页的记录，每页的记录数由后端服务器 API 方设定。

www\templates\articles.html 已发布的游记列表前端 HTML 模板代码

```
<ion-view view-title="逍遥游" >
  <ion-content>
    <ion-refresher on-refresh="loadNew()" spinner="lines"></ion-refresher>
    <div class="list card" ng-repeat="article in articleList track by
article._id">
      <div class="item item-body">
        <div class="article-cover-image">
          <a ui-sref='app.articles-show({articleId : article._id })'>
```

```
            <img class="full-image "
            ng-src="{{rootUrl}}/{{article.coverImageFileName}}">
          </a>
          <h2 class="article-cover-image-title">{{article.name}}</h2>
          <div class="vertical-bar"></div>
          <div class="article-cover-image-other-info">
            {{article.startDate|date:'yyyy-MM-dd'}} @ {{article.location}}
          </div>
          <img class="article-cover-image-avatar"
          ng-src="{{rootUrl}}/{{article.author.avatarFileName}}">
          <div class="article-cover-image-author-name">
            作者：{{article.author.name}}
          </div>
        </div>
        <div>
          <a href="#" class="subdued interaction-number">
          {{CountComments(article)}}
          </a>
          <i class="icon ion-document-text highlight icon-interaction"> </i>
          <a        href="#"        class="subdued        interaction-number">
{{CountLikes(article)}} </a>
          <i class="icon ion-thumbsup highlight icon-interaction" ></i>
        </div>
      </div>
    </div>
    <ion-infinite-scroll                     on-infinite="loadMoreArticles()"
ng-if="moreDataCanBeLoaded">
    </ion-infinite-scroll>
  </ion-content>
  <div class="floating-round-button">
    <a ui-sref='app.articles-new' ng-show="currentUser">
     <i class="icon ion-android-add highlight"></i>
    </a>
    <a ng-click="logon()" ng-hide="currentUser">
     <i class="icon ion-android-add highlight"></i>
    </a>
  </div>
</ion-view>
```

【代码解析】页面与控制器配合刷新机制分别使用了 ion-refresher 和 ion-infinite-scroll 来调用相应的更新记录的函数。由于随着用户操作，页面载入的记录数可能会增加到惊人的数字，因此在 ng-repeat 指令里启用了 track by 的机制，这样能优化列表的更新性能。点击某个游记的封面图片跳转到该游记详情是通过 ui-sref 指令来实现的。

2．单个游记详情

当用户在已发布的游记列表点击某个游记的封面图片时，便会跳转到该游记行情，并传入该游记的 ID 作为参数。在单个游记详情将会显示该游记所在的地理位置、游记的一些统计信息以及游记的图文片段。

【示例 13-4】实现单个游记详情功能的代码片段

www\js\controllers.js 控制器模块里单个游记详情的逻辑代码片段

```
//单个游记详情
.controller('ArticleCtrl', function ArticleCtrl(
$scope,$stateParams,ArticleService){
 // 声明地图与标记对象
 var map, marker;
 $scope.$on('$ionicView.enter', function(e) {
  // 通过 ID 调用 ArticleService 服务获取游记详情对象
  ArticleService.query($stateParams.articleId)
  .then(function(data) {
   $scope.article = data.data[0];
   // 初始化地图对象
   map = new AMap.Map('map',{
    resizeEnable: false,
    zoom: 10,
    center:                          [$scope.article.geolocationSpot[1],
$scope.article.geolocationSpot[0]]
   });
   // 初始化标记对象
   marker = new AMap.Marker({
        position:                    [$scope.article.geolocationSpot[1],
$scope.article.geolocationSpot[0]]
   });
   // 在地图上显示标记
   marker.setMap(map);
   // 首先对游记片段集合按发生日期排序
   var                     _articleSectionsSortedByDate              =
_.orderBy($scope.article.sections,["date"],["asc"]);
    _articleSectionsSortedByDate = _.map(_articleSectionsSortedByDate,
     function(section){
      section.shortDate = section.date.substring(0,10);
      return section;
   });
   // 游记片段集合按发生的日期进行分组，页面将按日期分组显示这些游记片段
   $scope.sectionGroups                                              =
_.groupBy(_articleSectionsSortedByDate,'shortDate');
```

```
    });
  });
  // 退出时清除对象
  $scope.$on('$ionicView.leave',function(e) {
    map = null;
    marker = null;
  });
})
```

【代码解析】通过服务$stateParams 可以获取到传入的游记 ID 参数，随后从后端服务器 API 中获取到该游记的所有信息。此外代码里使用了高德地图 API 创建了地图对象 map，并使用标记对象 marker 在地图上标注了游记的地理位置，如图 13.14 所示。

www\js\services.js 服务模块里获取单个游记信息片段

```
.factory('ArticleService',
['$http','$httpParamSerializerJQLike','$q','appConfig',
function ArticleService($http,$httpParamSerializerJQLike,$q,appConfig) {
  return {
//……此处省略其他部分的无关代码
query: function(articleId){
  //调用后端 API 获取单个游记信息，参数为游记 ID
    return $http.get(
      appConfig.rootUrl + "/api/v1/articles/query/" + articleId);
  },
    //……此处省略其他部分的无关代码
  };
}])
```

【代码解析】这里的代码目的明确且实现简单，直接调用后端服务器 API 获得某个游记信息的对象返回。

www\templates\article.html 单个游记详情查看页前端 HTML 模板代码

```
<ion-view view-title="{{article.name}}">
  <ion-content>
<ion-list>
<!--引入高德地图-->
    <div id="map" tabindex="0" class="external-map"></div>
    <ion-item>
      <div class="block-highlight">
        <div class="row bottom-border">
          <div class="col col-center col-33">
            <img class="image-avatar-md"
            ng-src="{{rootUrl}}/{{article.author.avatarFileName}}">
          </div>
```

```
                <div class="article-author-name col col-66">
                    作者: {{article.author.name}}
                </div>
            </div>
            <div class="row">
                <div                                            class="col
col-center">{{article.sections[0].date|date:'yyyy-MM-dd'}}</div>
                <div class="col col-center">里程</div>
                <div class="col col-center">喜欢</div>
            </div>
            <div class="row">
                <div class="col col-center">{{CountDays(article)}}</div>
                <div class="col col-center">{{article.mileage|number}} 公里</div>
                <div class="col col-center">{{CountLikes(article)}}</div>
            </div>
        </div>
    </ion-item>
    <div ng-repeat="sectionGroup in sectionGroups">
    <ion-item
class="center-text">{{sectionGroup[0].shortDate}}</ion-item>
        <div class="list card" ng-repeat="section in sectionGroup">
            <div class="item item-body">
                <a ui-sref='app.articles-section-show({articleId : article._id ,
sectionId: section._id})'>
                    <img class="full-image"
                    ng-src="{{rootUrl}}/{{section.imageFileName}}">
                </a>
                <p>{{section.text}}</p>
                <div>
                    <a href="#" class="subdued interaction-number" >
                    {{section.comments.length || '0'}}
                    </a>
                    <i class="icon ion-document-text highlight icon-interaction"> </i>
                    <a       href="#"       class="subdued       interaction-number">
{{section.likes.length || '0'}} </a>
                    <i class="icon ion-thumbsup highlight icon-interaction"></i>
                </div>
            </div>
        </div>
        </div>
    </ion-list>
  </ion-content>
</ion-view>
```

【代码解析】页面代码里的结构读者应该基本比较熟悉了，显示游记片段的时候使用了两级 ng-repeat，分别是显示分组信息（即发生日期）和组内的游记片段。唯一新的内容就是引入了 id 为 map 的 div 标记，用于在控制器里创建地图对象。图 13.14 中顶部地图对象的高度，可以通过在 SASS 文件/scss/ionic.app.scss 里修改 CSS 样式类 external-map 来调整，读者可以自己动手实验一下。

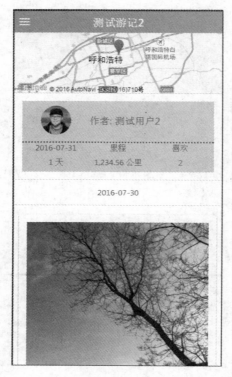

图 13.14　单个游记详情页

3．单个游记片段

当读者用户在单个游记详情页点击某个游记片段图片时，便会跳转到该游记片段的图文页面，并传入该游记片段的 ID 作为参数。在单个游记片段将会显示该游记所在的地理位置、游记的一些统计信息以及游记的图文片段。

【示例 13-5】实现读者用户查看单个游记片段图文功能的代码片段

www\js\controllers.js 控制器模块里用户查看单个游记片段的逻辑代码片段

```
// 用户查看单个游记片段控制器
.controller('SectionCtrl', function SectionCtrl(
$scope,$rootScope,$stateParams,ArticleService){
  $scope.newComment = null;
  $scope.$on('$ionicView.enter', function(e) {
    // 调用 ArticleService 服务通过游记父对象找单个游记片段子对象
    ArticleService.query($stateParams.articleId)
```

```
         .then(function(data) {
           $scope.article = data.data[0];
           // 找出游记片段对象
           $scope.section                 =              _.find($scope.article.sections,{_id:
$stateParams.sectionId});
           // 需要转换一下 JSON 的日期对象
           $scope.section.date = Date.parse($scope.section.date);
         });
       });
     // 加短评
     $scope.addComment = function(){
       ArticleService.addComment($rootScope.currentUserLogonName,
$rootScope.currentUserPassword,
       $scope.article._id,          $scope.section._id,          $scope.newComment,
$rootScope.currentUserId)
     .then(function(data) {
       // 短评成功增加后立即更新页面显示短评内容
         $scope.article = data.data;
         $scope.section                 =                 _.find($scope.article.sections,{_id:
$scope.section._id});
         $scope.section.date = Date.parse($scope.section.date);
         $scope.newComment = null;
       });
     };
     // 点赞
     $scope.addLike = function(){
       ArticleService.addLike($rootScope.currentUserLogonName,
$rootScope.currentUserPassword,
       $scope.article._id, $scope.section._id, $rootScope.currentUserId)
     .then(function(data) {
       // 点赞成功后立即更新页面显示
         $scope.article = data.data;
         $scope.section                 =                 _.find($scope.article.sections,{_id:
$scope.section._id});
         $scope.section.date = Date.parse($scope.section.date);
       });
     };
     // 判断是否已经被本人点赞，用于控制点赞按钮是否有效（不允许重复点赞）
     $scope.alreadyLiked = function(){
       // 还未 load 到数据时使点赞按钮暂时无效
   if(!$scope.section) return true;
   // 若无任何点赞则按钮直接有效
   if(!$scope.section.likes) return false;
```

```
    // 判断是否已经被本人点赞
    return _.includes(
      _.map($scope.section.likes,function(like){return like.liker._id;}),
      $rootScope.currentUserId);
  }
})
```

【代码解析】控制器代码的主要功能除了加载游记片段数据之外，同时提供了给读者用户点赞和加短评的函数支持。其中 lodash 库的 includes 函数用于判断符合条件的记录是否已经存在于集合中。

www\js\services.js 服务模块里的游记片段点赞和加短评代码片段

```
.factory('ArticleService',
['$http','$httpParamSerializerJQLike','$q','appConfig',
function ArticleService($http,$httpParamSerializerJQLike,$q,appConfig) {
  return {
//……此处省略其他部分的无关代码
    // 调用后端加短评 API
    addComment: function(userLogonName, userPassword, articleId, sectionId,
text, commenterId){
      return $http.post(
        appConfig.rootUrl + "/api/v1/articles/addComment",

$httpParamSerializerJQLike({userLogonName:userLogonName,userPassword:userPassw
ord,
        articleId: articleId, sectionId: sectionId, text: text, commenterId:
commenterId}),
        {headers: {'Content-Type': 'application/x-www-form-urlencoded'}}
      );
    },

    // 调用后端点赞 API
    addLike: function(userLogonName, userPassword, articleId, sectionId,
likerId){
      return $http.post(
        appConfig.rootUrl + "/api/v1/articles/addLike",

$httpParamSerializerJQLike({userLogonName:userLogonName,userPassword:userPassw
ord,
        articleId: articleId, sectionId: sectionId, likerId: likerId}),
        {headers: {'Content-Type': 'application/x-www-form-urlencoded'}}
      );
    },
//……此处省略其他部分的无关代码
```

```
    };
  }])
```

【代码解析】点赞和加短评都需要登录用户才有权限操作。这里并没有限制作者对自己点赞，读者可以考虑自行补充实现。

www\templates\article.html　单个游记片段查看页前端 HTML 模板代码

```
<ion-view view-title="{{article.name}}">
  <ion-nav-buttons side="secondary">
    <a class="button button-icon icon-right ion-thumbsup button-clear"
    ng-click="addLike()" ng-disabled="alreadyLiked() || !currentUserId"></a>
    <a class="button button-icon icon-right ion-share button-clear"></a>
  </ion-nav-buttons>
  <ion-content>
    <div class="list card">
      <div class="item item-body">
        <img class="full-image"
        ng-src="{{rootUrl}}/{{section.imageFileName}}">
        <p>
          <i class="icon ion-clock" style="font-size: 20px; vertical-align:
-3px;"></i>
          {{section.date|date:'yyyy.MM.dd  hh:mm'}}
          <span class="location-bar">
            <i class="icon ion-location" style="font-size: 20px; vertical-align:
-3px;"> </i>
            {{section.location}}
          </span>
        </p>
        <div>{{section.likes.length}} 人喜欢:</div>
        <p>
          <img class="image-avatar-sm" ng-repeat="like in section.likes"
            ng-src="{{rootUrl}}/{{like.liker.avatarFileName}}">
        </p>
        <div>{{section.comments.length}} 个评论:</div>
        <p ng-repeat="comment in section.comments">
          <span style="display:inline-block">
            <img class="image-avatar-sm"
            ng-src="{{rootUrl}}/{{comment.commenter.avatarFileName}}">
          </span>
          <span
style="display:inline-block;position:absolute;padding-left:10px;">
            <span style="color: #333333;">{{comment.commenter.name}}</span>:
            {{comment.text}}
          </span>
```

```
        </p>
      </div>
    </div>
</ion-content>
<ion-footer-bar  class="item-input-inset bar-balanced" resize-foot-bar>
    <input ng-model="newComment" placeholder="添加短评..."
    style="display: block; width: 90%; font-size: 16px;">
    <a class="button icon-right ion-chevron-right button-clear"
    style="display: inline-block; position:absolute; right: 5px;"
    ng-click="addComment()" ng-disabled="!newComment"></a>
  </ion-footer-bar>
</ion-view>
```

【代码解析】模板的显示效果如图 13.15 所示。其中借鉴采用了常见的头像（avatar）模式。界面上预留了顶部待加入实现代码的分享按钮，读者可以考虑借鉴使用在本书 11.2.10 节学习的$cordovaSocialSharing 插件来实现这个功能，该功能是不需要调用后端服务器 API 支持的。

图 13.15　单个游记片段页

13.3.6　实现我的足迹功能集

我的足迹功能集的实质是为已登录用户提供编辑维护和发布自己创作的游记图文内容。如图 13.1 的逍遥游 APP 整体功能结构图所示，本部分主要由我的足迹（作者的游记列表）、新建游记、作者查看整篇游记、作者编辑整篇游记、作者编辑游记片段这 5 个功能页组成，是逍遥游 APP 的 UGC 特色的体现。本小节将依序分别介绍这 5 个功能页的实现方式。

1．作者的游记列表

该功能与旅游行踪的首页展现方式类似，只不过鉴于一个用户创作的游记毕竟有限，因此不再使用分页机制。此外在筛选游记列表时，除了只显示当前登录用户的游记记录集外，也需要将作者未发布与未选择封面图片的游记（使用系统默认设置的特殊图片替换为封面图片）都展示出来，并显著标出其状态，如图 13.16 所示。

图 13.16　作者的的游记列表页

【示例 13-6】实现作者的游记列表功能的代码片段

www\js\controllers.js 控制器模块里作者的游记列表的逻辑代码片段

```
.controller('MyArticlesCtrl',function MyArticlesCtrl(
$scope,$rootScope,$ionicModal,$ionicHistory,$state,$localstorage,ArticleSer
vice){
  $scope.$on('$ionicView.enter', function(e) {
    //获取当前用户为作者的游记列表
    ArticleService.listOfAuthor($rootScope.currentUserId)
    .then(function(data) {$scope.articleList = data.data; });
  });
})
```

【代码解析】唯一的任务是在页面激活时调用后端服务获取当前用户为作者的游记列表。

www\js\services.js 服务模块里获取作者的游记记录列表代码片段

```
.factory('ArticleService',
['$http','$httpParamSerializerJQLike','$q','appConfig',
function ArticleService($http,$httpParamSerializerJQLike,$q,appConfig) {
  return {
    //……此处省略其他部分的无关代码
listOfAuthor: function(userId){
```

```
    //获取指定用户为作者的游记列表，属于查看类的数据，无须登录
      return $http.get(
        appConfig.rootUrl + "/api/v1/articles/listOfAuthor/" + userId);
    },
    //……此处省略其他部分的无关代码
  };
}])
```

【代码解析】服务模块的相关代码也很简单，直接用后端服务获取当前用户的游记列表即可。因为只是获取信息，所以处理成无须登录的 GET 模式。

www\templates\my-articles.html 作者的游记记录列表前端 HTML 模板代码

```html
<ion-view view-title="我的足迹(游记)" >
  <ion-content>
    <div class="list card" ng-repeat="article in articleList">
      <div class="item item-body">
        <div class="article-cover-image">
          <a ui-sref='app.articles-show-author(
        {articleId : article._id, removeBackViewCount: 0 })'>
            <img class="full-image "
            ng-src="{{rootUrl}}/{{article.coverImageFileName}}">
            <img                            ng-src="{{rootUrl}}/unpublished.png"
ng-show="article.state=='编辑'
  " class="tilt-notification-belt-img">
          </a>
          <h2 class="article-cover-image-title">{{article.name}}</h2>
          <div class="vertical-bar"></div>
          <div class="article-cover-image-other-info">
            {{article.startDate|date:'yyyy-MM-dd'}} @ {{article.location}}
          </div>
        </div>
        <div>
          <a href="#" class="subdued interaction-number">
          {{CountComments(article)}}
          </a>
          <i class="icon ion-document-text highlight icon-interaction" > </i>
          <a        href="#"        class="subdued        interaction-number">
{{CountLikes(article)}} </a>
          <i class="icon ion-thumbsup highlight icon-interaction" ></i>
        </div>
      </div>
    </div>
  </ion-content>
  <div class="floating-round-button">
```

```
     <a ui-sref='app.articles-new'>
       <i class="icon ion-android-add highlight"></i>
     </a>
   </div>
 </ion-view>
```

【代码解析】代码里对于未发布的游记，通过显示后端指定的图片 unpublished.png，叠加在游记的封面图片上来提醒作者。而无封面图片的游记是通过服务器端的图片文件路径直接指定显示提醒图片，这里无须处理。

2．新建游记

为了使用户容易上手，该功能页布局设计并不复杂，只有两个输入元素，如图 13.17 所示。只需要提供游记名称和在地图上点击指定游记发生的地理位置即可。

图 13.17　作者新建游记页

【示例 13-7】实现作者新建游记功能的代码片段

www\js\controllers.js 控制器模块里作者新建游记的逻辑代码片段

```
     .controller('ArticleNewCtrl',                                      function
ArticleNewCtrl($scope,$rootScope,$state,ArticleService){
       var map, marker, clickEventListener;
       $scope.$on('$ionicView.enter', function(e) {
 $scope.articleNewData = {};
 // 初始化地图对象
       map = new AMap.Map('map-new-article',{
         resizeEnable: true,
         zoom: 10,
       });
 // 支持用户移动地图
```

```
    map.on('moveend', function(){
      setLocation(map);
    });
    // 用户点击后指定游记地理位置
    var clickEventListener = map.on('click', function(e) {
      // 目前游记设计成只支持输入一个旅行地点，因此如果多次点击地图对象，
      // 则只有最后一个位置为有效位置
        if(marker) map.remove(marker);
        // 创建地理位置对象
        marker = new AMap.Marker({
          position: [e.lnglat.getLng(), e.lnglat.getLat()]
        });
        // 将地理位置对象绑定到地图对象，使之显示出来
        marker.setMap(map);
        // 更新数据模型里的位置信息
        $scope.articleNewData.geolocationSpot                            =
[e.lnglat.getLng(),e.lnglat.getLat()];
        setLocation(map);
      });
    });
    // 退出后清理释放资源
    $scope.$on('$ionicView.leave',function(e) {
      map = null;
  marker = null;
  clickEventListener = null;
    });
    // 获取地点的文字描述
    var setLocation = function(mapObj){
  mapObj.getCity(function(data) {
    // 目前高德免费版完美支持中国地图
      $scope.articleNewData.location = "中国,"+data.province+","+data.city;
    });
    };
    // 调用 ArticleService 服务提交新建游记
    $scope.doArticleNew = function(){
      ArticleService.newArticle($rootScope.currentUserLogonName,
$rootScope.currentUserPassword,
      $scope.articleNewData.name, $scope.articleNewData.geolocationSpot,
      $scope.articleNewData.location,$rootScope.currentUserId)
    .then(function(data) {
    //完成提交后转到作者查看游记页，设置 removeBackViewCount =1，
    //在页面历史中删除新建游记的访问记录，使下个页面的返回按钮不导航到新建游记的页面
      $state.go("app.articles-show-author",{articleId:            data.data._id,
removeBackViewCount: 1});
      });
    };
  })
```

【代码解析】本页面的地图增加了作者的移动和点击互动，因此需要对地图的 moveend 和 click 事件进行响应。而调用后台服务提交新建游记的方式与其他后台服务调用并无本质区别。

www\js\services.js 服务模块里新建游记代码片段

```
.factory('ArticleService',
['$http','$httpParamSerializerJQLike','$q','appConfig',
function ArticleService($http,$httpParamSerializerJQLike,$q,appConfig) {
  return {
    //……此处省略其他部分的无关代码
newArticle: function(
userLogonName, userPassword, name, geolocationSpot, location, authorId){
    // 调用后端新建游记 API
      return $http.post(
        appConfig.rootUrl + "/api/v1/articles/newArticle",
        $httpParamSerializerJQLike({userLogonName:userLogonName,
          userPassword:userPassword,
          name: name,
          geolocationSpot: geolocationSpot,
          location: location,
          authorId: authorId}),
        {headers: {'Content-Type': 'application/x-www-form-urlencoded'}}
    );
  },
    //……此处省略其他部分的无关代码
  };
}])
```

【代码解析】后台服务模块的相关代码也很简单，直接用后端服务 POST 新建游记的信息即可。

www\templates\article-new.html 作者新建游记前端 HTML 模板代码

```
<ion-view view-title="创建游记">
  <ion-content>
    <form name="articleNewForm" ng-submit="doArticleNew()">
      <div class="list">
        <label class="item item-input item-stacked-label">
          <span class="input-label">输入游记名称：</span>
          <input type="text" ng-model="articleNewData.name" required>
        </label>
        <label class="item item-input item-stacked-label">
          <span class="input-label">选择游记地点：</span>
          <!--引入高德地图-->
          <div                id="map-new-article"               tabindex="0"
class="external-map-large"></div>
        </label>
        <div class="item">
          <button class="button button-block button-positive" type="submit"
          ng-disabled="articleNewForm.$invalid
|| !articleNewData.geolocationSpot">
      确 定
      </button>
        </div>
      </div>
```

```
    </form>
  </ion-content>
</ion-view>
```

【代码解析】页面上只有两个输入控件，其中的地图控件的 CSS 样式类特意选取了垂直放大的模式，以帮助作者查看地图选取地理位置。为了简化示例代码，这里地图控件并没有开启工具栏和标尺等其他高级选项，有兴趣的读者可以阅读高德地图的文档自行尝试增强它。

3．作者查看整篇游记

作者在游记列表点击自己的游记封面图片或是新建游记成功后，被设计成将会转到查看整篇游记功能页。图 13.18 和图 13.19 分别显示了这两种情况下作者查看整篇游记功能页的页面显示布局。最主要的几个用户交互点分别是右上角的编辑按钮和底部固定标题栏的随拍和图库按钮。

用户点击编辑按钮将会进入本小节里的 4.作者编辑整篇游记功能页。而随拍和图库按钮分别代表直接拍照上传和从本地文件系统（或相簿）选择图片上传两种方式建立游记的图文片段操作。

图 13.18　作者查看整篇游记（从游记列表切换过来）　图 13.19　作者查看整篇游记（从新建游记切换过来）

【示例 13-8】实现作者查看整篇游记功能的代码片段

www\js\controllers.js 控制器模块里作者查看整篇游记的逻辑代码片段

```
.controller('ArticleAuthorCtrl', function ArticleAuthorCtrl(
$scope,$rootScope,$stateParams,$state,$ionicHistory,$ionicPlatform,
$cordovaImagePicker,$cordovaToast,$cordovaFileTransfer,$cordovaCamera,
```

```
ArticleService,appConfig){
// 声明地图与标记对象
  var map, marker;
  $scope.$on('$ionicView.enter', function(e) {
    if($stateParams.removeBackViewCount){
    _.times($stateParams.removeBackViewCount,
        function(){$ionicHistory.removeBackView();});
  }
  // 通过 ID 调用 ArticleService 服务获取游记对象
    ArticleService.query($stateParams.articleId)
    .then(function(data) {
      $scope.article = data.data[0];
    // 初始化地图对象
      map = new AMap.Map('map-author',{
        resizeEnable: false,
        zoom: 10,
        center:                          [$scope.article.geolocationSpot[1],
$scope.article.geolocationSpot[0]]
      });
        // 初始化标记对象
      marker = new AMap.Marker({
            position:                    [$scope.article.geolocationSpot[1],
$scope.article.geolocationSpot[0]]
        });
        // 在地图上显示标记对象
      marker.setMap(map);
        // 首先对游记片段集合按发生日期排序
      var                  _articleSectionsSortedByDate                   =
_.orderBy($scope.article.sections,["date"],["asc"]);
        _articleSectionsSortedByDate = _.map(_articleSectionsSortedByDate,
        function(section){
          section.shortDate = section.date.substring(0,10);
          return section;
      });
        // 游记片段集合按发生的日期进行分组
      $scope.sectionGroups                                                =
_.groupBy(_articleSectionsSortedByDate,'shortDate');
    });
  });
  // 退出时清除对象
  $scope.$on('$ionicView.leave',function(e) {
    map = null;
    marker = null;
```

```
        });

    $ionicPlatform.ready(function() {
        // 点击"随拍"按钮，从本地文件系统（或相簿）选择图片上传
        $scope.pickImage = function(element){
            // 数据变化后需要通知 AngularJS 传播 Model 的变化
        $scope.$apply(function () {
        // 获取文件上传控件的文件对象
            $scope.theFile = element.files[0];
            // 调用 ArticleService 服务上传图片文件
            ArticleService.addArticleSectionImage(
              $rootScope.currentUserLogonName, $rootScope.currentUserPassword,
              $scope.article._id, $scope.theFile)
            .then(function(sectionId){
                // 成功后进入作者编辑游记片段界由作者输入文字说明
                $state.go("app.articles-section-show-author",
                       {articleId: $scope.article._id, sectionId: sectionId,
removeBackViewCount: 0});
            },function(evt){
              console.log(evt);
            });
        });

    };
    // 直接拍照上传
  $scope.takePicture= function(){
    // PC 环境下不能使用 Cordova 插件完成拍照
      if (!window.cordova) {
        console.log("No Cordova Installed!");
        return;
      }
      // 设置拍照质量与图片大小等参数，参考本书 11.2.9 小节
      var options = {
        quality: 100,
        destinationType: Camera.DestinationType.DATA_URL,
        sourceType: Camera.PictureSourceType.CAMERA,
        allowEdit: true,
        encodingType: Camera.EncodingType.JPEG,
        targetWidth: 800,
        targetHeight: 600,
        popoverOptions: CameraPopoverOptions,
        saveToPhotoAlbum: false,
        correctOrientation:false
```

```
            };
            // 拍照并上传照片数据，imageData 为照片数据
            $cordovaCamera.getPicture(options).then(function(imageData) {
              // 拍照完成后，调用 ArticleService 服务上传照片数据
              ArticleService.addArticleSectionImageBase64(
                $rootScope.currentUserLogonName, $rootScope.currentUserPassword,
                $scope.article._id,imageData)
              .then(function(result){
                //成功后进入作者编辑游记片段界面由作者输入文字说明
                $state.go("app.articles-section-show-author",
                      {articleId: $scope.article._id, sectionId: result.data._id,
removeBackViewCount: 0});
              },function(evt){
                console.log(evt);
              });
            }, function(err) {
              console.log(err);
            });
          };
      });
    })
```

【代码解析】代码里的 pickImage 和 takePicture 函数分别完成从本地文件系统（或相簿）选择图片上传和直接拍照上传功能。前者的实现方式是用 HTML 5 的文件上传控件完成，而后者是采用通过把使用$cordovaCamera 获得的即时照片数据经 Base64 编码将文件数据内容直接填充在 HTTP 的字段里上传。

www\js\services.js 服务模块里作者查看整篇游记代码片段

```
.factory('ArticleService',
['$http','$httpParamSerializerJQLike','$q','appConfig',
function ArticleService($http, $httpParamSerializerJQLike, $q, appConfig) {
  return {
    //……此处省略其他部分的无关代码
    //使用 XMLHttpRequest 调用 POST 方式上传文件
    addArticleSectionImage: function(userLogonName, userPassword,
articleId,imagePathName){
      var sectionId;
      // 使用$q 构造 Promise 对象
      var defered = $q.defer();
      function uploadComplete(evt) {
        sectionId = JSON.parse(evt.target.responseText)._id;
        // 成功上传返回
        defered.resolve(sectionId);
      }
      function uploadFailed(evt) {
        // 上传失败
```

```
        defered.reject(evt);
    };
    var formData = new FormData();
    formData.append("articleId", articleId);
    formData.append("file", imagePathName);
    // 直接调用 AJAX 接口上传
    var xhr = new XMLHttpRequest()
    xhr.addEventListener("load", uploadComplete, false);
    xhr.addEventListener("error", uploadFailed, false);
    xhr.open("POST", appConfig.rootUrl + "/api/v1/articles/newPhoto");
    xhr.setRequestHeader("Accept", "application/json");
    // 执行文件 POST 操作
    xhr.send(formData);
    // 返回 Promise 对象给服务的调用方
    return defered.promise;
  },
  // 直接传送编码后的文件数据方式
  addArticleSectionImageBase64: function(
userLogonName, userPassword,articleId,data){
  // 使用$http 服务调用后端服务接口
    return $http.post(
      appConfig.rootUrl + "/api/v1/articles/newPhoto",
      {userLogonName:userLogonName,userPassword:userPassword,
      articleId: articleId, file: data}
    );
  },
  //……此处省略其他部分的无关代码
};
}])
```

【代码解析】服务里的 addArticleSectionImage 和 addArticleSectionImageBase64 函数分别对应本地文件系统（或相簿）选择图片上传和直接拍照上传功能。

www\templates\article-author.html 作者查看整篇游记前端 HTML 模板代码

```html
<ion-view view-title="{{article.name}}">
  <ion-nav-buttons side="secondary">
   <a ui-sref="app.articles-edit-author({articleId : article._id })"
   class="button button-icon ion-ios-compose-outline button-clear"></a>
  </ion-nav-buttons>
  <ion-content>
<ion-list>
<!--引入高德地图-->
    <div id="map-author" tabindex="0" class="external-map"></div>
    <ion-item>
      <div class="block-highlight">
        <div class="row bottom-border">
          <div class="col col-center col-33">
            <img class="image-avatar-md"
            ng-src="{{rootUrl}}/{{article.author.avatarFileName}}">
          </div>
```

```
        <div class="article-author-name col col-66">
            作者：{{article.author.name}}
        </div>
    </div>
    <div class="row">
        <div                                            class="col
col-center">{{article.sections[0].date|date:'yyyy-MM-dd'}}</div>
        <div class="col col-center">里程</div>
        <div class="col col-center">喜欢</div>
    </div>
    <div class="row">
        <div class="col col-center">{{CountDays(article)}}</div>
        <div class="col col-center">{{article.mileage|number}} 公里</div>
        <div class="col col-center">{{CountLikes(article)}}</div>
    </div>
  </div>
</ion-item>
<div ng-repeat="sectionGroup in sectionGroups">
  <ion-item
class="center-text">{{sectionGroup[0].shortDate}}</ion-item>
    <div class="list card" ng-repeat="section in sectionGroup">
    <div class="item item-body">
        <a class="container" ui-sref='app.articles-section-show-author(
            {articleId : article._id , sectionId: section._id,
removeBackViewCount: 0})'>
            <img class="full-image"
            ng-src="{{rootUrl}}/{{section.imageFileName}}">
            <img                         ng-src="{{rootUrl}}/cover-image.png"
class="tilt-notification-belt-img"
            ng-show="article.coverImageFileName==section.imageFileName"
            >
        </a>
        <p>{{section.text}}</p>
        <p>
            <i class="icon ion-thumbsup calm"
            style="font-size: 20px; vertical-align: -3px;"></i>
            <a href="#" class="subdued">{{section.likes.length}} 赞 </a>
            <i class="icon ion-document-text calm"
            style="font-size: 20px; vertical-align: -3px;"> </i>
            <a href="#" class="subdued">{{section.comments.length}} 评论</a>
        </p>

    </div>
  </div>
 </div>
</ion-list>
</ion-content>
<ion-footer-bar    class="bar-balanced"  resize-foot-bar  style="padding:
0px;">
    <div class="row" style="padding: 0px;">
    <div class="col bg-thicker" style="padding: 0px; ">
```

```
            <a class="button ion-camera button-clear half-bar-button"
            ng-click="takePicture()"> 随拍</a>
        </div>
        <div class="col bg-highlight" style="padding: 0px; ">
            <a    class="button    ion-images    button-clear    text-in-highlight
half-bar-button"
            href="javascript:void(0);"
            > 图库
            <input     id="file"     name="file"     type="file"     accept="image/*"
capture="camera"
            class="transparent-file"
onchange="angular.element(this).scope().pickImage(this)"/>
            </a>
        </div>
    </div>
  </ion-footer-bar>
</ion-view>
```

【代码解析】这里的前端页面代码与前面 13.3.5 旅游行踪功能集的查看页面代码基本类似。唯一值得指出的是选择图片上传的图库按钮，这里将文件输入控件的 onchange 事件与控制器的 pickImage 函数挂接起来，从而达到了选择文件后触发直接上传的目的。

4．作者编辑整篇游记

一篇游记的组成元素除了图文信息片段数组之外，还有一些开始日期、累计里程、以及发布状态等设置基本信息，这就需要如图 13.20 所示的游记编辑功能页面。而编辑或更改完成后，作者点击页面的右上角确定按钮，游记的新信息需要通过服务传送到后端服务器更新数据库。

图 13.20　作者编辑整篇游记

【示例 13-9】实现作者编辑整篇游记功能的代码片段
www\js\controllers.js 控制器模块里作者编辑整篇游记的逻辑代码片段

```
.controller('ArticleEditAuthorCtrl',function ArticleEditAuthorCtrl(
```

```
    $scope,$rootScope,$ionicModal,$ionicHistory,$state,$stateParams,$localstora
ge,ArticleService){
    var map, marker, clickEventListener;
    $scope.$on('$ionicView.enter', function(e) {
      // 获取游记对象，articleId 会从路由参数里传入
      ArticleService.query($stateParams.articleId)
      .then(function(data) {
        $scope.article =  data.data[0];
        $scope.article.startDate = new
Date(Date.parse($scope.article.startDate));
        // publishState（是否已发布）属性是 Boolean 类型，需要转换一下
        $scope.article.publishState = ($scope.article.state=="已发布");
        // 初始化地图
        map = new AMap.Map('map-update-article',{
          resizeEnable: true,
          zoom: 10,
        });
        // 初始化地点并显示
        marker = new AMap.Marker({
          position: [$scope.article.geolocationSpot[1],
$scope.article.geolocationSpot[0]]
        });
        marker.setMap(map);
        // 支持用户移动地图
        map.on('moveend', function(){
          setLocation(map);
        });
        // 获取地点的文字描述
        var setLocation = function (mapObj) {
          mapObj.getCity(function (data) {
            $scope.article.location = "中国," + data.province + "," + data.city;
          });
        };
        // 用户点击后指定游记地理位置
        clickEventListener = map.on('click', function(e) {
          if(marker) map.remove(marker);
          marker = new AMap.Marker({
            position: [e.lnglat.getLng(), e.lnglat.getLat()]
          });
          marker.setMap(map);
          $scope.article.geolocationSpot =
[e.lnglat.getLat(),e.lnglat.getLng()];
```

```
        setLocation(map);
      });
    });
  });
  // 退出后清理释放资源
  $scope.$on('$ionicView.leave',function(e) {
    map = null;
marker = null;
clickEventListener = null;
  });
  // 调用 ArticleService 服务确认游记编辑更改结果
  $scope.confirm = function(){
    ArticleService.updateArticle(
    $rootScope.currentUserLogonName, $rootScope.currentUserPassword,
    $scope.article._id, $scope.article.name, $scope.article.geolocationSpot,
    $scope.article.location,                    $scope.article.startDate,
$scope.article.mileage,
    $scope.article.publishState ? "已发布" : "编辑", $scope.article.publicity)
  .then(function(data) {
    // 使用 Toast 方式提示已更改
    $rootScope.showToast("游记"+ $scope.article.name +"已更改");
      // 直接返回上一个页面
      $ionicHistory.goBack();
    });
  };
})
```

【代码解析】本页面的地图同样有响应作者的移动和点击互动，因此需要对地图的 moveend 和 click 事件进行响应。而调用后台服务提交更新游记信息的方式与其他后台服务调用并无本质区别。另外为了方便完整演示代码运行，有些与新建游记雷同的冗余代码未进行重构去重。

www\js\services.js 服务模块里编辑游记代码片段

```
.factory('ArticleService',
['$http','$httpParamSerializerJQLike','$q','appConfig',
function ArticleService($http,$httpParamSerializerJQLike,$q,appConfig) {
  return {
    //……此处省略其他部分的无关代码
    updateArticle: function(userLogonName, userPassword,articleId,
name,geolocationSpot,location,startDate,mileage,state,publicity){
    // 调用后端修改游记 API
      return $http.put(
        appConfig.rootUrl + "/api/v1/articles/updateArticle",
```

```
$httpParamSerializerJQLike({userLogonName:userLogonName,userPassword:userPassw
ord,
        articleId: articleId, name: name,geolocationSpot: geolocationSpot,
        location:location,startDate: startDate,mileage: mileage,
        state: state,publicity: publicity,}),
        {headers: {'Content-Type': 'application/x-www-form-urlencoded'}}
    );
    },
    //……此处省略其他部分的无关代码
    };
}])
```

【代码解析】后台服务模块的相关代码也很简单，直接用后端服务 PUT 修改游记的信息即可。

www\templates\article-edit-author.html 作者编辑整篇游记前端 HTML 模板代码

```
<ion-view view-title="{{article.name}}">
 <ion-nav-buttons side="secondary">
  <!--确认提交-->
  <a ng-click="confirm()"
  class="button button-icon ion-android-done button-clear"
  ng-disabled="!article.name || !article.startDate || !article.mileage"></a>
 </ion-nav-buttons>
 <ion-content>
  <form name="articleForm">
   <div class="list">
    <label class="item item-input item-stacked-label">
     <span class="input-label">游记名称</span>
     <input type="text" ng-model="article.name" required>
    </label>
    <label class="item item-input item-stacked-label">
     <span class="input-label">选择游记地点: </span>
     <!--引入高德地图-->
     <div                 id="map-update-article"                 tabindex="0"
class="external-map"></div>
    </label>
    <label class="item item-input item-stacked-label">
     <span class="input-label">开始日期</span>
     <input type="date" ng-model="article.startDate" required>
    </label>
    <label class="item item-input item-stacked-label">
     <span class="input-label">里程数(公里)</span>
     <input type="number" ng-model="article.mileage">
```

```
  </label>
  <ion-toggle ng-model="article.publishState">发布状态</ion-toggle>
  <label class="item item-input item-stacked-label">
    <span class="input-label">隐私公开设置</span>
    <select required>
      <option ng-selected="article.publicity=='公开'" value="公开">公开
</option>
      <option ng-selected="article.publicity=='好友可见'" value="好友可见">
    好友可见</option>
      <option ng-selected="article.publicity=='自己可见'" value="自己可见">
    自己可见</option>
    </select>
  </label>
  </div>
  </form>
 </ion-content>
</ion-view>
```

【代码解析】前台页面模板代码使用了 Ionic 的 CSS 表单类和 ion-toggle 组件，这些部分的解析在前面的章节都已经完整接触过了。

5．作者编辑游记片段

在本小节的作者查看整篇游记部分，当作者上传图片或直接拍照后，页面将进入切换到作者编辑游记片段功能页。该页面里作者可以输入照片说明，并将其设为封面图片，如图 13.21 所示。

图 13.21　作者编辑游记片段

【示例 13-10】实现作者编辑游记片段功能的代码片段

www\js\controllers.js 控制器模块里作者编辑游记片段的逻辑代码片段

```
.controller('SectionAuthorCtrl', function SectionAuthorCtrl(
$scope,$rootScope,$stateParams,$state,$ionicHistory,ArticleService){
  $scope.$on('$ionicView.enter', function (e) {
    // 处理浏览历史
    if ($stateParams.removeBackViewCount) {
      _.times($stateParams.removeBackViewCount, function () {
        $ionicHistory.removeBackView();
      });
  }
// 获取指定的游记片段对象，首先获取游记父对象
  ArticleService.query($stateParams.articleId)
    .then(function (data) {
      $scope.article = data.data[0];
      // 通过 sectionId 找到游记片段对象
      $scope.sectionData         =          _.find($scope.article.sections,{_id:
$stateParams.sectionId});
    $scope.sectionData.date = new Date(Date.parse($scope.sectionData.date));
      $scope.sectionData.time = new
Date(Date.parse($scope.sectionData.date));
        // 该片段对象的图片是否被设为了整个游记的封面图片
        $scope.sectionData.isArticleCoverImage =
          $scope.sectionData.imageFileName ==
$scope.article.coverImageFileName;
      })
  });
  // 更新游记片段
  $scope.doSectionUpdate = function () {
    // 时间仅精确到小时与分钟
    $scope.sectionData.date.setHours($scope.sectionData.time.getHours());
  $scope.sectionData.date.setMinutes($scope.sectionData.time.getMinutes());
// 调用 ArticleService 更新游记片段
ArticleService.updateSection($rootScope.currentUserLogonName,
  $rootScope.currentUserPassword,
  $scope.article._id,
  $scope.sectionData._id,
  $scope.sectionData.text,
  $scope.sectionData.date,
  $scope.sectionData.imageFileName,
  $scope.sectionData.isArticleCoverImage)
.then(function(data) {
```

```
// 回到作者查看整篇游记功能页
   $ionicHistory.removeBackView();
   $state.go("app.articles-show-author",{articleId:        data.data._id,
removeBackViewCount: 1});
   });
 };
})
```

【代码解析】控制器与读者阅读模式相比增加了一些表单字段的初始化和调用后端服务器服务提交到数据库里。提交完成后将自动回到作者查看整篇游记功能页。

www\js\services.js 服务模块里编辑游记片段代码片段

```
.factory('ArticleService',
['$http','$httpParamSerializerJQLike','$q','appConfig',
function ArticleService($http,$httpParamSerializerJQLike,$q,appConfig) {
  return {
    //……此处省略其他部分的无关代码
    updateSection: function(userLogonName, userPassword,articleId,sectionId,
text,date,imageFileName,isArticleCoverImage){
    //调用更新游记片段后端 API
      return $http.post(
appConfig.rootUrl                +              "/api/v1/articles/updateSection",
$httpParamSerializerJQLike(
        { userLogonName: userLogonName,userPassword:userPassword,
        articleId: articleId, sectionId: sectionId, text: text, date: date,
        isArticleCoverImage: isArticleCoverImage ? 1 : 0 ,imageFileName:
imageFileName,}),
        {headers: {'Content-Type': 'application/x-www-form-urlencoded'}}
      );
    },
    //……此处省略其他部分的无关代码
  };
}])
```

【代码解析】后台服务模块的相关代码也很简单，直接用后端服务 POST 方法修改游记片段的基本信息字段即可。

www\templates\article-edit-author.html 作者编辑游记片段前端 HTML 模板代码

```
<ion-view view-title="编辑单篇游记">
  <ion-nav-buttons side="secondary">
    <a class="button button-icon ion-android-done button-clear"
    ng-disabled="!sectionData.text || !sectionData.date || !sectionData.time"
    ng-click="doSectionUpdate()"></a>
  </ion-nav-buttons>
```

```
<ion-content>
  <ng-form name="sectionUpdateForm" >
    <ion-list>
      <ion-item>
        <label class="item item-input">
          <textarea ng-model="sectionData.text" rows="5" required
          placeholder="添加游记文字"></textarea>
        </label>
      </ion-item>
      <ion-item>
        <label class="item item-input">
          <span class="input-label">选择日期：</span>
          <input type="date"  ng-model="sectionData.date" required/>
        </label>
      </ion-item>
      <ion-item>
        <label class="item item-input">
          <span class="input-label">选择时间：</span>
          <input type="time" ng-model="sectionData.time" required/>
        </label>
      </ion-item>
      <ion-item>
        <ion-toggle ng-model="sectionData.isArticleCoverImage">设置为封面图片
</ion-toggle>
        <img class="full-image"
             ng-src="{{rootUrl}}/{{sectionData.imageFileName}}">
      </ion-item>
    </ion-list>
  </ng-form>
</ion-content>
</ion-view>
```

【代码解析】前端页面使用了 Ionic 的 CSS 表单类和 ion-toggle 组件，这些部分的解析在前面的章节也都已经完整接触过了。

13.3.7　实现预约旅游产品功能集

预约旅游产品功能集的实质是在线展示和获取作者虚拟出的公司旅游产品订单。如图 13.1 的逍遥游 APP 整体功能结构图所示，本部分主要由预约旅行产品首页（产品分类列表）、查看某种类的旅行产品列表、产品详情页、创建旅行产品订单、当前用户的订单列表这 5 个功能页组成，是逍遥游 APP 的 B2C 特色的体现。本小节将依序分别介绍这 5 个功能页的实现方式。

1．预约旅行产品首页

如图 13.7 所示，该页面主要显示分类的公司旅游产品系列。由于产品种类数是有限的，这里就没有采取刷新和分页模式，直接从后端服务器获取产品列表展示在页面即可。该功能主要的工作量还是在前台的样式定制和布局上，因为这部分的知识并不属于本书重点覆盖的内容，因此读者需要仔细查看项目 SASS 文件/scss/ionic.app.scss 来修改借鉴。

【示例 13-11】实现预约旅行产品首页功能的代码片段

www\js\controllers.js 控制器模块里预约旅行产品首页的逻辑代码片段

```
.controller('ProductsCtrl',function ProductsCtrl(
$scope,ProductService, productCategories){
  $scope.$on('$ionicView.enter', function(e) {
    // 获取所有的产品数据列表
    ProductService.list()
    .then(function(result){
     $scope.productCategories = productCategories;
      // 使用固定数组构建产品类别数据表
     $scope.productSuites = [
      // 产品类别的封面图片                产品类别中文名
      {coverImageFileName: "classic-cover.jpg", suiteName: "经典",
      // 获得产品类别的产品数据列表          产品类别英文名
      products:        _.filter(result.data,{category:     "classic"}),
category:"classic"},
      {coverImageFileName: "honeymoon-cover.jpg", suiteName: "蜜月",
      products:        _.filter(result.data,{category:      "honeymoon"}),
category:"honeymoon"},
      {coverImageFileName: "kid-cover.jpg", suiteName: "亲子",
      products: _.filter(result.data,{category: "kid"}), category:"kid"},
      {coverImageFileName: "family-cover.jpg", suiteName: "家庭",
      products:        _.filter(result.data,{category:      "family"}),
category:"family"},
      ];
    });
  });
})
```

【代码解析】出于简化演示的目的，代码里并未通过后端服务器数据动态构建产品类别，而是使用固定数组的方式。不过容易变化的产品列表是从后端服务器数据库取来的。整个控制器的代码相当简单，就是初始化产品类别和产品列表。此外代码里用到了 lodash 库的 filter 函数，它是用来筛选返回对象集合中只符合指定条件的对象子记录集。

www\js\services.js 服务模块里从后端获取产品列表代码片段

```
.factory('ProductService',
['$http','$httpParamSerializerJQLike','appConfig',
function ProductService($http,$httpParamSerializerJQLike,appConfig) {
  return {
list: function(category){
  // 调用获取产品列表后端 API，可指定类别或默认返回全部类别
```

```
    return $http.get(
        appConfig.rootUrl + "/api/v1/products/list/" + (category || ""));
    },
  };
}])
```

【代码解析】这里的服务代码使用了 GET 方式从后端直接获取产品列表。

www\templates\products.html 预约旅行产品首页前端 HTML 模板代码

```html
<ion-view view-title="预约旅行" >
  <div class="bar bar-subheader bar-dark bar-half-transparent">
<div class="button-bar">
<!--为每个产品类别生成一个跳转按钮-->
    <button class="button button-clear highlight"
    ng-repeat="(code,category) in productCategories"
    ui-sref='app.productsCategory({category : code })'>{{category}}</button>
  </div>
</div>


<ion-content>
    <div class="row" style="height: 28px;"></div>
    <div class="card" ng-repeat="productSuite in productSuites">
      <div class="article-cover-image"
      ui-sref='app.productsCategory({category : productSuite.category })'>
        <img class="full-image"
        ng-src="{{rootUrl}}/{{productSuite.coverImageFileName}}">
        <div class="product-category-cover-image-title-wrapper">
          <h2 class="product-category-cover-image-main-title">
          {{productSuite.suiteName}} </h2>
        </div>
      </div>
      <div>
        <!--横向可滚动产品图片列表-->
        <ion-scroll zooming="false" direction="x"
        style="overflow: scroll;white-space: nowrap; height: 150px;">
          <span ng-repeat ="product in productSuite.products"
          style="position: relative;">
            <div style="display: inline-block; height: 100px; width: 120px;">
              <img ng-src="{{rootUrl}}/{{product.coverImageFileName}}"
              ui-sref="app.product({productId: product._id})"
              style="height: 80px; width: 120px;">
              <span style="position: absolute; bottom: -40px; left: 0px;
              white-space:            initial;">{{product.name}}         -
{{product.introduction}}</span>
              <span style="position: absolute; bottom: -60px; left: 0px; width:
100%;">
              价 格 : <span class="main-thicker" style="position:
absolute;right: 6px;">
              ￥{{product.price|number}}</span>
              </span>
            </div>
```

```
          </span>
        </ion-scroll>
      </div>
    </div>
  </ion-content>
<!--查看个人订单列表圆形按钮-->
<div class="floating-round-button">
  <a ui-sref='app.poList' ng-show="currentUser">
    <i class="icon ion-soup-can-outline highlight"></i>
  </a>
  <a ng-click="logon()" ng-hide="currentUser">
    <i class="icon ion-soup-can-outline highlight"></i>
  </a>
</div>
</ion-view>
```

【代码解析】该页面对前台的组件风格进行了定制，如顶部标题栏的半透明风格，用 ion-scroll 组件完成的横向产品图片列表。此外因为有些界面元素不会在其他页面上出现而有共享样式的可能，因此将 CSS 风格直接写在了页面的 HTML 文件里。

2．查看某种类的旅行产品列表

在预约旅行产品首页点击产品种类大图后，将会显示该种类的产品列表页，如图 13.22 所示。

图 13.22　指定种类的旅行产品列表页

【示例 13-12】实现查看某种类的旅行产品列表功能的代码片段

www\js\controllers.js 控制器模块里查看某种类的旅行产品列表的逻辑代码片段

```
.controller('ProductsCategoryCtrl',function ProductsCategoryCtrl(
$scope,$stateParams,ProductService,productCategories){
  $scope.$on('$ionicView.enter', function(e) {
    // 调用获取产品列表后端 API，指定产品类别来筛选
    ProductService.list($stateParams.category)
    .then(function(result){
      $scope.categoryText = productCategories[$stateParams.category];
      // 获得指定类别的产品列表
      $scope.productList = result.data;
    });
  });
})
```

【代码解析】该控制器代码非常简单，调用后台服务获取指定种类的产品列表并填充到作用域变量内即可。

www\templates\products-category.html 查看某种类的旅行产品列表前端 HTML 模板代码

```
<ion-view view-title="{{categoryText}}旅游产品" >
  <ion-content>
    <div class="list card" ui-sref="app.product({productId: product._id})"
    ng-repeat="product in productList track by product._id">
      <div class="item item-body">
        <div class="article-cover-image">
          <img class="full-image "
          ng-src="{{rootUrl}}/{{product.coverImageFileName}}">
        </div>
        <div>{{product.name}} - {{product.introduction}}</div>
        <div>有效时间: {{product.validBeforeDate|date:'yyyy-MM-dd'}}</div>
        <div>价格:
          <span class="main-thicker" style="position: absolute;right: 20px;">
          ￥{{product.price|number}}
          </span>
        </div>
      </div>
    </div>
  </ion-content>
</ion-view>
```

【代码解析】视图的代码也非常简单，显示产品的封面图片和价格等产品信息即可。不满足界面效果的读者可以考虑在前后台进行代码修改，使一个产品能以轮播组件的方式显示更多的图片和信息。

3．产品详情页

用户在预约旅游产品首页或查看某种类的旅行产品列表页点击某个产品的图片时，会进入

到产品详情页，这也是购买行为的引导页。如图 13.23 所示，除了显示产品的各类信息之外，底部固定标题栏另有电话咨询和立即预订两个按钮。用户点击后将分别调用手机的电话簿功能拨打预设的咨询号码或进入到本小节的创建旅行产品订单页。

图 13.23　指定的产品详情页

【示例 13-13】实现查看指定的产品详情功能的代码片段

www\js\controllers.js 控制器模块里查看指定的产品详情的逻辑代码片段

```
.controller('ProductCtrl',function ProductCtrl(
$scope,$stateParams,ProductService){
  $scope.$on('$ionicView.enter', function(e) {
    // 调用获取产品列表后端 API，随后筛选出单个产品
    ProductService.list()
    .then(function(result){
      $scope.product = _.find(result.data,{_id: $stateParams.productId});
    });
  });
})
```

【代码解析】该控制器代码非常简单，调用后台服务筛选出指定的产品详情对象并填充到作用域变量内即可。

www\templates\products.html 查看指定的产品详情前端 HTML 模板代码

```
<ion-view view-title="旅游产品-{{product.name}}" >
```

```html
<ion-content>
  <div class="card" > '
    <div class="article-cover-image">
      <img class="full-image "
      ng-src="{{rootUrl}}/{{product.coverImageFileName}}">
    </div>
    <div class="row">
      <div class="col">{{product.name}}</div>
      <div class="col text-right">
      有效时间: {{product.validBeforeDate|date:'yyyy-MM-dd'}}</div>
    </div>
    <div class="row">
      <div class="col">价格: </div>
      <div class="col main-thicker text-right">
      ￥{{product.price|number}}</div>
    </div>
    <div class="center-text main-thicker">简介</div>
    <div class="row"><div class="col">
    {{_.repeat(product.introduction+ ", ", 4)}}...</div></div>

    <div class="center-text">
      <a ng-click="showDetail=!showDetail"
      class="button button-icon icon icon-right
      {{showDetail ? 'ion-arrow-up-b' : 'ion-arrow-down-b' }}">产品详情</a>
    </div>
    <div class="row" ng-show="showDetail">
      <div class="col">{{_.repeat(product.detail+ ", ", 10)}}...</div>
    </div>

    <div class="center-text">
      <a ng-click="showPriceInfo=!showPriceInfo"
      class="button button-icon icon icon-right
      {{showPriceInfo ? 'ion-arrow-up-b' : 'ion-arrow-down-b' }}">价格信息</a>
    </div>
    <div class="row" ng-show="showPriceInfo">
      <div class="col">{{_.repeat(product.priceInfo+ ", ", 10)}}...</div>
    </div>

    <div class="center-text">
      <a   ng-click="showTip=!showTip"   class="button   button-icon   icon icon-right
      {{showTip ? 'ion-arrow-up-b' : 'ion-arrow-down-b' }}">注意事项</a>
    </div>
    <div class="row" ng-show="showTip">
      <div class="col">{{_.repeat(product.tip+ ", ", 20)}}...</div>
    </div>
  </div>
</ion-content>
<ion-footer-bar class="bar-balanced no-padding" resize-foot-bar >
  <div class="row no-padding" >
    <div class="col bg-thicker no-padding" >
```

357

```
            <a class="button ion-android-call button-clear half-bar-button"
            href="tel:+86-010-88888888">电话咨询</a>
        </div>
        <div class="col bg-highlight no-padding" >
            <a    class="button    ion-bag    button-clear    text-in-highlight
half-bar-button"
            ui-sref="app.poCreate({productId:                      product._id})"
ng-show="currentUserId">
            立即预定</a>
            <a    class="button    ion-bag    button-clear    text-in-highlight
half-bar-button"
            ng-click="logon()" ng-hide="currentUserId"> 立即预定</a>
        </div>
    </div>
    </ion-footer-bar>
</ion-view>
```

【代码解析】视图的代码有一个比较不常见的地方是利用了<a>标签的超链接属性可以是电话号码的特性。此外页面里出于演示的目的，将测试数据字段重复显示了多次，以示例字段收起和摊开图标的使用。

4．创建旅行产品订单

为了提高转化率，需要用户填写的订单界面应做到简洁明了，不能有过于复杂的页面结构。因此创建旅行产品订单功能界面使用了最简单的 HTML 表单来实现，用户填写完最基本的信息后提交即可，如图 13.24 所示。这里设计的商业逻辑是有客服或者商务人员在线监控后台的订单情况，获取到用户提交的订单后在内部业务系统做相应的跟单处理，本书对这部分就不再赘述了。

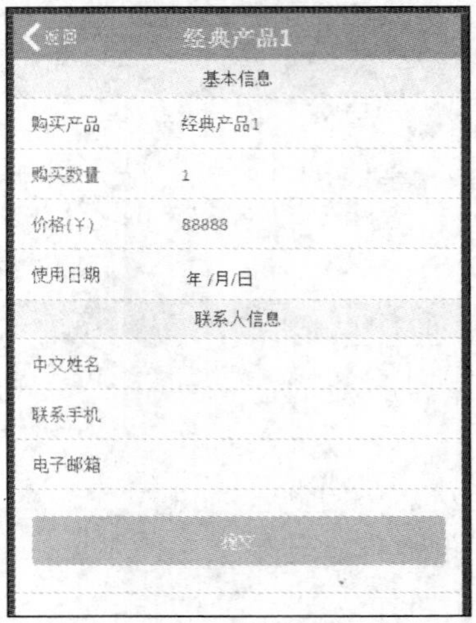

图 13.24　创建旅行产品订单界面

【示例 13-14】实现创建旅行产品订单功能的代码片段

www\js\controllers.js 控制器模块里创建旅行产品订单的逻辑代码片段

```
.controller('PoCreateCtrl',function PoCreateCtrl(
$scope,$rootScope,$stateParams,$ionicHistory,ProductService,PoService){
  // 初始化订单字段
  $scope.$on('$ionicView.enter', function(e) {
    $scope.poData={};
    ProductService.list()
.then(function(result){
  // 订单数据模型里的产品数据
    $scope.poData.product = _.find(result.data,{_id:
$stateParams.productId});
      // 订单数据模型里的订购数量初始化为1
      $scope.poData.amount = 1;
    });
  });
  // 提交订单函数
  $scope.submit = function(){
    // 使用订单数据调用 PoService 服务
    PoService.newPo($rootScope.currentUserLogonName,
$rootScope.currentUserPassword,
    $stateParams.productId, $rootScope.currentUserId, $scope.poData.amount,
    $scope.poData.useDate, $scope.poData.contactName,
$scope.poData.contactPhone,
    $scope.poData.contactEmail)
    .then(function(result){
    $rootScope.showToast("谢谢,您的订单已成功提交,我们的客服人员将尽快与您联系确
认!");
      // 直接导航返回上一个历史页面
    $ionicHistory.goBack();
    });
  };
})
```

【代码解析】该控制器代码分为两部分：调用后台服务筛选出指定的产品详情并填充到作用域变量和向后台提交订单。提交成功后使用根作用域变量的 showToast 函数调用了 ngCordova 的$cordovaToast 插件提示用户订单提交的情况。

www\js\services.js 服务模块里创建旅行产品订单代码片段

```
.factory('PoService',
['$http','$httpParamSerializerJQLike','appConfig',
function PoService($http,$httpParamSerializerJQLike,appConfig) {
 return {
   newPo: function(userLogonName, userPassword, productId, userId,
amount,useDate,contactName,contactPhone,contactEmail){
   // 调用后端提交订单 API
```

```
      return $http.post(
        appConfig.rootUrl + "/api/v1/pos/newPo",
        $httpParamSerializerJQLike(
          { userLogonName:userLogonName, userPassword:userPassword,
            userId: userId, productId: productId, amount: amount,
            useDate: useDate, contactName: contactName,
            contactPhone: contactPhone, contactEmail: contactEmail
          }
        ),
        {headers: {'Content-Type': 'application/x-www-form-urlencoded'}});
      },
    };
}])
```

　　【代码解析】这里的服务代码使用了 POST 方式向后端提交订单信息，是使用的最基本的提交方式。

　　www\templates\po-create.html 创建旅行产品订单前端 HTML 模板代码

```
<ion-view view-title="{{poData.product.name}}">
  <ion-content>
    <form name="poForm" ng-submit="submit()">
      <div class="list">
        <div class="item item-divider center-text">基本信息</div>
        <label class="item item-input">
          <span class="input-label">购买产品</span>
          <span >{{poData.product.name}}</span>
        </label>
        <label class="item item-input">
          <span class="input-label">购买数量</span>
          <input type="number" ng-model="poData.amount" required>
        </label>
        <label class="item item-input">
          <span class="input-label">价格(¥)</span>
          <span >{{poData.product.price}}</span>
        </label>
        <label class="item item-input">
          <span class="input-label">使用日期</span>
          <input type="date" ng-model="poData.useDate" required>
        </label>

        <div class="item item-divider center-text">联系人信息</div>
        <label class="item item-input">
          <span class="input-label">中文姓名</span>
          <input type="text" ng-model="poData.contactName" required>
```

```
      </label>
      <label class="item item-input">
        <span class="input-label">联系手机</span>
        <input type="text" ng-model="poData.contactPhone"
        ng-pattern="/^1[3|4|5|7|8][0-9]\d{8}$/" required>
      </label>
      <label class="item item-input">
        <span class="input-label">电子邮箱</span>
        <input type="email" ng-model="poData.contactEmail">
      </label>
      <div class="item">
        <button class="button button-block button-positive" type="submit"
        ng-disabled="poForm.$invalid">提交</button>
      </div>
    </div>
  </form>
 </ion-content>
</ion-view>
```

【代码解析】创建旅行产品订单功能界面使用了最简单的 HTML 表单来实现。

5．当前用户的订单列表

出于简化操作的考虑，逍遥游 APP 的用户订单一旦提交，则用户只能查看，而不能再更改退订，毕竟产品购买的确认和支付行为设计成需要人工干预，而不是在 APP 里直接完成的。因此逍遥游 APP 的当前用户的订单列表页面非常简单，就是通过列表列举出用户的所有订单信息，如图 13.25 所示。由于单个用户的订单数据量有限，因此并无分页机制。

图 13.25　当前用户的订单列表

361

【示例 13-15】实现显示当前用户的订单列表功能的代码片段

www\js\controllers.js 控制器模块里显示当前用户的订单列表的逻辑代码片段

```
.controller('PoListCtrl',function PoListCtrl($scope,$rootScope,PoService){
  $scope.$on('$ionicView.enter', function(e) {
    // 通过服务获取指定用户的订单列表
    PoService.list($rootScope.currentUserLogonName,
$rootScope.currentUserPassword,
    $rootScope.currentUserId)
    .then(function(result){
      $scope.pos = result.data;
    });
  });
})
```

【代码解析】该控制器代码与显示产品列表的控制器代码是非常相似的，即调用后台服务获取数据对象列表并填充到作用域变量内即可。

www\js\services.js 服务模块里显示当前用户的订单列表代码片段

```
.factory('PoService',
['$http','$httpParamSerializerJQLike','appConfig',
function PoService($http,$httpParamSerializerJQLike,appConfig) {
  return {
list: function(userLogonName, userPassword,userId){
  // 调用后端获取指定用户的订单列表 API
    return $http.post(
      appConfig.rootUrl + "/api/v1/pos/list/",
      $httpParamSerializerJQLike(
        {userLogonName: userLogonName,userPassword: userPassword,userId:
userId}),
        {headers: {'Content-Type': 'application/x-www-form-urlencoded'}}
    );
  },
  };
}])
```

【代码解析】这里的服务代码使用了 POST 方式从后端直接获取用户的所有订单列表。

www\templates\po-list.html 显示当前用户的订单列表前端 HTML 模板代码

```
<ion-view view-title="我的订单" >
  <ion-content>
    <div class="list card" ng-repeat="po in pos">
      <div class="item item-body">
        <div>
          <img class="full-image "
```

```
                ng-src="{{rootUrl}}/{{po.product.coverImageFileName}}">
            </div>
            <div>{{po.product.name}} - {{po.product.introduction}}</div>
            <div>使用时间: {{po.useDate|date:'yyyy-MM-dd'}}</div>
            <div>价格: ￥{{po.price|number}}</div>
            <div>数量: {{po.amount|number}}</div>
            <div>总价: {{po.amount * po.price|number}}</div>
        </div>
    </div>
  </ion-content>
</ion-view>
```

【代码解析】显示当前用户的订单列表前端功能界面因为没有过多的用户操作交互设计，因此非常简单。

13.3.8　实现设置功能集

设置功能集相对于其他部分相当简单，子功能基本都以模态框的方式实现。如图 13.1 的逍遥游 APP 整体功能结构图所示，本部分主要由设置导航页、更改账户设置和修改密码这 3 个子功能页组成。如图 13.8 所示，设置导航页与大多数 APP 应用的设置功能布局类似，它直接提供用户头像的上传功能，并有个人资料的编辑更新与密码的维护的功能入口。

【示例 13-16】实现设置功能的代码片段

www\js\controllers.js 控制器模块里实现设置功能的逻辑代码片段

```
.controller('SettingCtrl',function SettingCtrl(
$scope,$rootScope,$ionicModal,$ionicHistory,$state,$localstorage,UserServic
e){
    /** 更改用户头像图片 */
    $scope.updateUserImage = function(element){
      $scope.$apply(function () {
        $scope.theFile = element.files[0];
        // 调用 UserService 服务更改用户头像图片
        UserService.updateUserImage(
          $rootScope.currentUserLogonName, $rootScope.currentUserPassword,
          $rootScope.currentUserId, $scope.theFile)
        .then(function(user){
          // 后端更新完毕后需要更新 Local Storage 的缓存用户对象
          $rootScope.currentUser = user;
          $localstorage.setObject('currentUserObj',user);
        },function(evt){
          console.log(evt);
        });
      });
```

```
  };

    // 初始化更改账户设置模态对话框
    $ionicModal.fromTemplateUrl('templates/account-setting.html', {
      scope: $scope
    }).then(function(modal) {
      $scope.userAccountModal = modal;
    });


    // 尝试更改账户设置
    $scope.doAccountSetting = function(){
$scope.userAccountData = {};
// 直接使用当前用户信息对象初始化账户数据对象
      _.assign($scope.userAccountData, $rootScope.currentUser);
      // 显示模态对话框
$scope.userAccountModal.show();
  };


    // 关闭模态对话框
    $scope.closeAccountSetting = function() {
      $scope.userAccountModal.hide();
    };


    // 调用 UserService 服务更改账户设置
    $scope.confirmAccountSetting = function () {
      UserService.updateAccountSetting(
      $rootScope.currentUserLogonName, $rootScope.currentUserPassword,
      $rootScope.currentUserId,
      $scope.userAccountData.name, $scope.userAccountData.mobile,
      $scope.userAccountData.email, $scope.userAccountData.gender,
      $scope.userAccountData.introduction)
.then(function (result) {
    // 后端更新成功后再更新 Local Storage 和根作用域对象的用户数据对象
      $rootScope.currentUser = result.data;
      $localstorage.setObject('currentUserObj',$rootScope.currentUser);
      $scope.userAccountModal.hide();
    });
  };


    // 初始化更改密码模态对话框
    $ionicModal.fromTemplateUrl('templates/change-password.html', {
      scope: $scope
    }).then(function(modal) {
```

```
      $scope.changePasswordModal = modal;
  });

  // 尝试更改密码
  $scope.doChangePassword = function(){
    $scope.passwordData = {};
    $scope.changePasswordModal.show();
  };

  // 关闭更改密码对话框
  $scope.closeChangePassword = function() {
    $scope.changePasswordModal.hide();
  };

  //  调用 UserService 服务更改密码
  $scope.confirmChangePassword = function () {
    UserService.changePassword(
    $rootScope.currentUserLogonName, $scope.passwordData.oldPassword,
    $rootScope.currentUserId, $scope.passwordData.password1)
.then(function (result) {
  // 后端更新成功后再更新 Local Storage 和根作用域对象的用户数据对象密码
    $rootScope.currentUser = result.data;
    $localstorage.setObject('currentUserObj',$rootScope.currentUser);
    $rootScope.currentUserPassword = $scope.passwordData.password1;
    $localstorage.set('currentUserPassword',
$rootScope.currentUserPassword);
    $scope.changePasswordModal.hide();
    $rootScope.showToast("密码已更改");
    });
  };
})
```

【代码解析】控制器的代码主要分为了更改用户头像、更改账户设置和修改密码这 3 个部分。其中更改用户头像的实现是使用 HTML 的文件上传控件完成。而更改账户设置和修改密码都是使用$ionicModal 载入模态框完成。

www\js\services.js 服务模块里设置功能代码片段

```
.factory('UserService',['$http','$httpParamSerializerJQLike','$q','appConfig',
  function UserService($http,$httpParamSerializerJQLike,$q,appConfig) {
  return {
    //更改用户头像
  updateUserImage: function(userLogonName, userPassword,userId,imagePathName){
    // 使用$q 构造 Promise 对象
```

```
        var defered = $q.defer();
        function uploadComplete(evt) {
          var user = JSON.parse(evt.target.responseText);
          // 成功上传返回
          defered.resolve(user);
        }
        function uploadFailed(evt) {
          // 上传失败
          defered.reject(evt);
        };
        var formData = new FormData();
        formData.append("userId", userId);
        formData.append("file", imagePathName);
        // 直接调用 AJAX 接口上传
        var xhr = new XMLHttpRequest()
        xhr.addEventListener("load", uploadComplete, false);
        xhr.addEventListener("error", uploadFailed, false);
        // 执行文件 POST 操作
        xhr.open("POST", appConfig.rootUrl + "/api/v1/users/updateUserImage");
        xhr.setRequestHeader("Accept", "application/json");
        xhr.send(formData);
      // 返回 Promise 对象给服务的调用方
        return defered.promise;
  },
    //更改用户设置
    updateAccountSetting: function(userLogonName, userPassword,userId,
name,mobile,email,gender,introduction){
    // 调用后端更改用户设置 API
      return $http.post(
        appConfig.rootUrl + "/api/v1/users/updateAccountSetting",
        $httpParamSerializerJQLike({
          userLogonName: userLogonName,
          userPassword: userPassword,
          userId: userId,
          name: name,
          mobile: mobile,
          email: email,
          gender: gender,
          introduction: introduction,
        }),
        {headers: {'Content-Type': 'application/x-www-form-urlencoded'}}
      );
  },
```

```
    //更改密码
changePassword: function(userLogonName, userPassword,userId,password){
    // 调用后端更改用户密码 API
     return $http.put(
       appConfig.rootUrl + "/api/v1/users/changePassword",
       $httpParamSerializerJQLike({
         // 原账户信息
         userLogonName: userLogonName,
         userPassword: userPassword,
         userId: userId,
         // 新密码
         password: password,
       }),
       {headers: {'Content-Type': 'application/x-www-form-urlencoded'}}
     );
   },
 };
}])
```

【代码解析】服务的代码也是分为了更改用户头像、更改账户设置和修改密码这 3 个部分。唯一值得注意的是更改用户头像是自行使用了 $q 服务来包装生成 promise，因为文件上传并不在$http 服务的覆盖范围里。

www\templates\setting.html　设置功能页前端 HTML 模板代码

```
<ion-view view-title="设置">
 <ion-nav-buttons side="secondary">
 </ion-nav-buttons>
 <ion-content>
  <!--显示用户头像-->
  <div class="block-highlight">
   <div class="row">
    <div class="col col-center">
     <img class="image-avatar-xl" ng-show="currentUser"
     ng-src="{{rootUrl}}/{{currentUser.avatarFileName}}">
    </div>
   </div>
   <div class="row">
    <input    id="file"    name="file"    type="file"    accept="image/*"
capture="camera" class="transparent-file"
     onchange="angular.element(this).scope().updateUserImage(this)"
class="transparent-file"/>
    <div class="col col-center">更改图片</div>
   </div>
  </div>
```

```
    <ion-list>
      <ion-item class="item-vertical-compacted">
        <a    ng-click="doAccountSetting()"    class="button    icon-right
ion-chevron-right button-clear button-positive block">
          账户设置
        </a>
      </ion-item>
      <ion-item class="item-vertical-compacted">
        <a    ng-click="doChangePassword()"    class="button    icon-right
ion-chevron-right button-clear button-positive block">
          修改密码</a>
      </ion-item>
      <ion-item class="item-vertical-compacted">
        <a    class="button    icon-right    ion-chevron-right    button-clear
button-positive block">您的建议(自行练习实现)</a>
      </ion-item>
    </ion-list>
  </ion-content>
</ion-view>
```

【代码解析】除了更改用户头像的代码部分，其余的页面代码都是标准的实现。更改头像用的还是 HTML 的文件上传控件与 AngularJS 的结合，这个做法在 13.3.6 节已经接触和解释过了。

www\templates\account-setting.html 更改当前用户的账户设置前端 HTML 模板代码

```
<ion-modal-view>
  <ion-header-bar class="bar-stable">
    <a ng-click="closeAccountSetting()"
    class="button icon-left ion-chevron-left button-clear button-icon" ></a>
    <h1 class="title">账户设置</h1>
    <a ng-click="confirmAccountSetting()"
    class="button button-icon ion-android-done button-clear"
    ng-disabled  =  "!userAccountData.name  ||  !userAccountData.mobile
|| !userAccountData.introduction" > </a>
  </ion-header-bar>
  <ion-content>
    <form name="accountSettingForm" >
      <div class="list">
        <label class="item item-input item-stacked-label">
          <span class="input-label">显示昵称</span>
          <input type="text" ng-model="userAccountData.name" required>
        </label>
        <label class="item item-input item-stacked-label">
          <span class="input-label">手机号码</span>
```

```
        <input          type="text"          ng-model="userAccountData.mobile"
ng-pattern="/^1[3|4|5|7|8][0-9]\d{8}$/" required>
        </label>
        <label class="item item-input item-stacked-label">
         <span class="input-label">电子邮箱</span>
         <input type="email" ng-model="userAccountData.email">
        </label>
        <label class="item item-input item-stacked-label">
         <span class="input-label">您的性别</span>
         <select required ng-model="userAccountData.gender">
          <option   ng-selected="userAccountData.gender==1"   value="1"> 男
</option>
          <option   ng-selected="userAccountData.gender==2"   value="2"> 女
</option>
          <option   ng-selected="userAccountData.gender==3"   value="3"> 保 密
</option>
         </select>
        </label>
        <label class="item item-input item-stacked-label">
         <span class="input-label">个人介绍</span>
         <input type="text" ng-model="userAccountData.introduction" required>
        </label>
     </div>
   </form>
  </ion-content>
 </ion-modal-view>
```

【代码解析】更改当前用户的账户设置使用的是标准的 HTML 表单结合 AngularJS 的指令，如图 13.26 所示。代码里用到的做法都应该是相当熟悉的了。

图 13.26　更改当前用户的账户设置

www\templates\change-password.html 用户修改密码前端 HTML 模板代码

```
<ion-modal-view>
  <ion-header-bar class="bar-stable">
    <a ng-click="closeChangePassword()"
    class="button icon-left ion-chevron-left button-clear button-icon" ></a>
    <h1 class="title">修改密码</h1>
    <a ng-click="confirmChangePassword()"
    class="button button-icon ion-android-done button-clear"
    ng-disabled="!passwordData.oldPassword || !passwordData.password1
    ||                        !passwordData.password2                      ||
passwordData.password2!=passwordData.password1"></a>
  </ion-header-bar>
  <ion-content>
    <form name="passwordForm" >
      <div class="list">
        <label class="item item-input item-stacked-label">
          <span class="input-label">输入原密码</span>
          <input type="password" ng-model="passwordData.oldPassword" required
ng-minlength="6">
        </label>
        <label class="item item-input item-stacked-label">
          <span class="input-label">输入新密码(6位)</span>
          <input  type="password"  ng-model="passwordData.password1"  required
ng-minlength="6">
        </label>
        <label class="item item-input item-stacked-label">
          <span class="input-label">再输入一次(6位)</span>
          <input  type="password"  ng-model="passwordData.password2"  required
ng-minlength="6">
        </label>
      </div>
    </form>
  </ion-content>
</ion-modal-view>
```

【代码解析】用户修改密码功能页使用的也是标准的 HTML 表单结合 AngularJS 的指令，读者可以考虑在这基础上加入找回密码等更用户友好的实现方式，如图 13.27 所示。

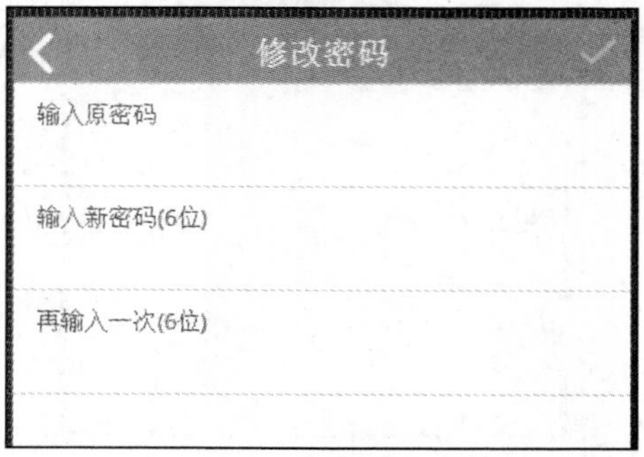

图 13.27　用户修改密码功能

13.3.9　定制启动屏与 APP 图标

代码的编写到 13.3.8 节基本就结束了，然而每个 APP 应用都应该有符合自身配色和应用风格的图标和启动屏，因此本小节将介绍如何快速生成替换 Ionic 自带的默认图标和启动屏文件。

在项目的 resources 目录下，Ionic 为 Android 和 iOS 平台自动复制了默认的图标和启动屏文件，如图 13.28 所示，因此最方便的做法就是使用应用的图片来替换它们。

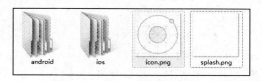

图 13.28　Ionic 默认的图标和启动屏文件

尽管 Ionic CLI 提供了通过命令生成图标和启动屏文件的集成方式，然而由于国内网络的状况，该命令运行基本是失败的。笔者推荐还是自己使用 Photoshop 等图片编辑工具自行生成这些文件并覆盖它们。图 13.29 和 13.30 分别演示了逍遥游 APP 在 Anroid 平台的图标和启动屏文件缩略图集。

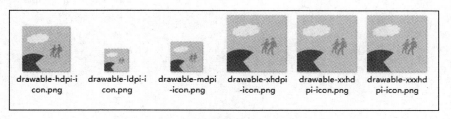

图 13.29　逍遥游 APP 在 Anroid 平台的图标

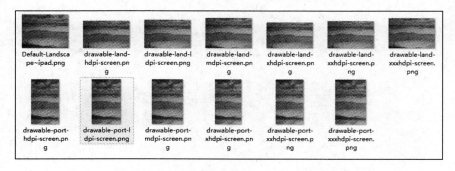

图 13.30　逍遥游 APP 在 Anroid 平台的启动屏

13.4　小结与作业练习

本章介绍的实战项目逍遥游 APP 是一个笔者花费了 1 周左右业余时间完成的 APP（包括前后端以及图片收集与二次处理工作）。虽然界面与功能尚显朴素，但是已经把一个面向大众的 APP 应用基本结构搭建起来可以给种子用户使用或是作为概念产品找投资者了，剩下的工作就是让 APP 在用户反馈和自身改进中不断迭代成长。而如果只使用两个平台的原生技术来开发同样的功能，相信所耗费的时间和精力将会远超出笔者投入的资源，这也反映了 Ionic 的长处所在。

对于使用本书学习 Ionic 开发的读者朋友，为了让自己更快地掌握这项技术，笔者推荐您在阅读现有 APP 代码的基础上，可以考虑对它做如下功能补充来作为作业练习：

● 完成游记的分享功能
● 增加作者在编辑游记片段时选择地址功能
● 完成游记片段的修改删除功能
● 当作者的游记被读者点赞或是评论时，使用极光推送向其发送通知，实现方式可参考网上的官方组件（https://github.com/jpush/jmessage-phonegap-plugin）。
● 使用本书 11.2.12 节介绍的$cordovaSQLite 插件对游记列表进行缓存管理，这样将能有效降低 APP 对手机的流量消耗，并能在你在演示 APP 时减少对后端服务数据 API 的依赖并加快页面载入速度。

第 14 章

项目实战：销售掌中宝v0.1
（企业应用）

有了第 13 章的 Ionic 项目技术基础，本章将再介绍另一类主要以表单和报表为基础的企业应用类 APP 的设计开发过程。本章将描述如何为一个虚拟企业的销售部门建立名为销售掌中宝的覆盖最基本的 CRM 功能的 APP。

本章的主要知识点包括：

- 在导航框架内同时使用侧栏菜单与选项卡栏。
- 在页面里调用自行定制开发的 AngularJS 指令（Directive）。
- 在 Ionic 里使用百度 ECharts 和 angular-echarts 组件提供报表功能。
- 如何提供设置使用用户能自定义报表的显示顺序和是否显示某报表。
- 在标题栏上的搜索框实现。

 本章标题中的 v0.1 代表着完成的 APP 产品是在一周内快速迭代完成的初始产品。该 APP 主要定位于教学需要，后续的性能界面优化、功能丰富增强和严密的权限控制可由读者作为学习本章后的强化作业练习自行完成。

14.1   项目和代码说明

随着移动网络的发展，企业用户也已经开始接受手机作为主力的生产工具了。对于经常需要在外面奔波的销售代表和销售经理来说，能让绝大部分的工作在手机上而不是办公室的电脑上完成，将能提高他（她）们的生产效率，把资源和精力投入到最该投入到的地方，而不是坐在公司办公室里从事低价值的活动。

为了适应这个需求，本项目设计成集中于管理围绕着销售人员日常工作的商机、客户、拜访、订单这 4 部分核心业务数据。此外 APP 里还提供集成的报表功能，这也是企业的内部业务系统常见的需求。

14.1.1 项目说明

在参考借鉴了其他同类 APP 的界面和考虑到 Ionic 提供的两种应用模板类型的特点之后，笔者决定结合 Ionic 的 sidemenu 模板与选项卡组件来开始销售掌中宝 APP 的整体界面布局设计。

在本书第 13 章已经演示过使用高德地图 API 如何在 Ionic 框架里进行地图功能的集成，因此本项目为了不过多重复读者已经掌握的内容，决定不再引入高德地图组件来实现常见的对销售人员的客户拜访行为进行地图跟踪功能。读者如有实际需要可以参考本书第 13 章的相关内容自行实现。

在手机里实现用户可触摸交互的报表是注重数据分析的商务型 APP 经常会遇到的需求，因此本项目依据国内开源报表组件使用的现状与背后的开发团队实力和后续的支持力度，决定使用百度 ECharts（http://echarts.baidu.com/）来提供移动端设备的报表。

本书第 13 章已经演示过如何在 Ionic 项目里对默认提供的配色和布局方案进行改造和扩充，使界面更加活泼和具有现代感。本项目也不再重复这个部分，而直接使用 Ionic 的默认配色与 CSS 样式。

此外，对于企业内部事务的申请和审批、业务数据的查看与更改权限等实际功能，读者在掌握了 Ionic 框架的开发基础知识后不难从项目实战中借鉴做法来实现。笔者将这些尚需完善和个性化的部分留给读者作为自行练习内容，因为只有自己动手做和思考才能完全内化与掌握一门技术。

14.1.2 随书代码运行说明

读者可以先在电脑上运行测试已完成的整个项目再进入阅读后续的设计和实现内容，需要执行以下步骤：

- 复制随书源代码的整个 ch-sales-app 目录到本机的任意文件夹下，如 "c:\temp\ch-sales-app"。
- 启动 MongoDB，执行步骤参考本书 12.1 节。
- 启动 Node 执行文件 "安装目录\ch-sales-app\back-end\salesruby-express\index.js"，执行步骤参考本书 12.3 节。
- 编辑文件 "安装目录\ch-sales-app\front-end\salesruby_ionic\www\js\services.js"，将如下第 3 行代码中的 192.168.1.80 改为本机的 IP 地址：

```
"rootUrl": 'http://192.168.1.80:3000', //需要将 IP 改为后端服务器的地址
```

- 在 "安装目录\ch-sales-app\front-end\ salesruby_ionic\" 目录下执行 Ionic CLI 命令：

```
ionic serve
```

- 随后在浏览器自动加载的应用界面里就可以使用测试账户（用户名：m1；密码：111111）来测试了。
- 测试完毕需要终止 NodeJS 进程。

14.2 功能设计

根据 14.1 节的项目说明，销售掌中宝 APP 主要由 6 部分的功能集组成，分别是：

- 基础功能
- 商机
- 拜访
- 客户
- 订单
- 报表

这 6 个功能集与其内部的主要子功能可参考图 14.1 所示的销售掌中宝 APP 整体功能结构图。

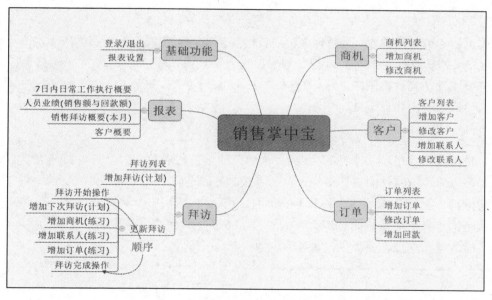

图 14.1　销售掌中宝 APP 整体功能结构图

14.2.1　界面与业务功能概述

1．侧栏菜单

销售掌中宝 APP 通过侧栏菜单为用户提供在不同主要功能动态跳转的方式，同时菜单也会根据用户的登录状态而动态调整显示的可选菜单项的内容。图 14.2 和图 14.3 分别演示了用户在登录和未登录状态下菜单的显示情况。

图 14.2　用户已登录状态下的侧栏菜单区域显示　　图 14.3　用户未登录状态下的侧栏菜单区域显示

2．商机

商机也被称为销售线索，是销售人员通过敏锐的市场触觉发掘的潜在的商业机会。一般来说，商机不要求关联已有的客户，但必须有销售人员负责跟踪。图 14.4 显示了商机样例对象的一些重要属性在列表视图中显示。对商机尤其是重点商机的状态进行持续地跟踪和督导是销售管理人员日常的工作任务之一。

3．拜访

除了政策或技术市场垄断型的企业外，大部分的销售代表和销售管理人员都需要不断地进行客户拜访。而拜访的目的多种多样，有初步接触、跟进联系、上门拜访、发送资料、寄送样品、意向报价、签订合同、感情联系等等。因此在 APP 应用中能够提前计划拜访和在完成时记录收获是销售人员对系统的基本要求。如图 14.5 所示，销售掌中宝 APP 提供了拜访计划和拜访完成时的记录功能。具体的功能实现将在 14.3.6 节详述。

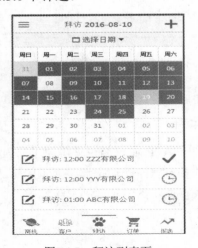

图 14.4　商机列表页　　　　　图 14.5　拜访列表页

4．客户

客户是产生收入和利润的终极来源，很多企业不愿把 CRM 或销售系统云端化就是出于对客户信息资源保护的顾虑。销售掌中宝 APP 提供了最基础的客户信息与客户联系人信息维护功能，同时在图 14.6 的客户列表示例界面里还实现了对客户单位名和客户联系人姓名的搜索功能。

5．订单

根据中国商业社会的情况，大部分销售人员的终极目的就是出单和完成收款。销售掌中宝 APP 提供了基础的销售订单维护和订单回款跟踪的功能，如图 14.7 所示。至此，普通销售代表的日常工作任务就基本覆盖到了。

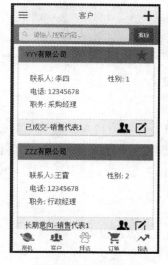

图 14.6　客户列表页　　　　图 14.7　订单列表页

6．报表

大部分的销售管理人员除了自身背负了销售任务以外，同时也要负责管理销售团队的表现，而及时准确的报表将能帮助他们便利有效地管理。另一方面，每个管理者的管理思路和重点又是不一样的。销售掌中宝 APP 提供了可配置的销售报表分析模块，因此销售管理者除了能使用图 14.8 和图 14.9 显示的默认报表页以外，也可以使用图 14.10 演示的配置报表页调整报表的顺序和是否显示。相信读者看到这里就能联想到，这里的配置和动态布局显示机制配合起来，当企业因为自身需要对销售掌中宝 APP 的默认报表模块进行了扩充增加时，也可以反映到销售管理者的配置报表页中去，从而达到一定程度个性化配置的效果。

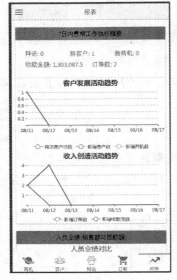

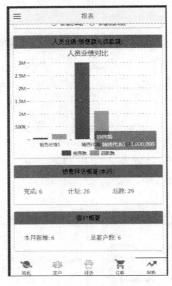

图 14.8　报表页　　　　　　图 14.9　报表页（续）　　　　图 14.10　配置报表页

7．基础功能

一般的 APP 都会提供除登录退出外的用户资料更改和个性设置等基础功能。这部分内容在第 13 章的 13.3.9 节已经有过实现和解析，因此在销售掌中宝 APP 中就不再重复实现类似无新意的内容，仅出于完整性来提供用户的登录和注销功能。有兴趣的读者可以考虑自行扩充这部分的功能集内容。

> 销售掌中宝 APP 并未提供对产品业务对象的维护功能，是考虑到大部分的企业对产品信息的维护基本都是通过内部 ERP 或产品研发系统来完成。因此 APP 中只有读取产品列表的基本功能，在业务实践中后端服务可以有与企业内部系统自动同步最新产品信息的机制。

14.2.2　服务端 API 接口概述

14.2.1 节介绍的都是前台展现出的功能，然而展现的内容是存储在后台服务端数据库（无论是传统的 SQL 或是目前流行的 NoSQL）并通过访问接口来获取到前端设备上的。

针对销售掌中宝 APP 的主要业务对象，其服务端 API 主要提供了 6 类数据实体与数据报表功能的访问接口：

- 用户，接口文件路径为：back-end/salesruby-express/api/v1/users.js
- 产品，接口文件路径为：back-end/salesruby-express/api/v1/products.js
- 商机，接口文件路径为：back-end/salesruby-express/api/v1/opportunities.js
- 拜访，接口文件路径为：back-end/salesruby-express/api/v1/visits.js
- 客户，接口文件路径为：back-end/salesruby-express /api/v1/clients.js
- 订单，接口文件路径为：back-end/salesruby-express/api/v1/pos.js

- 报表，接口文件路径为：back-end/salesruby-express/api/v1/reports.js

由于服务端 API 的编写不属于本书详细介绍的内容范围。限于篇幅的关系，服务端的 API 代码本书不会单独介绍，感兴趣的读者可以自行阅读代码与其中相应的注释。但是对相关服务端 API 的调用将会在各功能的服务实现小节中提及以保证内容逻辑的完整性。

14.3　功能实现

通过 14.1 和 14.2 节的介绍，想必读者已经对应用的大致功能有了初步了解。从本节开始笔者将介绍销售掌中宝 APP 的测试运行和功能代码实现解析，读者可以在本节通过实际运行与结合代码阅读改写来进一步熟悉使用 Ionic 开发应用的整个过程。

14.3.1　准备工作：部署服务器端环境

与第 13 章类似，在进入编写前端 APP 代码之前，首先需要保证服务端 API 的可用，因此第一步是完成服务器端环境的部署与测试验证其正常工作。

1．复制服务器端目录并运行 npm 包安装命令

将随书代码里路径"ch-sales-app\back-end\"下的 salesruby-express 目录复制到本机上，并调整 uploads 和 avatars 两个目录的权限，去掉只读属性。

随后在 salesruby-express 目录下的命令行运行：

```
cnpm install
```

这样将会安装该后端 NodeJS 项目依赖的 npm 包。

2．启动 mongodb

如果尚未启动 MongoDB 的后台服务进程，则在命令行运行命令启动：

```
mongod
```

3．启动 salesruby-express 目录下的 index.js 文件

在命令行内进入 salesruby-express 目录，随后运行命令启动：

```
node index.js
```

4．使用 mongo 查询 salesruby 数据库是否已被初始化

步骤 3 成功执行后将会连接并初始化 salesruby 数据库，因此这里需要通过 mongo 查询该数据库是否已成功建立，输出的内容应如图 14.11 所示，salesruby 数据库会出现在数据库列表中。

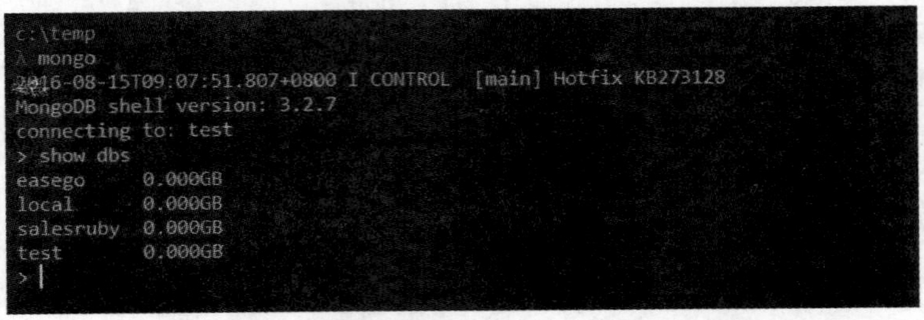

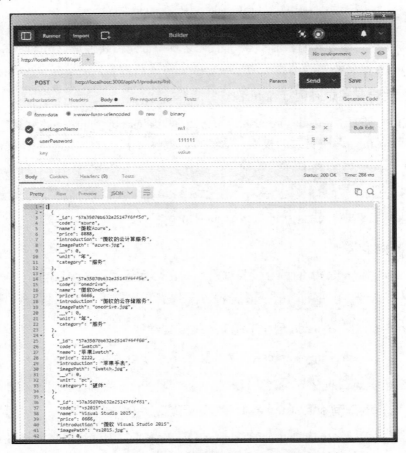

```
c:\temp
λ mongo
2016-08-15T09:07:51.807+0800 I CONTROL  [main] Hotfix KB273128
MongoDB shell version: 3.2.7
connecting to: test
> show dbs
easego     0.000GB
local      0.000GB
salesruby  0.000GB
test       0.000GB
> |
```

图 14.11　使用 mongo 查询 salesruby 数据库是否已被初始化

5．使用 postman 测试接口

最后一步就是使用 postman 验证测试服务端的 API 接口是否能正常提供数据了。在 postman 使用 POST 方法调用 http://localhost:3000/api/v1/products/list 来测试是否能获取到笔者已经在代码里自动载入的测试数据记录集。正常情况下应该如图 14.12 所示，有多个用于测试的产品记录返回。

图 14.12　使用 postman 测试服务端的 API 接口是否已经可用

14.3.2　初始化项目设置与目录结构

1．使用 Ionic CLI 初始化项目目录

在 14.1 节的项目说明里决定了使用 Ionic 的 sidemenu 模板作为 APP 的开发起点，因此可以用如下命令来初始化应用：

```
ionic start -a "销售掌中宝" -s --template sidemenu salesruby_ionic
```

> 如果读者从头构建一个 Ionic 的 APP 推荐用 ionic CLI 来初始化项目，而如果读者只是通过源码的复制查看销售掌中宝 APP 应用目前的整体代码结构并修改完善，则无须运行上面的初始化命令。

2．为项目安装配置 SASS 支持

随后可以在目录运行以下命令使项目切换成使用 SASS 来编写 CSS 文件：

```
ionic setup sass
```

注意：由于命令的运行会在其内部调用 npm install，在国内的网络环境下有可能会出错退出。读者可参考 Ionic 官方网站的说明文档 http://ionicframework.com/docs/cli/sass.html 来自行手工安装项目对 SASS 的支持。

3．复制引入第三方 JS 库

销售掌中宝 APP 将使用本书 4.2 节介绍的 lodash 库，从服务后端获取到数据集合的处理支持，因此需将笔者使用的 lodash 库文件 lodash-4.13.1.js 复制至 ch-sales-app\front-end\salesruby_ionic\www\dist\js 目录下。

虽然在 14.1 节里已经说明本 APP 不直接调用高德地图 API 服务，为了方便读者未来的扩充修改，还是将其在线 API 服务引入到 ch-sales-app\front-end\salesruby_ionic\www 目录下的 index.html 文件中。

在拜访的功能界面里，APP 参考使用了一个支持 Ionic 的开源日历显示组件（https://github.com/twinssbc/Ionic-Calendar）。因此需要将其发布版的样式文件 calendar.css 复制到 ch-sales-app\front-end\salesruby_ionic\www\dist\css 目录下，而把 JS 文件 calendar-tpls.js 和 angular-locale_zh-cn.js 复制到 ch-sales-app\front-end\salesruby_ionic\www\dist\js 目录下。

APP 也使用了外部时间计算辅助库 moment（http://momentjs.com/）进行日期时间转换和多种区间判断计算，因此需要将其发布版的 JS 文件 moment.min.js 复制到 ch-sales-app\front-end\salesruby_ionic\www\dist\js 目录下。

最后是 APP 报表功能所使用的 ECharts 库，需要将其发布版的 JS 文件 echarts.js 复制到 ch-sales-app\front-end\salesruby_ionic\www\dist\js 目录下。根据其官网的说明，需要将被用到的 3 个报表样式定义 JS 文件 roma.js、vintage.js 和 infographic.js 都复制到目录 ch-sales-app\front-end\salesruby_ionic\www\dist\js\theme 下。由于直接使用官方的 ECharts 库需要在页面或控制器代码里操作 DOM 对象，这并不符合 AngularJS 的开发规范。因此根据其

Github 网站上的推荐，找到了使用率较高的 angular-echarts 组件（https://github.com/wangshijun/angular-echarts）来给项目使用。这就需要将 angular-echarts.js 也复制到 ch-sales-app\front-end\salesruby_ionic\www\dist\js 目录下。

4．设置对 Android 平台的支持

由于 Windows 环境下的工具集比较全面易得，笔者主要选择在 Windows 下进行销售掌中宝 APP 的开发测试，测试机也是 Android 系统的手机。在测试需要一些手机硬件配合才能完成的功能时，需要把应用测试包安装在实体机上。因此需要参照本书 2.2.2 节的做法为销售掌中宝 APP 添加 Anroid 平台支持，具体的步骤不再重复说明。

5．创建 AngularJS 的服务（Service）与自定义指令（Directive）定义 JS 文件

Ionic 默认生成的代码框架并没有包含 AngularJS 框架常见的服务与指令文件。而销售掌中宝 APP 出于演示的需要将使用服务（Service）与自定义指令（Directive）组件。因此需要在 ch-sales-app\front-end\salesruby_ionic\www\js 目录下分别创建 services.js 和 directives.js 文件用于存放相应的组件代码。

14.3.3　完成总体界面导航与路由

销售掌中宝 APP 的界面导航与路由使用了 Ionic 框架推荐的标准实现方法，主要通过 www\js\app.js 和 www\templates\menu.html 文件结合来建立整个结构，而 www\index.html 则提供了最外部的页面容器。这个实现机制在本书 8.3.1 节已经分析过，此处不再重复说明。

【示例 14-1】实现总体界面导航与路由的代码

www\index.html 的总体界面代码

```
<!DOCTYPE html>
<html>
  <head>
    <meta charset="utf-8">
    <meta     name="viewport"     content="initial-scale=1,     maximum-scale=1,
user-scalable=no, width=device-width">
    <title></title>

    <link href="lib/ionic/css/ionic.css" rel="stylesheet">
    <link href="css/style.css" rel="stylesheet">

    <!-- IF using Sass (run gulp sass first), then uncomment below and
    remove the CSS includes above
    <link href="css/ionic.app.css" rel="stylesheet">
    -->

    <!-- ionic-calendar 的 css https://github.com/twinssbc/Ionic-Calendar -->
```

```html
<link rel="stylesheet" href="dist/css/calendar.css"/>

<!--引入高德地图API-->
<script                                                type="text/javascript"
src="http://webapi.amap.com/maps?v=1.3&key=9d68eeba626eb0eaf2a2cafa2c98c292"><
/script>

<!-- 引入 lodash 库 -->
<script src="dist/js/lodash-4.13.1.js"></script>

<!-- ionic/angularjs js -->
<script src="lib/ionic/js/ionic.bundle.js"></script>

<!-- cordova script (this will be a 404 during development) -->
<script src="cordova.js"></script>

<!-- 为 日 历 组 件 引 入 Angular 的 中 文 资 源
https://github.com/twinssbc/Ionic-Calendar-->
<script src="dist/js/angular-locale_zh-cn.js"></script>

<!-- 引入外部时间计算辅助库 -->
<script src="dist/js/moment.min.js"></script>

<!-- 引入百度 Echarts 报表库 -->
<script src="dist/js/echarts.js"></script>
<!-- 引入 3 个报表样式定义 -->
<script src="dist/js/theme/roma.js"></script>
<script src="dist/js/theme/vintage.js"></script>
<script src="dist/js/theme/infographic.js"></script>

<!-- 引入百度 Echarts 报表库的 Angular 封装 -->
<script src="dist/js/angular-echarts.js"></script>

<!-- 引入 ionic-calendar 的 js https://github.com/twinssbc/Ionic-Calendar-->
<script src="dist/js/calendar-tpls.js"></script>

<!-- your app's js -->
<script src="js/app.js"></script>
<script src="js/services.js"></script>
<script src="js/controllers.js"></script>
<script src="js/directives.js"></script>
</head>
```

```
<body ng-app="salesruby">
  <ion-nav-view></ion-nav-view>
</body>
</html>
```

【代码解析】除了在本书 14.2.2 节提及的引入的外部 JS 库和新增的服务和命令 js 文件，笔者将 Ionic 自动生成的 ng-app 命名从"starter"改为"salesruby"以匹配销售掌中宝 APP 的英文名称。文件中的 ion-nav-view 指令内部将被 AngularJS UI Router 用于填充 www\templates\menu.html 的内容，这个填充操作是由 www\js\app.js 应用模块建立路由时设置的。

www\js\app.js 应用模块建立路由的代码片段

```
angular.module('salesruby',
['ionic', 'ngAnimate', 'ui.rCalendar',
'salesruby.controllers','salesruby.services','salesruby.directives'])
.config(function($stateProvider, $urlRouterProvider, $ionicConfigProvider) {
  //将选项卡放置在底部,否则 Android 平台会默认放在顶部
  $ionicConfigProvider.tabs.position('bottom');
  $stateProvider
  //根状态
  .state('app', {
url: '/app',
// 抽象状态
  abstract: true,
  templateUrl: 'templates/menu.html',
  controller: 'AppCtrl'
})
  //日常工作
  .state('app.dailyjobs', {
url: '/dailyjobs',
// 抽象状态，作为其他日常工作下层状态的父状态
  abstract: true,
  controller: 'DailyJobCtrl',
  views: {
    'menuContent': {
      templateUrl: 'templates/dailyjob-tabs.html'
    }
  }
})
  //日常工作/商机-首页
  .state('app.dailyjobs.opportunities', {
  url: '/opportunities',
  views: {
```

```
          'tab-opportunities': {
            templateUrl: 'templates/tab-opportunities.html',
            controller: 'OpportunitiesCtrl'
          }
        }
      })
      //日常工作/客户-首页
      .state('app.dailyjobs.clients', {
        url: '/clients',
        views: {
          'tab-clients': {
            templateUrl: 'templates/tab-clients.html',
            controller: 'ClientsCtrl'
          }
        }
      })
      //日常工作/客户/联系人-首页
      .state('app.dailyjobs.contacts', {
        // clientId 为传入的客户 ID
        url: '/contacts/:clientId',
        views: {
          'tab-clients': {
            templateUrl: 'templates/contacts.html',
            controller: 'ContactsCtrl'
          }
        }
      })
      //日常工作/拜访-首页
      .state('app.dailyjobs.visits', {
        url: '/visits',
        views: {
          'tab-visits': {
            templateUrl: 'templates/tab-visits.html',
            controller: 'VisitsCtrl'
          }
        }
      })
      //日常工作/订单-首页
      .state('app.dailyjobs.pos', {
url: '/pos',
// 默认参数形式参见 https://github.com/angular-ui/ui-router/wiki/URL-Routing
params: {
  // clientId 为传入的客户 ID
```

```
      clientId: null
    },
    views: {
      'tab-pos': {
        templateUrl: 'templates/tab-pos.html',
        controller: 'PosCtrl'
      }
    }
  })
  //日常工作/报表-首页
  .state('app.dailyjobs.reports', {
    url: '/reports',
    views: {
      'tab-reports': {
        templateUrl: 'templates/tab-reports.html',
        controller: 'ReportsCtrl'
      }
    }
  })

  $urlRouterProvider.otherwise('/app/dailyjobs/clients');
});
```

　　【代码解析】粗看下来本文件的代码与本书 13.3.3 节同名文件的代码类似，但是销售掌中宝 APP 还同时启用了选项卡导航，因此底层状态最深会达到 3 级，即根→侧栏菜单项→选项卡项。代码中的根状态 "app" 作为虚拟状态将引入 www\templates\menu.html 文件的内容，而 "app.dailyjobs" 状态同样是虚拟状态，它将引入 www\templates\dailyjob-tabs.html 文件的内容从而建立选项卡栏。文件中定义的其余状态都将作为它的子状态被动态切换载入与移出（这里指的是视觉上的效果，Ionic 实际上是将子状态的视图缓存隐藏起来以提升性能）。

　　www\templates\menu.html 建立的应用总体侧栏菜单导航

```
<ion-side-menus enable-menu-with-back-views="false">
  <ion-side-menu-content>
    <ion-nav-bar class="bar-stable">
    <ion-nav-back-button>
    </ion-nav-back-button>
    <ion-nav-buttons side="left">
      <button class="button button-icon button-clear ion-navicon"
      menu-toggle="left">
      </button>
    </ion-nav-buttons>
  </ion-nav-bar>
  <ion-nav-view name="menuContent"></ion-nav-view>
```

```
    </ion-side-menu-content>

    <ion-side-menu side="left">
      <ion-header-bar class="bar-stable">
        <h1 class="title">销售掌中宝</h1>
      </ion-header-bar>
      <ion-content>
        <ion-list>
          <ion-item menu-close ng-click="logon()" ng-hide="currentUser"
          class="text-center item-complex">
            <a class="item-content">登录</a>
          </ion-item>
          <ion-item menu-close ng-click="logout()" ng-show="currentUser"
          class="text-center item-complex">
            <a class="item-content">退出({{currentUser.name}})</a>
          </ion-item>
          <ion-item              menu-close              href="#/app/dailyjobs/visits"
ng-show="currentUser"
          class="text-center item-complex">
            日常工作
          </ion-item>
          <ion-item menu-close href="#" class="text-center item-complex"
          ng-show="currentUser">
            内部事务(读者实现)
          </ion-item>
          <ion-item menu-close ng-click="configReport()" ng-show="currentUser"
          class="text-center item-complex">
            <a class="item-content">报表设置</a>
          </ion-item>
        </ion-list>
      </ion-content>
    </ion-side-menu>
  </ion-side-menus>
```

【代码解析】代码的主要结构与本书 8.3.1 节介绍分析过的示例 8-4 基本一致。

14.3.4　实现侧栏菜单与登录/退出功能

本章的 14.2.1 节的图 14.2 和图 14.3 里，分别有用户登录和退出两大功能是在侧栏菜单的控制器 AppCtrl 直接实现的。

【示例 14-2】实现侧栏菜单功能集的代码片段集

www\js\controllers.js 控制器模块里用户登录和退出的逻辑代码片段

```
angular.module('salesruby.controllers',
```

```
['salesruby.services','ui.rCalendar','angular-echarts'])
.controller('AppCtrl', //整个应用
function($scope, $rootScope, $ionicModal, $timeout,
BaseService, ConfigService) {
  //登录
  $scope.logon = function(){
    BaseService.logon($scope,$rootScope);
  };
  //注销
  $scope.logout = function(){
    BaseService.logout($rootScope);
  };
……//此处省略其他部分的无关代码
})
```

【代码解析】用户登录和退出的代码是委托给服务来完成，这样更符合 AngularJS 官方的推荐，即把业务逻辑尽量放在服务里，使控制器尽可能的轻量。

www\js\services.js 服务模块里用户登录和退出的代码片段

```
.factory('BaseService',
["$ionicModal","$ionicPopup","$state","$localstorage","LogonService",
"ClientService","OpportunityService","VisitService","PoService",
"ProductService","UserService",
function($ionicModal,$ionicPopup,$state,$localstorage,LogonService,
ClientService,OpportunityService,VisitService,PoService,
ProductService,UserService) {
……//此处省略其他部分的无关代码
  return {
    // 登录模态框
logon: function(scopeHandle, rootScopeHandle){
  // 初始化用户登录模态框
    $ionicModal.fromTemplateUrl('templates/logon.html', {
      scope: scopeHandle
    }).then(function(modal) {
      scopeHandle.logonData = {};
      //执行登录的函数
      scopeHandle.doLogon = function(){
        LogonService.logon(scopeHandle.logonData.logonName,
        scopeHandle.logonData.password)
        .then(
          function(successResult) {
            // 成功登录后更新当前用户的账户信息至根作用域缓存
            rootScopeHandle.currentUser = successResult.data;
            rootScopeHandle.currentUserId = successResult.data._id;
```

```
                rootScopeHandle.currentUserLogonName                          =
scopeHandle.logonData.logonName;
                rootScopeHandle.currentUserPassword                          =
scopeHandle.logonData.password;
                // 成功登录后更新当前用户的账户信息 Local Storage 缓存
                $localstorage.setObject('currentUserObj',successResult.data);
                $localstorage.set('currentUserId',successResult.data._id);

$localstorage.set('currentUserLogonName',scopeHandle.logonData.logonName);

$localstorage.set('currentUserPassword',scopeHandle.logonData.password);
                modal.hide();
              },
              function(failResult){
                if(failResult.status== 401){
                  $ionicPopup.alert({title: "账户名或密码不正确"});
                }
              }
            );
        };
        scopeHandle.closeLogon = function() {
          modal.hide();
        };
        modal.show();
      });
    },
    // 注销
  logout: function(rootScopeHandle){
    // 清空 Local Storage 当前用户相关的缓存数据
      $localstorage.setObject('currentUserObj',null);
      $localstorage.set('currentUserId',"");
      $localstorage.set('currentUserLogonName',"");
      $localstorage.set('currentUserPassword',"");
      // 清空根作用域当前用户相关的缓存数据
      rootScopeHandle.currentUser                                            =
$localstorage.getObject('currentUserObj');
      rootScopeHandle.currentUserId = $localstorage.get('currentUserId',"");
      rootScopeHandle.currentUserLogonName = "";
      rootScopeHandle.currentUserPassword = "";
    },
  }
  }])
  ……//此处省略其他部分的无关代码
```

389

```
.factory('LogonService',['$http','$httpParamSerializerJQLike','appConfig',
function LogonService($http,$httpParamSerializerJQLike,appConfig) {
  return {
    // 在服务里输出服务函数
    // 调用后端登录 API
    logon: function(userLogonName,password){
      return $http.post(
        appConfig.rootUrl + "/api/v1/users/logon",
        $httpParamSerializerJQLike({ userLogonName: userLogonName,
          userPassword: password}),
        {headers: {'Content-Type': 'application/x-www-form-urlencoded'}});
    },
  };
}])
```

【代码解析】除了前台页面的交互代码（通过作用域变量）以外，逻辑代码里的其余部分均是调用服务 LogonService 来操作后端服务器的 API。这里需要注意的是因为 HTTP API 调用的异步特性，调用服务 LogonService 是返回一个 promise，需要通过 then 函数的形式注册服务调用完成后的回调处理函数（这里是两个函数，分别对应成功和失败的结果处理）。对后端服务器 API 调用的模式是通过$http 调用 HTTP 的标准方法（GET、POST、PUT 等），传送的数据通过$httpParamSerializerJQLike 进行打包，并加上相应的 HTTP 头。如前所述，调用$http 的 HTTP 方法将返回 promise，后续需要通过 then 函数注册回调函数来处理最终的调用结果。

www\templates\logon.html 用户登录前端 HTML 模板代码

```
<ion-modal-view>
  <ion-header-bar class="bar-stable">
    <a class="button icon-left ion-chevron-left button-clear button-icon"
ng-click="closeLogon()"></a>
    <h1 class="title">登录</h1>
  </ion-header-bar>
  <ion-content>
    <form ng-submit="doLogon()">
      <div class="list">
        <label class="item item-input">
          <span class="input-label">输入登录用户</span>
          <input type="text" ng-model="logonData.logonName">
        </label>
        <label class="item item-input">
          <span class="input-label">输入登录密码</span>
          <input type="password" ng-model="logonData.password">
        </label>
        <label class="item">
```

```
        <button class="button button-block button-positive" type="submit"
        ng-disabled="!logonData.logonName || !logonData.password"> 登    录
</button>
          </label>
        </div>
      </form>
    </ion-content>
  </ion-modal-view>
```

【代码解析】与第 13 章的实现方式完全一致，用户登录使用 ionicModal 组件的模态框实现，因此前端 HTML 模板代码的容器为 ion-modal-view。模态框需要自行设置关闭按钮，如图 14.13 的左上角返回按钮。这里笔者没有使用更多的样式，而是直接使用了 Ionic 的表单文本输入控件。读者可以自行决定是否需要进一步美化。

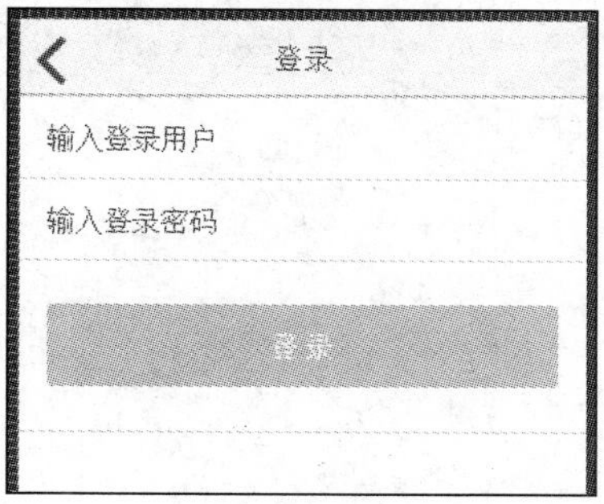

图 14.13 用户登录页

14.3.5 实现商机业务功能集

如图 14.1 的销售掌中宝 APP 整体功能结构图所示，本部分主要由商机列表、增加商机、修改商机这 3 个功能页组成。本小节将依序分别介绍这 3 个功能页的实现方式。

1．商机列表

如图 14.4 所示，该页面主要显示的是商机列表。出于简化示例代码的目的，笔者在实现时并未采用分页机制。读者朋友可以参考本书 13.3.5 节的分页机制来补充这个特性。

【示例 14-3】实现商机业务功能的代码片段
www\js\controllers.js 控制器模块里商机列表的逻辑代码片段

```
.controller('OpportunitiesCtrl', //商机
function($scope, $rootScope, $stateParams,
BaseService,OpportunityService) {
  $scope.opportunities = [];
  // 载入商机列表
  $scope.reloadOpportunities = function() {
    OpportunityService.list($rootScope.currentUserLogonName,
```

```
                $rootScope.currentUserPassword)
.then(function(result){
  // 将商机列表按创建日期时间排序
    $scope.opportunities = _.sortBy(result.data,
      function(item){return -item.createTime});
  });
};
$scope.$on('$ionicView.enter', function(e) {
  // 该功能强制要求用户登录
  if(!$rootScope.currentUserId) {
    $scope.logon();
    return ;
}
// 登录后载入商机列表
  $scope.reloadOpportunities();
});
// 增加商机的入口函数
$scope.tryAddOpportunity = function(options){
  $scope.addOpportunity(
    $scope,
    // 调用时需要加入当前创建用户的 ID
    _.extend(
    {
     creator: $rootScope.currentUserId,
    },options),
    $scope.reloadOpportunities
  );
};
// 修改商机的入口函数
$scope.tryUpdateOpportunity = function(opportunity){
  BaseService.updateOpportunity($scope, $rootScope,
    _.extend(opportunity,{
      // 计划完成日期通过 moment 库进行变形，以使前台控件能识别
      planDoneDate: moment(opportunity.planDoneDate).clone().toDate()}),
    $scope.reloadOpportunities
  );
};
})
```

【代码解析】控制器里定义的 reloadOpportunities 函数为调用后台方法实现了载入最新的商机列表功能。而 tryAddOpportunity 和 tryUpdateOpportunity 函数是为了在页面上调用增加和修改商机功能而实现的。值得注意的是 reloadOpportunities 函数也作为参数传给这两个函数，因为当它们成功新增或改变商机时，商机列表页需要进行更新以反映最新的状态。此外

tryUpdateOpportunity 函数里对后端服务器传送来的日期变量通过 moment 库进行了变形，以使前台控件能识别。代码里使用的 lodash 库的 extend 函数是用于将后续参数对象的属性复制到第一个参数对象上；而 sortBy 函数是用来对对象数组排序的。

www\js\services.js 服务模块里获取商机的记录列表代码片段

```
.factory('OpportunityService',
['$http','$httpParamSerializerJQLike','appConfig',
function OpportunityService($http,$httpParamSerializerJQLike,appConfig) {
 return {
list: function(userLogonName, userPassword){
 // 调用后端服务 API 获取商机列表
   return $http.post(
     appConfig.rootUrl + "/api/v1/opportunities/list/",
     $httpParamSerializerJQLike(
       {userLogonName: userLogonName,userPassword: userPassword}),
     {headers: {'Content-Type': 'application/x-www-form-urlencoded'}}
   );
 },
……//此处省略其他部分的无关代码
 };
}])
```

【代码解析】服务模块的相关代码也很简单，直接用后端服务获取商机列表即可。因为是有保密需要的企业内部应用，所以处理成需要登录的 POST 模式。

www\templates\tab-opportunities.html 商机列表前端 HTML 模板代码

```
<ion-view view-title="商机">
  <ion-nav-buttons side="secondary">
   <a class="button button-icon ion-plus-round button-clear"
    ng-click="tryAddOpportunity()"><!--调用增加商机的入口函数--></a>
  </ion-nav-buttons>
  <ion-content>
   <div class="card" ng-repeat="opportunity in opportunities track by
opportunity._id">
     <div class="item item-divider item-text-wrap item-icon-right item-dark"
>
      <h2                                                     style="color:
#ccc;">{{opportunity.name}}-{{opportunity.client.name||"客户信息暂缺"}}</h2>
        <i class="icon ion-star assertive" ng-show="opportunity.priority=='重
点'"></i>
     </div>
     <div class="item item-text-wrap">
      <p>估计价值(人民币): {{opportunity.moneyEstimated | number}}</p>
      <p>预计成交日期: {{opportunity.planDoneDate | date: 'yyyy-MM-dd'}}</p>
```

```
        <p>备注: {{opportunity.memo}}</p>
    </div>
    <div class="item item-divider item-icon-right">
        {{opportunity.state}}-{{opportunity.salesPerson.name}}
        <!--调用修改商机的入口函数-->
        <i                class="icon               ion-compose           "
ng-click="tryUpdateOpportunity(opportunity)"></i>
    </div>
    </div>
    </ion-content>
</ion-view>
```

【代码解析】代码里除了显示商机列表以外，也分别通过两个图标按钮提供了增加商机和修改商机的入口。

2．增加商机

为了尽可能多地获取商机相关的信息，商机的输入界面有较多的表单输入字段，如图 14.14 所示。

图 14.14　增加商机页

为了方便演示表单的所有内容，截取图 14.14 时笔者使用了 Chrome 浏览器的响应式布局模式，而不是像往常一样选取 iPhone5S 或 iPhone6 的模拟布局。

【示例 14-4】实现增加商机功能的代码片段

www\js\controllers.js 控制器模块里增加商机的逻辑代码片段

```
.controller('AppCtrl',
function($scope, $rootScope, $ionicModal, $timeout,
BaseService, ConfigService) {
……//此处省略其他部分的无关代码
  // 调用 BaseService 服务来完成增加商机
  $scope.addOpportunity = function(scopeHandle, options, callback){
    BaseService.addOpportunity(scopeHandle,$rootScope, options, callback);
  };
……//此处省略其他部分的无关代码
})
```

【代码解析】增加商机功能委托给 BaseService 服务来完成，好处是把业务逻辑尽量放在服务里，使控制器尽可能的轻量。此外如果后续扩展其他业务功能如拜访、客户、订单部分里使其可以增加商机时，就都可以通过调用 BaseService 服务来完成了。

www\js\services.js 服务模块里增加商机代码片段

```
.factory('BaseService',
["$ionicModal","$ionicPopup","$state","$localstorage","LogonService",
"ClientService","OpportunityService","VisitService","PoService",
"ProductService","UserService",
function($ionicModal,$ionicPopup,$state,$localstorage,LogonService,
ClientService,OpportunityService,VisitService,PoService,
ProductService,UserService) {
……//此处省略其他部分的无关代码
  function addOpportunity(scopeHandle, rootScopeHandle, options, callback){
    scopeHandle.newOpportunityData = _.extend({}, options);
    // 初始化增加商机的模态框
    $ionicModal.fromTemplateUrl('templates/add-opportunity.html', {
      scope: scopeHandle
    })
.then(function(modal) {
  // 取消函数，关闭对话框
    scopeHandle.closeAddOpportunity = function() {
      modal.hide();
    };
    // 确认函数，调用 OpportunityService 服务
    scopeHandle.confirmAddOpportunity = function() {
    OpportunityService.newOpportunity(
      rootScopeHandle.currentUserLogonName,
      rootScopeHandle.currentUserPassword,
      scopeHandle.newOpportunityData)
    .then(function(result) {
      // 完成增加商机后使用传回的新商机对象调用传入的回调函数,
    // 可用于更新页面显示与突出提示新增加的对象
```

```
            if(result.data && callback) callback(result.data);
            modal.hide();
        });
    };
    // 试图变更销售人员
    scopeHandle.tryChangeSalesPerson = function(defaultSalePerson) {
        // 调用 getOneUser 方法获取新的销售人员对象
        getOneUser(scopeHandle, rootScopeHandle, defaultSalePerson,
            function(salesPerson){
                // 获取后更新作用域对象相关属性
                scopeHandle.newOpportunityData.salesPerson = salesPerson;
            }
        );
    };
    //变更客户
    scopeHandle.tryChangeClient = function(defaultClient) {
        // 调用 getOneClient 方法获取新的指定的客户对象
        getOneClient(scopeHandle, rootScopeHandle, defaultClient,
            function(client){
                // 获取后更新作用域对象相关属性
                scopeHandle.newOpportunityData.client = client;
            }
        );
    };
    // 变更商机相关的产品（可以是多个）
    scopeHandle.tryChangeProducts = function(products){
        // 调用 getSomeProducts 方法获取新的指定的产品对象集
        getSomeProducts(scopeHandle, rootScopeHandle, products,
            function(results){
                // 获取后更新作用域对象相关属性
                scopeHandle.newOpportunityData.products = _.cloneDeep(results);
            }
        );
    };
    modal.show();
    });
};
……//此处省略其他部分的无关代码
return {
……//此处省略其他部分的无关代码
    addOpportunity: function(scopeHandle, rootScopeHandle, options, callback){
        return addOpportunity(scopeHandle, rootScopeHandle, options, callback);
    },
```

```
……//此处省略其他部分的无关代码
    }
}])
……//此处省略其他部分的无关代码

.factory('OpportunityService',
['$http','$httpParamSerializerJQLike','appConfig',
function OpportunityService($http,$httpParamSerializerJQLike,appConfig) {
  return {
……//此处省略其他部分的无关代码
    // 在服务里输出服务函数
newOpportunity: function(userLogonName, userPassword, objectData){
  // 调用后端API增加商机
    return $http.post(
      appConfig.rootUrl + "/api/v1/opportunities/new",
      $httpParamSerializerJQLike(
        // objectData 为新商机对象的数据包
        _.extend(objectData,
          { userLogonName:userLogonName, userPassword:userPassword})
      ),
      {headers: {'Content-Type': 'application/x-www-form-urlencoded'}});
    },
……//此处省略其他部分的无关代码
  };
}])
```

【代码解析】代码里出现了两个服务，分别是 BaseService 和 OpportunityService。前者用于处理界面与业务逻辑，如载入页面模板文件，提供商机对象相关的销售人员、产品、客户关联关系。而后者的职责是处理与后端服务器 API 的交互，比较简单。此外代码里用到了 lodash库的 cloneDeep 函数，它是用于深度复制生成一个对象的完全克隆。

www\templates\add-opportunity.html 增加商机前端 HTML 模板代码

```
<ion-modal-view>
  <ion-header-bar class="bar-stable">
    <a class="button icon-left ion-chevron-left button-clear button-icon"
    ng-click="closeAddOpportunity()"></a>
    <h1 class="title">增加商机</h1>
    <a class="button icon-left ion-checkmark button-clear button-icon"
    ng-click="confirmAddOpportunity()"></a>
  </ion-header-bar>
  <ion-content>
    <label class="item item-input item-stacked-label">
      <span class="input-label">*名称：</span>
```

```
        <input type="text" ng-model="newOpportunityData.name">
      </label>
      <label class="item item-input item-stacked-label">
        <span class="input-label" style="display: block;">*销售人员:</span>
        <input type="text" style="display: inline-block;width: 70%;"
        ng-model="newOpportunityData.salesPerson.name"
        ng-click="tryChangeSalesPerson(newOpportunityData.salesPerson)"
readonly required>
        <a>选择</a>
      </label>
      <label class="item item-input item-stacked-label">
        <span class="input-label">*估计价值: </span>
        <input    type="number"    ng-model="newOpportunityData.moneyEstimated"
required>
      </label>
      <label class="item item-input item-stacked-label">
        <span class="input-label">*预计成交日期: </span>
        <input type="date" ng-model="newOpportunityData.planDoneDate" required>
      </label>
      <label class="item item-input item-stacked-label">
        <span class="input-label">优先级</span>
        <select required ng-model="newOpportunityData.priority">
          <option ng-selected="newOpportunityData.priority=='重点'" value="重点">
重点</option>
          <!--此处省略其余的可选项-->
        </select>
      </label>
      <label class="item item-input item-stacked-label">
        <span class="input-label" style="display: block;">客户: </span>
        <input type="text" style="display: inline-block;width: 70%;"
        ng-click="tryChangeClient(newOpportunityData.client)"
        ng-model="newOpportunityData.client.name" readonly >
        <a>选择</a>
      </label>
      <label         class="item         item-input         item-stacked-label"
ng-click="tryChangeProducts(newOpportunityData.products)">
        <span class="input-label" style="display: block;">产品:</span>
        <div ng-repeat="product in newOpportunityData.products">
          {{product.code}} - {{product.name}}
        </div>
      </label>
      <label class="item item-input item-stacked-label">
        <span class="input-label">预计成交可能性(%): </span>
```

```
        <input type="number" ng-model="newOpportunityData.donePossibility">
      </label>
      <label class="item item-input item-stacked-label">
        <span class="input-label">当前阶段：</span>
        <select required ng-model="newOpportunityData.state">
          <option ng-selected="newOpportunityData.state=='初步接触'" value="初步
接触">初步接触</option>
          <!--此处省略其余的可选项-->
        </select>
      </label>
      <label class="item item-input item-stacked-label">
        <span class="input-label">成交最重要因素：</span>
        <select required ng-model="newOpportunityData.factors">
          <option ng-selected="newOpportunityData.factors=='品牌'" value="品牌">
品牌</option>
          <!--此处省略其余的可选项-->
        </select>
      </label>
      <label class="item item-input item-stacked-label">
        <span class="input-label">地址：</span>
        <input type="text" ng-model="newOpportunityData.address">
      </label>
      <label class="item item-input item-stacked-label">
        <span class="input-label">来源：</span>
        <select required ng-model="newOpportunityData.source">
          <option ng-selected="newOpportunityData.source=='网站'" value="网站">
网站</option>
          <!--此处省略其余的可选项-->
        </select>
      </label>
      <label class="item item-input item-stacked-label">
        <span class="input-label">竞争对手：</span>
        <input type="text" ng-model="newOpportunityData.competitors">
      </label>
      <label class="item item-input item-stacked-label">
        <span class="input-label">交易条件：</span>
        <input type="text" ng-model="newOpportunityData.conditions">
      </label>
      <label class="item item-input item-stacked-label">
        <span class="input-label">备注：</span>
        <textarea ng-model="newOpportunityData.memo"></textarea>
      </label>
    </ion-content>
```

```
</ion-modal-view>
```

【代码解析】页面上有较多的输入控件，其中的销售人员、客户和产品选择最终都会调用 BaseService 来再次载入模态框供用户选取业务对象。其余部分代码虽然很长，但都是基本的 AngularJS 和 HTML 控件的用法，这里不再赘述。

3．修改商机

商机信息是需要根据市场和客户的情况不断清晰完善的，因此更新修改商机的功能必不可少，如图 14.15 所示。

图 14.15　修改商机页

【示例 14-5】实现修改商机功能的代码片段

www\js\services.js 服务模块里修改商机代码片段

```
.factory('BaseService',
["$ionicModal","$ionicPopup","$state","$localstorage","LogonService",
"ClientService","OpportunityService","VisitService","PoService",
"ProductService","UserService",
function($ionicModal,$ionicPopup,$state,$localstorage,LogonService,
```

```
ClientService,OpportunityService,VisitService,PoService,
ProductService,UserService) {
……//此处省略其他部分的无关代码
    function  updateOpportunity(scopeHandle,  rootScopeHandle,  opportunity,
callback){
       scopeHandle.updateOpportunityData = _.extend({},opportunity);
    // 初始化修改商机的模态框
       $ionicModal.fromTemplateUrl('templates/edit-opportunity.html', {
         scope: scopeHandle
       })
     .then(function(modal) {
     // 取消函数，关闭模态框
        scopeHandle.closeUpdateOpportunity = function() {
          scopeHandle.updateOpportunityData = null;
          modal.hide();
        };
        // 确认函数
        scopeHandle.confirmUpdateOpportunity = function() {
          //调用 OpportunityService 服务
          OpportunityService.updateOpportunity(
            rootScopeHandle.currentUserLogonName,
            rootScopeHandle.currentUserPassword,
            scopeHandle.updateOpportunityData)
          .then(function(result) {
          // scopeHandle.updateOpportunityData = result.data;
          // 完成修改商机后使用传回的商机对象调用传入的回调函数,
      // 可用于更新页面显示与突出提示被修改的对象
            if(result.data && callback) callback(result.data);
            modal.hide();
          });
        };
        // 变更销售人员
        scopeHandle.tryChangeSalesPerson = function(defaultSalePerson) {
          getOneUser(scopeHandle, rootScopeHandle, defaultSalePerson,
            function(salesPerson){
            // 获取后更新作用域对象相关属性
              scopeHandle.updateOpportunityData.salesPerson = salesPerson;
            }
          );
        };
        // 变更客户
        scopeHandle.tryChangeClient = function(defaultClient) {
          getOneClient(scopeHandle, rootScopeHandle, defaultClient,
```

```
              function(client){
                // 获取后更新作用域对象相关属性
                scopeHandle.updateOpportunityData.client = client;
              }
            );
          };
          // 变更商机相关的产品（多个）
          scopeHandle.tryChangeProducts = function(products){
            getSomeProducts(scopeHandle, rootScopeHandle, products,
              function(results){
                // 获取后更新作用域对象相关属性
                scopeHandle.updateOpportunityData.products = _.cloneDeep(results);
              }
            );
          };
          modal.show();
        });
      };
……//此处省略其他部分的无关代码
    return {
……//此处省略其他部分的无关代码
      // 在服务里输出服务函数
      updateOpportunity: function(scopeHandle, rootScopeHandle, opportunity,
callback){
          return          updateOpportunity(scopeHandle,          rootScopeHandle,
opportunity,callback);
      },
……//此处省略其他部分的无关代码
    }
  }])
……//此处省略其他部分的无关代码


.factory('OpportunityService',
['$http','$httpParamSerializerJQLike','appConfig',
function OpportunityService($http,$httpParamSerializerJQLike,appConfig) {
  return {
……//此处省略其他部分的无关代码
    // 在服务里输出服务函数
updateOpportunity: function(userLogonName, userPassword, objectData){
    // 调用后端 API 修改商机
      return $http.post(
        appConfig.rootUrl + "/api/v1/opportunities/update",
        $httpParamSerializerJQLike(
```

```
      // objectData 为更改的商机对象的数据包
      _.extend(objectData,
        { userLogonName:userLogonName, userPassword:userPassword,
          opportunityId: objectData._id})
      ),
      {headers: {'Content-Type': 'application/x-www-form-urlencoded'}});
    },……//此处省略其他部分的无关代码
  };
}])
```

【代码解析】与增加商机的代码极其类似，代码也分为 BaseService 和 OpportunityService 两个服务。前者用于处理界面与业务逻辑，如载入页面模板文件，提供商机对象相关的销售人员、产品、客户关联关系。而后者的职责是处理与后端服务器 API 的交互。

www\templates\edit-opportunity.html 修改商机前端 HTML 模板代码

```html
<ion-modal-view>
  <ion-header-bar class="bar-stable">
    <a class="button icon-left ion-chevron-left button-clear button-icon"
    ng-click="closeUpdateOpportunity()"></a>
    <h1 class="title">修改商机</h1>
    <a class="button icon-left ion-checkmark button-clear button-icon"
    ng-click="confirmUpdateOpportunity()"></a>
  </ion-header-bar>
  <ion-content>
    <label class="item item-input item-stacked-label">
      <span class="input-label">*名称: </span>
      <input type="text" ng-model="updateOpportunityData.name">
    </label>
    <label class="item item-input item-stacked-label">
      <span class="input-label" style="display: block;">*销售人员:</span>
      <input type="text" style="display: inline-block;width: 70%;"
      ng-model="updateOpportunityData.salesPerson.name"
      ng-click="tryChangeSalesPerson(updateOpportunityData.salesPerson)"
readonly required>
      <a>选择</a>
    </label>
    <label class="item item-input item-stacked-label">
      <span class="input-label">*估计价值: </span>
      <input  type="number"  ng-model="updateOpportunityData.moneyEstimated"
required>
    </label>
    <label class="item item-input item-stacked-label">
      <span class="input-label">*预计成交日期: </span>
      <input type="date" ng-model="updateOpportunityData.planDoneDate">
    </label>
    <label class="item item-input item-stacked-label">
      <span class="input-label" style="display: block;">客户: </span>
      <input type="text" style="display: inline-block;width: 70%;"
      ng-click="tryChangeClient(updateOpportunityData.client)"
```

```
          ng-model="updateOpportunityData.client.name" readonly >
      <a>选择</a>
    </label>
    <label class="item item-input item-stacked-label">
      <span class="input-label">优先级</span>
      <select required ng-model="updateOpportunityData.priority">
        <option ng-selected="updateOpportunityData.priority=='重点'" value="重
点">
      重点</option>
        <!--此处省略其余的可选项-->
      </select>
    </label>
    <label          class="item          item-input          item-stacked-label"
ng-click="tryChangeProducts(updateOpportunityData.products)">
      <span class="input-label" style="display: block;">产品:</span>
      <div ng-repeat="product in updateOpportunityData.products">
        {{product.code}} - {{product.name}}
      </div>
    </label>
  <!--此处省略其余类似的输入字段-->
  </ion-content>
</ion-modal-view>
```

【代码解析】页面部分代码虽然很长，但与增加商机的页面代码极其类似，这里不再赘述。

14.3.6 实现拜访业务功能集

如图 14.1 的销售掌中宝 APP 整体功能结构图所示，本部分主要由拜访列表、增加拜访、修改拜访计划和完成拜访任务这 4 个功能页组成。本小节将依序分别介绍这 4 个功能页的实现方式。

从代码实现逻辑上来说，完成拜访任务的功能是属于修改拜访计划的一部分，该功能也使用了修改拜访计划的后台服务接口。但是从业务角度来看把完成拜访任务单独抽出来作为一个功能页对于用户更容易理解。因此细心的用户会发现完成拜访任务所在的位置与图 14.1 的显示并不能完全对应。

1．拜访列表

如图 14.5 所示，该页面主要显示的是基于日历的拜访列表。点击日历组件标题栏右方的小三角形将能切换是否显示日历。

【示例 14-6】实现拜访业务功能的代码片段

www\js\controllers.js 控制器模块里拜访列表的逻辑代码片段

```
.controller('VisitsCtrl', //拜访
function($scope, $rootScope, $stateParams,BaseService,
VisitService,CalenderEventService) {
```

```
$scope.visits = [];
$scope.calendar = {};
// 载入拜访列表
$scope.loadCalendarData = function(){
  VisitService.list($rootScope.currentUserLogonName,
      $rootScope.currentUserPassword)
  .then(function(result){
    var visits = result.data;
    // 设置载入的拜访列表
    $scope.calendar.eventSource =
      CalenderEventService.generateVisitEvents(visits);
    // 通知日历组件数据变化需要更新显示
    $scope.$broadcast('eventSourceChanged',$scope.calendar.eventSource);
    // 页面的拜访列表中筛选只显示当天的所有拜访安排，默认的初始页面显示
    $scope.visits = _.filter(visits, function(visit){
      return moment($scope.calendar.currentDate)
        .isSame(moment(visit.planDate),'day')
    });
  });
};
$scope.$on('$ionicView.enter', function(e) {
  // 强制要求用户登录
  if(!$rootScope.currentUserId) {
    $scope.logon();
    return ;
  }
  $scope.loadCalendarData();
  $scope.calendar = {};
  $scope.calendar.currentDate = new Date();
});
// 需要先设置日历显示,否则刷新会不正常
$scope.showCalender = true;
//切换日历是否显示，前台页面将会调用该函数
$scope.toggleShowCalender = function(){
  $scope.showCalender = !$scope.showCalender;
}
// 处理用户点击日历变更了要查看的时间点
$scope.onTimeSelected = function (selectedTime, events) {
  // events 为日历对象存储的指定日期对应的事件（即拜访）集
  $scope.visits =[];
if(events !== undefined && events.length !== 0){
  // 从日历对象存储的指定日期对应的事件集抽取拜访对象集
    $scope.visits = _.map(events, function(event){return event.visit});
```

```
}
// 更新当前选中的日期
  $scope.calendar.currentDate = selectedTime;
};
// 设置拜访的客户
$scope.getClient = function(){
  $scope.getOneClient($scope);
};
// 增加拜访的入口函数
$scope.tryAddVisit = function(options){
  $scope.addedVisit=null;
  $scope.addVisit($scope,
   _.extend(
   {
            // 拜访计划日期，去掉分钟以后的部分
            planDate: moment($scope.calendar.currentDate).clone().
                  set({'second': 0, 'millisecond': 0}).toDate(),
            // 拜访创建者，可用于未来可以扩展为上级给下属计划拜访任务
            creator: $rootScope.currentUserId,
     },options)
   );
};
// 监测新的拜访计划被加入的事件，及时更新前台界面列表的显示
  $scope.$watch('addedVisit', function(newValue, oldValue) {
$scope.loadCalendarData();
// 新拜访被加入
if(newValue &&
// 而且新拜访计划发生日期与日历控件当前选中的日期一致
    moment($scope.calendar.currentDate).isSame(
      moment(newValue.planDate),'day'))
{
  // 如果当前的拜访计划列表里没有该新拜访计划，则加入之
    if (!_.some($scope.visits,{'_id': newValue._id})) {
      $scope.visits.push(newValue);
    };
  };
});
  // 修改拜访的入口函数
  $scope.tryEditVisit = function(item){
$scope.updatedVisit=null;
// 调用 BaseService 修改拜访
   BaseService.updateVisit($scope,$rootScope,item);
  };
```

```
    // 完成拜访的入口函数
    $scope.tryFinishVisit = function(item){
      // 已经完成的拜访不能再次进行完成操作
      if(item.finishDate) return;
$scope.updatedVisit=null;
// 调用 BaseService 完成拜访
      BaseService.finishVisit($scope,$rootScope,item);
    };
    // 监测拜访计划被更新的事件，及时更新前台界面列表的显示
    $scope.$watch('updatedVisit', function(newValue, oldValue) {
$scope.loadCalendarData();
// 被更新的拜访对象不为空
if(newValue &&
// 而且被更新的拜访计划的发生日期与日历控件当前选中的日期一致
      moment($scope.calendar.currentDate).isSame(
        moment(newValue.planDate),'day'))
{
    // 更新页面显示的拜访计划的显示内容
    if(_.findIndex($scope.visits,{'_id': newValue._id}) > -1)
        $scope.visits[_.findIndex($scope.visits,{'_id':  newValue._id})]  =
newValue;
    };
  });
})
```

【代码解析】控制器里定义的 loadCalendarData 函数为调用后台方法实现了载入最新的拜访列表并筛选显示指定日期的所有拜访安排的功能。而 tryAddVisit 和 tryEditVisit 函数是为了在页面上调用增加和修改拜访功能而实现的。此外声明的作用域里 calendar 变量是用于页面上的日历对象的设置目的。另外代码里的两处$scope.$watch()函数调用是用于监控作用域变量的变化。由于对拜访的修改和增加都可能导致页面里拜访列表显示的变化，而修改与增加操作都是在后面打开的修改或增加模态框逻辑代码内完成，默认情况下是不会更新到拜访列表页面上的。此外代码里用到了 lodash 库的 some 函数，它被用来判断对象集合中是否已有指定对象。

www\js\services.js 服务模块里获取拜访的记录列表代码片段

```
.factory('VisitService',
['$http','$httpParamSerializerJQLike','appConfig',
function VisitService($http,$httpParamSerializerJQLike,appConfig) {
  return {
    // 在服务里输出服务函数
list: function(userLogonName, userPassword){
    // 调用后端服务 API 获取拜访列表
      return $http.post(
        appConfig.rootUrl + "/api/v1/visits/list/",
```

```
        $httpParamSerializerJQLike(
          {userLogonName: userLogonName,userPassword: userPassword}),
          {headers: {'Content-Type': 'application/x-www-form-urlencoded'}}
        );
      },
……//此处省略其他部分的无关代码
    };
  }])
```

【代码解析】服务模块的相关代码很简单，直接用后端服务获取拜访列表即可。

www\templates\tab-visits.html 拜访列表前端 HTML 模板代码

```html
<ion-view view-title="拜访 {{calendar.currentDate|date: 'yyyy-MM-dd'}}">
  <ion-nav-buttons side="secondary">
    <a class="button button-icon ion-plus-round button-clear"
       ng-click="tryAddVisit()"><!--调用增加拜访的入口函数--></a>
  </ion-nav-buttons>
  <ion-content>
    <ion-item class="item-divider text-center">
      <i class="icon ion-calendar" ></i>
      选择日期
      <i class="icon ion-arrow-down-b"
ng-show="showCalender" ng-click="toggleShowCalender()" ></i>
      <i class="icon ion-arrow-right-b"
ng-hide="showCalender" ng-click="toggleShowCalender()"></i>
    </ion-item>
    <div ng-show="showCalender"><!--显示日历组件 -->
      <calendar ng-model="calendar.currentDate" calendar-mode="month"
      show-event-detail="false"  time-selected="onTimeSelected(selectedTime,
events)"
        query-mode="remote" event-source="calendar.eventSource">
      </calendar>
    </div>
  <ion-item ng-repeat="visit in visits track by visit._id"
  class="item-text-wrap item-icon-left item-icon-right">
      <i class="icon ion-compose" ng-click="tryEditVisit(visit)"></i>
      拜访: {{visit.planDate| date: 'hh:mm'}} {{visit.client.name}}
      <i class="icon" ng-click="tryFinishVisit(visit)"
      ng-class="{'ion-checkmark-round':                        visit.finishDate,
'ion-clock': !visit.finishDate,
      'positive': (!visit.finishDate)}"></i>
    </ion-item>
  </ion-content>
</ion-view>
```

【代码解析】代码中最独特的就是<calendar>指令的使用。正如 14.3.2 节说明的，这个组件是用于提供给用户触碰交互而显示指定日期拜访安排列表。该指令的所有可用参数说明读者可以参考 14.3.2 节提供的 Ionic-Calendar 组件的 Github 网址。

2．增加拜访

作为日常的销售活动，单次拜访计划的输入并没有涉及过多的表单输入字段，如图 14.16 所示。

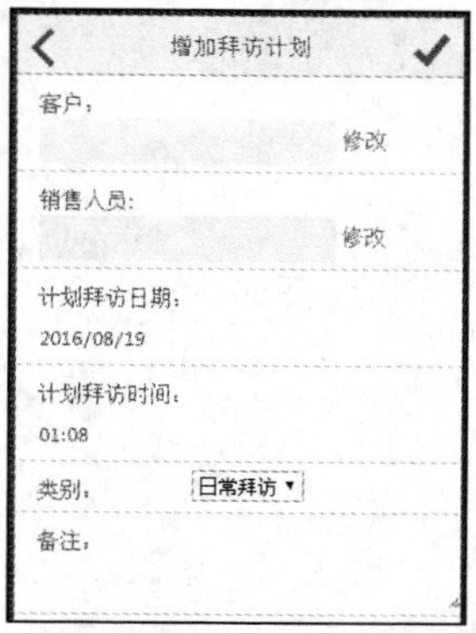

图 14.16　增加拜访页

【示例 14-7】实现增加拜访功能的代码片段

www\js\controllers.js 控制器模块里增加拜访的逻辑代码片段

```
.controller('AppCtrl', //整个应用
function($scope, $rootScope, $ionicModal, $timeout,
BaseService, ConfigService) {
……//此处省略其他部分的无关代码
  $scope.addVisit = function(scopeHandle, options, callback){
    // 调用 BaseService 服务完成增加拜访
    BaseService.addVisit(scopeHandle,$rootScope,options, callback);
  };
……//此处省略其他部分的无关代码
})
```

【代码解析】增加拜访功能委托给 BaseService 服务来完成，好处是把业务逻辑尽量放在服务里，使控制器尽可能的轻量。此外如果后续扩展其他业务功能如商机、客户、订单部分里使其可以增加拜访时，就都可以通过调用 BaseService 服务来完成了。

www\js\services.js 服务模块里增加拜访代码片段

```
.factory('VisitService',
['$http','$httpParamSerializerJQLike','appConfig',
function VisitService($http,$httpParamSerializerJQLike,appConfig) {
  return {
……//此处省略其他部分的无关代码
```

```
newVisit: function(userLogonName, userPassword, objectData){
  // 调用后端 API 增加拜访
    return $http.post(
      appConfig.rootUrl + "/api/v1/visits/new",
      $httpParamSerializerJQLike(
        _.extend(
          // objectData 为业务（拜访）数据对象
        objectData,
          { userLogonName:userLogonName, userPassword:userPassword})
      ),
      {headers: {'Content-Type': 'application/x-www-form-urlencoded'}});
    },
……//此处省略其他部分的无关代码
  };
}])


.factory('BaseService',
["$ionicModal","$ionicPopup","$state","$localstorage","LogonService",
"ClientService","OpportunityService","VisitService","PoService",
"ProductService","UserService",
function($ionicModal,$ionicPopup,$state,$localstorage,LogonService,
ClientService,OpportunityService,VisitService,PoService,
ProductService,UserService) {
  //增加拜访
  function addVisit(scopeHandle, rootScopeHandle, options){
    scopeHandle.newVisitData = {};
    _.extend(scopeHandle.newVisitData,options);
// 初始化增加拜访的模态框
    $ionicModal.fromTemplateUrl('templates/add-visit.html', {
      scope: scopeHandle
    })
.then(function(modal) {
  // 取消函数
    scopeHandle.closeAddVisit = function() {
      // 关闭增加拜访的模态框
      modal.hide();
    };
    // 确认函数，调用 VisitService 服务
    scopeHandle.confirmAddVisit = function() {
      // 调用 VisitService 服务新建拜访
      VisitService.newVisit(
        rootScopeHandle.currentUserLogonName,
        rootScopeHandle.currentUserPassword,
```

```
             scopeHandle.newVisitData)
         .then(function(result) {
             // 完成增加拜访后传回新对象，
         // 可用于更新页面显示与突出提示新增加的对象
             scopeHandle.addedVisit = result.data;
             modal.hide();
         });
     };
// 变更销售人员
     scopeHandle.tryChangeSalesPerson = function(defaultSalePerson) {
       getOneUser(scopeHandle, rootScopeHandle, defaultSalePerson,
         function(salesPerson){
             // 获取后更新作用域对象相关属性
             scopeHandle.newVisitData.salesPerson = salesPerson;
         }
       );
     };
     // 变更客户
     scopeHandle.tryChangeClient = function(defaultClient) {
       getOneClient(scopeHandle, rootScopeHandle, defaultClient,
         function(client){
             // 获取后更新作用域对象相关属性
             scopeHandle.newVisitData.client = client;
         }
       );
     };
     modal.show();
   });
 };
……//此处省略其他部分的无关代码
 return {
……//此处省略其他部分的无关代码
// 在服务里输出服务函数
   addVisit: function(scopeHandle, rootScopeHandle, options){
     return addVisit(scopeHandle, rootScopeHandle, options);
   },
……//此处省略其他部分的无关代码
 }
}])
```

　　【代码解析】代码里出现了两个服务，分别是 BaseService 和 VisitService。前者用于处理界面与业务逻辑，如载入页面模板文件，并提供拜访对象相关的销售人员、客户关联关系设置功能。而后者的职责是处理与后端服务器 API 的交互，比较简单。

www\templates\add-visit.html 增加拜访前端 HTML 模板代码

```
<ion-modal-view>
 <ion-header-bar class="bar-stable">
  <a class="button icon-left ion-chevron-left button-clear button-icon"
  ng-click="closeAddVisit()"><!--取消操作--></a>
  <h1 class="title">增加拜访计划</h1>
  <a class="button icon-left ion-checkmark button-clear button-icon"
  ng-click="confirmAddVisit()"><!--确认操作--></a>
 </ion-header-bar>
 <ion-content>
  <label class="item item-input item-stacked-label">
   <span class="input-label" style="display: block;">客户: </span>
   <input type="text" style="display: inline-block;width: 70%;"
   ng-click="tryChangeClient(newVisitData.client)"
   ng-model="newVisitData.client.name" readonly>
   <a>修改</a>
  </label>
  <label class="item item-input item-stacked-label">
   <span class="input-label" style="display: block;">销售人员:</span>
   <input type="text" style="display: inline-block;width: 70%;"
   ng-model="newVisitData.salesPerson.name"
   ng-click="tryChangeSalesPerson(newVisitData.salesPerson)" readonly>
   <a>修改</a>
  </label>
  <label class="item item-input item-stacked-label">
   <span class="input-label">计划拜访日期: </span>
   <input type="date" ng-model="newVisitData.planDate">
  </label>
  <label class="item item-input item-stacked-label">
   <span class="input-label">计划拜访时间: </span>
   <input type="time" placeholder="HH:mm" ng-model="newVisitData.planDate">
  </label>
  <label class="item item-input item-stacked-label">
   <span class="input-label">类别: </span>
   <select required ng-model="newVisitData.category">
    <option ng-selected="newVisitData.category=='初步接触'" value="初步接触
">
    初步接触</option>
    <!--此处省略其余的可选项-->
   </select>
  </label>
  <label class="item item-input item-stacked-label">
   <span class="input-label">备注: </span>
```

```
        <textarea ng-model="newVisitData.memo"></textarea>
    </label>
  </ion-content>
</ion-modal-view>
```

【代码解析】页面代码与增加商机的页面基本结构非常类似，只是输入控件更少、更简单。

3．修改拜访计划

拜访计划可以根据实际情况变化修改调整，如图 14.17 所示。

图 14.17　修改拜访页

【示例 14-8】实现修改拜访计划的代码片段

www\js\services.js 服务模块里修改拜访计划代码片段

```
.factory('VisitService',
['$http','$httpParamSerializerJQLike','appConfig',
function VisitService($http,$httpParamSerializerJQLike,appConfig) {
  return {
……//此处省略其他部分的无关代码
updateVisit: function(userLogonName, userPassword, objectData){
  // 调用后端 API 修改拜访
    return $http.post(
      appConfig.rootUrl + "/api/v1/visits/update",
      $httpParamSerializerJQLike(
        _.extend(
          // objectData 为业务（拜访）数据对象
        objectData,
          { userLogonName:userLogonName, userPassword:userPassword})
      ),
```

413

```
            {headers: {'Content-Type': 'application/x-www-form-urlencoded'}}});
        },
    };
}])

.factory('BaseService',
["$ionicModal","$ionicPopup","$state","$localstorage","LogonService",
"ClientService","OpportunityService","VisitService","PoService",
"ProductService","UserService",
function($ionicModal,$ionicPopup,$state,$localstorage,LogonService,
ClientService,OpportunityService,VisitService,PoService,
ProductService,UserService) {
……//此处省略其他部分的无关代码
  function updateVisit(scopeHandle, rootScopeHandle, visit){
scopeHandle.updateVisitData = _.extend({},visit);
// 时间只显示到分钟，舍去后面的值
// 未完成的拜访对象 finishDate 完成日期属性为空
    if(visit.finishDate)
      scopeHandle.updateVisitData.finishDate =
moment(visit.finishDate).clone().
              set({'second': 0, 'millisecond': 0}).toDate();
    scopeHandle.updateVisitData.planDate = moment(visit.planDate).clone().
          set({'second': 0, 'millisecond': 0}).toDate();
    // 初始化修改拜访的模态框
    $ionicModal.fromTemplateUrl('templates/edit-visit.html', {
      scope: scopeHandle
    })
  .then(function(modal) {
    // 取消函数
    scopeHandle.closeUpdateVisit = function() {
      modal.hide();
    };
    // 确认函数，调用 VisitService 服务
    scopeHandle.confirmUpdateVisit = function() {
      VisitService.updateVisit(
        rootScopeHandle.currentUserLogonName,
        rootScopeHandle.currentUserPassword,
        // 将变更的拜访对象打包
        {
        visitId: visit._id,
          salesPerson: scopeHandle.updateVisitData.salesPerson._id,
          finishDate: scopeHandle.updateVisitData.finishDate,
          planDate: scopeHandle.updateVisitData.planDate,
```

```
              category: scopeHandle.updateVisitData.category,
              memo: scopeHandle.updateVisitData.memo
            })
          .then(function(result) {
              // 成功提交后返回更新的对象
              scopeHandle.updatedVisit = result.data;
              modal.hide();
          });
      };
      // 变更销售人员
      scopeHandle.tryChangeSalesPerson = function(defaultSalePerson) {
        getOneUser(scopeHandle, rootScopeHandle, defaultSalePerson,
          function(salesPerson){
          // 获取后更新作用域对象相关属性
            scopeHandle.updateVisitData.salesPerson = salesPerson;
          }
        );
      };
      modal.show();
    });
  };
……//此处省略其他部分的无关代码
  return {
……//此处省略其他部分的无关代码
    // 在服务里输出服务函数
    updateVisit: function(scopeHandle, rootScopeHandle, visit){
      return updateVisit(scopeHandle, rootScopeHandle, visit);
    },
……//此处省略其他部分的无关代码
  }
}])
```

【代码解析】与修改商机的代码极其类似，代码也分为 BaseService 和 VisitService 两个服务。前者用于处理界面与业务逻辑，如载入页面模板文件，提供拜访对象相关的销售人员、客户关联关系。而后者的职责是处理与后端服务器 API 的交互。

www\templates\edit-visit.html 修改拜访计划前端 HTML 模板代码

```
<ion-modal-view>
  <ion-header-bar class="bar-stable">
    <a class="button icon-left ion-chevron-left button-clear button-icon"
    ng-click="closeUpdateVisit()"></a>
    <h1 class="title">编辑拜访</h1>
    <a class="button icon-left ion-checkmark button-clear button-icon"
    ng-click="confirmUpdateVisit()"></a>
```

```html
  </ion-header-bar>
  <ion-content>
    <label class="item item-input item-stacked-label">
      <span class="input-label">客户: </span>
      <input type="text" ng-model="updateVisitData.client.name" readonly>
    </label>
    <label class="item item-input item-stacked-label">
      <span class="input-label" style="display: block;">销售人员:</span>
      <input type="text" style="display: inline-block;width: 70%;"
      ng-model="updateVisitData.salesPerson.name"
      ng-click="tryChangeSalesPerson(updateVisitData.salesPerson)" readonly>
      <a>修改</a>
    </label>
    <label class="item item-input item-stacked-label">
      <span class="input-label">计划拜访日期: </span>
      <input type="date" ng-model="updateVisitData.planDate"
      ng-disabled="updateVisitData.finishDate">
    </label>
    <label class="item item-input item-stacked-label">
      <span class="input-label">计划拜访时间: </span>
      <input                type="time"                placeholder="HH:mm"
ng-model="updateVisitData.planDate"
      ng-disabled="updateVisitData.finishDate">
    </label>
    <div ng-show="updateVisitData.finishDate">
      <label class="item item-input item-stacked-label">
        <span class="input-label">实际拜访日期: </span>
        <input type="date" ng-model="updateVisitData.finishDate"
        readonly>
      </label>
      <label class="item item-input item-stacked-label">
        <span class="input-label">实际拜访时间: </span>
        <input                type="time"                placeholder="HH:mm"
ng-model="updateVisitData.finishDate"
        readonly>
      </label>
    </div>
    <label class="item item-input item-stacked-label">
      <span class="input-label">拜访类别: </span>
      <select required ng-model="updateVisitData.category">
        <option ng-selected="updateVisitData.category=='初步接触'" value="初步
接触">
          初步接触</option>
```

```
      <!--此处省略其余的可选项-->
    </select>
  </label>
  <label class="item item-input item-stacked-label">
    <span class="input-label">备注: </span>
    <textarea ng-model="updateVisitData.memo"></textarea>
  </label>
 </ion-content>
</ion-modal-view>
```

【代码解析】页面部分代码虽然很长，但与增加拜访的页面代码结构基本相同，唯一的区别在于出于业务要求是不容许随意重新选择客户的。

4．完成拜访

拜访计划是需要销售人员主动进行完成操作来关闭和填写的，并同时提供拜访过程里增加商机、客户联系人、订单、下次拜访计划的入口，如图 14.18 所示。

图 14.18　完成拜访页

【示例 14-9】实现完成拜访计划任务的代码片段

www\js\services.js 服务模块里完成拜访计划任务代码片段

```
.factory('BaseService',
["$ionicModal","$ionicPopup","$state","$localstorage","LogonService",
"ClientService","OpportunityService","VisitService","PoService",
"ProductService","UserService",
function($ionicModal,$ionicPopup,$state,$localstorage,LogonService,
ClientService,OpportunityService,VisitService,PoService,
ProductService,UserService) {
……//此处省略其他部分的无关代码
  function finishVisit(scopeHandle, rootScopeHandle, visit){
    // 需要去除日期对象中分钟以后的部分，便于显示
```

```
    scopeHandle.finishVisitData = _.extend(
      {finishDate: moment(new Date()).clone().
            set({'second': 0, 'millisecond': 0}).toDate()},visit);
// 初始化完成拜访计划的模态框
    $ionicModal.fromTemplateUrl('templates/finish-visit.html', {
      scope: scopeHandle
    })
.then(function(modal) {
  // 取消函数
    scopeHandle.closeFinishVisit = function() {
      modal.hide();
    };
    // 确认函数，调用 VisitService 服务
    scopeHandle.confirmFinishVisit = function() {
      VisitService.updateVisit(
        rootScopeHandle.currentUserLogonName,
        rootScopeHandle.currentUserPassword,
        // 变更的拜访对象属性包
        {
      visitId: visit._id,
        finishDate: scopeHandle.finishVisitData.finishDate,
        category: scopeHandle.finishVisitData.category,
        memo: scopeHandle.finishVisitData.memo
        })
      .then(function(result) {
        // 成功提交后将变更后的对象返回前台
        scopeHandle.updatedVisit = result.data;
        modal.hide();
      });
    };
    modal.show();
  });
};
……//此处省略其他部分的无关代码
  return {
……//此处省略其他部分的无关代码
    // 在服务里输出服务函数
    finishVisit: function(scopeHandle, rootScopeHandle, visit){
      return finishVisit(scopeHandle, rootScopeHandle, visit);
    },
……//此处省略其他部分的无关代码
  }
}])
```

【代码解析】与修改拜访计划的代码极其类似，甚至代码最终也是调用 VisitService 服务的 updateVisit 函数向后端服务器提交数据。

www\templates\finish-visit.html 完成拜访计划前端 HTML 模板代码

```
<ion-modal-view>
  <ion-header-bar class="bar-stable">
    <a class="button icon-left ion-chevron-left button-clear button-icon"
    ng-click="closeFinishVisit()"></a>
    <h1 class="title">完成拜访计划</h1>
    <a class="button icon-left ion-checkmark button-clear button-icon"
    ng-click="confirmFinishVisit()"></a>
  </ion-header-bar>
  <ion-header-bar class="bar-dark bar-subheader">
    <div class="button-bar"><!--增加商机、客户联系人、订单、下次拜访计划的入口-->
      <button class="button button-clear button-positive">+商机</button>
      <button class="button button-clear button-positive">+联系人</button>
      <button class="button button-clear button-positive">+订单</button>
      <button class="button button-clear button-positive"
        ng-click="tryAddVisit({client: finishVisitData.client,
        salesPerson: finishVisitData.salesPerson})">+拜访
      </button>
    </div>
  </ion-header-bar>
  <ion-content>
    <label class="item item-input item-stacked-label">
      <span class="input-label">客户:</span>
      <input type="text" ng-model="finishVisitData.client.name" readonly>
    </label>
    <label class="item item-input item-stacked-label">
      <span class="input-label">拜访类别: </span>
      <select required ng-model="finishVisitData.category">
        <option ng-selected="finishVisitData.category=='初步接触'" value="初步
接触">
        初步接触</option>
        <!--此处省略其余的可选项-->
      </select>
    </label>
    <label class="item item-input item-stacked-label">
      <span class="input-label">实际拜访日期: </span>
      <input type="date" ng-model="finishVisitData.finishDate">
    </label>
    <label class="item item-input item-stacked-label">
      <span class="input-label">拜访结束时间: </span>
```

```
        <input                type="time"                placeholder="HH:mm"
ng-model="finishVisitData.finishDate">
      </label>
      <label class="item item-input item-stacked-label">
        <span class="input-label">备注: </span>
        <textarea ng-model="finishVisitData.memo"></textarea>
      </label>
    </ion-content>
  </ion-modal-view>
```

【代码解析】页面部分代码与修改拜访计划的页面代码结构基本相同，唯一的区别在于界面上提供拜访过程里增加商机、客户联系人、订单、下次拜访计划的入口。其中增加下次拜访计划的实现笔者已经给出来了，其余 3 个部分的实现留给读者作为练习完成。

14.3.7　实现客户业务功能集

如图 14.1 的销售掌中宝 APP 整体功能结构图所示，本部分主要由客户列表、增加客户、修改客户、增加联系人、修改联系人这 5 个功能页组成。本小节将介绍这 5 个功能页的实现方法。

1．客户列表

如图 14.6 所示，该页面主要显示的是客户列表。由于一般企业客户的数量并不会很多，此外出于简化示例代码的目的，笔者在实现时并未采用分页机制。不过为了方便销售人员快速查找定位客户或联系人，在列表页面的顶部提供了搜索栏以通过用户输入来筛选客户列表，如图 14.19 所示。

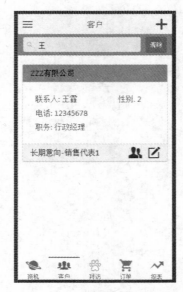

图 14.19　客户列表页的搜索栏

【示例 14-10】实现客户列表业务功能的代码片段

www\js\controllers.js 控制器模块里客户列表的逻辑代码片段

```javascript
.controller('ClientsCtrl', //客户
function($scope, $rootScope, $stateParams,
BaseService,ClientService) {
  $scope.clients = [];
  // 载入客户列表
  $scope.reloadClients = function() {
    ClientService.list($rootScope.currentUserLogonName,
        $rootScope.currentUserPassword)
.then(function(result){
  // 设置按客户名排序的客户列表
    $scope.allClients = $scope.clients =
              _.sortBy(result.data, function(client){
                // 将排序处理成与字母大小写无关
                return _.lowerCase(client.name)});
  });
  };
  $scope.$on('$ionicView.enter', function(e) {
  // 强制要求用户登录
  if(!$rootScope.currentUserId) {
    $scope.logon();
    return ;
}
// 登录后载入客户数据列表
  $scope.reloadClients();
  });
  // 按输入的名称关键字搜索
  $scope.filterName = function(){
  if($scope.keyword){
    var keyword = _.toLower($scope.keyword);
    $scope.clients = _.filter($scope.allClients,function(client){
    // 搜索客户名
    return ( _.toLower(client.name).indexOf(keyword) != -1)
    // 搜索客户联系人名，搜查条件也是字母大小写不敏感
    || (_.findIndex(client.contacts, function(contact){
      return _.toLower(contact.name).indexOf(keyword)!= -1}) != -1);
    });
  }else{
    $scope.clients = $scope.allClients;
  }
  };
```

```
    // 清除搜索栏
    $scope.clearKeyword = function(){
      $scope.keyword = null;
    };
    // 搜索栏内容变化后更新客户列表的显示
    $scope.$watch('keyword', function() {
      // 调用搜索函数更新筛选后的客户列表
      $scope.filterName();
    });
    // 增加客户的入口函数
    $scope.tryAddClient = function(options){
      $scope.addClient(
        $scope,
        _.extend(
        {
          creator: $rootScope.currentUserId,
        }, options),
        // 完成后回调更新显示客户数据列表
        $scope.reloadClients
      );
    };
// 修改客户的入口函数
    $scope.tryUpdateClient = function(client){
      // 调用 BaseService 服务完成
      BaseService.editClient($scope, $rootScope, client, $scope.reloadClients);
    };
  })
```

【代码解析】控制器里定义的 reloadClients 函数为调用后台方法实现了载入最新的客户列表并按客户名排序显示。而 tryAddClient 和 tryUpdateClient 函数是为了在页面上调用增加和修改客户功能而实现的。此外 filterName 函数提供了根据搜索栏的内容筛选符合条件（客户名和联系人姓名）的搜索功能，主要思路是用 lodash 库的 filter 和 findIndex 函数结合更新符合条件的记录列表。

www\js\services.js 服务模块里获取客户列表代码片段

```
.factory('ClientService',
['$http','$httpParamSerializerJQLike','appConfig',
function ClientService($http,$httpParamSerializerJQLike,appConfig) {
  return {
// 调用后端服务 API 获取客户列表
    // 在服务里输出服务函数
    list: function(userLogonName, userPassword){
      return $http.post(
```

```
    appConfig.rootUrl + "/api/v1/clients/list/",
    $httpParamSerializerJQLike(
      {userLogonName: userLogonName,userPassword: userPassword}),
      {headers: {'Content-Type': 'application/x-www-form-urlencoded'}}
    );
  },
……//此处省略其他部分的无关代码
  };
}])
```

【代码解析】服务模块的相关代码很简单，直接用后端服务获取客户列表即可。

www\templates\tab-clients.html 客户列表前端 HTML 模板代码

```
<ion-view view-title="客户">
  <ion-nav-buttons side="secondary">
    <a class="button button-icon ion-plus-round button-clear"
       ng-click="tryAddClient()"></a>
  </ion-nav-buttons>
  <div class="bar bar-subheader item-input-inset bar-balanced">
    <label class="item-input-wrapper">
      <i class="icon ion-ios-search placeholder-icon"></i>
      <input type="search" placeholder="请输入搜索内容..."
      ng-model="keyword" ng-change="filterName()">
    </label>
    <button class="button button-assertive" ng-click="clearKeyword()">
    清除
    </button>
  </div>


  <ion-content class="has-subheader">
    <div class="card" ng-repeat="client in clients track by client._id">
      <div class="item item-divider item-text-wrap item-icon-right item-calm">

        <h2 style="color: #000;">{{client.name}}</h2>
        <i class="icon ion-star assertive" ng-show="client.level=='A'"></i>
      </div>
      <div class="item item-text-wrap"
      ng-repeat="contact in client.contacts track by contact._id">
        <div class="row">
          <div class="col col-66">联系人: {{contact.name}} </div>
          <div class="col col-33">性别: {{contact.gender}}</div>
        </div>
        <div class="row"><div class="col">电话: {{contact.phone || "未知"}}</div></div>
```

```
        <div class="row"><div class="col ">职务：{{contact.position ||"未知
"}}</div></div>
      </div>
      <div class="item item-text-wrap assertive"
        ng-hide="client.contacts && client.contacts.length>0">尚无联系人信息
      </div>
      <div class="item item-divider item-icon-right">
        {{client.state}}-{{client.salesPerson.name}}
        <i class="icon ion-person-stalker" style="right: 50px;"
      ui-sref="app.dailyjobs.contacts({{clientId: client._id})"></i>
        <i class="icon ion-compose " ng-click="tryUpdateClient(client)"></i>
      </div>
    </div>
  </ion-content>
</ion-view>
```

【代码解析】代码里除了显示客户列表以外，也分别通过图标按钮提供了增加与修改客户和联系人的入口。此外对于未添加联系人的客户项，会显示尚无联系人信息的提示信息。

2．增加与修改客户

由于增加与修改客户信息的界面与功能基本一致，如图 14.20 所示，因此这里把两个子功能的实现合并在一起介绍。

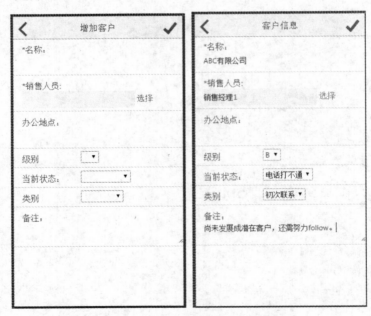

图 14.20　增加与修改客户功能页

【示例 14-11】实现增加与修改客户功能的代码片段

www\js\controllers.js 控制器模块里增加客户的逻辑代码片段

```
.controller('AppCtrl', //整个应用
function($scope, $rootScope, $ionicModal, $timeout,
BaseService, ConfigService) {
……//此处省略其他部分的无关代码
  $scope.addClient = function(scopeHandle, options, callback){
    // 调用 BaseService 服务同名方法完成
    BaseService.addClient(scopeHandle,$rootScope, options, callback);
  };
……//此处省略其他部分的无关代码
})
```

【代码解析】增加客户功能委托给 BaseService 服务来完成，好处是把业务逻辑尽量放在服务里，使控制器尽可能的轻量。

www\js\services.js 服务模块里增加与修改客户代码片段

```
.factory('ClientService',
['$http','$httpParamSerializerJQLike','appConfig',
function ClientService($http,$httpParamSerializerJQLike,appConfig) {
  return {
……//此处省略其他部分的无关代码
    // 在服务里输出服务函数
newClient: function(userLogonName, userPassword, objectData){
  // 调用后端 API 增加客户
    return $http.post(
      appConfig.rootUrl + "/api/v1/clients/newClient",
      $httpParamSerializerJQLike(
        _.extend(objectData,
          { userLogonName:userLogonName, userPassword:userPassword})
      ),
      {headers: {'Content-Type': 'application/x-www-form-urlencoded'}});
  },
updateClient: function(userLogonName, userPassword, objectData){
  // 调用后端 API 修改客户
    return $http.post(
      appConfig.rootUrl + "/api/v1/clients/update",
      $httpParamSerializerJQLike(
        // objectData 为业务（客户）数据对象
        _.extend(objectData,
          { userLogonName:userLogonName, userPassword:userPassword,
            clientId: objectData._id})
      ),
      {headers: {'Content-Type': 'application/x-www-form-urlencoded'}});
  },
……//此处省略其他部分的无关代码
```

```
  };
}])

.factory('BaseService',
["$ionicModal","$ionicPopup","$state","$localstorage","LogonService",
"ClientService","OpportunityService","VisitService","PoService",
"ProductService","UserService",
function($ionicModal,$ionicPopup,$state,$localstorage,LogonService,
ClientService,OpportunityService,VisitService,PoService,
ProductService,UserService) {
……//此处省略其他部分的无关代码
  // 增加客户
  function addClient(scopeHandle, rootScopeHandle, options, callback){
    scopeHandle.newClientData = _.extend({}, options);
    // 初始化增加客户的模态框
    $ionicModal.fromTemplateUrl('templates/add-client.html', {
      scope: scopeHandle
    })
    .then(function(modal) {
      // 取消函数
      scopeHandle.closeAddClient = function() {
        modal.hide();
      };
      // 确认函数
      scopeHandle.confirmAddClient = function() {
        // 调用 ClientService 服务增加客户
        ClientService.newClient(
          rootScopeHandle.currentUserLogonName,
          rootScopeHandle.currentUserPassword,
          scopeHandle.newClientData)
        .then(function(result) {
          // 完成后调用回调函数，并传入新增的客户对象
          if(result.data && callback) callback(result.data);
          modal.hide();
        });
      };
    // 变更销售人员
    scopeHandle.tryChangeSalesPerson = function(defaultSalePerson) {
      getOneUser(scopeHandle, rootScopeHandle, defaultSalePerson,
        function(salesPerson){
        // 获取后更新作用域对象相关属性
          scopeHandle.newClientData.salesPerson = salesPerson;
        }
```

```
    );
  };
  // 显示增加客户的模态框
  modal.show();
});
};
// 编辑客户
function editClient(scopeHandle, rootScopeHandle, item, callback){
  // 先获取已有客户数据
scopeHandle.updateClientData = _.cloneDeep(item);
// 初始化修改客户的模态框
  $ionicModal.fromTemplateUrl('templates/edit-client.html', {
    scope: scopeHandle
  })
  .then(function(modal) {
    modal.show();
    // 取消函数
    scopeHandle.closeEditClient = function() {
      modal.hide();
    };
    // 确认函数
    scopeHandle.confirmEditClient = function() {
      //调用 ClientService 服务修改客户
      ClientService.updateClient(
        rootScopeHandle.currentUserLogonName,
        rootScopeHandle.currentUserPassword,
        scopeHandle.updateClientData)
      .then(function(result) {
        // 完成后调用回调函数，并传入变更后的客户对象
        if(result.data && callback) callback(result.data);
        modal.hide();
      });
    };
// 变更销售人员
    scopeHandle.tryChangeSalesPerson = function(defaultSalePerson) {
      getOneUser(scopeHandle, rootScopeHandle, defaultSalePerson,
        function(salesPerson){
      // 获取后更新作用域对象相关属性
        scopeHandle.updateClientData.salesPerson = salesPerson;
      }
      );
    };
  });
```

427

```
    };
……//此处省略其他部分的无关代码
  return {
……//此处省略其他部分的无关代码
// 在服务里输出服务函数
// 编辑客户函数
  editClient: function(scopeHandle, rootScopeHandle, item, callback){
     return editClient(scopeHandle, rootScopeHandle, item, callback);
},
// 增加客户函数
  addClient: function(scopeHandle, rootScopeHandle, options, callback){
     return addClient(scopeHandle, rootScopeHandle, options, callback);
},
  }
}])
```

【代码解析】代码里出现了两个服务，分别是 BaseService 和 ClientService。前者用于处理界面与业务逻辑，如载入页面模板文件，并提供客户对象相关的销售人员设置功能。而后者的职责是处理与后端服务器 API 的交互，比较简单一致。

www\templates\add-client.html 增加客户前端 HTML 模板代码

```
<ion-modal-view>
  <ion-header-bar class="bar-stable">
    <a class="button icon-left ion-chevron-left button-clear button-icon"
    ng-click="closeAddClient()"></a>
    <h1 class="title">增加客户</h1>
    <a class="button icon-left ion-checkmark button-clear button-icon"
    ng-click="confirmAddClient()"></a>
  </ion-header-bar>
  <ion-content>
    <label class="item item-input item-stacked-label">
      <span class="input-label">*名称: </span>
      <input type="text" ng-model="newClientData.name">
    </label>

    <label class="item item-input item-stacked-label">
      <span class="input-label" style="display: block;">*销售人员:</span>
      <input type="text" style="display: inline-block;width: 70%;"
      ng-model="newClientData.salesPerson.name"
      ng-click="tryChangeSalesPerson(newClientData.salesPerson)"    readonly
required>
      <a>选择</a>
    </label>
```

```
      <label class="item item-input item-stacked-label">
        <span class="input-label">办公地点：</span>
        <input type="text" ng-model="newClientData.office" required>
      </label>


      <label class="item item-input item-stacked-label">
        <span class="input-label">级别</span>
        <select required ng-model="newClientData.level">
          <option ng-selected="newClientData.level=='A'" value="A">A</option>
          <!--此处省略其余的可选项-->
        </select>
      </label>


      <label class="item item-input item-stacked-label">
        <span class="input-label">当前状态：</span>
        <select required ng-model="newClientData.state">
          <option ng-selected="newClientData.state=='未联系'" value="未联系">
          未联系</option>
          <!--此处省略其余的可选项-->
        </select>
      </label>


      <label class="item item-input item-stacked-label">
        <span class="input-label">类别</span>
        <select required ng-model="newClientData.category">
          <option ng-selected="newClientData.category=='储备'" value="储备">
          储备</option>
          <!--此处省略其余的可选项-->
        </select>
      </label>


      <label class="item item-input item-stacked-label">
        <span class="input-label">备注：</span>
        <textarea ng-model="newClientData.memo"></textarea>
      </label>
    </ion-content>
</ion-modal-view>
```

【代码解析】页面代码与增加商机的页面基本结构非常类似，只是输入控件相对更少、更简单。

3．增加与修改联系人

由于增加与修改客户方联系人信息的界面与功能基本一致，如图 14.21 所示，因此这里把两个子功能的实现合并在一起介绍。

图 14.21　增加与修改客户方联系人功能页

【示例 14-12】实现增加与修改客户方联系人信息的代码片段

www\js\services.js 服务模块里增加与修改客户方联系人代码片段

```
.factory('ClientService',
['$http','$httpParamSerializerJQLike','appConfig',
function ClientService($http,$httpParamSerializerJQLike,appConfig) {
  return {
……//此处省略其他部分的无关代码
    // 在服务里输出服务函数
newContact: function(userLogonName, userPassword, objectData){
    // 调用后端 API 增加客户联系人
    return $http.post(
      appConfig.rootUrl + "/api/v1/clients/addClientContact",
      $httpParamSerializerJQLike(
        // objectData 为新的客户联系人对象
        _.extend(objectData,
          { userLogonName:userLogonName, userPassword:userPassword})
      ),
      {headers: {'Content-Type': 'application/x-www-form-urlencoded'}});
```

```
    },
    // 调用后端 API 修改客户联系人
    updateContact: function(userLogonName, userPassword, objectData){
      return $http.post(
        appConfig.rootUrl + "/api/v1/clients/updateContact",
        $httpParamSerializerJQLike(
          // objectData 为修改的客户联系人对象
          _.extend(objectData,
            { userLogonName:userLogonName, userPassword:userPassword,
              contactId: objectData._id})
        ),
        {headers: {'Content-Type': 'application/x-www-form-urlencoded'}});
    },
  };
}])


.factory('BaseService',
["$ionicModal","$ionicPopup","$state","$localstorage","LogonService",
"ClientService","OpportunityService","VisitService","PoService",
"ProductService","UserService",
function($ionicModal,$ionicPopup,$state,$localstorage,LogonService,
ClientService,OpportunityService,VisitService,PoService,
ProductService,UserService) {
……//此处省略其他部分的无关代码
  // 增加客户联系人
  function addContact(scopeHandle, rootScopeHandle, options, callback){
    scopeHandle.newContactData = _.extend({}, options);
    // 初始化增加客户联系人的模态框
    $ionicModal.fromTemplateUrl('templates/add-contact.html', {
      scope: scopeHandle
    })
    .then(function(modal) {
      // 取消函数
      scopeHandle.closeAddContact = function() {
        modal.hide();
      };
      // 确认函数
      scopeHandle.confirmAddContact = function() {
        // 调用 ClientService 服务客户联系人
        ClientService.newContact(
          rootScopeHandle.currentUserLogonName,
          rootScopeHandle.currentUserPassword,
          scopeHandle.newContactData)
```

431

```
      .then(function(result) {
    // 完成后调用回调函数，并传入新增的客户联系人对象
        if(result.data && callback) callback(result.data);
        modal.hide();
      });
    };
    modal.show();
  });
};
// 修改客户联系人
function updateContact(scopeHandle, rootScopeHandle, item, callback){
  scopeHandle.updateContactData = _.cloneDeep(item);
  $ionicModal.fromTemplateUrl('templates/edit-contact.html', {
    scope: scopeHandle
  })
  .then(function(modal) {
    modal.show();
// 取消函数
    scopeHandle.closeUpdateContact = function() {
      modal.hide();
    };
    // 确认函数，调用 ClientService 服务
    scopeHandle.confirmUpdateContact = function() {
      ClientService.updateContact(
        rootScopeHandle.currentUserLogonName,
        rootScopeHandle.currentUserPassword,
        scopeHandle.updateContactData)
      .then(function(result) {
    // 完成后调用回调函数，并传入变更后的客户联系人对象
        if(result.data && callback) callback(result.data);
        modal.hide();
      });
    };
  });
};
……//此处省略其他部分的无关代码
  return {
……//此处省略其他部分的无关代码
// 在服务里输出服务函数
// 增加客户联系人函数
  addContact: function(scopeHandle, rootScopeHandle, options, callback){
    return addContact(scopeHandle, rootScopeHandle, options, callback);
  },
```

```
// 修改客户联系人函数
    updateContact: function(scopeHandle, rootScopeHandle, options, callback){
      return updateContact(scopeHandle, rootScopeHandle, options, callback);
    },
……//此处省略其他部分的无关代码
   }
}])
```

【代码解析】类似其他业务功能的做法，代码里出现了两个服务，分别是 BaseService 和 ClientService。前者用于处理界面与业务逻辑，如载入页面模板文件。而后者的职责是处理与后端服务器 API 的交互，比较简单一致。

www\templates\add-contact.html 增加客户联系人前端 HTML 模板代码

```html
<ion-modal-view>
  <ion-header-bar class="bar-stable">
   <a class="button icon-left ion-chevron-left button-clear button-icon"
   ng-click="closeAddContact()"></a>
   <h1 class="title">增加联系人</h1>
   <a class="button icon-left ion-checkmark button-clear button-icon"
   ng-click="confirmAddContact()"></a>
  </ion-header-bar>
  <ion-content>
   <label class="item item-input item-stacked-label">
     <span class="input-label">*姓名：</span>
     <input type="text" ng-model="newContactData.name">
   </label>
   <label class="item item-input item-stacked-label">
     <span class="input-label">性别</span>
     <select required ng-model="newContactData.gender">
       <option ng-selected="newContactData.level=='男'" value="男">男
</option>
        <!--此处省略其余的可选项-->
     </select>
   </label>
   <label class="item item-input item-stacked-label">
     <span class="input-label">电话：</span>
     <input type="text" ng-model="newContactData.phone" required>
   </label>
   <label class="item item-input item-stacked-label">
     <span class="input-label">email: </span>
     <input type="email" ng-model="newContactData.email" required>
   </label>
   <label class="item item-input item-stacked-label">
     <span class="input-label">办公地点：</span>
     <input type="text" ng-model="newContactData.office" required>
   </label>
   <label class="item item-input item-stacked-label">
     <span class="input-label">部门</span>
     <input type="text" ng-model="newContactData.department" required>
```

```
    </label>
    <label class="item item-input item-stacked-label">
      <span class="input-label">职务: </span>
      <input type="text" ng-model="newContactData.position" required>
    </label>
    <label class="item item-input item-stacked-label">
      <span class="input-label">家庭地址: </span>
      <input type="text" ng-model="newContactData.home" required>
    </label>
    <label class="item item-input item-stacked-label">
      <span class="input-label">来源: </span>
      <input type="text" ng-model="newContactData.source" required>
    </label>
    <label class="item item-input item-stacked-label">
      <span class="input-label">生日: </span>
      <input type="date" ng-model="newContactData.birthday" required>
    </label>
    <label class="item item-input item-stacked-label">
      <span class="input-label">爱好: </span>
      <input type="text" ng-model="newContactData.hobbies" required>
    </label>
    <label class="item item-input item-stacked-label">
      <span class="input-label">备注: </span>
      <textarea ng-model="newContactData.memo"></textarea>
    </label>
  </ion-content>
</ion-modal-view>
```

【代码解析】页面代码与增加商机的页面基本结构非常类似，只是输入控件相对更少、更简单。

14.3.8　实现订单业务功能集

如图 14.1 的销售掌中宝 APP 整体功能结构图所示，本部分主要由订单列表、增加订单、修改订单、增加回款这 4 个功能页组成。本小节将介绍这 4 个功能页的实现方式。

1．订单列表

如图 14.7 所示，该页面主要显示的是每个销售订单以及回款统计的信息。

图 14.1 中只是简单排列出所有的销售订单，这在现实中随着业务的积累是不符合要求的。出于节省篇幅和不反复实现同类特性代码的考虑，笔者没有实现分页和查找机制，读者朋友利用本书第 13 章学到的做法来练习重构改造它。

【示例 14-13】实现订单列表业务功能的代码片段
www\js\controllers.js 控制器模块里订单列表的逻辑代码片段

```
.controller('PosCtrl', //订单
```

```
function($scope, $rootScope, $stateParams, $state,
BaseService,ClientService,PoService) {
  $scope.pos = [];
  // 载入已有订单列表
  $scope.reloadPos = function() {
    PoService.list($rootScope.currentUserLogonName,
      $rootScope.currentUserPassword)
.then(function(result){
    // 需要对结果订单列表中的日期型属性进行变形使之能在页面中显示
      var transformed = _.map(result.data, function(po){
        return _.extend(po,
          // 处理期待交货日期
          {expectGoodsDate: (po.expectGoodsDate ?
            moment(po.expectGoodsDate).clone().toDate() : null),
          // 处理期待收款日期
          expectMoneyDate: (po.expectMoneyDate ?
            moment(po.expectMoneyDate).clone().toDate() : null)})
    });
    // 随后将订单列表按创建时间排序
    $scope.pos = _.sortBy(transformed,
      function(item){return -item.createTime});
  });
  };
  // 计算单个订单的销售总额，items 为销售项目集
  $scope.sumPoItems = function(items) {
    if(!items || !items.length) return 0;
return _.sum(_.map(items,
    // 总额需要进行价格*数量后的累加计算
    function(item){return item.price * item.amount;}));
  };
  // 计算订单已收款总额
  $scope.sumReceived = function(items) {
if(!items || !items.length) return 0;
// 根据收款额（money）字段进行累加
    return _.sum(_.map(items, 'money'));
  };
  $scope.$on('$ionicView.enter', function(e) {
    // 强制要求用户登录
    if(!$rootScope.currentUserId) {
      $scope.logon();
      return ;
}
// 登录后载入订单列表数据显示
    $scope.reloadPos();
  });
  // 增加订单的入口函数
  $scope.tryAddPo = function(options){
    // 调用父作用域对象的 addPo 函数完成
    $scope.addPo(
      $scope,
      _.extend(
```

```
        {
          creator: $rootScope.currentUserId,
        },options),
        $scope.reloadPos
    );
  };
  // 修改订单的入口函数
  $scope.tryUpdatePo = function(po){
    // 调用 BaseService 服务完成
    BaseService.updatePo($scope, $rootScope, po, $scope.reloadPos);
  };
  // 增加收款的入口函数
  $scope.tryAddMoneyReceive = function(po){
    // 调用 BaseService 服务完成
    BaseService.addPoMoneyReceive($scope, $rootScope, po, $scope.reloadPos);
  };
})
```

【代码解析】控制器里定义的 reloadPos 函数为调用后台方法实现了载入最新的订单列表并按创建时间排序显示。而 tryAddPo、tryUpdatePo 和 tryAddMoneyReceive 函数是为了在页面上调用增加修改订单和增加收款功能而实现的。此外 sumPoItems 和 sumReceived 函数完成了动态统计订单总金额和收款总金额，而不是由服务器端完成。这么做是考虑到 NodeJS 的服务端不擅长做太多的计算工作，因此选择由客户端承受一些计算资源的消耗。代码里用到了lodash 库的 sum 函数，它是用来对集合进行合计累加的。

www\js\services.js 服务模块里获取订单列表代码片段

```
.factory('PoService',
['$http','$httpParamSerializerJQLike','appConfig',
function PoService($http,$httpParamSerializerJQLike,appConfig) {
  return {
    // 在服务里输出服务函数
list: function(userLogonName, userPassword){
    // 调用后端 API 获取订单列表
      return $http.post(
        appConfig.rootUrl + "/api/v1/pos/list/",
        $httpParamSerializerJQLike(
          {userLogonName: userLogonName,userPassword: userPassword}),
        {headers: {'Content-Type': 'application/x-www-form-urlencoded'}}
      );
    },
……//此处省略其他部分的无关代码
  };
}])
```

【代码解析】服务模块的相关代码很简单，直接用后端服务获取订单列表即可。如果读者考虑优化数据加载，则需要在前后端同时加入页码参数和对应的动态更新逻辑。

2．增加与修改订单

由于增加与修改订单信息的界面与功能基本一致，如图 14.22 所示，因此这里把两个子功能的实现合并在一起介绍。

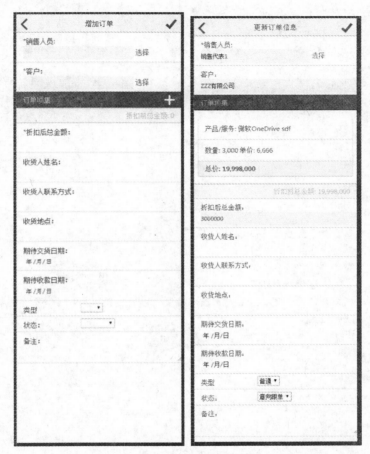

图 14.22 增加与修改订单功能页

【示例 14-14】实现增加与修改订单业务功能的代码片段

www\js\controllers.js 控制器模块里增加订单的逻辑代码片段

```
.controller('AppCtrl', //整个应用
function($scope, $rootScope, $ionicModal, $timeout,
BaseService, ConfigService) {
……//此处省略其他部分的无关代码
  $scope.addPo = function(scopeHandle, options, callback){
// 调用 BaseService 服务完成
    BaseService.addPo(scopeHandle,$rootScope,options, callback);
  };
……//此处省略其他部分的无关代码
})
```

【代码解析】增加客户功能委托给 BaseService 服务来完成，好处是把业务逻辑尽量放在服务里，使控制器尽可能的轻量。

www\js\services.js 服务模块里增加与修改订单代码片段

```
.factory('PoService',
['$http','$httpParamSerializerJQLike','appConfig',
function PoService($http,$httpParamSerializerJQLike,appConfig) {
  return {
······?/此处省略其他部分的无关代码
    // 在服务里输出服务函数
newPo: function(userLogonName, userPassword, objectData){
  // 调用后端 API 增加订单
    return $http.post(
      appConfig.rootUrl + "/api/v1/pos/new",
      $httpParamSerializerJQLike(
        _.extend(objectData,
          { userLogonName:userLogonName, userPassword:userPassword})
      ),
      {headers: {'Content-Type': 'application/x-www-form-urlencoded'}});
  },
  updatePo: function(userLogonName, userPassword, objectData){
    return $http.post(
      // 调用后端 API 修改订单
      appConfig.rootUrl + "/api/v1/pos/update",
      $httpParamSerializerJQLike(
        _.extend(objectData,
          { userLogonName:userLogonName, userPassword:userPassword,
            poId: objectData._id})
      ),
      {headers: {'Content-Type': 'application/x-www-form-urlencoded'}});
  },
······//此处省略其他部分的无关代码
  };
}])
.factory('BaseService',
["$ionicModal","$ionicPopup","$state","$localstorage","LogonService",
"ClientService","OpportunityService","VisitService","PoService",
"ProductService","UserService",
function($ionicModal,$ionicPopup,$state,$localstorage,LogonService,
ClientService,OpportunityService,VisitService,PoService,
ProductService,UserService) {
······//此处省略其他部分的无关代码
  //增加订单
```

```
function addPo(scopeHandle, rootScopeHandle, options, callback){
  scopeHandle.newPoData = _.extend({}, options);
  scopeHandle.newPoData.items = [];
  // 初始化增加订单的模态框
  $ionicModal.fromTemplateUrl('templates/add-po.html',                {scope:
scopeHandle })
    .then(function(modal) {
      scopeHandle.closeAddPo = function() {modal.hide();};
      scopeHandle.confirmAddPo = function() {
        // 调用 PoService 服务完成
        PoService.newPo(
          rootScopeHandle.currentUserLogonName,
rootScopeHandle.currentUserPassword,
          scopeHandle.newPoData)
        .then(function(result) {
          // 完成增加订单，调用回调函数并传入增加的订单对象
          if(result.data && callback) callback(result.data);
          modal.hide();
        });
      };
      // 变更销售人员入口函数，与商机业务同类代码类似，略
      // 变更客户入口函数，与商机业务同类代码类似，略
      // 增加订单项入口函数
      scopeHandle.tryAddPoItem = function() {
        addPoItem(scopeHandle, rootScopeHandle, {},
          function(poItem){scopeHandle.newPoData.items.push(poItem);}
        );
      };
      // 删除订单项入口函数
      scopeHandle.tryRemovePoItem = function(index){
        // 直接使用数组内置方法 splice 完成
        scopeHandle.newPoData.items.splice(index, 1);
      }
      modal.show();
    });
};
//修改订单，
  function updatePo(scopeHandle, rootScopeHandle, item, callback){
    //与新增订单代码基本类似，内容略
  };
  //增加订单项
  function addPoItem(scopeHandle, rootScopeHandle, options, callback){
    scopeHandle.newPoItemData = _.extend({}, options);
```

439

```
    $ionicModal.fromTemplateUrl('templates/add-po-item.html',          {scope:
scopeHandle})
        .then(function(modal) {
          scopeHandle.closeAddPoItem = function() {modal.hide();};
          scopeHandle.confirmAddPoItem = function() {
            // 完成增加订单项，调用回调函数并传入增加的订单项对象
            callback(scopeHandle.newPoItemData);
            modal.hide();
          };
      // 变更产品入口函数，与商机业务同类代码类似，略
          modal.show();
        });
    };
……//此处省略其他部分的无关代码
    return {
      // 在服务里输出服务函数
      addPo: function(scopeHandle, rootScopeHandle, options, callback){
        return addPo(scopeHandle, rootScopeHandle, options, callback);
      },
      updatePo: function(scopeHandle, rootScopeHandle, options, callback){
        return updatePo(scopeHandle, rootScopeHandle, options, callback);
      },
    }
}])
```

【代码解析】代码里出现了两个服务，分别是 BaseService 和 PoService。前者用于处理界面与业务逻辑，如载入页面模板文件，并提供订单对象相关的销售人员、客户设置功能。而后者的职责是处理与后端服务器 API 的交互，比较简单一致。此外 **addPoItem** 方法用于为订单对象动态增加订单行项目，这是该部分稍有特色的地方。

www\templates\add-po.html 增加订单前端 HTML 模板代码

```
<ion-modal-view>
  <ion-header-bar class="bar-stable">
   <a class="button icon-left ion-chevron-left button-clear button-icon"
   ng-click="closeAddPo()"></a>
   <h1 class="title">增加订单</h1>
   <a class="button icon-left ion-checkmark button-clear button-icon"
   ng-click="confirmAddPo()"></a>
  </ion-header-bar>
  <ion-content>
   <label class="item item-input item-stacked-label">
     <span class="input-label" style="display: block;">*销售人员:</span>
     <input type="text" style="display: inline-block; width: 70%;"
```

```
            ng-model="newPoData.salesPerson.name"
            ng-click="tryChangeSalesPerson(newPoData.salesPerson)"           readonly
required>
      <a>选择</a>
    </label>


    <label class="item item-input item-stacked-label">
      <span class="input-label" style="display: block;">*客户: </span>
      <input type="text" style="display: inline-block; width: 70%;"
      ng-click="tryChangeClient(newPoData.client)"
      ng-model="newPoData.client.name" readonly >
      <a>选择</a>
    </label>


    <!-- 销售项集 -->
    <div class="item item-divider item-text-wrap item-icon-right item-dark" >
      <h2 style="color: #ccc;">订单项集</h2>
      <i class="icon ion-plus-round" ng-click="tryAddPoItem()"></i>
    </div>
    <div class="card" ng-repeat="(index, poItem) in newPoData.items">
      <div  class="item">  产 品 / 服 务 :   {{poItem.product.name}}
{{poItem.service}}</div>
      <div class="item">数量: {{poItem.amount | number}}
      单价: {{poItem.product.price | number}}</div>
      <div class="item item-divider item-icon-right">
        总价: {{poItem.product.price * poItem.amount | number}}
        <i         class="icon         ion-minus-circled        assertive"
ng-click="tryRemovePoItem(index)"></i>
      </div>
    </div>
    <div class="item item-divider item-text-wrap item-stable text-right" >
      <h2 style="color: #ccc;">折扣前总金额: {{sumPoItems(newPoData.items) |
number}}</h2>
    </div>


    <label class="item item-input item-stacked-label">
      <span class="input-label">*折扣后总金额: </span>
      <input type="number" ng-model="newPoData.moneyAfterDiscount" required>
    </label>


    <label class="item item-input item-stacked-label">
      <span class="input-label">收货人姓名: </span>
      <input type="text" ng-model="newPoData.receiverName">
```

```html
    </label>

    <label class="item item-input item-stacked-label">
      <span class="input-label">收货人联系方式：</span>
      <input type="text" ng-model="newPoData.receiverContact">
    </label>

    <label class="item item-input item-stacked-label">
      <span class="input-label">收货地点：</span>
      <input type="text" ng-model="newPoData.receiveLocation">
    </label>

    <label class="item item-input item-stacked-label">
      <span class="input-label">期待交货日期：</span>
      <input type="date" ng-model="newPoData.expectGoodsDate" required>
    </label>

    <label class="item item-input item-stacked-label">
      <span class="input-label">期待收款日期：</span>
      <input type="date" ng-model="newPoData.expectMoneyDate" required>
    </label>

    <label class="item item-input item-stacked-label">
      <span class="input-label">类型</span>
      <select required ng-model="newPoData.category">
        <option ng-selected="newPoData.category=='普通'" value="普通">普通
</option>
        <option ng-selected="newPoData.category=='紧急'" value="紧急">紧急
</option>
      </select>
    </label>

    <label class="item item-input item-stacked-label">
      <span class="input-label">状态：</span>
      <select required ng-model="newPoData.state">
        <option ng-selected="newPoData.state=='意向跟单'" value="意向跟单">意向跟
单</option>
        <!--此处省略其余的可选项-->
      </select>
    </label>

    <label class="item item-input item-stacked-label">
      <span class="input-label">备注：</span>
```

```
      <textarea ng-model="newPoData.memo"></textarea>
    </label>
  </ion-content>
</ion-modal-view>
```

【代码解析】页面代码里比较特殊的部分是销售项集部分，在这里提供动态增加或减少订单行项目。

3．增加回款记录

增加回款记录的界面相对简单，如图 14.23 所示，因为已经选定了订单，并不需要重复输入过多的信息。由于这部分数据在现实业务里涉及对销售人员的考核（本书的 14.3.9 节就有相关的报表项），因此往往回款记录是需要核实审批的。读者可以考虑一下如何完善和增加这部分的功能。

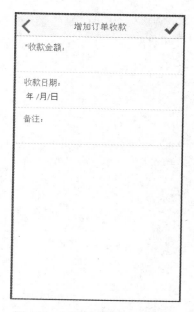

图 14.23　增加回款记录功能页

【示例 14-15】实现增加回款记录功能的代码片段
www\js\services.js 服务模块里增加回款记录代码片段

```
.factory('PoService',
['$http','$httpParamSerializerJQLike','appConfig',
function PoService($http,$httpParamSerializerJQLike,appConfig) {
  return {
……//此处省略其他部分的无关代码
    // 在服务里输出服务函数
newMoneyReceive: function(userLogonName, userPassword, objectData){
  // 调用后端 API 增加收款记录
```

```
      return $http.post(
        appConfig.rootUrl + "/api/v1/pos/newMoneyReceive",
        $httpParamSerializerJQLike(
          // objectData 为收款记录数据对象
          _.extend(objectData,
            { userLogonName:userLogonName, userPassword:userPassword})
        ),
        {headers: {'Content-Type': 'application/x-www-form-urlencoded'}});
    },
  };
}])
……//此处省略其他部分的无关代码
.factory('BaseService',
["$ionicModal","$ionicPopup","$state","$localstorage","LogonService",
"ClientService","OpportunityService","VisitService","PoService",
"ProductService","UserService",
function($ionicModal,$ionicPopup,$state,$localstorage,LogonService,
ClientService,OpportunityService,VisitService,PoService,
ProductService,UserService) {
……//此处省略其他部分的无关代码
  //增加收款记录
  function addPoMoneyReceive(scopeHandle, rootScopeHandle, po, callback){
    scopeHandle.newPoMoneyReceiveData =
      _.extend({}, {poId: po._id});
    // 初始化增加收款记录的模态框
    $ionicModal.fromTemplateUrl('templates/add-po-money-receive.html', {
      scope: scopeHandle
    })
    .then(function(modal) {
      modal.show();
      // 取消函数
      scopeHandle.closeAddPoMoneyReceive = function() {
        modal.hide();
      };
      // 确认函数
      scopeHandle.confirmAddPoMoneyReceive = function() {
      // 调用 PoService 服务增加收款记录
        PoService.newMoneyReceive(
          rootScopeHandle.currentUserLogonName,
          rootScopeHandle.currentUserPassword,
          scopeHandle.newPoMoneyReceiveData)
        .then(function(result) {
        // 完成增加收款记录，调用回调函数并传入增加的收款记录对象
```

```
            if(result.data && callback) callback(result.data);
            modal.hide();
          });
        };
      });
  };
……//此处省略其他部分的无关代码
  return {
……//此处省略其他部分的无关代码
    // 在服务里输出服务函数
    addPoMoneyReceive: function(scopeHandle, rootScopeHandle, po, callback){
      return addPoMoneyReceive(scopeHandle, rootScopeHandle, po, callback);
    },
……//此处省略其他部分的无关代码
  }
}])
```

【代码解析】代码里出现了两个服务，分别是 BaseService 和 PoService。前者用于处理界面与业务逻辑，而后者的职责是处理与后端服务器 API 的交互，依然简单一致。

www\templates\add-po-money-receive.html 增加回款记录前端 HTML 模板代码

```
<ion-modal-view>
  <ion-header-bar class="bar-stable">
    <a class="button icon-left ion-chevron-left button-clear button-icon"
    ng-click="closeAddPoMoneyReceive()"></a>
    <h1 class="title">增加订单收款</h1>
    <a class="button icon-left ion-checkmark button-clear button-icon"
    ng-click="confirmAddPoMoneyReceive()"></a>
  </ion-header-bar>
  <ion-content>
    <label class="item item-input item-stacked-label">
      <span class="input-label">*收款金额：</span>
      <input type="number" ng-model="newPoMoneyReceiveData.money" required>
    </label>

    <label class="item item-input item-stacked-label">
      <span class="input-label">收款日期：</span>
      <input type="date" ng-model="newPoMoneyReceiveData.date" >
    </label>

    <label class="item item-input item-stacked-label">
      <span class="input-label">备注：</span>
      <input type="text" ng-model="newPoMoneyReceiveData.memo">
    </label>
```

```
    </ion-content>
  </ion-modal-view>
```

【代码解析】页面代码非常简单，直接获取表单输入的内容与作用域变量绑定。

14.3.9　实现报表显示与初步配置

相对于商机、拜访、客户、订单 4 大业务而言，报表功能更加特殊而且对灵活定制性要求更高。因为报表是管理的延伸，其中反映的考核数据就是销售人员的无形指挥棒，每个企业或者实体都会有自己的管理模式与文化而对报表有独特的要求。图 14.8~图 14.10 演示的是可以灵活设置排列顺序的报表集，虽然只是几个报表组件的组合示例，但是读者完全可以在此基础上自行扩展和加强，为特定的企业开发出兼具个性化和美观性的移动报表来。

由于销售掌中宝 APP 所带的几个报表都只是演示性质，其目的是探讨百度 ECharts 组件的使用和报表的显示设置，因此本小节不单独拆开每个报表分析，而是分为报表显示内容和报表显示设置这两部分来介绍。

1．报表显示内容

【示例 14-16】实现报表显示内容的代码片段

www\js\controllers.js 控制器模块里实现报表显示内容的逻辑代码片段

```
//报表控制器
.controller('ReportsCtrl',
function($scope,$rootScope, $stateParams,$localstorage,appConfig,
ClientService, PoService,VisitService,OpportunityService) {
  $scope.$on('$ionicView.enter', function(e) {
    // ……强制要求用户登录，代码部分略
    //获取报表显示顺序的设置
    $scope.reports = $localstorage.getObject('configReport').reports ||
        _.map(appConfig.reports,'name');
  });
})
//用于报表指令的控制器
.controller('srReportCtrl',
function($scope,$rootScope, $stateParams, ReportService, UserService,
ClientService,PoService,VisitService,OpportunityService) {
  //获取客户概要报表数据
  ClientService.list($rootScope.currentUserLogonName,
$rootScope.currentUserPassword)
    .then(function(result){
      // 客户数据列表
  $scope.clients = result.data;
  // 客户总数
  $scope.totalClientsCount = $scope.clients.length;
```

```
    // 计算当月新增客户数
        $scope.newClientsCountThisMonth              =          _.filter($scope.clients,
function(client){
        return
moment(client.createTime).isSame(moment(Date.now()),'month'); }).length;
    });
    //获取销售拜访报表数据
    VisitService.list($rootScope.currentUserLogonName,
$rootScope.currentUserPassword)
    .then(function(result){
    // 拜访数据列表
  $scope.visits = result.data;
  // 拜访总数
  $scope.totalVisitsCount = $scope.visits.length;
  // 计算当月计划拜访数
      $scope.visitsCountThisMonth = _.filter($scope.visits, function(visit){
      return                      visit.planDate                      &&
moment(visit.planDate).isSame(moment(Date.now()),'month')
  }).length;
  // 计算当月完成拜访数
      $scope.visitsFinishedCountThisMonth        =        _.filter($scope.visits,
function(visit){
        return                    visit.finishDate                    &&
moment(visit.finishDate).isSame(moment(Date.now()),'month');
      }).length;
  });
  //为 7 天工作数据在 E-charts 的显示生成数据点对象集
  //(需要为无数据的日期补足占位数据项，否则 ECharts 显示时数据项会错位)
  function make7DaysDataPoints(dataArray,dateFieldName){
    // 生成初始的日期标签数组（从本日算起的 7 天内）
    var dateTags7Days = _.times(7, function(index) {
      return moment().subtract(6-index,"days").format("MM/DD")
  }),
  // 将传入的数据项列表按日期分组并计算每一天的数据项数量
    temp = _.map( _.groupBy(dataArray,
      function(item){
        return moment(item[dateFieldName]).format("MM/DD");
      }), function(value,key){
        var obj = new Object();
        obj[key] = value.length;
        return obj;
  });
  // 为缺失数据项的某一天补足数量为 0 的数据，否则 Echarts 显示时将会错位
```

447

```
    temp = _.map(dateTags7Days, function(value){
     var obj = new Object();
        if(_.findIndex(temp,value) == -1){ obj[value] = 0; return obj; }
     else{ obj[value] = _.values(temp[_.findIndex(temp,value)])[0]; return obj; }
    });
    // 返回最终的日期-数量对象数组用于显示
     return _.map(temp,function(value,key){
       return { x: _.keys(value)[0], y: value[_.keys(value)[0]]};
      });
    };
    //获取 7 天内日常工作执行报表数据
    ReportService.list7daystotal($rootScope.currentUserLogonName,
$rootScope.currentUserPassword)
    .then(function(result){
     // 7 天内拜访完成总数
    $scope.visits7DaysCount = result.data.visits.length;
    // 7 天内新增客户数
    $scope.clients7DaysCount = result.data.clients.length;
    // 7 天内新增商机数
    $scope.opportunities7DaysCount = result.data.opportunities.length;
    // 7 天内新增订单数
    $scope.pos7DaysCount = result.data.pos.length;
    // 7 天内收款数
     $scope.moneyReceive7DaysAmount = _.reduce(
       _.flatten(_.map(result.data.moneyReceivePos, 'moneyReceives')),
       function(result, item){return result + item.money;},
       0
    );
    // 以下为准备生成 7 天的按日期显示的业务图数据
     var visits7DaysChartData = { name: '拜访客户次数',
       datapoints: make7DaysDataPoints(result.data.visits, "finishDate"),
       };
     var clients7DaysChartData = { name: '新增客户数',
       datapoints: make7DaysDataPoints(result.data.clients, "createTime"),
       };
     var opportunities7DaysChartData = { name: '新增商机数',
       datapoints:             make7DaysDataPoints(result.data.opportunities,
"createTime"),
       };
     var pos7DaysChartData = { name: '新增订单数',
       datapoints: make7DaysDataPoints(result.data.pos, "createTime"),
       };
     var moneyReceive7DaysChartData = { name: '新增收款项数',
```

```
      datapoints:
make7DaysDataPoints(_.flatten(_.map(result.data.moneyReceivePos,
'moneyReceives')), "date"),
    };
    $scope.dev7DaysData = [visits7DaysChartData,clients7DaysChartData,
      opportunities7DaysChartData];
    $scope.money7DaysData = [pos7DaysChartData,moneyReceive7DaysChartData];
  });
  //获取人员业绩报表数据
  UserService.list($rootScope.currentUserLogonName,
$rootScope.currentUserPassword)
  .then(function(result){
    // 获取销售人员名字数据
    var userNames = _.map(result.data,"name");
    PoService.list($rootScope.currentUserLogonName,
$rootScope.currentUserPassword)
  .then(function(result){
    // 获取销售订单数据并抽取销售人员名称、销售额、回款量数据
      var posSummary = _.map(result.data, function(po){
      return {
        // 销售人员名称
        name: po.salesPerson.name,
        // 销售额
        moneySales: po.moneyAfterDiscount,
        // 回款
        moneyReceive: _.sumBy(po.moneyReceives, 'money'),
      }
    });
    // 销售订单数据按销售人员名称分组
    posSummary = _.groupBy(posSummary, function(item){ return item.name; });
    // 以下为准备在图中显示的数据点
    var usersMoneySalesData = { name: '销售额',
      datapoints: _.map(userNames,function(name){
        return {x: name, y: _.sumBy(posSummary[name],'moneySales')};
      }) ,
    };
    var usersMoneyReceiveData = { name: '回款额',
      datapoints: _.map(userNames,function(name){
        return {x: name, y: _.sumBy(posSummary[name],'moneyReceive')};
      }) ,
    };
    $scope.peopleData = [usersMoneySalesData,usersMoneyReceiveData];
  });
```

```
    });
//以下为设置各报表的标题、格式与样式
    var publicChartConfig = { legend:{ x: "center", y: "bottom", },
      showXAxis: true, showYAxis: true, showLegend: true, stack: false,
    };
    $scope.devConfig = _.extend({ theme: "roma",
      title: { text: "客户发展活动趋势", y: "top", x: "center", },
      grid: {x: 30, y: 40, x2: 20, y2: 70},
    }, publicChartConfig);
    $scope.moneyConfig = _.extend({ theme: "vintage",
    title: { text: "收入创造活动趋势", y: "top", x: "center", },
      grid: {x: 30, y: 40, x2: 20, y2: 50,},
    }, publicChartConfig);
    $scope.peopleConfig = _.extend({ theme: "infographic",
      title: { text: "人员业绩对比", y: "top", x: "center" },
      grid: {x: 40, y: 40, x2: 20, y2: 50,},
    }, publicChartConfig);
})
```

【代码解析】代码里有 2 个控制器：ReportsCtrl 用于报表功能页，主要是获取要显示的子报表顺序；srReportCtrl 用于页面上的报表指令，用于为自定义的 sr-report 指令准备数据。代码中最后一部分是设置使用 ECharts 报表的样式，参数说明请参考百度的官方文档（http://echarts.baidu.com/）。

www\js\services.js 服务模块里获取 7 天内日常工作执行报表数据代码片段

```
.factory('ReportService',
['$http','$httpParamSerializerJQLike','appConfig',
function ReportService($http,$httpParamSerializerJQLike,appConfig) {
  return {
    // 在服务里输出服务函数
    // 调用后端服务 API 获取 7 天内日常工作执行报表数据
list7daystotal: function(userLogonName, userPassword){
  // 直接调用后端服务 API
    return $http.post(
    appConfig.rootUrl + "/api/v1/reports/list-7-days-total/",
    $httpParamSerializerJQLike(
      {userLogonName: userLogonName, userPassword: userPassword}),
    {headers: {'Content-Type': 'application/x-www-form-urlencoded'}}
    );
    },
  };
}])
```

【代码解析】这里的调用代码相当简单，然而它同时返回了 7 天内的 4 类业务的统计数据。

有兴趣的读者可以查看后端服务器 NodeJS 的实现代码，它是通过使用了比较知名的 async 模块的 parallel 方法完成的数据并行查询，执行效率上比线性阻塞式应该要更好。

www\templates\tab-reports.html 报表功能页前端 HTML 模板代码

```html
<ion-view view-title="报表">
  <ion-content>
    <sr-report report-code="{{report}}"
      ng-repeat="report in reports">
    </sr-report>
  </ion-content>
</ion-view>
```

【代码解析】这里的代码异常简单，即根据设置动态加载自定义的 sr-report 指令代表的各个子报表。

www\templates\report-dailyjob-main.html 7 日内日常工作执行概要子报表前端 HTML 模板代码

```html
<div class="card">
  <div class="item item-divider item-text-wrap item-royal text-center" >
    <h2>7 日内日常工作执行概要</h2>
  </div>
  <div class="item item-text-wrap">
    <div class="row">
      <div class="col col-33">拜访: {{visits7DaysCount}} </div>
      <div class="col col-33">新客户: {{clients7DaysCount}}</div>
      <div class="col col-33">新商机: {{opportunities7DaysCount}}</div>
    </div>
    <div class="row">
      <div class="col col-50">收款金额: {{moneyReceive7DaysAmount | number}}
</div>
      <div class="col col-50">订单数: {{pos7DaysCount}}</div>
    </div>
  </div>
  <div style="height: 200px">
    <line-chart config="devConfig" data="dev7DaysData"></line-chart>
  </div>
  <div style="height: 200px">
    <line-chart config="moneyConfig" data="money7DaysData"></line-chart>
  </div>
</div>
```

【代码解析】由于其他的子报表与本子报表的代码逻辑都很类似，所以这里仅以 7 日内日常工作执行概要子报表作为示例来说明。代码里的 line-chart 指令就是在 14.3.2 节所提到的 angular-echarts 组件的折线图组件。其中的 config 属性用来设置图的样式，data 用来设置数据组的内容。而这两个属性是在 srReportCtrl 控制器里通过作用域对象设置的。

 通过阅读 angular-echarts 组件的代码可知目前其支持的数据图有 line、bar、area、pie、donut、gauge、map、radar 8 种。如果需要使用其他类型的图表，需要参考 angular-echarts 的实现方法自行实现或者直接调用 ECharts，虽然这是 Angular 团队推荐尽可能避免的做法。

www\js\directives.js 指令模块里的自定义子报表指令

```
angular.module('salesruby.directives',
['salesruby.controllers','salesruby.services'])
// 自定义指令 srReport
.directive('srReport', function(appConfig) {
  return {
    restrict: "E",
    replace: true,
    scope: true,
link: function(scope, element, attrs) {
   // 根据配置找到报表名对应的报表模板文件路径
    scope.getReportContentUrl = function() {
        return       'templates/'       +      _.find(appConfig.reports,{name:
attrs.reportCode}).file;
    }
},
// 动态载入 getReportContentUrl 返回的报表模板文件
   template: '<div ng-include="getReportContentUrl()"></div>',
   controller: "srReportCtrl",
 };
});
```

【代码解析】srReport 指令在这段代码里获得了定义。其中的 link 属性函数用于为 template 属性里动态加载子报表的模板设置了文件路径，从而使子报表的自定义排序顺序或是是否出现创造了可能性。

2．报表显示设置

报表显示的设置信息并未存到服务器上，而是放在 Local Storage 里。具体的报表显示设置页面如图 14.10 所示。

【示例 14-17】实现报表显示设置功能的代码片段

www\js\controllers.js 控制器模块里报表显示设置的逻辑代码片段

```
.controller('AppCtrl', //整个应用
function($scope, $rootScope, $ionicModal, $timeout,
BaseService, ConfigService) {
......//此处省略其他部分的无关代码
```

```
    $scope.configReport = function(){
      ConfigService.configReport($scope, $rootScope);
    };
......//此处省略其他部分的无关代码
});
```

【代码解析】代码直接将实现的功能部分转交给了 ConfigService 服务完成。

www\js\services.js 服务模块里报表显示设置代码片段

```
.factory('ConfigService',
["$ionicModal",'$localstorage', 'appConfig' ,
function ConfigService($ionicModal,$localstorage,appConfig) {
  return {
// 在服务里输出服务函数
// 设置报表显示
configReport: function(scopeHandle, rootScopeHandle){
    // 初始化修改报表显示设置的模态框
      $ionicModal.fromTemplateUrl('templates/config-report.html', {
        scope: scopeHandle
      }).then(function(modal) {
        scopeHandle.configReportData                                       =
$localstorage.getObject('configReport').reports ||
        _.map(appConfig.reports,'name');
        // 确认函数，将设置信息存入 Local Storage
        scopeHandle.confirmConfigReport = function(){
          $localstorage.setObject('configReport',{reports:
scopeHandle.configReportData});
          modal.hide();
        };
        // 取消函数
        scopeHandle.closeConfigReport = function() {
          modal.hide();
        };
        // 载入默认子报表显示方案
        scopeHandle.reloadDefault = function() {
          scopeHandle.configReportData = _.map(appConfig.reports,'name');
        };
        // 移动子报表的显示位置
        scopeHandle.moveItem = function(fromIndex, toIndex) {
          var temp = scopeHandle.configReportData[toIndex];
          scopeHandle.configReportData[toIndex]                            =
scopeHandle.configReportData[fromIndex];
          scopeHandle.configReportData[fromIndex] = temp;
        };
```

```
        modal.show();
      });
    },
  };
}])
```

【代码解析】如前所述，子报表的显示位置排序设置由 configReportData 函数从 Local Storage 来提取，否则直接读取 appConfig 服务的默认设置。而 moveItem 方法是与视图模板里的 ion-reorder-button 组件配合使用的。这部分的内容在 9.1.1 节介绍过。

www\templates\config-report.html　配置报表页前端 HTML 模板代码

```
<ion-modal-view>
  <ion-header-bar class="bar-stable">
   <a class="button icon-left ion-chevron-left button-clear button-icon"
   ng-click="closeConfigReport()"></a>
   <h1 class="title">配置报表页</h1>
   <a class="button icon-left ion-shuffle button-clear button-icon"
   ng-click="reloadDefault()"></a>
   <a class="button icon-left ion-checkmark button-clear button-icon"
   ng-click="confirmConfigReport()"></a>
  </ion-header-bar>
  <ion-content>
   <ion-list show-reorder="true" show-delete="true">
    <ion-item ng-repeat="report in configReportData">
    <ion-delete-button class="ion-minus-circled"
    ng-click="configReportData.splice($index, 1)">
    </ion-delete-button>
      {{report}}
      <ion-reorder-button class="ion-navicon"
        on-reorder="moveItem($fromIndex, $toIndex)">
      </ion-reorder-button>
    </ion-item>
   </ion-list>
  </ion-content>
</ion-modal-view>
```

【代码解析】页面里主要就是 ion-delete-button 和 ion-reorder-button 的应用，它们的结合为子报表的是否显示和显示顺序的自定义创造了可能。

14.4 小结与作业练习

本章介绍的销售掌中宝 APP 是一个笔者使用了 1 周左右业余时间完成的 APP（包括前后端代码以及市场上同类 APP 应用的理解总结和简化特性规划工作）。虽然界面与功能尚显简陋，但是已经把一个供企业内部销售团队使用的 APP 应用基本结构搭建起来了，剩下的工作就是让 APP 在需求反馈和使用抱怨中不断迭代成长。而如果使用 iOS 和 Android 两个平台的原生技术来开发同样的功能，所耗费的时间和精力将会超出笔者投入的资源，这也反映了 Ionic 的长处所在。

对于使用本书学习 Ionic 开发的读者朋友，为了让自己更快地掌握这项技术，笔者推荐您在阅读现有 APP 代码的基础上，可以考虑对它做如下功能补充来作为作业练习：

- 企业内部审批事务的功能集。
- 更多类型的报表。
- 目前业务数据粒度很粗，可以结合层级权限、分页、筛选和缓存来完善应用（如在手机端使用 SQLite 缓存产品、属于自己的拜访、商机、订单数据）。
- 在合适的位置引入 cordova 组件（如拍照功能）。
- 启用地图组件对销售人员的动向进行跟踪。
- 开发离线模式，可以帮助销售人员在地铁里或其他访问网络有困难的地点延续工作。
- 其他你了解的所属企业销售管理特色的功能。

第 15 章

◀ 应用的生成与发布更新 ▶

经过前面章节 Ionic 开发基础的学习和实战项目的练习，相信读者已经在浏览器、虚拟机或者测试机环境中成功运行了自己开发的 APP。不过要让自己的应用进入千千万万用户的手机里，还有应用正式版的生成与发布工作这最后一步需要完成。本章主要分别介绍 Android 平台与 iOS 平台下 APP 应用包的生成与发布过程，以帮助读者的开发成果最终成功走向市场。

本章主要涉及的知识点有：

- 生成发布 Android 应用
- 生成发布 iOS 应用
- 如何更新 Ionic 应用

15.1　生成发布 Android 平台的应用包

由于开发商和平台的不同，Android 与 iOS 应用的包文件生成过程有很大的区别，因此本节需要分平台依次介绍它们。

为了便于演示起见，笔者新生成了一个简单的 APP 命名为 my-ionic-app，以下的内容均会用该 APP 来演示生成与发布工作。

在这之前，由 Ionic 框架模板而生成的项目都会安装用于调试的 cordova-plugin-console 组件。为了正式发行版中对用户屏蔽用于调试的控制台日志，因此一般会在项目目录下运行命令将该组件从项目中移除：

```
cordova plugin rm cordova-plugin-console
```

随后就开始分平台来生成发布应用包了。

在生成 Android 应用包之前，可能需要更改应用的一些基本信息，这些信息基本都在项目目录的 config.xml 文件中，读者可以到 4.4.5 节阅读相关的内容。

15.1.1　生成发布版的 apk 文件

在项目目录下运行命令：

```
cordova build --release android
```

经过一段时间的编译和生成后，控制台会提示生成完成信息以及生成的 apk 文件的位置（本示例是项目目录/platforms/android/build/outputs/apk/android-release-unsigned.apk）。

15.1.2　生成用于签名的私钥

 如果读者已经有了用于签名的私钥文件，则可以跳过本步骤。

生成私钥需要使用 JDK 自带的工具 keytool，该文件一般是在安装的 JDK 路径的 bin 目录下。如图 15.1 所示，在命令行内运行命令并回答提示的问题：

```
keytool -genkey -v -keystore my-release-key.keystore -alias ionic-book-test
-keyalg RSA -keysize 2048 -validity 10000
```

则会在当前目录生成名为 my-release-key.keystore 的秘钥存储文件。

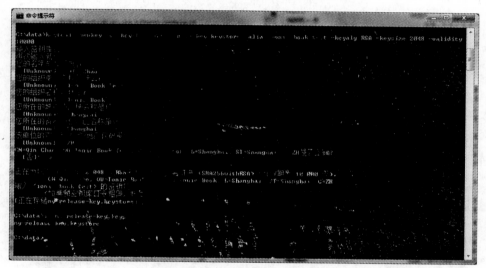

图 15.1　生成用于签名的私钥

 命令中的-alias 的参数 ionic-book-test 是笔者自己指定的，读者需要根据自己的应用或者企业规范自行更改。如无必要，其他的参数可不用更改。

15.1.3　对 apk 文件签名

对 apk 文件签名需要使用 JDK 自带的工具 jarsiger，该文件一般也是在安装的 JDK 路径的 bin 目录下。如图 15.2 所示，进入到 15.1.1 节生成的 apk 文件的目录，并在命令行内运行命令，输入在 15.1.2 节输入的密码：

```
jarsigner -verbose -sigalg SHA1withRSA -digestalg SHA1 -keystore
c:\data\my-release-key.keystore android-release-unsigned ionic-book-test
```

则会在当前目录生成名为 my-release-key.keystore 的秘钥存储文件。

图 15.2　对 apk 文件签名

15.1.4　优化 apk 文件并改名

最后是对 apk 文件进行压缩对齐，以优化运行时的性能。该步骤需要用到的工具 zipalign 文件位于 Android SDK 的安装目录下的 build-tools 子目录的某个版本的 SDK 下面。在本书的 2.2.1 节中读者应该已经设置了该 Android SDK 的安装目录位置。以笔者的安装环境为例（Android SDK 的安装目录为 C:\Users\Thinkpad\AppData\Local\Android\sdk\），在 apk 文件所在的目录的命令行内运行命令，得到如图 15.3 与图 15.4 的显示内容：

```
C:\Users\Thinkpad\AppData\Local\Android\sdk\build-tools\23.0.2\zipalign -v 4
android-release-unsigned.apk my-ionic-test.apk
```

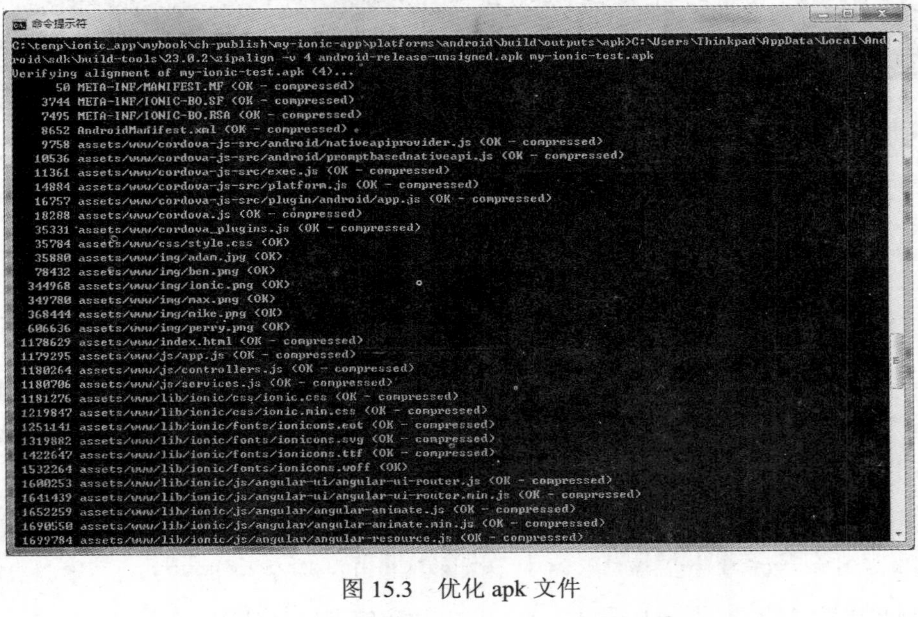

图 15.3　优化 apk 文件

```
3141310 assets/www/lib/ionic/version.json (OK - compressed)
3141492 assets/www/plugins/cordova-plugin-device/www/device.js (OK - compressed)
3142878 assets/www/plugins/cordova-plugin-splashscreen/www/splashscreen.js (OK - compressed)
3143598 assets/www/plugins/cordova-plugin-statusbar/www/statusbar.js (OK - compressed)
3144962 assets/www/plugins/ionic-plugin-keyboard/www/android/keyboard.js (OK - compressed)
3145561 assets/www/templates/chat-detail.html (OK - compressed)
3145924 assets/www/templates/tab-account.html (OK - compressed)
3146122 assets/www/templates/tab-chats.html (OK - compressed)
3146484 assets/www/templates/tab-dash.html (OK - compressed)
3147070 assets/www/templates/tabs.html (OK - compressed)
3147480 res/drawable-hdpi-v4/icon.png (OK)
3152240 res/drawable-land-hdpi-v4/screen.png (OK)
3168420 res/drawable-land-ldpi-v4/screen.png (OK)
3172816 res/drawable-land-mdpi-v4/screen.png (OK)
3181316 res/drawable-land-xhdpi-v4/screen.png (OK)
3228544 res/drawable-land-xxhdpi-v4/screen.png (OK)
3298672 res/drawable-land-xxxhdpi-v4/screen.png (OK)
3400640 res/drawable-ldpi-v4/icon.png (OK)
3401996 res/drawable-mdpi-v4/icon.png (OK)
3403944 res/drawable-port-hdpi-v4/screen.png (OK)
3419684 res/drawable-port-ldpi-v4/screen.png (OK)
3423972 res/drawable-port-mdpi-v4/screen.png (OK)
3432612 res/drawable-port-xhdpi-v4/screen.png (OK)
3478396 res/drawable-port-xxhdpi-v4/screen.png (OK)
3542708 res/drawable-port-xxxhdpi-v4/screen.png (OK)
3635740 res/drawable-xhdpi-v4/icon.png (OK)
3642988 res/drawable-xxhdpi-v4/icon.png (OK)
3655068 res/drawable-xxxhdpi-v4/icon.png (OK)
3671981 res/xml/config.xml (OK - compressed)
3673960 resources.arsc (OK)
3677365 classes.dex (OK - compressed)
Verification succesful

C:\temp\ionic_app\mybook\ch-publish\my-ionic-app\platforms\android\build\outputs\apk>ls
android-release-unsigned.apk my-ionic-test.apk
```

图 15.4 优化 apk 文件（续）

这样在 apk 文件所在的目录最终就生成了作为正式发布文件的 my-ionic-test.apk，可以用于到国内各个安卓 APP 市场登记发布了。

15.1.5 发布 Android 应用

由于国内安卓市场的竞争和碎片化，并没有一个独大的 APP 应用市场来发布 Android 应用。笔者推荐通过第三方的免费统一发布推送平台比如酷传来做这个事情。

读者可以到酷传的应用发布网页（http://www.coolchuan.com/apps/upload/step1），按照其网页的向导一步一步完成发布工作。因为该过程相当简单易懂而且是全中文界面，笔者就不在本书复制粘贴整个页面过程了。

15.2 生成发布 iOS 平台的应用

在正式生成发布 iOS 平台的应用之前，读者首先需要加入苹果开发者项目（需要收取年费），具体的加入途径可直接参见苹果的官方网站：https://developer.apple.com/programs/。

为不泄露笔者个人的开发账户信息，iOS 的应用包生成与发布部分主要参考自 Ionic 的官方帮助文档（http://ionicframework.com/docs/guide/publishing.html），因此相关图片里的输入文字部分均为英文内容。

15.2.1 使用开发者账户连接 Xcode

读者获得了自己的苹果开发者的账户信息后，需要在 Mac 开发机上打开 Xcode，并到它的菜单中选择 Preferences→Accounts，点击图 15.5 中左下角的加号按钮，依据提示将账户信息输入到 Xcode 里。

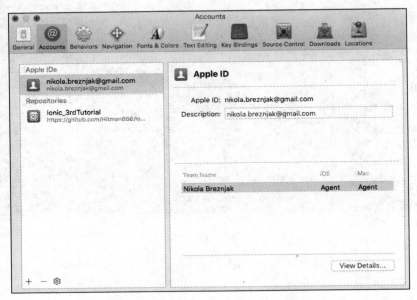

图 15.5　使用开发者账户连接 Xcode

15.2.2 签名

完成上一步骤后，在图 15.5 中的左方 Apple IDs 栏选中刚增加的账户，并点击右侧的"View Details"按钮，将弹出如图 15.6 所示的对话框。选择其中的"iOS Distribution"选项后再点击其右侧的"Create"按钮。

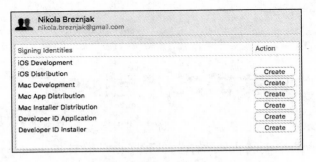

图 15.6　使用 Xcode 签名

关于签名更多的信息可参见苹果官网的详细说明页面：https://developer.apple.com/library/ios/documentation/IDEs/Conceptual/AppDistributionGuide/MaintainingCertificates/MaintainingCertificates.html。

15.2.3　设置应用的标识名

随后，需要使用苹果的账户与密码信息登录苹果开发成员中心（https://developer.apple.com/membercenter），为要发布的应用设置唯一标识符相关信息。成功登录后，在图 15.7 显示的界面里点击"Certificates，Identifiers&Profiles"按钮。

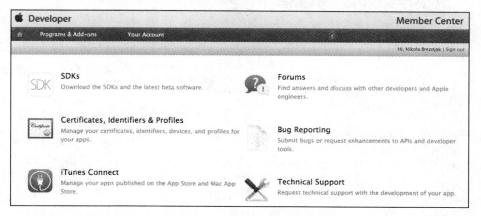

图 15.7　使用 Xcode 签名

在切换显示出的如图 15.8 所示的界面里，选择"iOS Apps"列下的"Identifiers"选项。

图 15.8　选择为 iOS 应用生成标识符

在切换显示出的如图 15.9 所示的界面里，点击右侧的加号按钮来增加一个新的 iOS 应用的标识符。

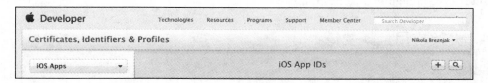

图 15.9　增加 iOS 应用的标识符

461

在切换显示出的如图 15.10 所示的界面里，需要类似图中演示的内容输入 APP 应用的名称，选中 Explicit App ID 选项，并在 Bundle ID 输入栏中输入项目目录的 config.xml 文件中 id 项的内容。

图 15.10　注册 iOS 应用的标识符

图 15.10 显示的是最基本的注册信息，如果需要发布的 APP 应用还得启用 Apple Pay 等苹果的服务，再选择更多的选项并输入相应的参数，具体说明参见苹果的官网文档：https://developer.apple.com/library/ios/documentation/IDEs/Conceptual/AppDistributionGuide/MaintainingProfiles/MaintainingProfiles.html。

15.2.4　开始应用上架登记

登记应用上架的申请需要使用开发人员的账户信息和密码登录苹果的 iTunes Connect 网站（https://itunesconnect.apple.com/）提交。成功登录后，在如图 15.11 显示的界面里点击 My Apps 按钮。

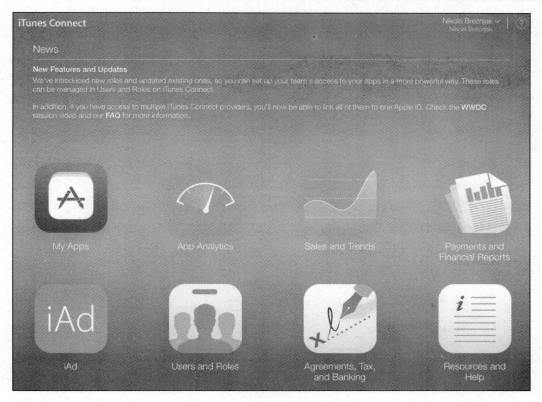

图 15.11　iTunes Connect 登录后

在如图 15.12 显示的界面里点击左侧的加号按钮。

图 15.12　iTunes Connect 点击 My Apps 后界面

　　然后在界面中弹出的下拉选择栏中选择 New App 选项，接着在弹出的如图 15.13 所示的界面中输入或选择 APP 应用的名称、运行平台、主要语种、Bundle ID 和 SKU 号。如果不了解这些字段对应的意义，可以点击图中的问号按钮得到解释。输入完成后需要点击 Create 按钮，进入如图 15.14 所示的 App 的选项信息设置界面。

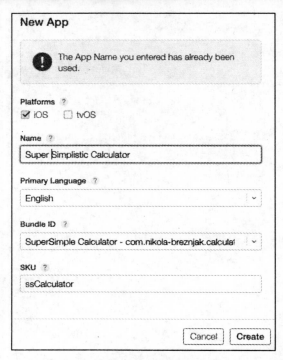

图 15.13　输入 App 的基本信息界面

图 15.14　输入 App 的选项信息界面

在 App 的选项信息设置界面，需要输入 Privacy Policy URL 和 Category 内容。

完成输入后需要暂时回到 Xcode 界面生成并上传编写的 App 应用，然后再回来继续上架登记的工作。

15.2.5　尝试编译生成正式发布版的应用

在项目目录下运行命令：

```
ionic build --release ios
```

经过一段时间的编译和生成后，控制台会提示生成完成信息"BUILD SUCCEEDED"。

15.2.6　使用 Xcode 打包 APP 应用

在项目目录下找到 platforms/ios/子目录下的 xcodeproject 文件并打开，如图 15.15 所示。

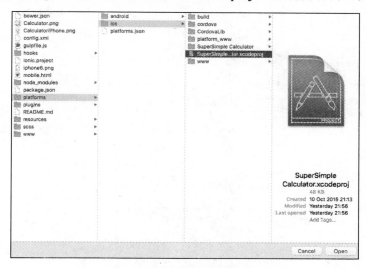

图 15.15　使用 Xcode 打开项目

xcodeproject 文件被打开后，在出现的图 15.16 所示的界面点击左侧的 APP 应用项目的工程文件名，则会在界面中间显示关于项目详情的 General 视图。需要注意在该视图里核对 APP 应用的基本信息，并在 Team 输入栏里选择在 15.2.1 节使用的苹果开发者账户。

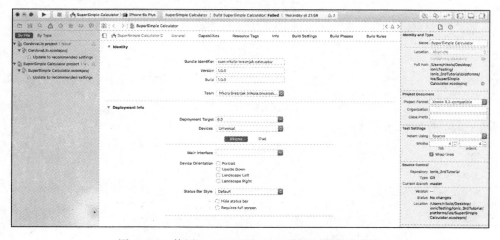

图 15.16　使用 Xcode 设置 APP 应用项目基本信息

15.2.7 创建应用的发布档

依然是在 Xcode 的界面里，在菜单中选择"Product→Scheme→Edit Scheme"，在如图 15.17 的弹出框的左栏列表中选择"Archive"选项，确认右侧的"Build Configuration"输入栏选中的是"Release"，随后关闭对话框。

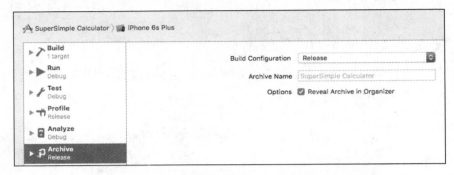

图 15.17 使用 Xcode 设置 Archive 的生成选项

随后点击图 15.16 顶部左方的 Scheme 按钮，在如图 15.18 所示的菜单里选择"Generic iOS Device"选项。

图 15.18 设置生成的 Archive 平台类型

随后在 Xcode 的菜单里选择"Product→Archive"，经过一段时间的编译和生成，最终会出现如图 15.19 所示成功完成生成任务的提示界面。

图 15.19　成功完成生成任务的提示

在笔者本人的生成测试过程中 Xcode 会报错" 'Cordova/CDVViewController.h' file not found"。根据 Ionic 官方支持论坛上遇到同类问题解决思路的讨论提示，将 "$(OBJROOT)/UninstalledProducts/$(PLATFORM_NAME)/include" 加 入 到 Build Settings→Header Search Paths 选项中解决了问题。有同样遭遇的读者可以阅读该讨论寻找解决思路：https://forum.ionicframework.com/t/cordova-cdvviewcontroller-h-file-not-found-in-xcode-7-1-beta/32232。

最后在图 15.19 的提示框里点击右侧蓝色的 Upload to App Store 按钮，依照提示进行则能顺利完成生成的应用包文件的上传。

到这里就完成了在 Xcode 中的打包上传工作。

15.2.8　完成应用上架登记

随后重新登录进入到 iTunes Connect 网站，进入到 15.2.4 节曾经到过的如图 15.14 所示的界面中，点击左方的"Pricing and Availability"，在切换到的如图 15.20 所示的价格和发布区域里设置相关的信息。

图 15.20　设置价格和发布区域信息

点击右上角的 Save 按钮保存设置的信息后，再次点击左方的"1.0 Prepare for Submission"，在切换到的如图 15.21 所示的 APP 应用预览与截屏部分上传针对每种尺寸设备的演示文件。

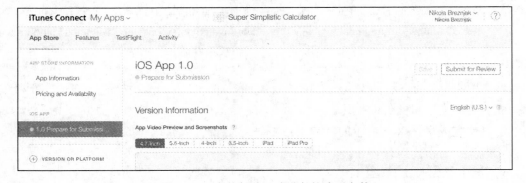

图 15.21　上传每种尺寸设备的演示文件

随后滚动到页面的下方，在图 15.22 所示的界面里输入应用 APP 的描述、关键字、服务支持的页面地址和市场推广活动的页面地址。

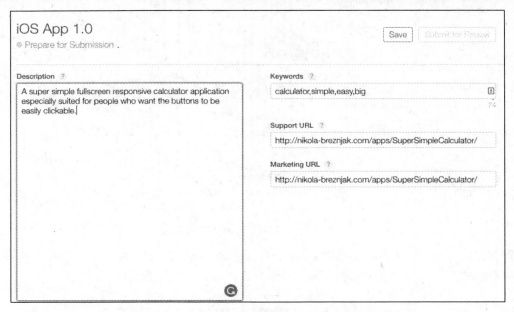

图 15.22　输入 APP 的描述、关键字与支持信息界面

接着继续滚动到页面的下方，在"Build"部分点击加号按钮，在图 15.23 所示的界面里选择在 15.2.7 节通过 Xcode 上传的 APP 应用包。

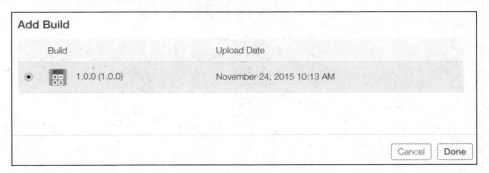

图 15.23　增加 Build 的 APP 应用

随后继续填入界面里其他的细节信息，然后顺序点击如图 15.22 右上角的"Save"和"Submit for Review"按钮提交苹果进行人工应用审核。最后，会出现如图 15.24 所示的需要填写的表单。

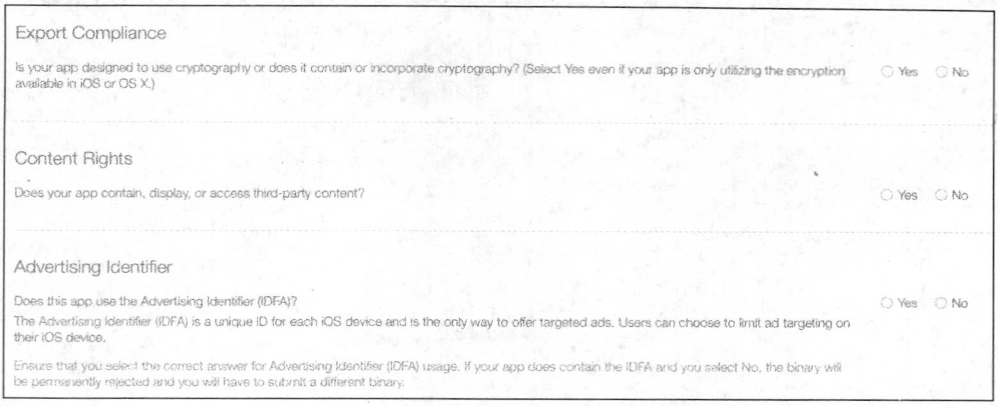
Export Compliance
Is your app designed to use cryptography or does it contain or incorporate cryptography? (Select Yes even if your app is only utilizing the encryption available in iOS or OS X.)
Yes No
Content Rights
Does your app contain, display, or access third-party content?
Yes No
Advertising Identifier
Does this app use the Advertising Identifier (IDFA)?
Yes No
The Advertising Identifier (IDFA) is a unique ID for each iOS device and is the only way to offer targeted ads. Users can choose to limit ad targeting on their iOS device.
Ensure that you select the correct answer for Advertising Identifier (IDFA) usage. If your app does contain the IDFA and you select No, the binary will be permanently rejected and you will have to submit a different binary.

图 15.24　最后需要填写的表单

提交完成如图 15.24 所示的表单后，在 iTunes Connect 的“My Apps”一节里，会发现被提交审核的应用进入了“Waiting for review”状态，如图 15.25 所示。

SuperSimple
Calculator
Super Simplistic
Calculator
iOS 1.0 Waiting For Review

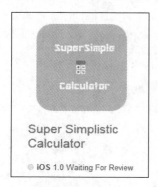

图 15.25　等待审核的应用状态

至此开发者的任务就完成了，剩下的就是等待苹果的人工审核成功后 APP 应用会被直接发布到 Apple Store 与广大用户见面了。

15.3 更新应用

根据 APP 应用的运营与用户的反馈，移动开发者不可避免地要碰到 APP 的更新升级问题。使用 Ionic 框架开发的 APP 在更新升级版本上需要做的工作非常简单，直接修改项目目录的 config.xml 文件中 widget 元素的 version 属性为新的版本号，再根据 15.1 和 15.2 节的内容重复整个发布过程即可。

15.4 小结

　　本章主要介绍了如何在 Android 平台与 iOS 平台下生成 APP 应用包并发布的详细过程，以帮助读者的开发成果最终成功走向市场。至此本书的内容也基本画上了句号，希望读者朋友阅读完本章后能顺利将自己编写的 APP 应用发送到市场，成为有成功作品的移动开发者或创业者。